非破壞檢測

陳永增、鄧惠源　編著

全華圖書股份有限公司

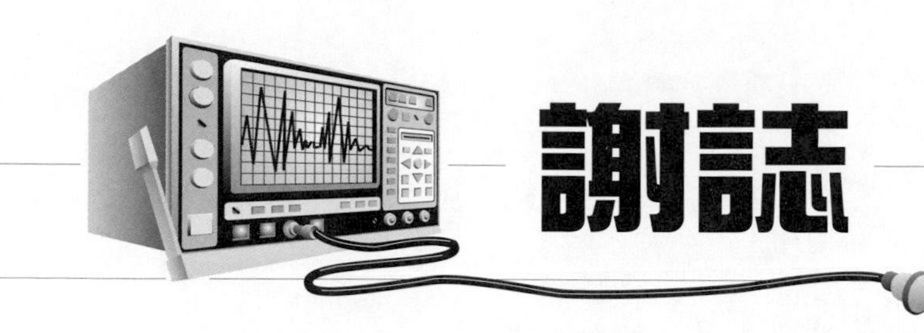

謝誌

本書承蒙
歐測股份有限公司(＊4)
豐璞企業有限公司(＊2)
建昌企業有限公司(＊1)
台灣鉅佳貿易公司(＊3)
資佳公司 (＊5)
台灣波律公司 (＊6)

提供相關儀器設備耗材照片、型錄或規格書，俾使本書順利完成。更感謝全華圖書股份有限公司相關工作人員對本書編排、美工、校定與付梓所投注之心力。

一、本書適用於各大學、科大、技術學院之機械、材料、營建及土木等相關科系之『非破壞檢測』課程及業界相關人士所使用。主要針對修習"非破壞檢測與實習"課程的理論與實習之用。本書特色在於實作技術的講解特別詳細，特別適合技職教育體系的學習。

二、本書共分緒論及五個實驗單元，授課時數每週3小時，除了理論講授外，各實驗可劃分不同實驗單元設計，配合分組進行不同實驗，以期理論實務並重。

三、教學目標

1. 使學生瞭解非破壞檢測的目的及原理，並能依據需要選用適當的非破壞檢測方法。
2. 使學生能瞭解常用非破壞檢測法的檢測程序與方法，做為實作的依據。
3. 學生能依據實驗設計完成各實驗單元的內容，充分達到實習的成效。

四、本書內容在理論部份深入淺出，對繁瑣的數學公式儘可能簡化而實用，對於高職學生或現場技術從業人員可做為進修之用。在實作技術方面，本書詳盡說明，並加入許多經驗公式、數據圖表與現場檢測技術。對於想踏入非破壞檢測行業，或是已在檢測界的從業人員，都是極為值得參考的實用書籍。

五、本書專有名詞係依據中國國家標準(CNS)非破壞檢測詞彙為準。各項實驗內容參酌中華民國非破壞檢測協會訓練教材及美國非破壞檢測學會(ASNT)參考手冊，對於從業人員或初學者在非破壞檢測認證上有極大幫助。

六、為配合國內非破壞檢測技術認證，本書在單元內容上有所取捨，液滲、磁粒、超音波、射線、渦電流等單元內容詳盡而實用。相關單元如目視檢測、探漏檢測等單元則由於篇幅限制未能納入，實爲遺珠之憾。

七、本書編排係針對實驗課程所設計，在數據圖表與實驗表單設計上，除了沿用教科書編排外，更參酌工業界檢測生產的表單，以加深學生實務能力。

八、本書“實驗單元設計”及“檢測實例”部份是實作的重點，學生或從業人員可依照現有工廠設備設計實驗內容，務必達到理論與實作並重的目的。

九、本書作者皆從事技職教育工作十餘年，在非破壞檢測方面也不斷鑽研，除了通過國內非破壞檢測協會認證外，更在檢測實務上不斷進修，本書編排雖力求審慎，但疏漏錯誤仍恐難免，尚祈行業中之先進專家不吝指正，俾利再版修正參考，不勝感荷。

編輯部序

「系統編輯」是我們的編輯方針，我們所提供給您的，絕不只是一本書，而是關於這門學問的所有知識，它們由淺入深，循序漸進。

本書作者從事技職教育工作十餘年，在非破壞檢測方面也不斷鑽研，不僅通過國內非破壞檢測協會的認證，更在檢測實務上不斷進修，將所學編纂成書，提供給您不一樣的選擇。本書內容相當豐富，除了全面性介紹非破壞檢測方法外，更針對各行業中可能用於非破壞檢測的缺陷做基礎探討，並將液滲(PT)、磁粒(MT)、超音波(UT)、射線(RT)及渦電流(ET)檢測之原理與檢測技術做詳盡說明，配合實作單元設計達到理論實務兼備。可做爲大專院校機械科「非破壞檢測」用書，更是業界一本絕佳的工具書。

同時，爲了使您能有系統且循序漸進研習相關方面的叢書，我們以流程圖方式，列出各有關圖書的閱讀順序，以減少您研習此門學問的摸索時間，並能對這門學問有完整的知識。若您在這方面有任何問題，歡迎來函連繫，我們將竭誠爲您服務。

相關叢書介紹

流程圖

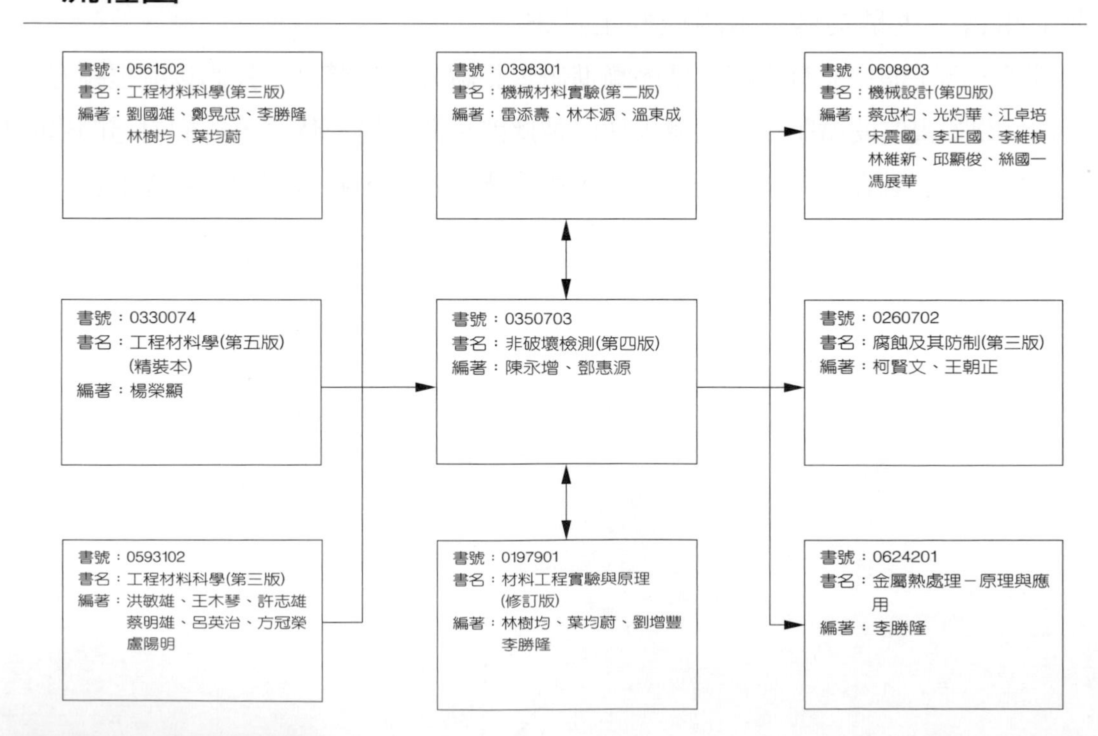

書號：0561502
書名：工程材料科學(第三版)
編著：劉國雄、鄭晃忠、李勝隆
林樹均、葉均蔚
書號：0330074
書名：工程材料學(第五版)
(精裝本)
編著：楊榮顯
書號：0593102
書名：工程材料科學(第三版)
編著：洪敏雄、王木琴、許志雄
蔡明雄、呂英治、方冠榮
盧陽明
書號：0398301
書名：機械材料實驗(第二版)
編著：雷添壽、林本源、溫東成
書號：0350703
書名：非破壞檢測(第四版)
編著：陳永增、鄧惠源
書號：0197901
書名：材料工程實驗與原理
(修訂版)
編著：林樹均、葉均蔚、劉增豐
李勝隆
書號：0608903
書名：機械設計(第四版)
編著：蔡忠杓、光灼華、江卓培
宋震國、李正國、李維楨
林維新、邱顯俊、絲國一
馮展華
書號：0260702
書名：腐蝕及其防制(第三版)
編著：柯賢文、王朝正
書號：0624201
書名：金屬熱處理－原理與應用
編著：李勝隆

CHWA
TECHNOLOGY

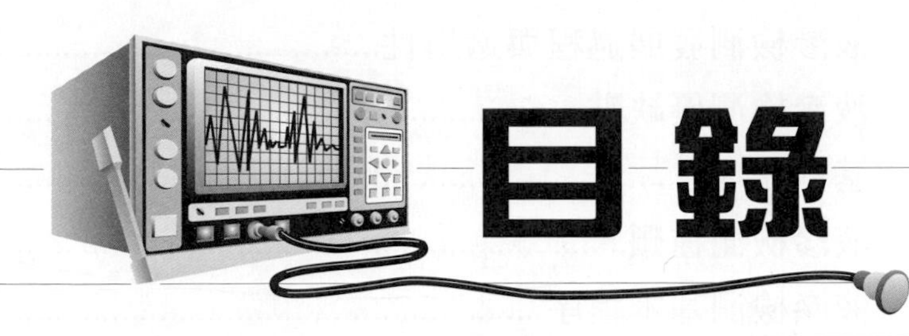

目錄

CHAPTER 1

緒　論

INTRODUCTION

工業製造技術不斷改進更新，帶動工業產品日益精密耐用，隨之而起的便是工業安全的要求，特別是和公共安全相關的產品，像是橋樑建築、核能設備、飛航器材、交通工具、軍事裝備……等工業產品。從產品製造、使用、保養、維修等過程都必須有一定的監測檢驗程序，以確保各項設備零件的正常運作。非破壞檢測便是工業檢測上最爲重要的一個環節。在產品製造過程中，非破壞檢測廣泛應用於品保檢驗，特別是重要而須全檢的零件；產品使用中的檢測，必須藉著非破壞檢測不破壞零件的特性，使產品能在使用期間做檢測；產品維修保養檢驗，通常利用非破壞檢驗做爲判斷產品堪用性的檢測。非破壞檢測和傳統破壞性檢測不同，非破壞檢測著重於預防性檢測，以及缺陷檢測爲主，傳統的破壞性檢測則偏重於材料性質檢測，常應用於破損分析或是設計資料的建立。

1.1 非破壞檢測概論

1.1-1 非破壞檢測定義與應用

一、非破壞檢測定義

非破壞檢測(Non-Destructive Testing，NDT)是利用物理或機械方法或技術，在不破壞材料的情況下，檢測出材料是否產生缺陷或探測材料物理或機械性質的檢測技術，有時又稱做非破壞檢驗(Non-Destructive Inspection，NDI)或非破壞檢查(Non-Destructive Examination，NDE)。常見的非破壞檢測方法利用包括光學特性、磁特性、導電性、輻射特性及超音波傳導特性等做爲檢測的原理。在缺陷檢測方面，選用適當的非破壞檢測方法可以檢測出表面、近表面或內部缺陷，並判斷缺陷位置與大小(嚴重性)。在材料物理或機械性質檢測方面，非破壞檢測可以用以測定材料厚度、鍍膜層厚度、導電率、彈性係數……等特性。

非破壞檢測方法種類繁多，其中應用最廣的包括液滲檢測(PT)、磁粒檢測(MT)、超音波檢測(UT)、射線檢測(RT)、渦電流檢測(ET)等五種，本書也僅以此五種檢測方法爲主要探討對象。

二、非破壞的應用

1. 對產品檢測的應用

非破壞檢測對產品檢測廣泛應用於製造、使用、保養維修等階段。

在製造生產應用方面，非破壞檢測可用於鋼鐵冶煉、鑄造、鍛造、銲接、加工等製程的缺陷檢測。像是鋼板滾軋、高強度鋁合金鍛件、鋼構銲接、複雜大型鑄造件、研磨零件……等，非破壞除了做爲製造系統的線上檢測外，也可用於生產品管檢驗、進料品管檢驗、材料特性評估等場合。如圖 1-1 是大型鋼管銲接後利用磁粒檢測的情形。

在使用檢測方面，非破壞檢測可以檢測出使用所造成的疲勞裂痕、磨耗痕跡、潛變裂痕、應力腐蝕與裂痕……等缺陷，使產品在使用中不會發生突然損壞的危險。像是鍋爐、瓦斯管線檢測，建築物橋樑結構檢測，飛機發動機渦輪葉片、卡車輪軸、齒輪、核電廠核能反應器、核燃料外套管檢測……等。如圖 1-2 是利用渦電流檢測儀檢測飛機渦輪葉片的情形。

在保養維修檢測方面，像是輸送管線、交通工業、鐵路、起重機械、卡車、飛機等定期維修保養時，檢測零件的堪用性，以確保零件使用時的安全性。圖1-3是利用X光機及超音波檢測儀檢測輸送管線接縫的情形。

圖 1-1　利用磁粒檢測大型鋼管銲件(∗1)

圖 1-2　利用渦電流檢測飛機發動機渦輪葉片(∗2)

(a) 利用 X 光機配合台車檢測輸送管線(∗2)

圖 1-3

(b) 利用超音波檢測高溫彎管的保修檢測(*4)

圖 1-3(續)

在材料特性評估方面，利用非破壞方法可對材料的物性做評估，例如用超音波音速量測可針對球墨鑄鐵中石墨球化率的評估，利用衰減係數與音速可做材料組織、孔隙率與機械性質評估。利用渦電流偵測材料的導電率，可作爲材質選別之用。

2. 對缺陷位置偵測的應用

一般缺陷產生的位置可分成表面、近表面與內部缺陷三種，不同非破壞檢測方法在檢測應用上也有所不同，以下簡單說明缺陷位置與非破壞檢測應用的限制：

(1) 表面缺陷：此類缺陷外露於材料表面，可以利用液滲、磁粒、渦電流、射線檢測法檢出，利用超音波檢測表面缺陷時應注意探頭的不感應區。

(2) 近表面缺陷：(又稱次表面缺陷)是指缺陷位在材料表面下方，接近表面處，但缺陷未外露於材料表面上。一般是指在材料表面下方 6mm 以內之缺陷。此類缺陷除了目視與液滲檢測無法檢測外，可以利用磁粒、渦電流、射線與超音波檢測檢驗。

(3) 內部缺陷：是指缺陷完全埋在材料下面，且距離材料表面較遠者。此類缺陷一般會以射線檢測及超音波檢測檢驗。

3. 對材料特性的應用

不同材料特性與形狀會影響非破壞檢測的靈敏度，以下針對五種非破壞檢測方法在材料特性與形狀的應用與限制加以說明：

(1) 液滲檢測法(PT)：適合各種材質與形狀材料，但不適合多孔質材料檢測。

(2) 磁粒檢測法(MT)：僅適合鐵磁性材料檢測，且複雜形狀材料不易磁化檢測。

(3) 渦電流檢測(ET)：僅適合導體材料檢測，且最好爲非鐵磁性導體材料，複雜形狀檢測像是不對稱、曲折較多的試件易產生錯誤顯示或遮蓋掉顯示的情形。

(4) 超音波檢測法(UT)：晶粒過於粗大或表面過於粗糙材料檢測靈敏度降低，另外易造成音波衰減材料也不適合採用此種檢測方法，複雜形狀材料檢測也受到限制。

(5) 射線檢測法(RT)：不適合吸收係數太小或太大的材料檢測，對形狀複雜的試件檢測時，底片判斷較困難。

表 1-1 是試件形狀對非破壞檢測方法檢測適用的情形。

表 1-1 試件形狀對檢測方法的選用

試件形狀	適合檢測方法
簡單形狀 ↕ 複雜形狀	ET MT RT UT PT VT

1.1-2 非破壞檢測方法與比較

一、非破壞檢測種類與簡介

非破壞檢測領域不斷研發新的檢測方法，以因應更複雜、更精確的檢測環境，因此要將非破壞檢測方法清楚的分類十分不易。以下僅就檢測使用的能源作簡單的分類：

1. 利用光學檢測
   (1) 目測檢測法(VT)：利用光源、放大鏡、尺規、量測器材等所做的外觀檢驗。
   (2) 工業內視鏡檢測：一般歸類於目測檢測法，利用光纖為光源、硬式或可撓性內視鏡與攝影器材檢測材料內腔表面的檢測方法。
   (3) 光學全像術：利用雷射光相位干涉方法，記錄並重建物體3D影像或資料。
2. 利用輻射能檢測
   (1) X射線照相(RT)：利用X光穿透材料，將材料吸收X光能量情形記錄在底片上，再透過判片檢測出材料中之缺陷。
   (2) γ射線照相(RT)：利用γ光穿透材料，將材料吸收γ光能量情形記錄在底片上，再透過判片檢測出材料中之缺陷。
   (3) 中子射線照相術：原理和上述X光射線照相類似，射源改為熱中子。
   (4) 電腦斷層掃描：利用X光等輻射源從多角度對試件照相，透過電腦運算，重建試件某一特定斷面之影像。
3. 利用音波傳遞檢測
   (1) 超音波檢測(UT)：利用低能高頻電波轉換成超音波傳入材料內產生折射、反射、衰減、共振等現象，再傳回探頭轉換成電波，利用形成的回波偵測缺陷。
   (2) 聲射檢驗(AE)：利用材料內部本身缺陷能量釋放所形成的應力波，經過感測器接收而監控材料內缺陷成長的情形。(類似地震監測)

(3) 超音波影像掃描：改進超音波檢測掃描方式(C scan)，使脈波回波轉換成影像呈現，對試件形狀、尺寸與缺陷位置更清楚呈現。

(4) 超音波電腦斷層及全像術：利用電腦斷層或全像術的原理，以超音波爲能源，做試件與缺陷的即時3D影像顯現。

4. 利用電磁能檢測

(1) 磁粒檢測(MT)：利用磁化裝備將鐵磁性材料磁化，材料表面或近表面的缺陷會在材料表面形成磁漏場，造成磁粒聚集而形成顯示。

(2) 磁場偵測法：利用磁場偵測探頭(如感應線圈探頭、霍爾效應感測探頭……)在材料表面偵測鐵磁性材料表面或近表面形成的磁漏場，以電子訊號顯示。

(3) 磁共振測試：利用磁共振(例如核磁共振，NMR)原理，可用於非金屬結構非破壞檢測。

(4) 渦電流檢測法(ET)：利用通過交流電的線圈探頭接近導體試件，使試件產生渦電流。當試件表面或近表面有缺陷或物理性質結構改變時，渦電流改變振幅及相位，並改變拾取線圈磁場，利用儀器分析拾取線圈磁場的檢測方法。

(5) 微波材料分析：利用微波反射法或穿透法檢測試件之瑕疵、材質及尺寸。用於導體材料，僅檢測表面缺陷與性質。非導體材料可檢測內部缺陷。

5. 其他

(1) 液滲檢測(PT)：利用毛細原理將滲透液滲入材料表面缺陷中，再利用顯像劑將滲透液吸出，形成可見的顯示。

(2) 探漏檢測(LT)：利用液體或氣體在材料內(例如中空管內)流動壓力，偵測缺陷造成的洩漏位置與洩漏量。偵測方式可用目測、聽流體流動聲音、感測儀、追蹤器、計量儀、潛入水槽中、超音波……等方式。

(3) 熱能測試：利用熱感應裝置或物質來測量試件加熱或冷卻時，試件溫度或周圍溫度梯度的情形。一般分成接觸式與非接觸式，其中又包括溫度量具(Thermometer)與熱像圖(Thermography)兩種方式。

非破壞檢測的方法種類繁多，同時新的檢測方法也不斷在研發中，本書爲配合課程標準與國內非破壞檢測認證，僅選擇其中液滲檢測(PT)、磁粒檢測(MT)、超音波檢測(UT)、射線檢測(RT)、渦電流檢測(ET)五種檢測方法，詳加說明其原理與實際操作方式。其餘檢測方法在認證與標準規範上，國內尚未建立良好制度，在操作上無法確立標準化程序，故不多做介紹。

二、非破壞檢測方法比較

常用的非破壞檢測方法比較如表 1-2。

表 1-2 常用非破壞檢測方法比較

項目	液滲檢測 (PT)	磁粒檢測 (MT)	超音波檢測 (UT)	射線檢測 (RT)	渦電流檢測 (ET)
基本原理	利用毛細作用滲透、顯像出表面缺陷	磁漏現象造成磁粒聚集	超音波在材料內反射、折射及共振	射線穿透材料，底片記錄射線吸收量	利用線圈誘導的渦電流變化情形檢測
檢測內容	表面缺陷	表面及近表面缺陷	1. 近表面及內部缺陷(表面缺陷較差) 2. 測厚 3. 材料晶粒分析	1. 表面、近表面及內部缺陷 2. 試件輪廓形狀	1. 表面及近表面缺陷 2. 物理性測定：導電率 3. 測厚及膜厚測定
材料限制	非多孔質材料	鐵磁性材料	粗糙、晶粒粗大試件檢測靈敏度低	材料吸收係數不宜太小或太大	導體(非鐵磁性較佳)
最佳檢測方向	無方向性	磁力線垂直缺陷	超音波垂直缺陷	射線方向平行缺陷	渦電流垂直缺陷
使用器材	滲透劑、清洗劑、顯像劑、(黑光燈)	磁場產生設備、磁粒(乾式或濕式)、退磁設備、黑光燈	超音波檢測儀、探頭、耦合劑、標準或比較規塊	1. X 光機、電源、底片、底片套、增感屏、沖洗裝置、判片燈及防護設備 2. γ射源及屏體、遙控設備、其餘器材同 X 光機	渦電流檢測儀、檢測探頭(表面、外繞、內繞)、標準或比較規塊

表 1-2 常用非破壞檢測方法比較(續)

項目	液滲檢測 (PT)	磁粒檢測 (MT)	超音波檢測 (UT)	射線檢測 (RT)	渦電流檢測 (ET)
優點	1. 操作研判簡便快速 2. 價廉 3. 不需特殊儀器及電源 4. 適合多數材料 5. 可攜性高	1. 操作簡便 2. 可攜性高 3. 對於表面及近表面缺陷顯示清晰	1. 穿透力強，可檢測很厚工件 2. 對裂痕檢測靈敏度高 3. 可用電池電源，攜帶性高 4. 可立即研判，並得知缺陷深度位置 5. 可接紀錄器	1. 可用於各種材質 2. 可做全材料缺陷檢測 3. 可做永久紀錄 4. 易判別缺陷種類 5. γ射線不需電源	1. 可測導電率、塗膜厚度與缺陷檢測 2. 線圈探頭不需接觸試件 3. 適用於高溫、高壓、輻射區、形狀不規則試件 4. 結果可儲存列印保存
缺點	1. 僅能檢測開口至表面的缺陷 2. 檢測溫度受限制 3. 必須注意通風 4. 永久紀錄較難	1. 僅適合鐵磁性材料 2. 試件檢測後常需退磁 3. 複雜形狀磁化較難 4. 永久紀錄較難	1. 不適合粗糙，晶粒粗大試件 2. 薄件、小件、表面缺陷檢測不佳 3. 需參考規塊與耦合劑 4. 技術性較高	1. 輻射危險，需特別管制 2. 儀器昂貴且笨重 3. γ 射線會衰減 4. X 射線需電源 5. 不易得知缺陷深度位置	1. 僅能用於導電材料 2. 內部缺陷無法檢測 3. 需用參考規塊，判定訊號不易 4. 對於曲折表面易產生錯誤顯示或遮蓋適切顯示

1.1-3 非破壞檢測標準與人員認證

執行非破壞檢測時，從人員、技術、設備、執行方法到接受基準都必須有一定的規範，做為雇主－客戶－檢驗人員之間執行檢測的依據，圖 1-4 說明非破壞檢測執行的架構圖。其中檢測標準(或使用規範)與人員認證又是兩項重要的檢測依據，以下加以說明。

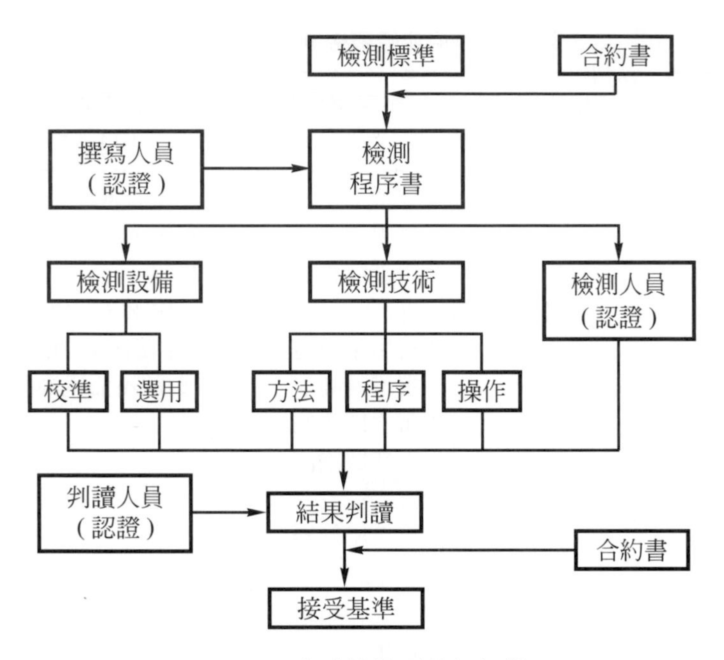

圖 1-4　非破壞檢測執行架構

一、非破壞檢測標準

檢測標準會規定檢測的適用範圍、所需的設備、相關的技術、必須遵循的程序和可接受的合格基準。其中又分成兩大類，第一類是針對某一種檢測方法的一般敘述(通則)，例如：CNS 11047 “液滲檢測法通則”。第二類是針對某一特定產品的檢測程序說明，例如：CNS 11398 “銲道液滲檢測法”。

目前對於非破壞檢測標準(使用規範)訂定大致分成兩種，一爲國家訂定的標準，另一爲專業(產業)協會所訂定之標準。表 1-3 爲非破壞檢測相關國家標準和協會。國內用於非破壞領域較著名且使用較多的標準包括：中國國家標準(CNS)、美國材料試驗學會(ASTM)的標準、美國機械工程師學會(ASME)、日本工業標準(JIS)及國際標準組織(ISO)等單位。本書在各實驗單元的使用規範部份會列舉CNS規範的相關標準。ASTM、ISO標準有關非破壞部份項目繁多，可直接上網搜尋各項標準的編號，再行訂購。而ASME標準有關非破壞部份大多收錄於 BPVC section 5“鍋爐與壓力容器規範”第五部份。由於各標準內容繁多故不在此贅述。

表 1-3　常見國家標準與專業協會

國家標準或協會	代號	國家標準或協會	代號
中國國家標準	CNS	美國石油協會	API
中華民國非破壞檢測協會	ROCSNT	國際標準組織	ISO
美國非破壞檢測協會	ASNT	日本工業標準	JIS
美國機械工程師學會	ASME	日本非破壞檢測協會	JSNDI
美國材料試驗學會	ASTM	德國工業標準	DIN
美國銲接協會	AWS	加拿大非破壞檢測協會	CSNDT
美國金屬協會	ASM	—	—

二、非破壞檢測人員認證

各國對於非破壞從業人員資格的認證，大多由其非破壞檢測協會辦理，表 1-4 是中華民國、美國及日本非破壞檢測協會人員認證的區分。以中華民國非破壞檢測協會區分初級、中級、高級三個等級。各級檢測人員其工作內容如下：

1. 初級檢測員：能依檢測程序書執行檢測並對檢測設備做保養、調整及設定。
2. 中級檢測師：擬定檢測程序書、檢測設備校驗、調整與設定、研判檢測結果、檢測紀錄簽認、撰寫檢測報告、接受高級檢測師指導、負擔初級檢測員在職訓練及協助初級檢測員執行檢測工作。

表 1-4　非破壞檢測人員等級區分

<table>
<tr><th>國家</th><th>中華民國</th><th>美國</th><th>日本</th></tr>
<tr><td>協會</td><td>ROCSNT</td><td>ASNT</td><td>JSNDI</td></tr>
<tr><td rowspan="4">等級區分</td><td>—</td><td>—</td><td>1 級</td></tr>
<tr><td>初級</td><td>LEVEL Ⅰ</td><td>2 級</td></tr>
<tr><td>中級</td><td>LEVEL Ⅱ</td><td>3 級</td></tr>
<tr><td>高級</td><td>LEVEL Ⅲ</td><td>特級</td></tr>
</table>

3. 高級檢測師：建立非破壞檢測計劃及其作業、核定檢測標準及檢測程序、闡釋檢測規範、規格與標準、選用檢測方法並建立輔助檢測方法及技術、驗證中級檢測師之檢測紀錄、訓練督導中、初級檢測人員、中初級檢測人員之簽證資格。

1.2 缺陷形成原因簡介

非破壞檢測最重要的目的之一便是要檢測出材料中的缺陷，因此檢測人員必須對於缺陷的產生應有相當的專業知識，以增進檢測的成效。由於各行業製造、生產或使用的機具與環境不相同，可能產生的缺陷也不相同，因此檢測人員必須對於檢測零件的材質、加工、使用情形……等背景具有相當的專業知識，才能正確判斷檢測結果。本段落將主要介紹機械業中常見的缺陷與其成因。

1.2-1 缺陷的定義

各種非破壞檢測方法用在缺陷檢測方面，大多是以檢測材料的間斷爲主。檢測人員再由檢測顯示判斷檢測結果是否爲缺陷。究竟間斷和缺陷有何不同？以下先對間斷、缺陷示等名詞做解釋，再說明其和檢測的關係。

一、間斷與缺陷

1. 間斷(Discontinuities)：試件中由於幾何形狀、結構、成份的改變或不連續，造成試件物理性質改變而可能導致試件使用壽命受到影響。間斷包括兩種，一種是由缺陷或瑕疵所引起的材料不連續，另一種是由於設計上需要所造成的材料不連續，像是緊配合件、銅銲等零件在非破壞檢測時，皆會產生間斷。
2. 缺陷(Defect)：試件由於原始生產、製造、加工、使用等過程所產生的不完美，會影響材料使用性能者。
3. 瑕疵(Flaw)：一般是指較小的缺陷，或材料不完美。瑕疵一般也視爲缺陷。
4. 污損(Blemish)：材料表面污染或未清除乾淨。

二、檢測顯示

非破壞檢測所得到的結果，可能沒有顯示也可能會形成顯示，一般檢測顯示包括三種：

1. 適切顯示(Relevant Indication)：由於缺陷或瑕疵所形成的檢測顯示。
2. 不適切顯示(Nonrelevant Indication)：由於非缺陷間斷所造成的顯示，是設計上或標準所能接受，對試件不造成損害。
3. 錯誤顯示(False Indication)：由於操作不當或試件污損造成的顯示，並非由間斷所形成的顯示。

三、檢測結果、顯示與間斷

非破壞檢測結果與顯示和間斷的關係如圖 1-5。對於錯誤顯示或是懷疑缺陷可能被遮蔽時，應判斷後決定是否重檢。當有不適切顯示時，也應判斷不適切顯示是否會遮蔽了缺陷顯示。

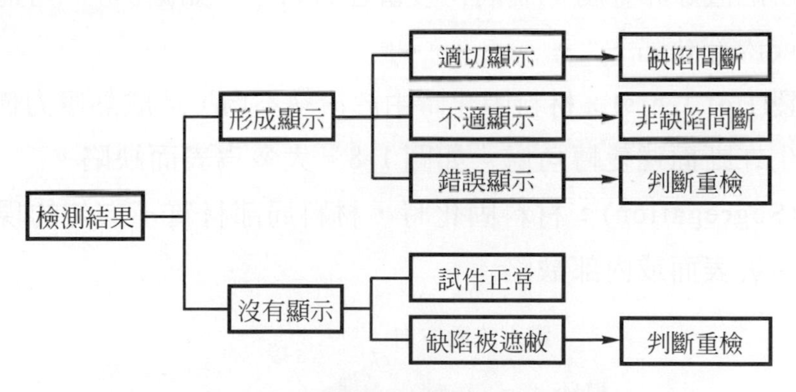

圖 1-5　檢測結果、顯示與間斷之關係

1.2-2　缺陷的種類與成因

本段落將對於機械業中常見的生產、加工或使用缺陷做簡單說明，若要對缺陷產生的原因及改善方法更加清楚，則必須多涉獵該行業的相關知識，才能獲得有組織、有系統的行業知識。

機械業中常見的缺陷以製造程序來分，大致歸類成四類：冶鍊生產缺陷、成型製造缺陷、加工處理缺陷與使用缺陷。以下加以分段說明。

一、冶鍊生產缺陷

此類缺陷大多來自於固化過程，像是鋼鐵提煉、鑄造等製程，此類缺陷常會留在材料中，並在隨後的加工過程中被加工變形。

1. 冷斷(Cold Shut)：由於澆注時不同流路液態金屬未能完全熔合所形成的交界，如圖 1-6。可能是表面、近表面或內部缺陷。
2. 縮孔(Shrinkage Pores)及縮管(Shrinkage Pipe)：材料固化時熱脹冷縮，材料無法補充冷縮量，在材料表面或內部所形成的瑕疵，如圖 1-7。
3. 氣孔(Gas Pores)：材料固化過程時氣體殘留在材料內，如圖 1-7。可能是表面、近表面或內部缺陷。
4. 非金屬夾雜物(Nonmetallic Inclusions)：金屬凝固時，氧化物、硫化物、矽砂、熔渣等非金屬不規則物殘留在材料中，如圖 1-7。可能是表面、近表面或內部缺陷。
5. 熱撕裂(Hot Tears)：材料固化時由於冷熱不均，造成熱應力使材料撕裂，常發生在斷面遽變轉角處，如圖 1-8。大多爲表面缺陷。
6. 偏析(Segregation)：材料固化時，材料局部材質不均勻的現象。可能是表面、近表面或內部缺陷。

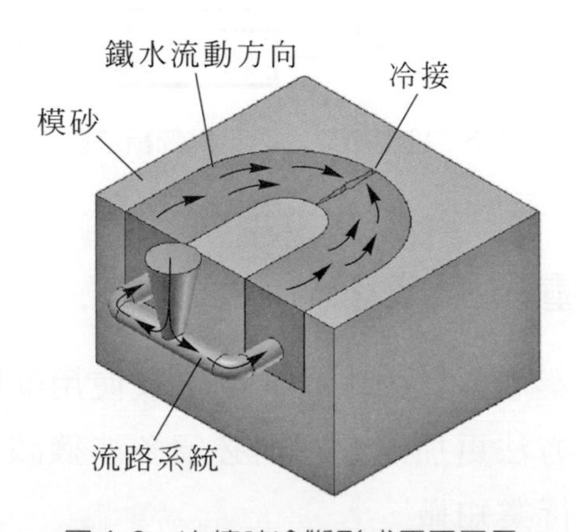

圖 1-6　冶煉時冷斷形成原因圖示

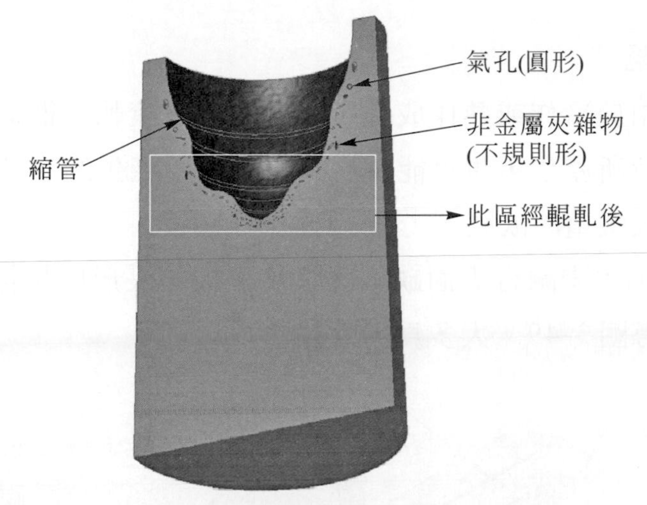

冶煉鋼胚

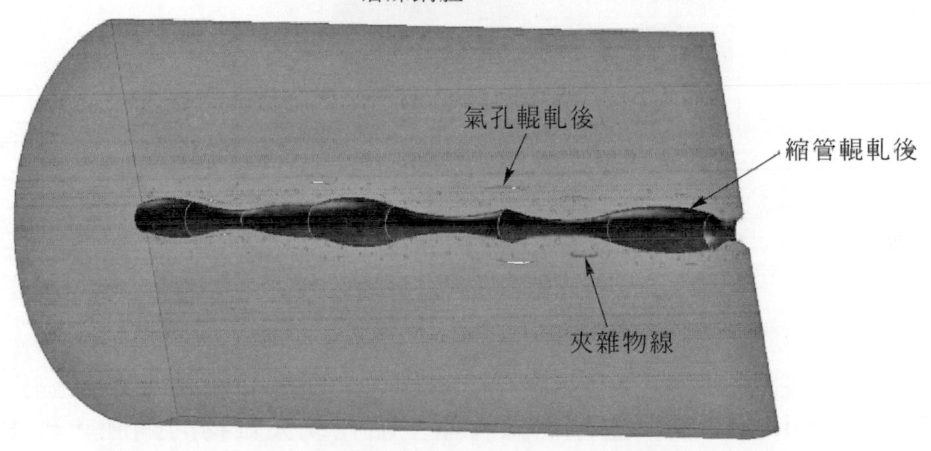

圖 1-7　冶煉時縮管、氣孔、非金屬夾雜物之形成

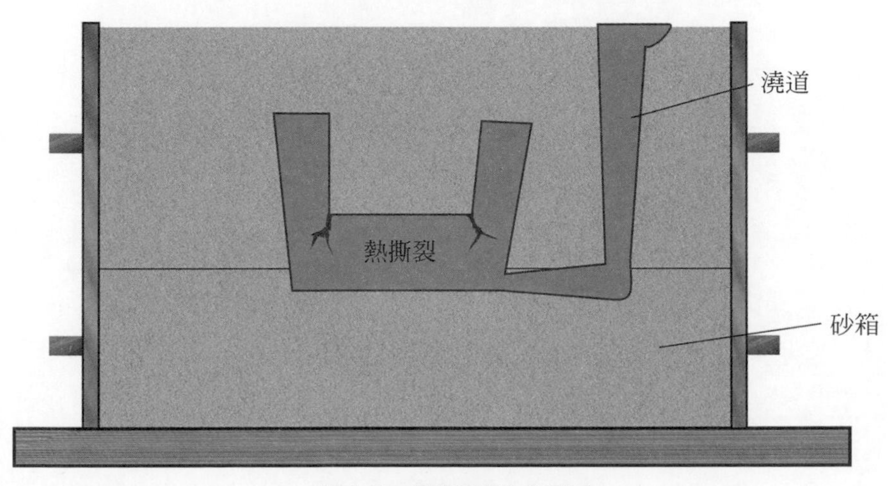

圖 1-8　熱撕裂形成原因

二、成型製造缺陷

此類缺陷是由於冷作或熱作成型所引起，像是滾軋、鍛造、抽引等。此類缺陷可能是成型時所產生，也可能是冶鍊生產時所產生的小缺陷，經成型製造放大伸長而形成較嚴重的缺陷。

1. 接縫(Seam)：未融合表面缺陷經滾軋後被拉長形成接縫，如圖 1-9。檢測結果參考圖 3-49。大多爲表面缺陷。

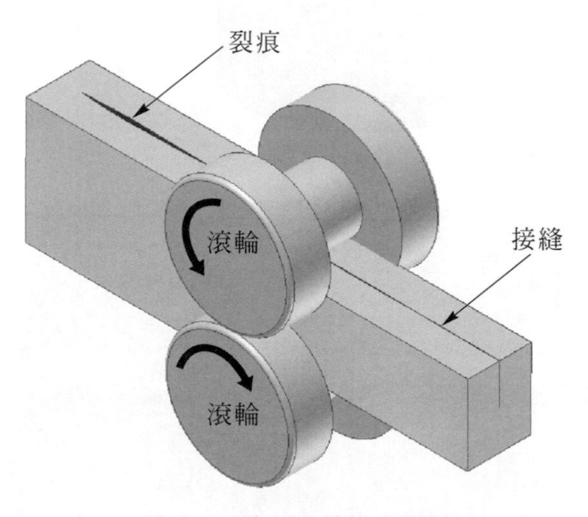

圖 1-9　滾軋接縫生成原因

2. 夾層(Laminations)：生產冶鍊時產生縮孔或夾雜物的鋼胚，經滾軋成鋼板時，缺陷被伸長並壓扁形成夾層，如圖 1-10。大多是近表面或內部缺陷。

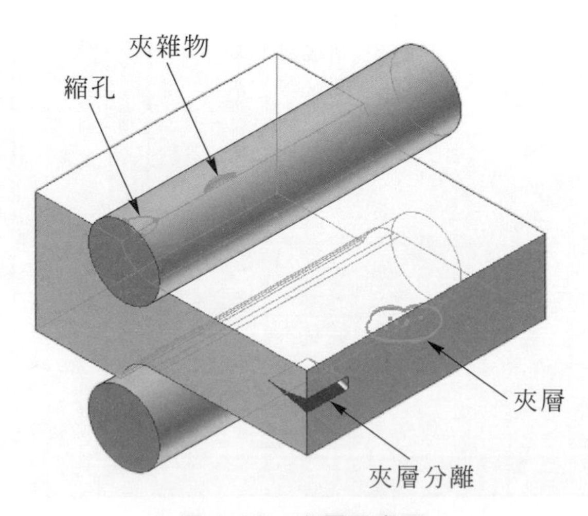

圖 1-10　夾層示意圖

3. 夾雜線(Stringers)：生產冶鍊時產生夾雜物的鋼胚，經滾軋成鋼條時，夾雜物被伸長並壓扁形成夾雜物線，如圖 1-11。大多是近表面或內部缺陷。
4. 杯裂(Cupping)：多道抽引或擠製時，材料內部及外表面的塑性流速度不同，形成內應力，造成材料產生間隔的杯狀裂痕，如圖 1-12。大多是內部缺陷。
5. 疊痕(Laps)：鍛造或滾軋時，多餘材料被擠壓成小突起，在隨後加工時，小突起被折疊成疊痕，如圖 1-13。一般爲表面缺陷。
6. 爆裂(Bursts)：內部爆裂發生原因爲鍛造溫度過高，原先在材料內部的缺陷受到高的拉伸應力而被拉開，如圖 1-14。外部爆裂發生原因可能爲鍛打溫度不適當或是鍛打設備力量不足，使材料表層變形大於內層變形，形成爆裂，大多在鍛打量大或薄斷面材料，如圖 1-14。
7. 氫剝片(Hydrogen Flakes)：大多發生於熱作，氫溶解度隨溫度降低而減低，使氫殘留在材料內，鍛打或滾軋成薄片。一般氫剝片很薄且平行於晶粒拉長方向。屬於內部缺陷。

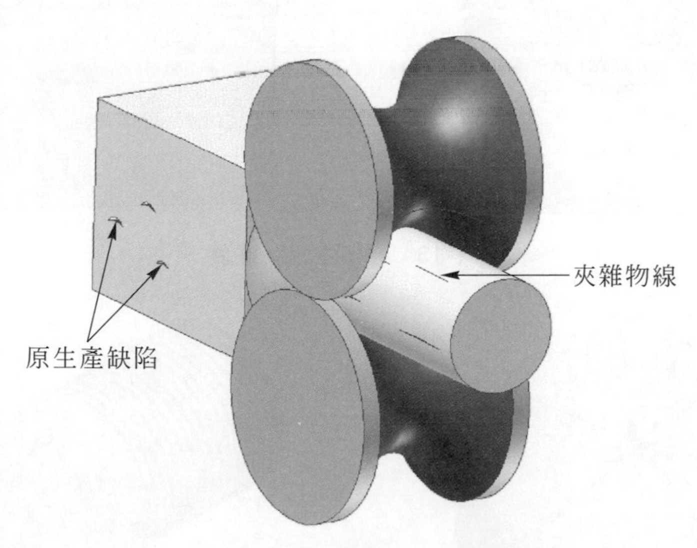

圖 1-11　夾雜線產生示意圖

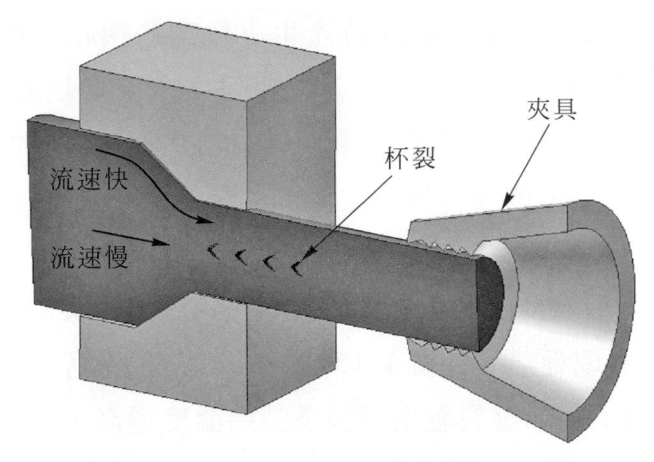

圖 1-12　杯裂生成示意圖

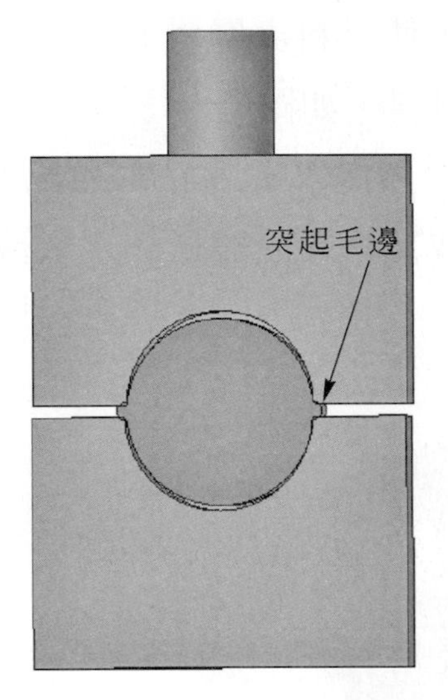

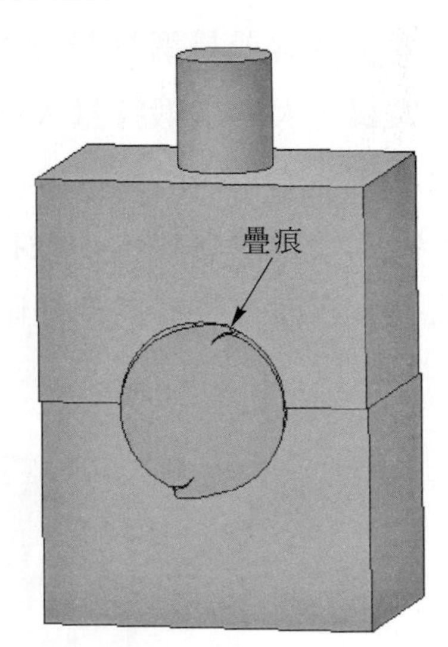

圖 1-13　疊痕生成示意圖

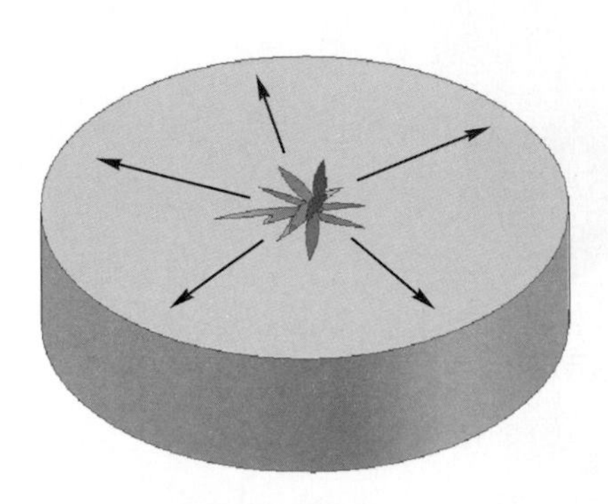

內部爆裂

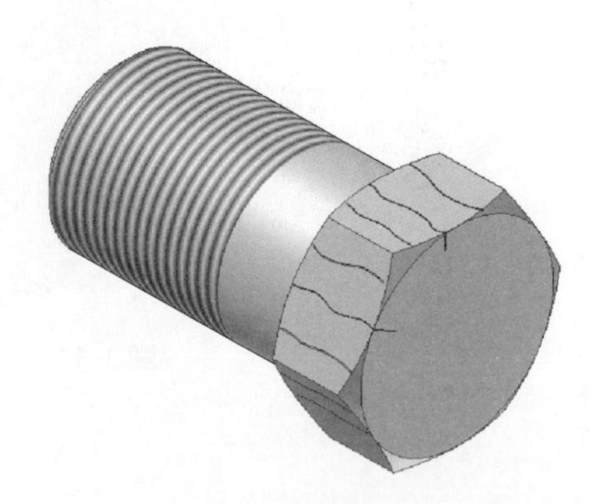

外部爆裂

圖 1-14　爆裂示意圖

8. 銲接：銲接不屬於成型製造而屬於組裝製造，應用於橋樑、建築物結構、鍋爐、輸送管線……等行業極爲廣泛，銲接件使用非破壞檢測是使用相當多的行業，大多非破壞檢測方法也會訂有銲件檢測的特定標準。以下說明常見銲接缺陷：

(1) 冷裂(Cold Cracking)：由於銲接時氫氣、殘留應力及麻田散鐵組織交互作用造成銲道或熱影響區產生裂痕，如圖 1-15。檢測結果參考圖 3-53 及表 5-22。

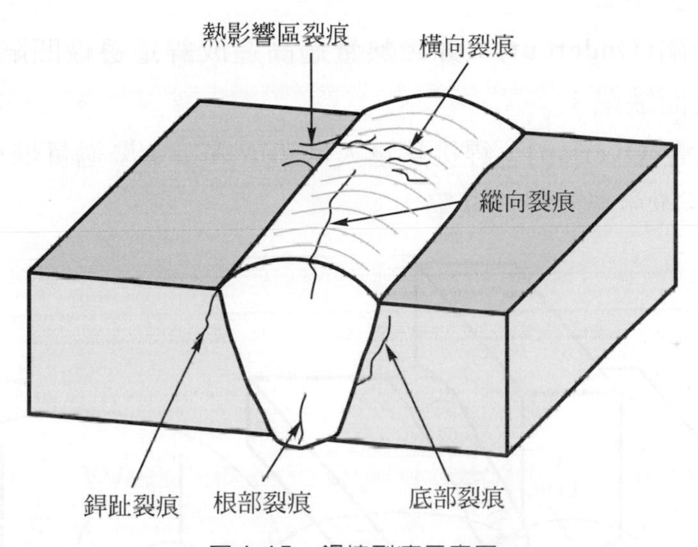

圖 1-15　銲接裂痕示意圖

(2) 熱裂(Hot Cracking)：由於材料中低熔點偏析物或晶界液化，加上銲接應力作用產生的裂痕，在熱影響區發生較嚴重。

(3) 氣孔(Gas Pores)：銲接時溶入或夾帶在熔池的氣體無法順利逸出，一般存在銲道的表面、近表面或內部。如圖 1-16。檢測結果參考表 5-22。

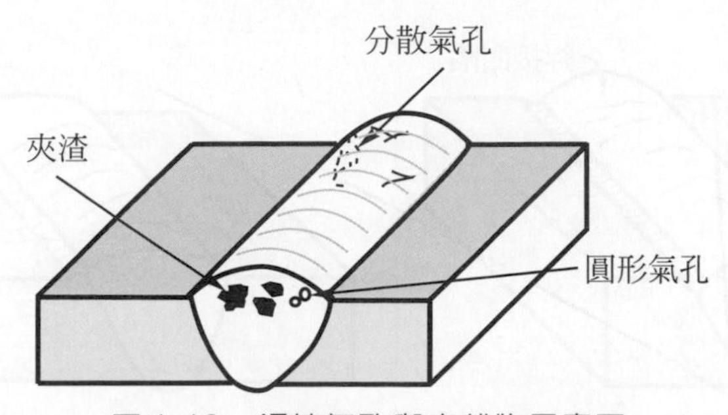

圖 1-16　銲接氣孔與夾雜物示意圖

(4) 夾渣(Slag)：銲接時掉入銲道中的鎢電極、熔渣、氧化物等，或是多道銲接未清除乾淨的銲渣，殘留在凝固的銲道中，如圖 1-16。大多爲近表面或內部缺陷。檢測結果參考表 5-22。

(5) 不完全熔融(LOF)：銲接熱量不足或接點幾何形狀不良，造成銲接金屬與母材未能完全熔透，如圖 1-17。大多爲內部缺陷。檢測結果參考表 5-22。

(6) 不完全穿透(LOP)：由於銲接操作不當導致銲接金屬未能穿透到銲接根部，如圖 1-17。大多在銲道背部的表面、近表面或內部缺陷。檢測結果參考表 5-22。

(7) 銲接凹陷(Undercut)：銲接熱量過高造成銲道邊緣凹陷，如圖 1-18。屬於表面缺陷。

(8) 銲接堆疊(Overlap)：銲接熱量太低造成銲接金屬過量堆積在銲道邊緣，如圖 1-19。屬於表面缺陷。

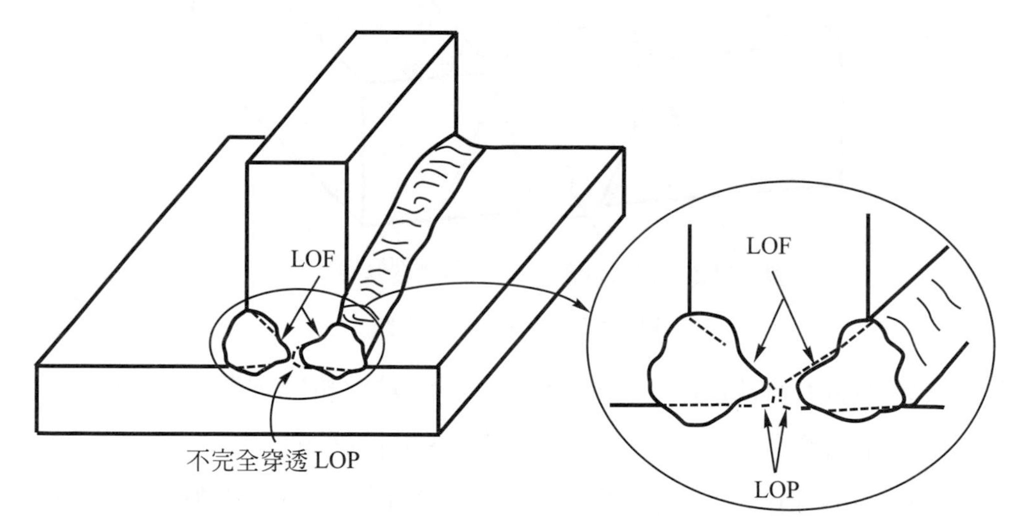

圖 1-17　銲接不完全熔融 LOF 及不完全穿透 LOP 示意圖

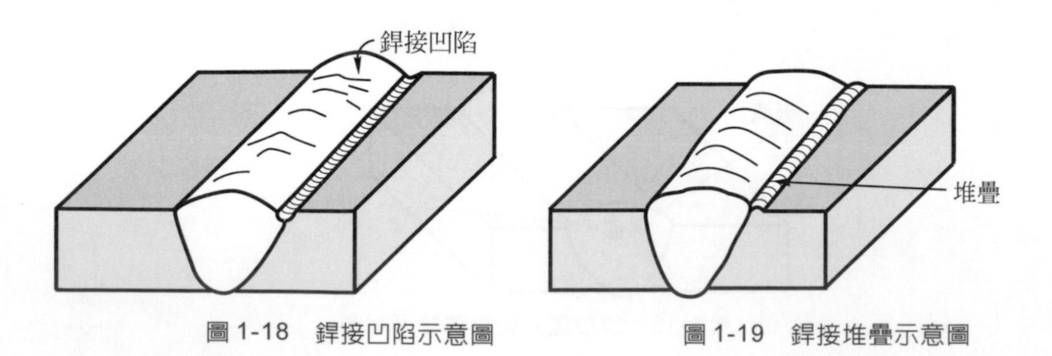

圖 1-18　銲接凹陷示意圖

圖 1-19　銲接堆疊示意圖

三、加工處理缺陷

此類缺陷是由於加工處理造成，像是研磨、機械切削、熱處理、電鍍……等處理，此類缺陷一般都是表面缺陷為主。

1. 研磨裂痕(Grinding Cracks)：由於研磨操作不當使材料局部產生過熱，形成應力，造成裂痕。裂痕一般會和磨輪旋轉方向垂直，如圖 1-20。檢測結果參考圖 3-52。
2. 熱處理裂痕(Heat Treating Cracks)：熱處理時由於加熱、冷卻造成材料熱應力不均勻，形成裂痕，特別是淬火處理時最易發生，如圖 1-21 為磁粒檢測之淬火裂痕。

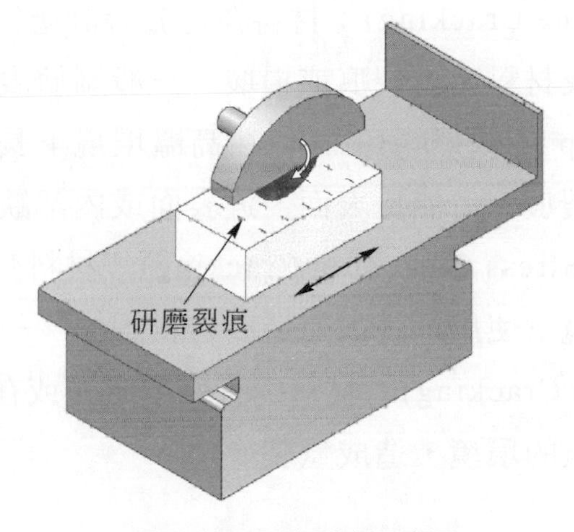

圖 1-20　研磨裂痕示意圖

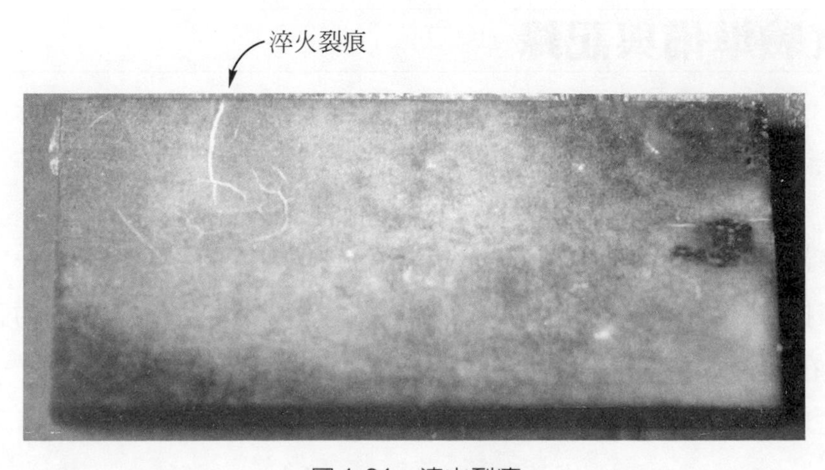

圖 1-21　淬火裂痕

3. 珠擊裂痕(Shot Peening Cracks)：由於珠擊法的殘留應力鬆弛，加上材料殘留氫氣造成裂痕。
4. 電鍍裂痕(Plating Cracks)：由於電鍍時的應力鬆弛與氫氣殘留造成材料表面產生裂痕。
5. 切削撕裂(Machining Tears)：由於重切削及刀具刮痕造成的應力，導致材料表面產生裂痕。

四、使用缺陷

由於零件使用時機械的磨耗、應力或是環境的化學作用，造成材料產生缺陷。此類缺陷一般會先形成裂痕，若未及時停止使用將會造成材料破損。

1. 疲勞裂痕(Fatigue Cracking)：材料在低於設計應力狀況下，長期受到反覆負荷作用造成材料產生裂痕或損壞，一般屬於表面缺陷。
2. 潛變裂痕(Creep Cracking)：材料在高溫環境下長期受到低應力作用，造成材料產生裂痕。可能是表面、近表面或內部缺陷。
3. 應力腐蝕裂痕(Stress Corrosion Cracking)：材料受到靜態應力作用，同時在腐蝕的環境下使用，將加速造成材料損壞。一般屬於表面缺陷。
4. 氫裂(Hydrogen Cracking)：材料中有殘留應力或在應力狀態下使用，同時接觸過多氫氣的環境，造成氫裂。

1.3 實驗準備與記錄

1.3-1 實驗安全

檢測時最重要的工作便是先做好安全防護的工作，各項檢測一定要依循標準檢測程序操作，否則有可能造成操作人員傷害，甚至造成嚴重的工安事件。表 1-5 說明在非破壞檢測時可能造成的安全或健康危害。

表 1-5　非破壞檢測可能易發生的安全或健康危害

可能危害	可能發生的		處理	防護方法
	檢測方法	原因		
輻射傷害	RT	輻射源外漏或屏蔽不當	1. 人員配章判讀 2. 送醫	1. 做好輻射管制 2. 定期做屏蔽檢驗
火災爆炸	PT、MT	1. 易燃物接近火源 2. 電弧接觸易燃物	1. 滅火 2. 受傷人員以灼傷程序處理	1. 易燃物料遠離火源 2. 操作應避免電弧產生
電擊	MT	1. 操作員絕緣不良 2. 設備未接地	1. 關閉電源 2. 受傷人員以灼傷程序處理	做好絕緣、接地工作
吸入化學物質	PT、MT 試件清理	操作時的噴霧或蒸氣	1. 定期健康檢查 2. 身體不適時應就醫	1. 保持操作環境通風 2. 人員佩帶過濾面具
化學物質過敏	PT、MT 照片沖洗 試件清理	皮膚直接或長期接觸化學物質	1. 定期健康檢查 2. 身體不適時應就醫	1. 操作化學物質時可帶手套 2. 操作後做好清洗工作
墜落	現場檢測	攀爬高處做檢測操作不慎	送醫	操作人員應綁安全吊帶
夾傷、擦傷、壓傷	試件或設備組裝搬動	操作不慎	1. 輕傷止血包紮 2. 嚴重時止血、送醫 3. 骨折時固定、送醫	1. 避免接觸轉動零件 2. 利用衝擊力鎖緊及放鬆螺紋
廢水污染	PT、MT 照片沖洗	藥水、磁浴、滲透液、清洗劑……排放	排放前應做污水處理	排放前應做污水處理

1.3-2　實驗報告撰寫

實驗報告是實驗設計、過程、結果及分析的記錄，從實驗報告可以看出整個檢測方法選用、檢測流程規劃是否恰當，更可以得知實驗者對檢測理論基礎是否清楚、實驗者操作過程是否合乎標準程序、實驗結果呈現與分析判斷的能力。實驗報告書寫的要點包括：

1. 封面：包括實驗設計項目、組別、人員、日期。
2. 實驗目的：一般是以條列方式明確界定實驗所要達到的目的。
3. 實驗設備與材料：應標示出檢測設備與耗材的廠牌、規格或型號，並說明檢測設備的種類與選用原因。
4. 實驗試件：應圖示說明材質、形狀、尺寸、加工背景，可以在檢測前先拍照。
5. 實驗原理：說明實驗依據的理論基礎。
6. 實驗步驟：依照選用的實驗設計方法與檢測設備說明操作的步驟，並說明實驗參數設定情形。(簡單的檢測程序書)
7. 實驗結果記錄：一爲實驗參數設定的記錄，在各章最後大多有記錄表格可填寫。另一爲實驗結果記錄，常用的方式爲繪圖、照相、列印、轉印等方法，實驗者依據實驗特性與過程選用適當的記錄方式。
8. 分析與討論：依據實驗結果分析實驗產生的顯示是何種顯示，是否有缺陷、缺陷的種類、形式與位置、缺陷與加工背景的關係……等。
9. 心得。

CHAPTER 2

液體滲透檢測

LIQUID PENETRANT TESTING

液體滲透檢測(簡稱液滲檢測，PT)是針對非多孔性固體材料，利用液體毛細作用檢測開口至表面間斷的非破壞檢測方法。檢測材料的化學成份、內部結構、尺寸、型態和缺陷方向，一般而言不會影響液滲檢測的結果，因此鐵磁性材料、非磁性材料、導體、非導體、陶瓷、玻璃、塑膠都能有效的檢測。液滲檢測可以檢測出細小的缺陷(大約可檢測出0.1mm 寬的缺陷)，因此大部份的表面缺陷都可檢測，像是裂痕、堆疊、氣孔、縮孔、夾層等。和其他檢測方法比較，液滲檢測較爲簡便與便宜，不論是攜帶式或是大量生產的固定式，在設備使用上都較爲簡便，在人員操作技術上，所需的技能也較簡單。因此液滲檢測使用在鑄造、鍛造零件的檢驗上較爲普遍。

2.1 實驗目的

1. 瞭解液滲檢測原理與影響檢測的參數。
2. 能分辨色比式與螢光式液滲物料與使用方式。
3. 能根據檢測程序書，正確的選擇檢測方法並依照程序執行檢測作業流程。
4. 對液滲檢測結果能正確評估與記錄。
5. 配合其它製程成品(如鑄造、銲接、熱處理、加工)做液滲檢測。

2.2 使用規範

1. CNS 11749 非破壞檢測詞彙(液滲檢測名詞)。
2. CNS 11047 液滲檢測法通則。
3. CNS 11225 鑄件表面液滲檢測法。
4. CNS 11376 鍛件液滲檢測法。
5. CNS 11398 銲道液滲檢測法。
6. CNS 12661 滲透探傷試驗法及瑕疵顯現條紋之等級分類。

2.3 實驗設備

檢測裝備的選用需視被檢物材質、表面狀況、尺寸大小；檢測數量、工作環境、檢測效率而定。一般可分成攜帶式與固定式兩大類。

2.3-1 攜帶式裝備

少量或是現場檢驗時，常使用攜帶型液滲裝備。色比式液滲檢驗裝備一般包括整組罐裝液滲物料(清潔劑、色比式滲透劑、顯像劑)及清潔用具，如圖 2-1。螢光式液滲檢驗裝備一般包括整組罐裝液滲物料(清潔劑、螢光滲透劑、顯像劑)、手提式黑光燈及清潔用具等。如圖 2-2。

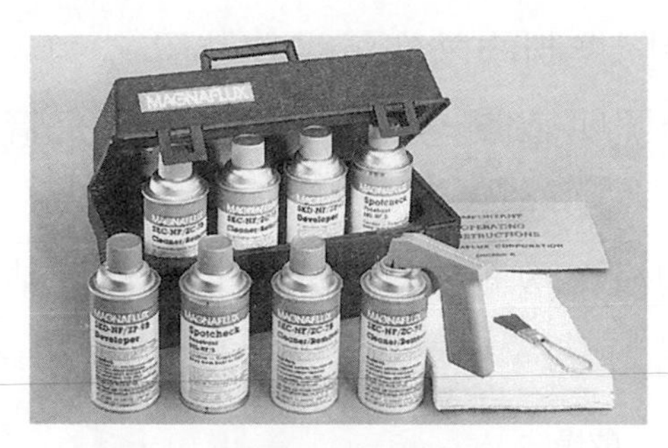

圖 2-1　色比式液滲檢測組(＊1)

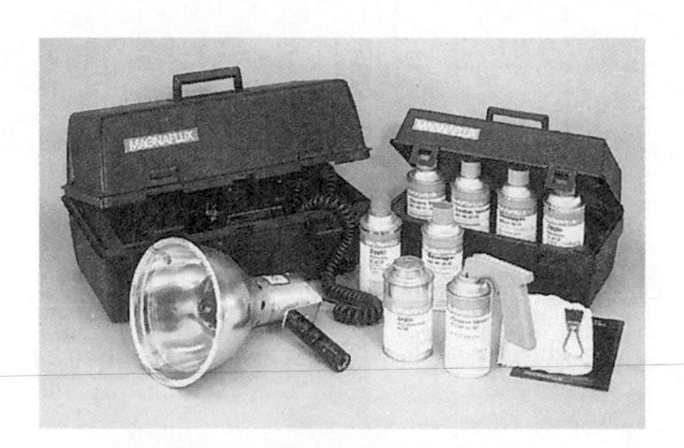

圖 2-2　螢光式液滲檢測組(＊1)

2.3-2　固定式裝備

固定式裝備大多直接在工廠內進行檢測，適合固定檢測流程的大量檢驗或是特殊試件單能檢測裝備，所需設備視檢測狀況有不同裝備，常見的裝備如下：

1. 清潔裝備：視檢測物狀況及檢測條件選擇，一般可能有蒸汽去脂機、溶劑清洗機、蒸汽噴洗機、超音波清洗機、酸洗或鹼洗設備。如圖 2-3 為小型超音波清洗機。

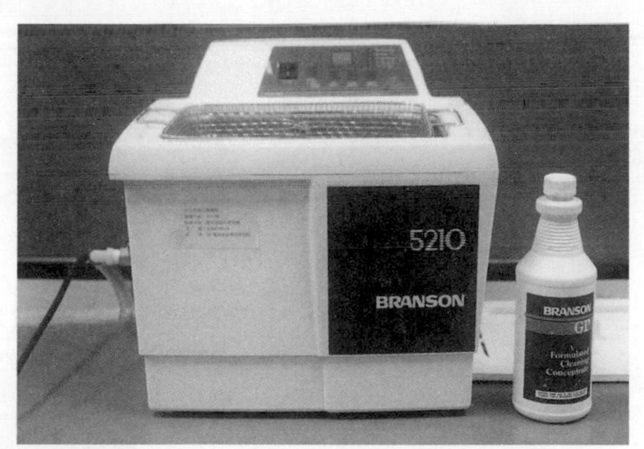

圖 2-3　小型超音波清洗機及清洗劑

2. 滲透裝備：一般為不銹鋼槽，內裝滲透劑並含過濾裝置、滴流架和噴嘴。
3. 乳化裝備：一般為不銹鋼槽，內裝乳化劑及滴流架。
4. 水洗裝備：包括充足水源、噴槍、水壓控制裝置、壓力錶及溫度錶，若使用螢光檢驗時需加裝黑光燈。
5. 顯像裝備：分乾式及濕式兩種，一般使用不銹鋼槽。乾式顯像裝備應含幫浦、噴槍及抽風裝置。濕式顯像裝備採用懸浮粒子材料時，應有攪拌裝置。

6. 烘乾裝備：應採用可自動溫度與時間控制的熱空氣烘乾裝置。
7. 檢視裝備：色比式檢驗時應有充分照明裝置，螢光式檢驗時應有暗室及黑光燈裝置。

圖 2-4 是用來檢測多量中小型試件的液滲檢測系統。其中包括滲透站、滴流站、水洗站(含噴槍)、水洗檢查站(含黑光燈)、烘乾站、顯像站及檢視站(含

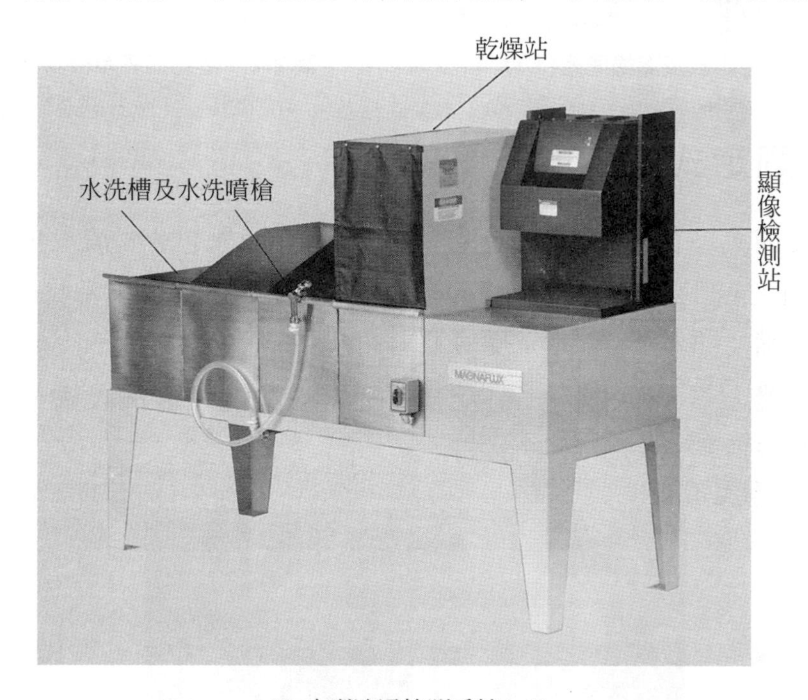

(a) 小型液浸檢測系統(∗1)

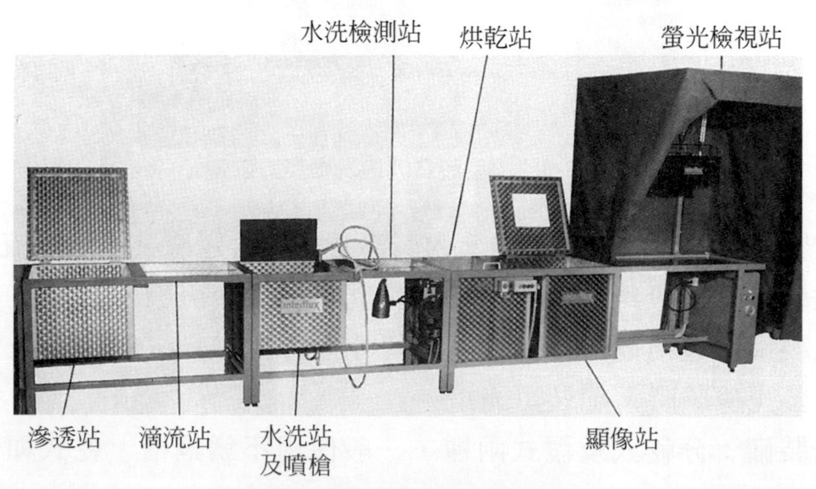

(b) 中型液浸檢測系統(∗3)

圖 2-4 中小型液滲檢測系統

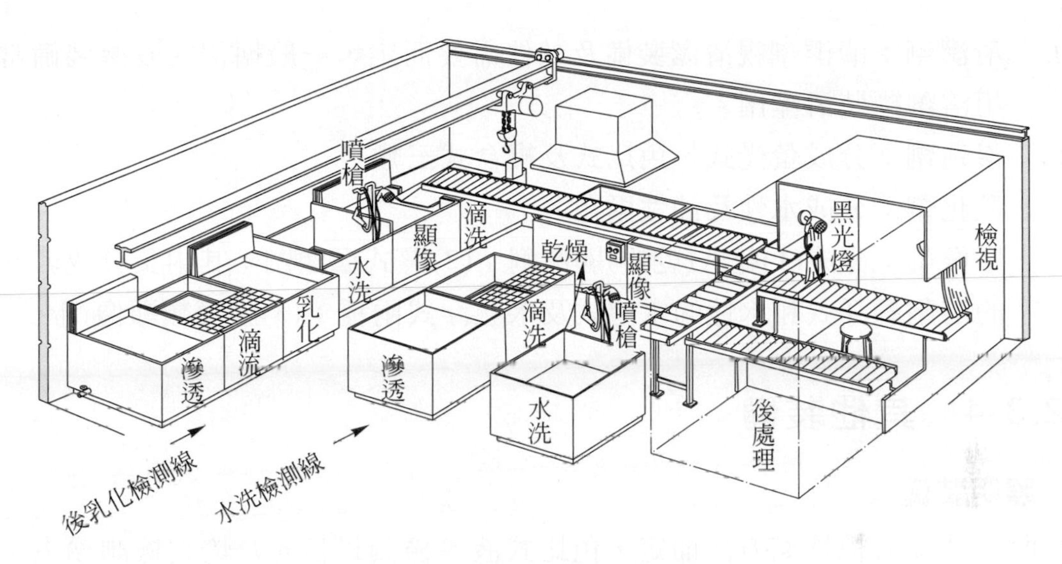

(a) 大型工件螢光檢測系統示意圖

(b) 自動化色比式液浸檢測系統(∗4)

圖 2-5　大型工件與自動化液滲檢測系統

暗室及黑光燈)。圖 2-5 是大型試件檢測示意圖及自動化檢驗系統圖。圖 2-5(a)其中包括螢光後乳化檢測線及螢光水洗檢測線。圖 2-5(b)爲自動化色比檢測系統圖。

2.3-3　檢測物料

檢測物料是指液滲檢測時所用的耗材，不同的檢測方法所用到的檢測物料便不相同，液滲檢測所用的耗材包括清潔劑、滲透劑、乳化劑、顯像劑及水等。說明如下：

1. 清潔劑：清潔劑視清潔裝備及試件需要而定，一般攜帶式液滲裝備常採用溶劑罐裝清潔劑。
2. 滲透劑：分成螢光式、色比式及複合式三類。
3. 乳化劑：分成水性及油性兩類。
4. 顯像劑：分成(1)乾式(乾粉)顯像劑；(2)濕式顯像劑：其中又分成非水性的溶劑懸浮式和水性的水溶式及水懸浮式兩種；(3)膠膜類顯像劑。

2.3-4 其他裝備

一、照明裝備

照明裝備需視檢測方法而定，色比式液滲檢測以日光及燈光檢測為主，檢測環境應明亮。螢光式液滲檢測以黑光燈照射，檢測環境愈暗產生的顯示愈清楚。

1. 色比式液滲檢測：一般用白光照明，包括太陽光、白熾燈、日光燈、電弧燈等，視實際需要選用。一般規定被檢物表面照度不得低於 500 lux。
2. 螢光式液滲檢測：需在黑暗區域檢視，一般可用一簡單暗室或以簾布阻隔光線，其背景亮度不得超過 32 lux 如圖 2-6。檢視用黑光燈的強度在被檢物表面不得少於 1000μW/cm^2(CNS 11047 規範)。某些規範規定，距檢測物表面 380mm 時，檢驗表面 75mm 直徑之周圍照射範圍內最少需 800μW/cm^2。黑光燈強度的校正是液滲檢測判別的重要工作，一般在工作開始前先以黑光強度計，在規定的距離做黑光燈強度校正，如圖 2-7。

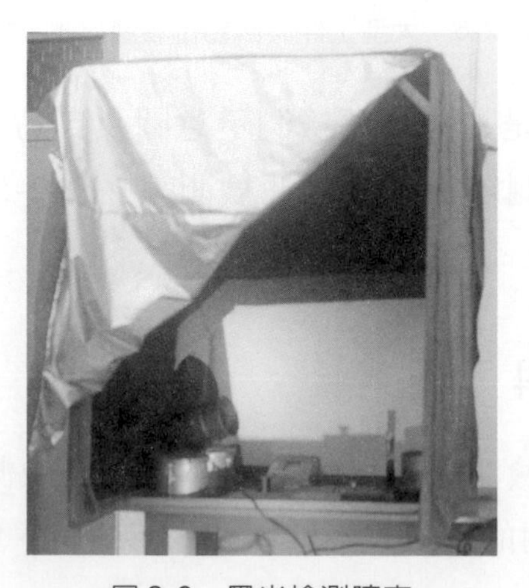

圖 2-6　黑光檢測暗室

圖 2-7　黑光燈校正(中國非破壞檢測公司提供)

二、黑光燈

黑光係指波長在3200～4000Å的紫外光，過濾其中波長2500Å左右對生物有害的紫外光，黑光爲不可見光，但照射在某些礦物或染料時，會發出波長較長的可見光，顏色由紅至藍視所照射的物質種類而定。用於螢光液滲檢測時，螢光經黑光照射後大多呈現黃綠色或是綠色。

黑光燈型式視使用場合而定，有手提式及固定式。形狀有圓形、方形或棒狀(筆式)如圖 2-8。一般手提式黑光燈構造如圖 2-9，包括變壓器、外殼、燈泡及濾光片四部分。燈泡係採用水銀蒸汽燈，由於水銀氣化後水銀燈才能產生正常強度的光線，因此使用前需預熱 5 分鐘。濾光片可使波長 3200～4000Å的近紫外線通過，並且過濾其他波長光線的濾片，通常濾光片顏色爲深紫紅色，其波長峰值爲 3650Å，適合螢光檢測。

黑光燈使用中若斷電，應冷卻 10 分鐘後再開啓，使用時應避免經常開關電源，以免容易故障。

眼睛應避免直視黑光燈，否則會造成眼球內螢光物質反應，造成暫時性視力減弱。可戴黃色濾光鏡減輕視覺疲勞。

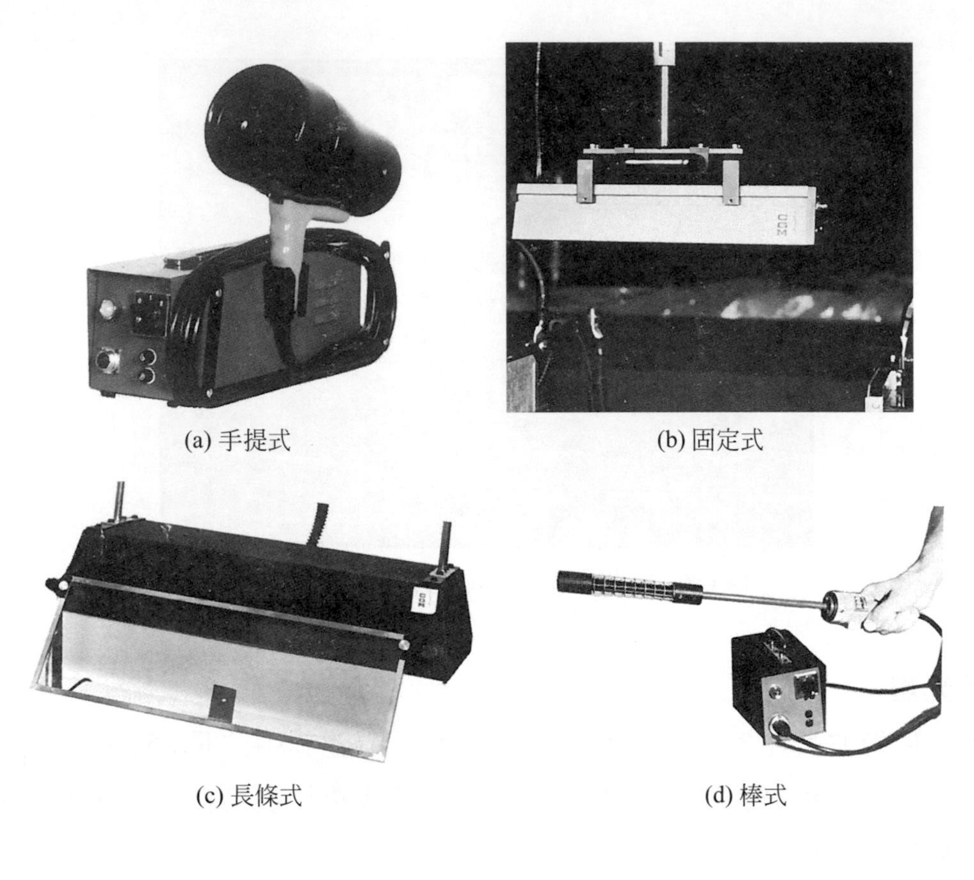

(a) 手提式　(b) 固定式

(c) 長條式　(d) 棒式

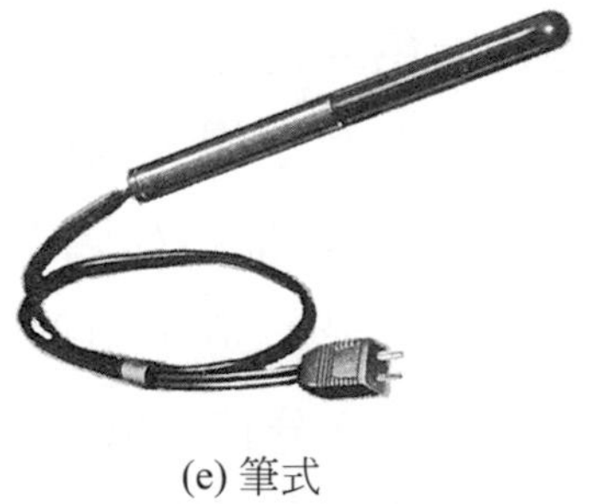

(e) 筆式

圖 2-8　黑光燈(＊2)

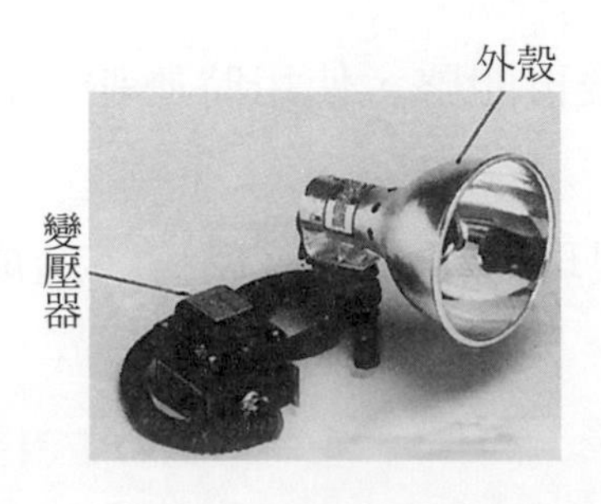

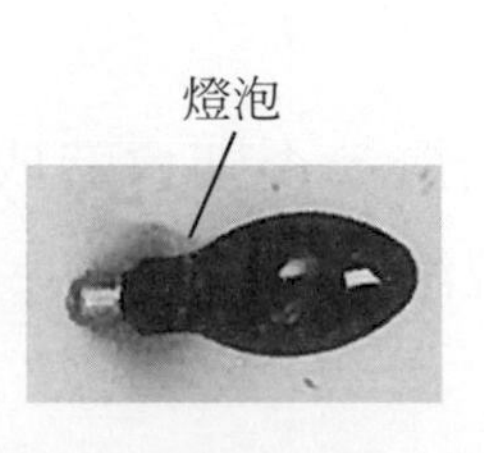

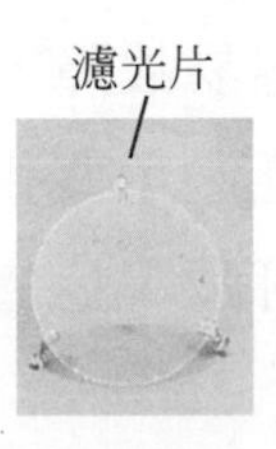

圖 2-9　手提式照光燈構造(＊4)

三、校對試驗片

校對試驗片主要是用來比較滲透劑的靈敏度或清洗時的清洗度，另外常用來評估操作條件或環境(例如操作溫度)是否恰當的工具。校對試驗片的種類很多，像是鋁試驗片、鋼試驗片、陶瓷試驗片、電鍍試驗片或玻璃試驗片等等如圖 2-10，各種試驗片製作的方法與程序有一定的規定，使用者可依照工作需要自行製作。

(a) 鋁試片

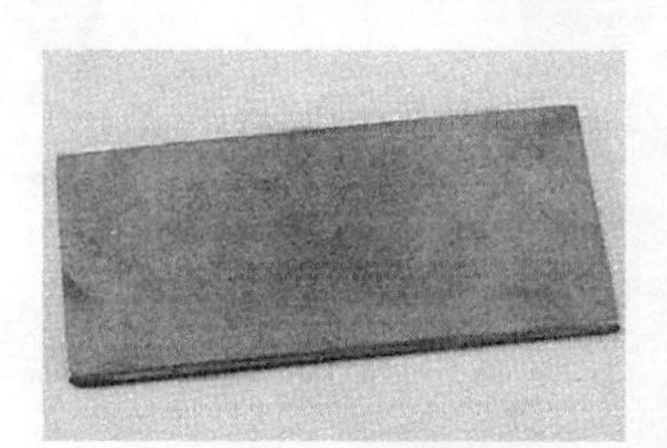

(b) 不銹鋼試片

(c) 電鍍試驗片

(d) TAM 試片：
利用兩種不同表面粗
糙度測試水洗靈敏度

圖 2-10 校對試驗片(∗1)

四、防護面罩及安全眼鏡

水洗或顯像作業時應戴上防護面罩以保護面部不受到滲透劑或顯像劑汙染。安全眼鏡則是減少黑光對眼睛的照射所並且保護眼睛，如圖 2-11。

圖 2-11 UV 防護安全眼鏡(∗1)

五、黑光強度計

如圖 2-12，可分成數位式與類比式兩種，用於測定黑光強度(mW/cm²)圖(a)數位式亮度計可用於可見光亮度測量(燭光)及黑光測量。

(a) 數位式

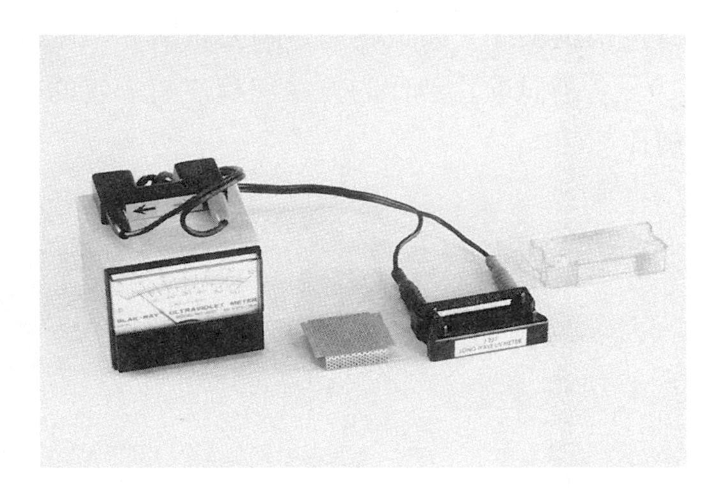

(b) 類比式

圖 2-12　黑光強度計(＊1)

2.4 實驗原理

2.4-1　液滲檢測發展過程與適用性

早在十九世紀，打鐵店與鐵路檢驗便利用“油與白粉檢驗法”(Oil & White-wash)，做爲成品的檢驗，其做法係將油施加於被檢物表面上，經過一段時間後，去除表面上的油，並均勻施加白粉，利用白粉吸附作用把缺陷中殘存的油吸出，此種檢測法的靈敏度與效果都不理想。一直到1930年左右，色比式液滲檢測法發展出來，利用紅色檢驗劑與白色背景所形成的強烈對比，因此大幅提高液滲檢測的靈敏度，同時使得液滲檢測的應用更加廣泛。二次大戰期間美國的 R.C.Switzer 利用螢光物質加入檢驗劑當中，再以黑光檢驗，使液滲檢測的靈敏度更加提高，隨後美國軍方再在螢光檢測物料上不斷改善，其他研究人員也在滲透劑的配方上力求改善，液滲檢測方法逐漸完備，一直到今日，航太工業或是鋼鐵工業都廣泛應用液滲檢測做爲成品的檢測。

液滲檢測是利用毛細現象(Capillary Phenomenon)將滲透液滲透至試片表面間斷的檢測方法，因此僅能檢測開口至表面的間斷，例如：裂痕(Crack)、接縫(Seam)、夾層(Lamination)邊緣、疊裂(Lap)、氣孔(Gas Pores)等缺陷，特別適合檢驗裂痕和氣孔，除此之外，液滲檢測也可做爲管路或銲件探漏檢查的方法。如圖 2-13 是利用液滲物料作探漏檢測的情形。

液滲檢測適用於大多數材料的檢測，被檢材料最大的限制便是不適合多孔質材料的檢測，最常用於非磁性金屬檢測，例如：鋁合金、鎂合金、不銹鋼、銅合金、鎳基合金、鈦合金、鈹合金、鋯合金。此外對於非多孔質陶瓷、玻璃或是塑膠檢測也可適用。液滲檢測也適用於一般鐵磁性材料檢測，但一般鐵磁性材料建議採用磁粒檢測(MT)，因爲磁粒檢測能檢測表面及近表面缺陷、檢測方法簡便、便宜、重檢性、試片清潔度都較液滲檢測良好，但對於不適合磁化或不易磁化的試件，液滲檢測則能有效的檢測。

圖 2-13　利用液滲物料做探漏檢測

2.4-2　液滲檢測優缺點

液滲檢測法的優點包括：

1. 簡便：液滲檢測原理簡單易懂，操作方法與步驟也簡便，對於操作人員基本學識的要求與訓練成本較低。
2. 便宜：液滲檢測所需的設備與物料和其他非破壞檢測方法比較相對便宜。

3. 彈性大：在材料限制方面，除了多孔質材料外的固體幾乎都可檢驗，不受材料導電、導磁特性的影響；在尺寸形狀影響方面，不論尺寸大小或形狀複雜，操作的簡便性，檢測結果的可靠度皆能維持；在生產管制方面，可配合大量檢測或線上檢測設計固定式檢測站，也可配合單件檢驗的攜帶式裝備。
4. 檢測靈敏度高：液滲檢測能依工件狀況選擇普通靈敏度到超靈敏度的檢測方法與物料，其對微小裂痕的檢出能力和磁粒檢測相當，但液滲檢測結果直接顯示在工件上，且觀察較方便。

液滲檢測法也有下列缺點或限制：

1. 缺陷型態限制：僅能檢測開口至表面的缺陷。
2. 被檢材料限制：多孔性材質如非玻璃狀陶瓷、非熔合性粉末冶金材料不適合檢測。
3. 檢測環境限制：檢測溫度過高或過低皆會影響檢測結果。
4. 試件表面清理較麻煩：試件表面油汙、灰塵、鏽漬、漆、電鍍層或是機械加工的毛邊皆會影響檢測結果，同時間斷內需不含水份、油汙、氧化物，否則滲透液不易進入。
5. 滲透物料的維護：滲透液中若含水份、雜質、油汙將會降低檢測靈敏度，甚至檢測失敗，因此滲透物料堪用性必須定時以規塊做校驗。
6. 重檢困難：若需要重檢時，間斷或缺陷可能被第一次檢驗的殘留物料阻塞，以致重檢的靈敏度降低，或是無法檢測。
7. 安全防護：操作人員應避免長期接觸或吸入液滲物料，造成操作人員健康危害。有些液滲材料或噴罐填充物對健康或環保有害。

2.4-3 基本原理

一、滲透原理

1. 潤濕作用(Wetting Action)

液滲檢測最重要的原理便是利用滲透劑滲透到試件的開口間斷當中，滲透作用主要是藉著毛細作用(Capillary Action)來進行。也就是藉著表面張力、附著力、內聚力等性質使液滲材料進入試片開口間斷的方法。

表面張力是由液體分子之間的內聚力形成。像是水滴所形成的球形就是液體表面張力和液體內部的靜壓平衡所致。如果水滴滴到一個固體的表面，則液體分子之間的內聚力會和液體－固體分子間的附著力產生平衡，這種現象稱爲潤濕現象(Wetting Action)。由於潤濕現象是液體內聚力(表面張力)與液－固面的附著力達到平衡，因此附著力的大小會和表面張力大小相等。液體與固體間潤濕能力的好壞，可以由液體與固體表面的夾角(稱爲接觸角θ，Contact Angle)來決定，如圖2-14。如果θ小於90度則潤濕能力好，也就是液體具有自然擴散並附著於固體表面的能力。如果θ等於或大於90度則代表潤濕能力差，液體不易附著在固體表面上。一般液滲檢測的滲透接觸角在0～10度之間。

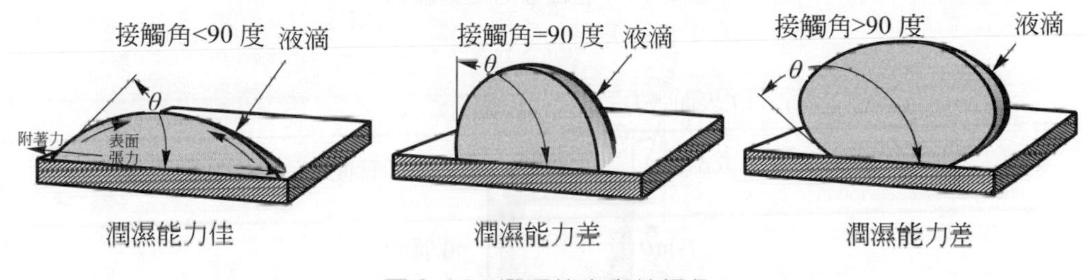

圖 2-14　潤濕能力與接觸角

2. 開口的毛細管

將潤濕能力應用到兩端開口的垂直中空管(毛細管)和液體上，就能觀察到毛細現象引起液面升降的情形，如圖2-15。圖(a)接觸角θ小於90度，會造成毛細管內的液面高度上升且液面呈內凹狀；圖(b)接觸角等於90度，管內液面高度和外面液面高度相同；圖(c)接觸角大於90度，毛細管內液面高度下降且管內液面呈外凸。

考慮毛細管中作用力平衡的狀態下，如圖2-16，在毛細管中向下的力量(F_d)等於管中上升液體柱的重量，向上的力量(F_u)等於液－固面的附著力(又可表示爲液體表面張力)的垂直分力乘以管的圓周長。當力平衡或是液面靜止時，向上和向下的力應相等。因此在毛細管作用下，液面上升的高度(h)和液體的表面張力(T)及接觸角的餘弦($\cos\theta$)成正比，和液體的密度(ρ)及毛細管徑(r)成反比。

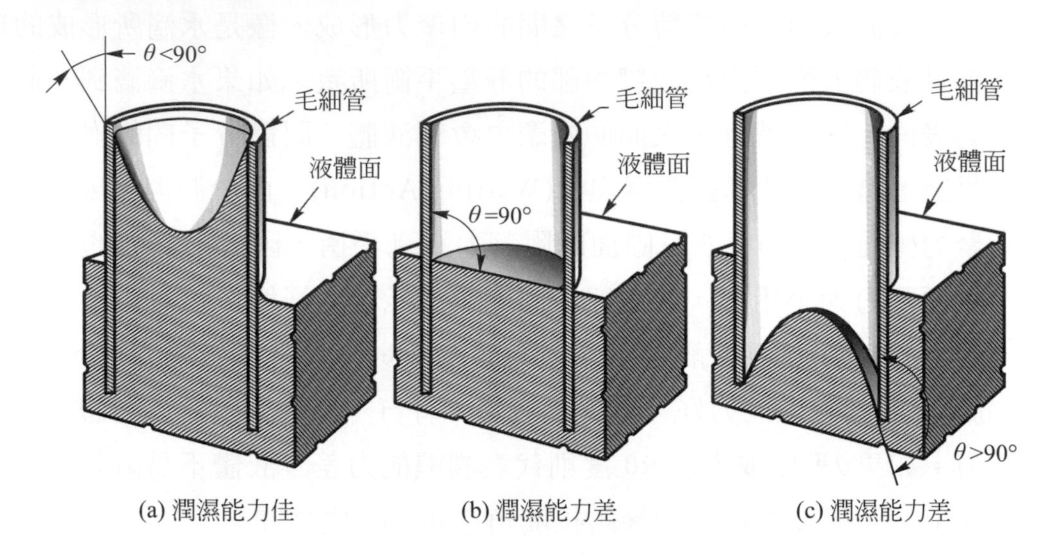

圖 2-15　毛細管的潤濕能力

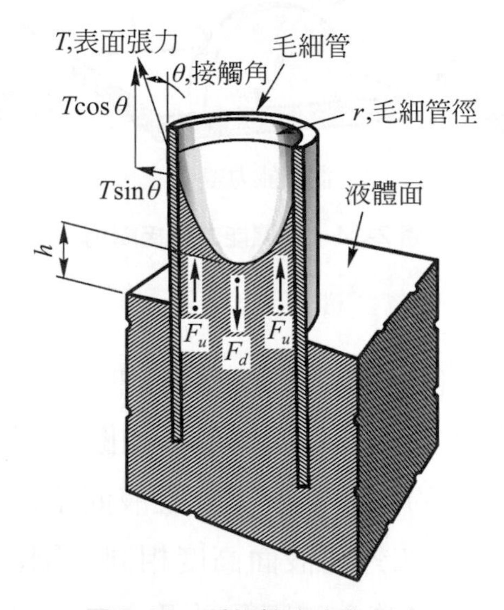

圖 2-16　毛細管中之作用力

毛細管中向下的力量$F_d = \pi r^2 h\rho g$　(2-1)

毛細管中向上的力量$F_u = (T\cos\theta)\ (2\pi r)$　(2-2)

力平衡時$F_d = F_u$

$$\pi r^2 h\rho g = (T\cos\theta)\ (2\pi r)$$

$$h = 2T\cos\theta / g\rho r \quad (2\text{-}3)$$

h：上升液體柱高度(cm)

T：表面張力(dyne/cm)

θ：接觸角

g：重力加速度(cm/sec^2)

ρ：液體密度(g/cm^3)

r：毛細管徑(cm)

3. 封閉的毛細管

如果將毛細管上端封閉，則毛細管內液體上升的高度h將會降低，其原因是毛細管上端空氣無法外洩而被擠壓形成真空壓力，使液體上升高度較低，如圖2-17。液滲檢測時，裂縫等間斷和上端封閉的毛細管原理相似。但是一般的裂痕各處寬窄不同，由 2-3 式可知，裂痕較細的地方會產生較大的毛細壓力與液面上升高度，如此會使得空氣往裂痕較寬的地方移動，讓滲透液較能流入裂痕中。

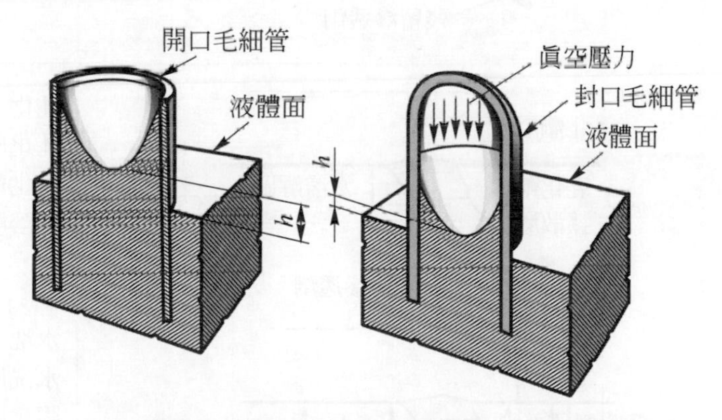

圖 2-17　一端封閉的毛細管液體上升高度比較

影響滲透效果的因素綜合而言包括：

1. 液體的潤濕能力：接觸角愈小，潤濕能力愈好，滲透效果愈好。
2. 液體的表面張力：表面張力愈大，滲透效果愈好。
3. 試件表面清潔度。
4. 間斷型態、位置、大小。
5. 液體的黏度：液體黏度和滲透無直接影響，但黏度過大將使滲透時間加長，甚至無法完全滲透，同時也造成清洗困難。

6. 滲透液對染料或螢光物質的溶解程度。
7. 滲透液被溶劑或後乳化劑的清潔效果。

二、清除滲透劑原理

試件施加滲透劑後，接著需清除試件表面的滲透劑，讓試件表面無殘留滲透劑，而缺陷中保持殘留滲透劑，等顯像時再將殘留在缺陷中的滲透劑顯像到試件表面。清除滲透劑的原理和所採用的滲透劑種類與清除方式相關，其原理示意如圖 2-18。

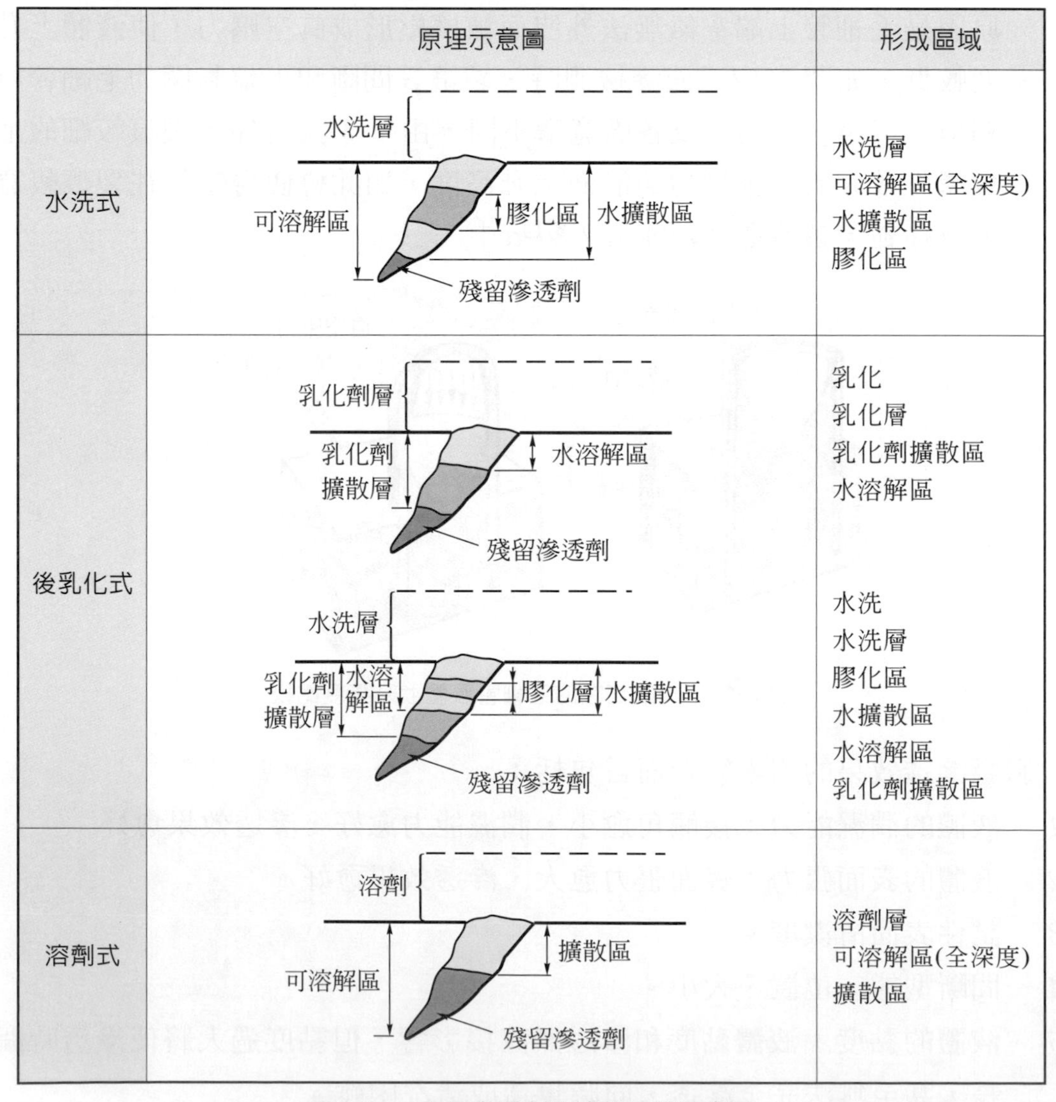

圖 2-18　不同滲透劑的清除原理示意圖

對於水洗式滲透劑的清除而言，水洗擴散區可到達缺陷的全深度，因此過度清洗會造成缺陷中的滲透劑被清除，而無法正常顯像。一般水與滲透劑作用所形成的膠化區以上會被水洗清除。

對後乳化滲透劑而言，要經過乳化與水洗兩個過程，在乳化過程中乳化劑溶解區無法完全到達缺陷殘留滲透劑的底部，而水溶解區又較乳化劑溶解區淺。在水洗過程中同樣水擴散區和乳化後的滲透劑形成膠化區，而膠化區以上被水洗清除。

溶劑式滲透劑的清除過程，溶劑可溶解區也會到達缺陷的全深度，因此溶劑施加過多或太久，都可能造成過度清洗。

清除滲透劑時，滲透劑種類、清洗方式、清洗壓力、清洗溫度、清洗時間、清洗擦拭次數都會影響清洗結果，應注意避免過度清洗的情形。

三、顯像原理

液滲檢測除了滲透過程影響檢測成敗之外，顯像好壞更會影響判別。當滲透完成後，將試件表面清除乾淨之後，施加顯像劑做顯像的觀察。顯像劑是一種細小且具有絨毛狀的粉末，施加在試件表面後，會形成類似海棉組織的薄層覆蓋在試件表面，此時在試件表面各處都有細小的毛細作用產生，當試件間斷中殘留的滲透液接觸到顯像層時，顯像劑又藉著毛細作用將殘留滲透劑從間斷中吸出，同時在顯像劑上擴散放大，直到毛細作用達到平衡，因而可由眼睛觀察經過顯像劑放大的間斷顯示，如圖2-19。

顯像觀察時另一項重要的特性就是可視度，也就是藉外界光線、背景等對應的情形能使觀察者看到顯示的特性。一般為了改善可視度，大多會在滲透劑中加入染料或螢光物質。而顯像劑則是提供顯像背景的材料，為了改善可視度，顯像劑所採用的顏色必須：(1)和滲透液顏色產生明顯對比；(2)和試件或工作環境的顏色做有效區別。一般用於色比式液滲檢驗大多以紅色做為滲透液，顯像劑多採用白色。在螢光式檢驗時，在黑暗環境(背景)中的螢光滲透劑已經能有效提高可視度，顯像劑顏色則不重要。

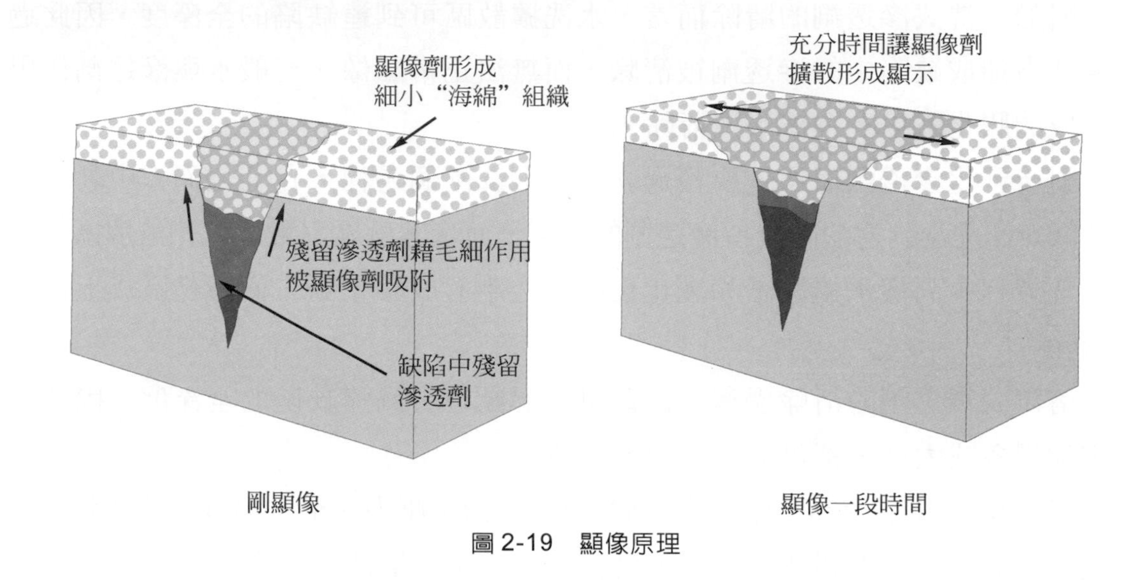

圖 2-19　顯像原理

顯像劑施加不當會導致以下問題：

1. 顯像過程時，殘留滲透劑在顯像劑吸出後會擴散放大，因此相鄰的二個或數個缺陷可能只會形成一個顯示而無法區別。
2. 顯像時滲透液的擴散，可能會降低色比或螢光的可視度。
3. 過量顯像劑可能會遮蓋掉一些細微的顯示結果。

2.4-4　液滲檢測種類

液滲檢測依照滲透與清除方式分類主要可分成螢光水洗、螢光後乳化、螢光溶劑與色比水洗、色比後乳化、色比溶劑六種方式，如表 2-1。其中靈敏度最佳者爲螢光後乳化式，最差者爲色比水洗式。依照顯像方式可分成 1.乾式(乾粉)顯像劑；2.濕式顯像劑：包含水性顯像劑(水溶性與水懸浮式)、非水性顯像劑(溶劑懸浮)；3.膠膜顯像劑；4.不使用顯像劑。如表 2-2。綜合液滲檢測方式以物料種類區分如圖 2-20。

表 2-1　依滲透液與清洗方式分類

滲透液方式	清洗方式	CNS 代號	JIS 代號	ASME 代號	靈敏度
螢光式	水洗法	FA	FA	A-1	3
	後乳化法	FB	FB	A-2	1
	溶劑清除法	FC	FC	A-3	2
色比式	水洗法	VA	VA	B-1	6
	後乳化法	—	VB	B-2	4
	溶劑清除法	VC	VC	B-3	5

表 2-2　依顯像方式分類

名稱	方法	CNS 代號	JIS 代號
乾式顯像法	用乾式顯像劑	D	D
濕式顯像法	用濕式顯像劑	W	W
膠膜顯像法	用快乾式顯像劑	S	S
無顯像法	不使用顯像劑	N	N

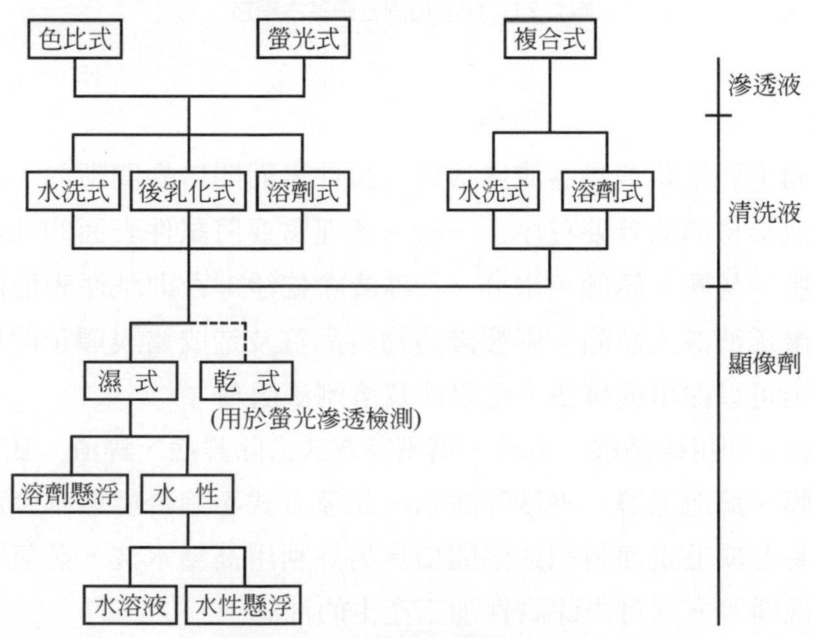

圖 2-20　液滲檢測依物料之分類

2.4-5 液滲檢測基本程序

液滲檢測方法種類繁多，不同液滲檢測方法操作程序便有所不同，但基本操作可以區分成前清理、滲透、清除滲透液、顯像、檢視五個基本程序，如圖2-21。另外視需要進行後處理及重檢兩個步驟。相關基本程序介紹如下。

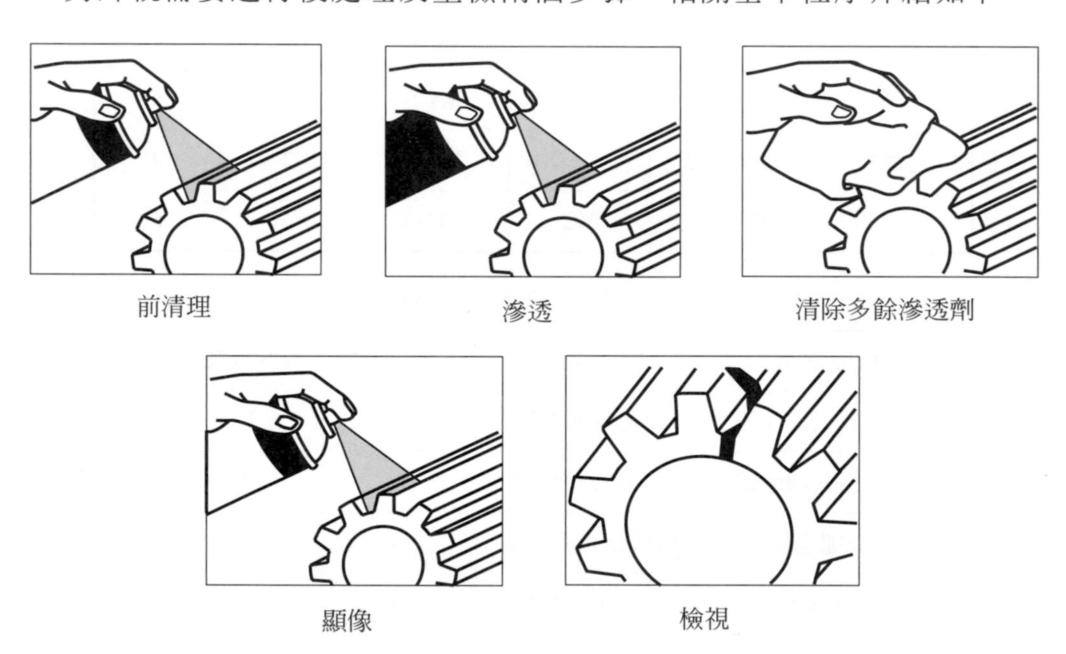

圖 2-21 液滲檢測五個基本程序

一、前清理

液滲檢測主要是藉著滲透液滲透進入試件表面開口的間斷內，因此試件表面前清理是液滲檢測的首要程序。一般前清理需要將試件表面的油漆、鍍層、碳化物、油脂、灰塵、銹蝕、水分……等清除乾淨，否則試件表面狀況不佳，可能會阻礙滲透液滲入缺陷、影響滲透物料品質及造成錯誤顯示的可能性。一般前清理作業可以採用機械法、化學法及溶劑法處理。

1. 機械法：利用砂輪機、噴砂、鋼刷等方式去除銲疤、銲渣、灰塵、銹蝕、氧化膜、鑄造毛邊、夾砂等缺陷。此種方式不適合處理軟金屬，因爲軟金屬易形成毛邊而封閉缺陷開口。另外利用高壓水洗、蒸氣清洗或是超音波洗淨等方式可去除試件加工產生的油脂。

2. 化學法：利用鹼洗、酸洗或鹽浴法，可去除殘餘助銲劑、灰塵、油脂、積碳層與氧化膜。
3. 溶劑法：利用蒸氣去脂或溶劑擦拭方法可去除試件表面或瑕疵內的油脂、油污等有機雜質。若溶劑含氯化物時，不適合鈦、沃斯田鐵不銹鋼等材料。

二、滲透作業(penetrant)

試件前處理完成後便可進行滲透作業，滲透是利用滲透液在試件表面上形成液體薄膜，讓滲透液有足夠時間流入間斷當中，在局部檢測時為了讓滲透液能充分流入缺陷中，一般滲透液施加的區域需要比檢測區域大1/2in以上。以下將就滲透物料、施加方式與滲透時間(或稱駐留時間)三項加以說明。

1. 滲透劑種類

液滲劑種類主要可分成螢光水洗、螢光後乳化、螢光溶劑與色比水洗、色比後乳化、色比溶劑六種方式。

(1) 水洗滲透液：內含乳化劑，滲透完成後可直接用水清洗。
(2) 後乳化滲透液：本身不含乳化劑，滲透作業完成後需在被檢物表面施加乳化劑，使其產生乳化作用後再以水清洗。
(3) 溶劑清除式滲透液：需利用溶劑或清潔劑將多餘滲透液清除的滲透液，適用於局部檢驗。

滲透液有不同的種類，但仍需具備下列共通的特性：

(1) 化學性質穩定。
(2) 閃點需高於60℃，以防火災危險。
(3) 高潤濕能力。
(4) 低黏度，減少滲透時間。
(5) 能快速而完全的滲透進入間斷中。
(6) 顏色鮮明或具有螢光性且不易褪色。
(7) 不易與被檢物或容器產生化學反應。
(8) 低毒性且不傷人體。
(9) 揮發或乾燥較慢。
(10) 容易清除。

⑾ 無臭味。

⑿ 價格便宜。

2. 施加方式

滲透液的施加方式包括浸入法(Immersion)、噴灑法(Spraying)、流注法(Pouring)、塗刷法(Brushing)等方式。以下簡介如下：

⑴ 浸入法：小型試件裝在鐵網籃內進入滲透槽中，適當時間後取出放置在滴流架上，等待適當的滲透時間。一般所指的滲透時間(駐留時間)等於浸入時間加上滴流時間。

⑵ 噴灑法：利用低壓的壓縮機與噴槍、靜電噴槍或壓力噴罐，將滲透液均勻噴到試件表面，可應用於大型工件局部檢驗，或是大型試件全檢。利用壓力噴罐時應注意噴罐的壓力與噴罐和試件的距離，噴灑時需將全檢測區均勻覆蓋且較檢測區寬 1/2 in。利用噴灑法時應注意通風及人員吸入有毒氣體的危害。

⑶ 流注法：直接將滲透液澆注於整個被檢測物表面。

⑷ 塗刷法：利用布、棉花或刷子沾滲透液直接在檢測區上塗刷，適用於檢測區域狹小或受限制的地方。

⑸ 特殊施加方法：爲了增進滲透效果而採用的特殊滲透方式，例如：

① 加壓滲透：用於密閉容器探漏檢測，利用加壓促進滲透液進入瑕疵。

② 減壓滲透：適合小試件密閉中進行，利用減壓或抽眞空使瑕疵內空氣逸出，使滲透液較易滲入瑕疵，減少滲透時間。

③ 震動滲透：滲透作業時，以撞擊敲打試件，或試件浸入滲透液內以超音波震動方式，加速滲透，同時可使瑕疵內異物鬆動，有助於滲透液進入。

3. 滲透時間

滲透時間又稱做駐留時間(Dwell Time)是指滲透液停留於被檢物表面所需的時間，包括了施加及滴流時間。滲透時間受到間斷的大小及型態、檢測材質、滲透液類型、溫度……所影響。像是細長的裂痕需要較長的滲透時間，較粗的缺陷需要較短的滲透時間。一般滲透時間可以由液滲物料廠商及規範所訂的建議值做測試，再決定滲透時間。表 2-3 是一些常見材料不同條件的最短滲透時間參考表。

試件的溫度也是影響滲透時間的因素，溫度較高會減低滲透時間，但溫度太高或是濕度太低，會導致滲透液容易乾燥而降低滲透效果，若滲透液有乾燥情形時必須再施加滲透液。CNS規範中訂定液滲作業的溫度應保持在16～52℃之間，超過此溫度範圍檢驗時應另訂特別程序，並經協議訂定。

三、清潔作業

滲透作業完成後必須將試件表面的滲透液清除乾淨，若清除不完全容易導致錯誤顯示，若過度清洗則可能使寬淺的間斷無法形成顯示。清潔作業的方式隨滲透方法不同，採用不同的清潔方法，清潔完成後必須以目測檢視清潔效果。相關作業說明如下：

1. 水洗式滲透液

   一般直接用水清洗，清洗應使用噴灑法，清洗時應注意清洗水壓、水溫與時間三項變數，清洗水壓不得超過 50psi(3.5kg/cm^2)，平均水壓約為 30psi(2.1kg/cm^2)。清洗水溫範圍在 16～43℃之間為宜。清洗時間會隨試件表面粗糙度、間斷型式、試件尺寸形狀而定，通常在15秒至2分鐘之間。

2. 後乳化滲透液

   後乳化滲透液必須藉著乳化劑(Emulsifier)與油性滲透液接觸，透過擴散或取代作用與滲透液混合，使滲透液自試件表面分離而易於用水清洗。因此此類滲透液需經過乳化及水洗兩個清潔步驟。

   (1) 乳化：乳化劑分成油性與水性兩種，油性乳化劑是藉著擴散作用將乳化層散佈到滲透液上，使滲透液在水中能自然被乳化清除。水性乳化劑是藉著清潔劑取代試件表面滲透液的作用。乳化方式可用噴灑或浸入方式，不宜採用塗刷，乳化劑施加愈快愈好。乳化時間隨乳化劑種類、濃度、黏度、施加方式及試件表面粗糙度、間斷種類而定，一般從數秒到數分鐘不同，可依廠商說明而定，原則上油性乳化劑設在2分鐘以內，水性乳化劑則在5分鐘以內。

表 2-3　常見材料最少滲透時間

材料	製造狀態	間斷種類	最少滲透時間(分鐘)[a]		
			水洗式	後乳化式	溶劑清除式
鋁及其合金	鑄造	氣孔	5～10	5[b]	3
		冷斷	5～15	5[b]	3
	擠製、鍛造	疊裂	不適用	10	7
	銲接	不完全熔融 LOF	30	5	3
		氣孔	30	5	3
	各種型態	裂痕	30	10	5
		疲勞裂痕	不適用	30	5
鎂及其合金	鑄造	氣孔	15	5	3
		冷斷	15	5	3
	擠製、鍛造	疊裂	不適用	10	7
	銲接	不完全熔融 LOF	30	10	5
		氣孔	30	10	5
	各種型態	裂痕	30	10	5
		疲勞裂痕	不適用	30	7
鋼鐵	鑄造	氣孔	30	10[b]	5
		冷斷	30	10[b]	7
	擠製、鍛造	疊裂	不適用	10	7
	銲接	不完全熔融 LOF	60	20	7
		氣孔	60	20	7
	各種型態	裂痕	30	20	7
		疲勞裂痕	不適用	30	10

表 2-3　常見材料最少滲透時間(續)

材料	製造狀態	間斷種類	最少滲透時間(分鐘) [a]		
			水洗式	後乳化式	溶劑清除式
黃銅、青銅	鑄造	氣孔	10	5[b]	3
		冷斷	10	5[b]	3
	擠製、鍛造	疊裂	不適用	10	7
	銲接	不完全熔融 LOF	15	10	3
		氣孔	15	10	3
	各種型態	裂痕	30	10	3
塑膠	各種型態	裂痕	5～30	5	5
玻璃	各種型態	裂痕	5～30	5	5
碳化鎢刀具		不完全熔融 LOF	30	5	3
		氣孔	30	5	3
		裂痕	30	20	5
鈦及高溫合金	各種型態	－	不適用	20～30	15
任何金屬	各種狀態	應力腐蝕或粒間腐蝕	不適用	240	240

[a]試件及滲透液溫為 16～52℃。
[b]僅適合精密鑄件。

(2)　水洗：操作和水洗滲透液相同。

3.　溶劑清除式滲透液

溶劑分成可燃與不可燃兩種類型，可燃溶劑應注意燃燒的危險，但其成份不含鹵素。不可燃溶劑含鹵素成份，因此對於某些(如不銹鋼)材料不適用。

溶劑清除時應使用清潔、不掉纖維且具吸收性之布或紙沾溶劑、清潔劑擦拭被檢物，擦拭時最好採單方向擦拭而不要來回擦拭，擦拭過的布或紙不要重複使用。不可使用清潔劑直接噴灑或沖洗。

4. 乾燥

液滲檢測過程中選用的檢測方法不同，乾燥的時機便不同，在顯像作業之前做乾燥處理大多使用在乾式或非水性濕式顯像劑時，乾燥處理可使用自然乾燥或溫空氣乾燥，試件表面溫度以不超過52℃爲原則。在顯像作業之後乾燥處理使用在採用水性顯像劑時，以溫空氣乾燥處理爲原則。若使用溶劑清除式滲透檢測，乾燥處理在顯像作業之前，一般採用正常蒸發、擦拭或強力通風方式。

5. 目測檢視

由於清潔作業不當可能會導致錯誤顯示或隱藏間斷的顯示，所以清潔完成後必須以目測檢視試件。若使用螢光檢測時，應將試件置於暗室以黑光燈檢驗，不得有螢光反應。若使用色比式檢測時，應檢視擦拭布(紙)上是否留有紅色滲透液的痕跡，直至擦拭布或紙無紅色痕跡爲止。

四、顯像

試件經過清潔作業後(有些需經乾燥處理)，便需進行顯像作業，顯像方式及顯像劑的選用如下：

1. 顯像方式

顯像劑的種類已於前述，一般而言螢光液滲檢測可用濕式或乾式顯像法，色比液滲檢測大多只採用濕式顯像劑。

(1) 乾式顯像劑：乾粉顯像劑是質輕且鬆散易飛的粉末，具有良好的吸附特性，顏色多爲白色。施加方式可用浸入法、球形噴罐、噴槍或是靜電噴槍等方式，但不可使用塗刷法以免將已生成的顯示抹去。同時過多乾粉會遮蓋細小間斷顯示，可以採用震動敲擊、傾斜、低壓吹拂或乾空氣吹除等方式清除多餘乾粉。使用乾式顯像劑應避免乾粉被污染及乾粉飄散污染環境的問題。

(2) 濕式顯像劑：濕式顯像劑常用的有三種：水性懸浮液、水性溶解液及溶劑懸浮液(非水性)。此外還有一種膠膜顯像劑使用較少。

① 水性懸浮顯像劑：利用顯像粉末與水混合成懸浮液。施加方式可用浸入法、流過、塗刷及噴灑方式，施加時應注意顯像劑覆蓋在試件

上不可過多也不可太少，否則會減低顯像靈敏度。因此施加顯像劑前須先均勻攪拌懸浮液，以免懸浮液分佈不均。施加後應檢查試件轉角或低凹處是否有過多顯像劑堆積，若有堆積現象可將試件旋轉、倒置方式排除。

② 水溶性顯像劑：顯像劑溶解在水中，乾燥後形成一層有吸收性的薄膜。水溶性顯像劑施加與乾燥方式和水性懸浮顯像劑相同。水溶性顯像劑施加較水懸浮式均勻，且不會沉澱，因此靈敏度較穩定。但會造成螢光減弱現象，故使用較少。

③ 溶劑懸浮顯像劑：顯像粉末在快乾溶劑中呈懸浮狀，又稱爲非水性顯像劑。施加方式除非顧及安全或健康可使用塗刷法之外，僅能採用噴灑法。

④ 膠膜顯像劑：將顯像粒子加入塑膠中，並混以凡立水，施加於被檢物上時，乾燥較快，形成塑膠薄膜，防止滲透液側面擴散，做爲色比式檢驗時提供良好的背景和增加折射指數，其靈敏度和鑑別力非常高。

2. 顯像劑選用

選擇顯像劑的一般原則：

(1) 試件條件

① 平滑表面試件採用濕式顯像劑，粗糙表面選用乾式顯像劑較佳。

② 大量小試件檢測採用濕式顯像劑較方便。

③ 有尖角的試件不宜用濕式顯像劑，以免堆積過多顯像劑。

④ 溶劑顯像劑對細小、深裂痕檢測靈敏，對寬淺缺陷檢測不理想。

⑤ 粗糙表面用濕式顯像劑時，後清理或重檢較困難。

(2) 顯像劑靈敏度

選用顯像劑另一項考慮因素就是顯像劑的靈敏度，顯像劑的靈敏度會隨顯像劑種類和施加方式而異，表 2-4 式顯像劑靈敏度比較表，其中以溶劑懸浮顯像劑採用噴灑法的靈敏度最好。

五、檢視

顯像完成後便需進行檢視，檢視工作首先對顯像程序做觀察，像是濕式顯像劑是否已乾燥、顯像劑是否過量或局部堆積等，若顯像作業確實無誤則可進一步做顯示的觀察。此時可觀察顯像初期的缺陷位置與形狀。顯像過程中顯示之出現應密切注意觀察，一般檢視作業爲顯像噴灑 7～30 分鐘之內進行，如顯示條紋之大小不再有變化時，得超過此時間以上觀察。當顯像一段時間後，缺陷內的殘留滲透液會藉著毛細作用被吸附與擴散，故顯像面積會較剛開始顯像面積大，藉此可作爲缺陷嚴重性評估。檢視時應注意下列事項：

表 2-4　顯像劑種類與施加方式靈敏度比較

靈敏度	顯像方式
靈敏度最差	1. 乾式顯像劑採浸入法
↑	2. 乾式顯像劑採空氣吹拂法
	3. 乾式顯像劑採流過法
	4. 乾式顯像劑採靜電吹拂法
	5. 水性懸浮顯像劑採浸入法
	6. 水溶性顯像劑採浸入法
	7. 水性懸浮顯像劑採噴灑法
	8. 水溶性顯像劑採噴灑法
↓	9. 膠膜顯像劑採噴灑法
靈敏度最佳	10. 溶劑懸浮顯像劑採噴灑法

1. 色比液滲法：須有充分照明且無干擾，被檢物表面照度不得低於 500 lux。
2. 螢光液滲法：應使用黑光燈在黑暗區域檢視評估，檢視區背景亮度需低於 32 lux，檢視前眼睛在黑暗中至少要有 5 分鐘適應期，黑光燈強度在被檢物表面不得少於 $1000\mu W/cm^2$，每八小時或工作區改變時應查核，黑光燈之波長範圍爲 3200～4000Å，使用前應有足夠預熱時間(5 分鐘)。

3. 檢視時可利用量規、放大鏡、手電筒協助觀察，利用少量溶劑、顯像劑、乾布做必要修補，減少錯誤發生。
4. 檢視結果的記錄可直接用紅筆圈出缺陷部位、相機拍攝或用特殊塑膠或臘質顯像劑(膠膜顯像劑)凝固後可撕下保存，另外亦可於顯像後噴灑“固定劑”，俟其乾燥後以膠帶黏貼記錄。

*六、後處理

試驗完成後，殘留在試件的顯像劑或滲透液如有可能造成腐蝕或增加試件的磨耗時，必要時應予以後處理。對於顯像劑的清除可參考前述(顯像方式)或依照以下原則：

1. 乾式顯像劑可用壓縮空氣吹除、清水洗淨。
2. 水性顯像劑用清水或清潔劑，配合刷子或洗刷機清洗。
3. 溶劑顯像劑用溶劑清洗，配合擦拭或刷子清洗。

對於滲透液的清除可用溶劑浸入清除、蒸氣去脂或是超音波洗淨。

*七、重檢

試驗進行中或完畢後如果有下列情形時，應予重檢。

1. 操作方法有失誤時。
2. 所顯現的條紋無法判斷出是瑕疵或是疑似顯示時。
3. 其他認爲必要時。

液滲檢測時，滲透液進入間斷後，或多或少都會殘留在間斷內，即使經過顯像或清除作業也不易完全清除，尤其滲透液乾燥後更難清除，重檢時檢測效果將會降低，以下是重檢的一些原則，表 2-5 是重檢採用方法建議表。

1. 採用水洗滲透液檢驗後，不適合重檢。原因爲滲透液內含乳化劑，乾燥後極難清除。
2. 第一次檢測採用螢光式液滲，重檢時採用螢光式或色比式皆可。
3. 第一次檢測採用色比式液滲，重檢時不宜採用螢光式檢驗，僅適合以色比式重檢。

表 2-5　重檢採用方法建議表

重檢＼第一次	FA	FB	FC	VA	VB	VC
FA	×	√	√	×	×	×
FB	×	√	√	×	×	×
FC	×	√	√	×	×	×
VA	×	√	√	×	√	√
VB	×	√	√	×	√	√
VC	×	√	√	×	√	√

√：可採用之組合　　×：不宜採用之組合

表 2-6 是不同的液滲檢測方法操作順序的彙整，選定液滲檢測的方法後可依照表中的順序進行檢測步驟。

表 2-6　液滲檢測方法操作順序彙整表

檢測方法		檢測操作程序										
滲透液	顯像方式	檢測代號	前處理	滲透處理	乳化處理	洗淨處理	擦拭處理	乾燥處理	顯像處理	乾燥處理	檢視	後處理
螢光水洗	乾式	FA-D	■	■		■		■	■		■	■
螢光水洗 色比水洗	濕式水性	FA-W VA-W	■	■		■			■	■	■	■
螢光水洗 色比水洗	溶劑懸浮	FA-S VA-S	■	■		■		■	■		■	■
螢光水洗	不使用	FA-N	■	■		■		■			■	■
螢光後乳化	乾式	FB-D	■	■	■	■		■	■		■	■
螢光後乳化 色比後乳化	濕式水性	FB-W VB-W	■	■	■	■			■	■	■	■
螢光後乳化 色比後乳化	溶劑懸浮	FB-S VB-S	■	■	■	■		■	■		■	■

表 2-6 液滲檢測方法操作順序彙整表(續)

檢測方法		檢測操作程序										
滲透液	顯像方式	檢測代號	前處理	滲透處理	乳化處理	洗淨處理	擦拭處理	乾燥處理	顯像處理	乾燥處理	檢視	後處理
螢光溶劑	乾式	FC-D	■	■			■		■		■	■
螢光溶劑 色比溶劑	濕式水性*	FC-W VC-W	■	■			■		■	■	■	■
螢光溶劑 色比溶劑	溶劑懸浮	FC-S VC-S	■	■			■		■		■	■
螢光溶劑	不使用	FC-N	■	■			■				■	■

*較少使用

2.4-6 液滲檢測方法選用

液滲檢測的種類繁多，檢驗人員必須依照工廠設備、試件尺寸、檢測數量、試件表面狀況、缺陷種類及大小、價格等因素選用適當的檢測方法。表 2-7 是幾種液滲方法特性的比較。表 2-8 是液滲方法選用的參考。表 2-9 是液滲檢測各流程施加方式的比較表。

表 2-7 液滲方法特性比較

檢測方法	水洗式	後乳化式	溶劑清除式
色比式	1. 靈敏度最低 2. 適合大面積檢測 3. 適合大量檢測	1. 靈敏度較水洗性高 2. 適合大面積檢測	1. 不適合水洗清除 2. 適合局部檢測 3. 適合少量檢測
螢光式	1. 靈敏度在螢光式中最低 2. 適合大面積檢測 3. 適合大量檢測 4. 適合檢測深窄的間斷 5. 適合粗糙表面檢測 6. 不適合重檢 7. 有過度清洗的可能	1. 靈敏度較水洗式高 2. 適合大量檢測 3. 適合零件含有酸或鉻成份，不適合採用水洗者 4. 適合檢測寬淺的間斷 5. 適合不同靈敏度要求 6. 適合使用時易受汙染的零件 7. 適合應力腐蝕、粒間腐蝕或研磨裂痕	1. 靈敏度較色比溶劑式高 2. 不適合水洗清除 3. 適合局部檢測 4. 適合少量檢測

表 2-8 液滲方法選用參考

檢測情況	較適合檢測方法	附註
大量小零件檢測	水洗式	小零件裝在籃內
大量大零件檢測	後乳化式	大型鍛件或擠製品
對細小間斷能有最高靈敏度	後乳化式	指示最清晰
像是刮痕等淺間斷之檢測	後乳化	乳化深度可控制
試件表面粗糙	水洗式	−
有螺紋或鍵槽之零件	水洗式	後乳化式滲透液易卡在尖角
試件表面中等粗糙	水洗或後乳化式	視檢驗量和靈敏度而定
局部檢測	溶劑清除式	−
設備可攜性高	溶劑清除式	−
不宜水和電之場合	溶劑清除式	−
陽極處理過之試件	1.溶劑 2.後乳化 3.水洗	依 1，2，3 順序使用
需重檢	溶劑清除式	最多可重複 5～6 次
洩漏測試	水洗或後乳化	−

表 2-9 液滲檢測各流程施加方式比較表

影響因素		滲透作業				清潔作業			顯像作業			
		浸入	噴射	壓力罐	塗刷	擦拭	後乳化	水洗	浸入	流過	噴灑	噴射
試件尺寸	大件	×	√	▲	×	×	▲	√	×	√	√	√
	小件	√	▲	▲	▲	√	▲	▲	√	×	√	√
試件形狀	簡單	√	√	—	√	√	√	√	√	▲	√	√
	複雜	▲	√	—	×	×	▲	√	×	×	√	√
檢驗數量	少量	▲	√	—	√	√	▲	▲	▲	▲	√	√
	大量	√	▲	—	×	×	▲	√	√	▲	×	▲

√：好　　▲：可　　×：少用

2.4-7 液滲物料管制

液滲物料在使用或儲存的過程中可能會遭到汙染或變質，使得液滲物料品質劣化，若檢測人員未能定期做物料性能試驗，則檢測結果將喪失可靠度。一般液滲物料在下列情況時應做性能試驗：

1. 有汙染或揮發情形時。
2. 液滲檢測條件改變時。
3. 補充液滲材料時。
4. 使用者自訂期限屆滿時。

本文將針對液滲物料管制與校對試驗片做說明，其中校對試驗片可提供做爲液滲物料性能試驗之用。

一、校對試驗片

校對試驗片的功用是檢驗液滲物料之性能與操作方法是否適宜，其中液滲物料性能試驗是利用同一組的校對試驗片，將要比較的液滲物料分別施加在試驗片不同的面上，做同樣條件的試驗，再比較不同液滲物料所造成的瑕疵顯現條紋。這種操作主要是檢測不同液滲物料檢驗性能的優劣，一般是將標準物料和待檢物料同做比較，藉以判斷待檢物料的檢驗性能。常做爲滲透液靈敏度檢查、滲透液清洗度檢查、乳化劑靈敏度和清洗度檢查。

校對試驗片另一項功能是評估操作方法是否適當，利用同一組校對試驗片，同一種液滲物料，以不同的操作條件予以試驗，然後比較瑕疵顯現條紋，藉以評估不同的操作條件是否可行。常做爲不同操作溫度檢驗可靠度之判定。

校對試驗片的材質包括鋁、銅、鋼、玻璃、鎳或陶瓷等等，利用一定的處理程序，使試驗片產生某種缺陷，比較液滲物料缺陷顯現條紋的能力。不同試驗片其製作方式也不相同，以下僅簡單說明常用的試片製作方式。

1. CNS 12661 A型校對試驗片(PT-A)(鋁試片)

   試片形狀尺寸如圖 2-22 所示，材質爲CNS 2253 規範規定的A 2024 P鋁合金材料。試片製作流程爲：

(1) 加工外型尺寸。

⑵ 將板一面中央用噴燈加熱至520～530℃。

⑶ 利用冷水向加熱面噴灑，使其產生淬裂。

⑷ 同樣程序使試片反面產生淬裂。

⑸ 將試片中央鉋削如圖2-22的溝槽或是切斷。

2. CNS 11047鋁比較規塊

其材質爲CNS 2068規範規定之鋁合金2024材料。試片製作流程爲：

⑴ 外型尺寸加工。

⑵ 利用510℃溫度筆在試片中心以直徑25mm的面積塗上標示。

⑶ 用火炬加熱至510～524℃。

⑷ 浸入冷水中淬火產生淬火網狀紋。

⑸ 加熱149℃乾燥。

⑹ 中心切槽或切斷。

規塊形狀尺寸與圖2-22相同。試片製作流程如圖2-23。鋁試片使用前需先溶劑清洗再以蒸氣去脂後再用。

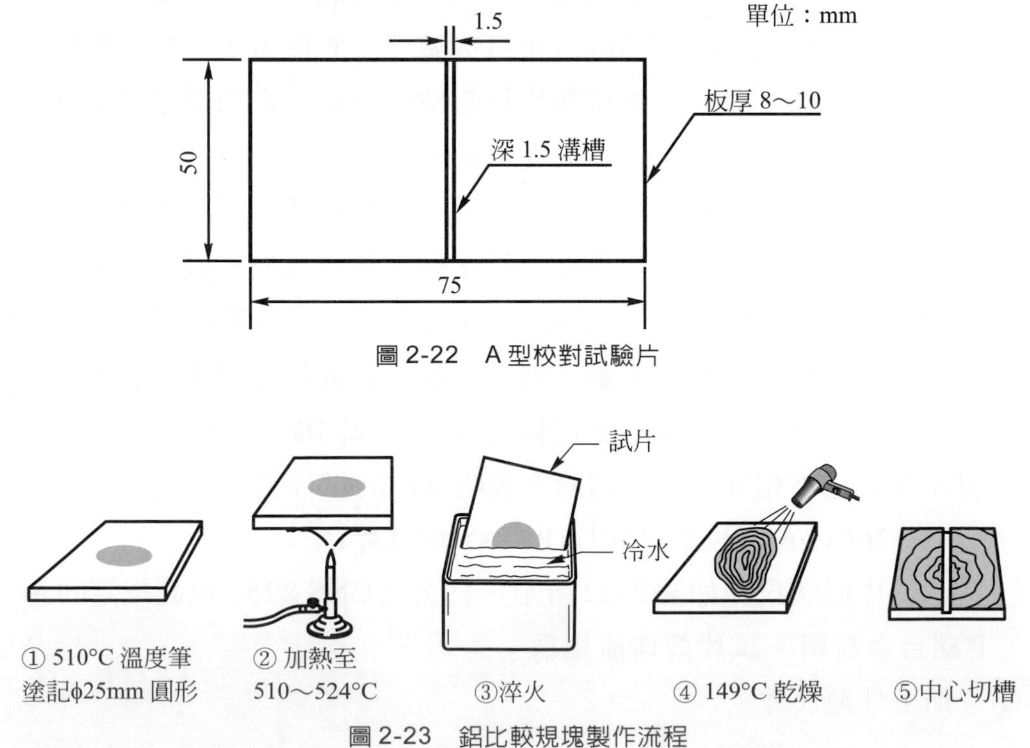

圖2-22 A型校對試驗片

圖2-23 鋁比較規塊製作流程

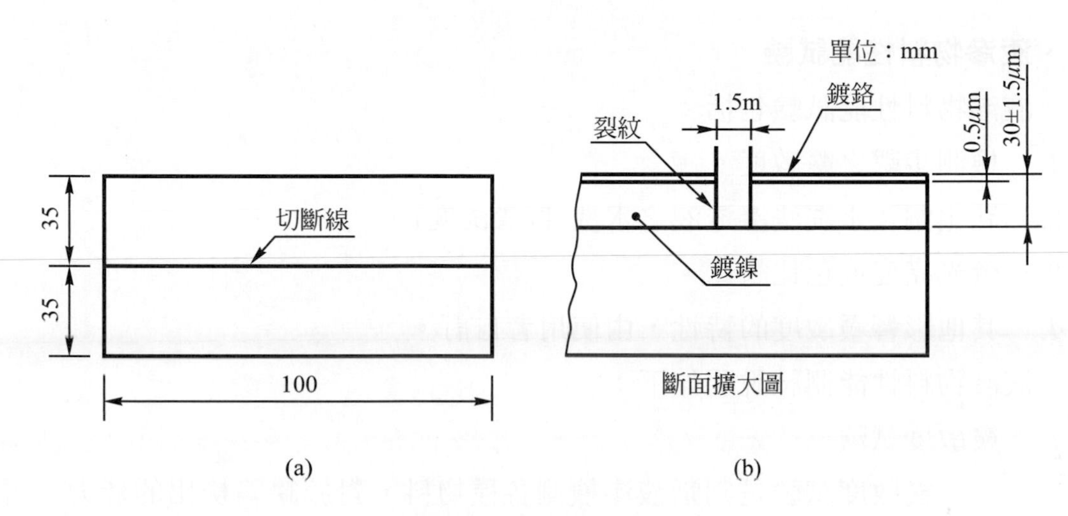

圖 2-24　B 型校對試驗片

3. CNS 12661　B 型校對試驗片(電鍍試片)

如圖 2-24(a)所示，材質爲CNS 11073 規範規定之C2600 P、C2680 P、C2720P 或 C2801P 之一的銅合金。試片製作方法爲：

⑴ 外型尺寸加工。

⑵ 將試片鍍鎳及鍍鉻，尺寸如圖 2-24(b)。

⑶ 以電鍍面向外做彎曲使其發生裂紋。

⑷ 將彎曲面整平。

⑸ 試片依切斷線切割爲兩塊。

4. 鋼試片

用於水洗滲透液(螢光)、乳化劑、溶劑(螢光或色比)清洗度測試，鋼試片由 301 或 302 不銹鋼經完全退火後，取尺寸 50×100mm(或更大)，其中一面再經過噴砂處理，噴砂顆粒採用 100 號砂粒，噴槍距離試片表面 457mm，壓力 60psi，直到形成均勻毛面爲止。使用前先經過蒸氣去脂，再經乾燥處理。

5. 玻璃試片

用於清洗度測試，試片用 6mm 玻璃板製成，檢驗螢光液滲材料時用黑色玻璃，檢驗色比式液滲物料時用透明玻璃，將玻璃一面均勻噴砂成毛面，噴砂的顆粒 100 號，壓力 60psi。

二、液滲物料性能試驗

液滲物料性能試驗包括：

1. 檢測步驟之靈敏度。
2. 乳化劑及水洗法滲透液之水洗性(清洗度)。
3. 螢光亮度或色比對比。
4. 其他影響靈敏度的特性，由使用者自訂。

液滲物料性能測試說明如下：

1. 靈敏度試驗

靈敏度試驗是判斷液滲檢測各種物料，對於缺陷檢出的能力。可用於滲透液、乳化劑和顯像劑靈敏度的檢測。試驗方法爲比較法，利用校對試驗片做試片，試片一半施加欲試驗的物料，經前清理、滲透、乳化(如果需要)、清除、顯像處理。試片另一半施加標準液滲物料(一般是指購進液滲物料時，採其一部份封存於清潔容器者)，經前清理、滲透、乳化(如果需要)、清除、顯像處理。將兩半形成顯示的試片做顯示條紋比較，若兩者顯現瑕疵能力降低、瑕疵顯現條紋亮度或顏色對比衰減、顯像性能或鑑別力減低時，則表示該液滲物料需更換。如圖 2-25 爲利用鋁試片檢驗滲透液的情形，左邊爲標準滲透液顯現結果，右邊爲試驗滲透液顯現結果，表示該滲透液需更換。

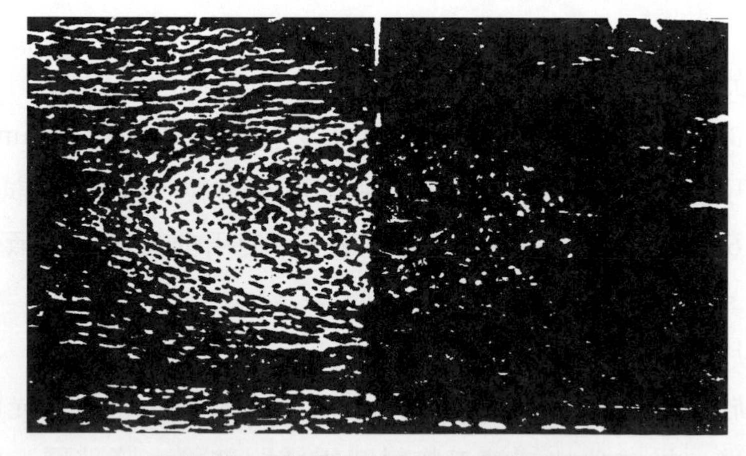

圖 2-25　利用鋁比較規塊做靈敏度試驗

2. 清洗度試驗

利用水洗式滲透液或乳化劑清除多餘滲透液時，必須能有良好清洗效果，才能形成清晰而無雜訊的背景。清洗度試驗是利用玻璃試片或鋼試片進行水洗式滲透液或乳化劑清洗效果的試驗。取兩塊試片，一片施加標準液滲物料，另一片施加欲試驗液滲物料，進行滲透、乳化後(如果需要)，用水噴洗，將兩塊試片比較，如果試驗液滲物料清洗困難或殘留明顯的滲透液則此水洗滲透液或乳化劑應做更換。

3. 螢光亮度試驗

螢光亮度試驗是檢驗滲透液的螢光亮度，可用特殊的螢光測定儀測量，將欲試驗的滲透液和標準滲透液分別用高揮發溶劑(例如：二氯甲烷)稀釋，5cc 滲透液稀釋成 50cc。取適當大小的試紙，五張浸入欲試驗的稀釋滲透液內，六張浸入標準的稀釋滲透液內，取出後滴流再自行風乾，再將試紙放入 107℃ 爐內烘乾 5 分鐘。利用一張浸入標準液的試紙做螢光測定儀的設定，再用螢光測定儀分別測定各個試紙螢光亮度值，將 5 個測定值平均後，比較兩種滲透稀釋液數值，若欲試驗的滲透液螢光亮度低於標準滲透液螢光亮度 85 %，即表示需更換滲透液。

4. 外觀檢查

滲透液和乳化劑外觀檢查，應注意如有顯著混濁、沈澱物時應廢棄不用。滲透液另應檢查螢光亮度(螢光式)或顏色變化(色比式)。乳化劑另應檢查其黏度是否升高而影響乳化性能。乾式顯像劑外觀檢查時，如發現有顯著螢光殘留或粉粒結塊，致使顯像性能降低時應予廢棄。濕式顯像劑外觀檢查時，如發現有顯著螢光殘留、不能保持正確濃度，致使顯像性能降低時應予廢棄。

2.4-8 顯示結果分析

液滲檢測所顯示的結果會直接呈現在被檢物的表面上，若採用螢光滲透液時，檢視工作須在黑暗的背景中以黑光燈進行，此時試件表面會呈現暗紫色，若有螢光反應則會呈現黃綠色，若有淡紫色或藍白色顆粒或線條，大多是過多的顯像劑或是擦拭布、紙類等纖維散落。一般檢視時以黃綠色光的顯示爲主。

色比式液滲檢測時，直接在日光或白光下檢視，試件爲白色顯像劑膜覆蓋，若有深紅色顯示出現，則代表有殘留的滲透液存在。

不論螢光檢驗有黃綠色光顯示或是色比式深紅色顯示，就代表有殘留滲透液存在，而其存在可能爲：

1. 由表面間斷內的滲透液所顯示。(適切顯示或不適切顯示)
2. 表面汙染或未清洗乾淨的殘留滲透液所顯示。(錯誤顯示)

適切顯示(Relevant Indication)是指液滲檢測中顯示係由開口狀瑕疵內滲出者，通常此類顯示係由實際瑕疵所產生。不適切顯示(Nonrelevant Indication)是指檢測顯示是由間斷產生，但這些間斷是設計或標準所允許，對試件本身或使用時並無損害，這些顯示是間斷但非缺陷。錯誤顯示(False Indication)大多是操作不當所造成的顯示，與間斷無關，檢測時應避免產生錯誤顯示。

一、錯誤顯示

錯誤顯示大多是操作不當所致，發生原因包括：

1. 清洗不完全：滲透作業完成後需將表面滲透液清除，若清除不完全便會造成錯誤顯示，特別是螢光滲透液，清洗時一定要以黑光燈觀察清洗結果。使用後乳化滲透液時應注意乳化時間，若乳化不足則很難清洗乾淨。
2. 外來汙染：外來汙染包括環境汙染、操作者汙染、液滲物料汙染、試件相互汙染等等。操作者應注意手、手套、夾具、檢視檯、擦拭用具、顯像劑是否受到滲透液或灰塵汙染。圖 2-26 是經常發現的一些錯誤顯示情況。

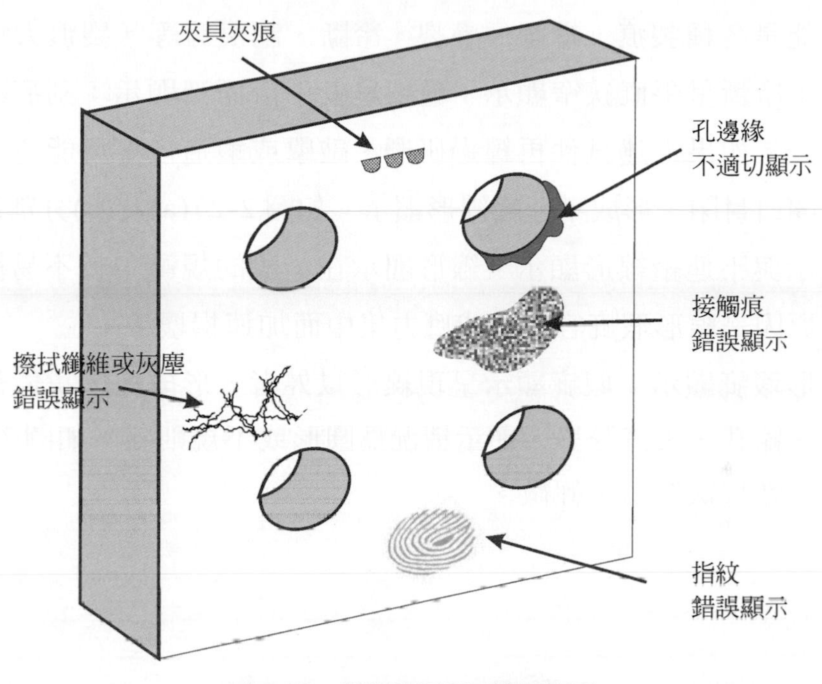

圖 2-26　錯誤顯示與不適切顯示

二、不適切顯示

不適切顯示雖然是由間斷所造成，但這些間斷並非缺陷。像是試件中的鍵槽、栓槽、點銲處、緊配合處或是鑄件粗糙表面都可有能會形成顯示。這些形成不適切顯示的地方也常會造成缺陷，檢驗人員應注意不適切顯示有可能會掩蓋缺陷顯示。

三、適切顯示

適切顯示是由瑕疵所形成得間斷所產生。判斷爲適切顯示時，應就顯示的形狀、尺寸、方向、分佈做判斷，判斷是由何種瑕疵造成的顯示，判斷瑕疵的嚴重性，並與規範或程序書所訂定的瑕疵顯示等級分類做比對，決定試件的接受基準(可用、修理後可用和不可用)。

1. 適切顯示的種類

　　適切顯示的種類依照其形狀及集中性大致分成四類：

⑴ 線形瑕疵顯示：瑕疵顯示的長度爲寬度的三倍以上者。其產生的原因可能是各種裂痕、縫隙、疊裂、冷斷、刮痕等等。裂痕大多呈曲折顯示；冷斷呈平直狹窄顯示；疊裂呈較平滑而深顯示；刮痕顯示的形狀不一。如果上述試件再經過研磨、敲擊或鍛造後，可能會造成部份缺陷開口封閉，形成不連續線形顯示。如圖 2-27(a)及(b)分別爲連續線形顯示與不連續線形顯示。線形顯示在一般的規範中較不易被接受，主要原因是線形瑕疵容易造成應力集中而加速損壞。

⑵ 圓形瑕疵顯示：瑕疵顯示呈現線形以外者。形成原因可能是氣孔、針孔、縮孔、夾渣等等。顯示情況爲圓形或不規則狀，如圖 2-27(c)，其嚴重性較線形顯示輕微。

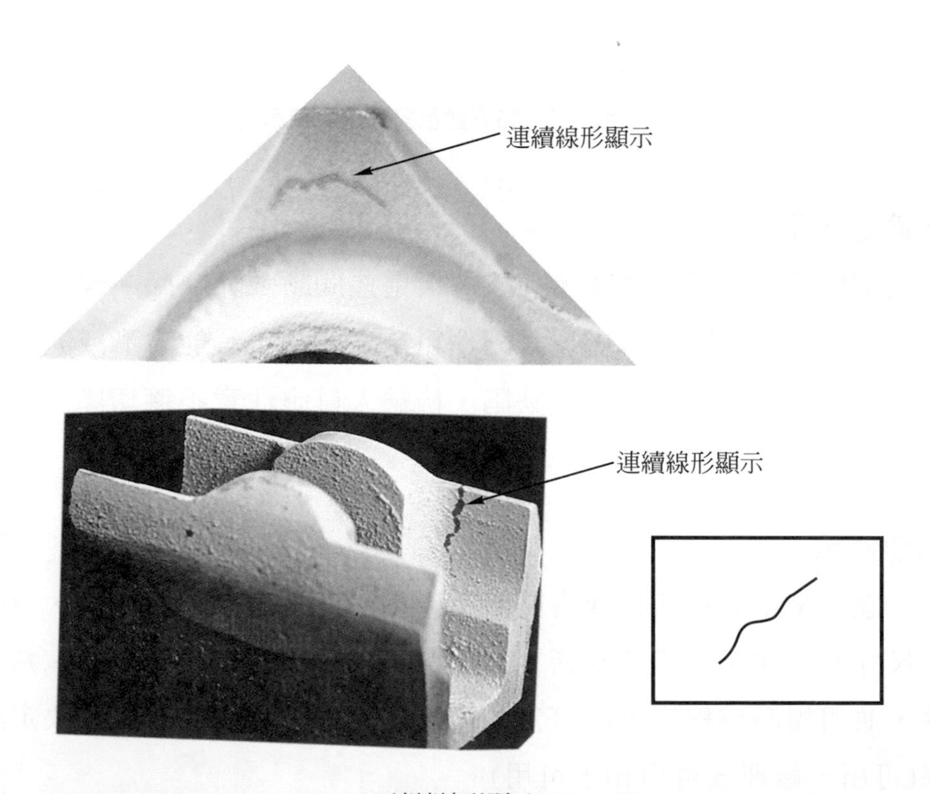

(a) 連續線形顯示(*2、*4)

圖 2-27　適切顯示

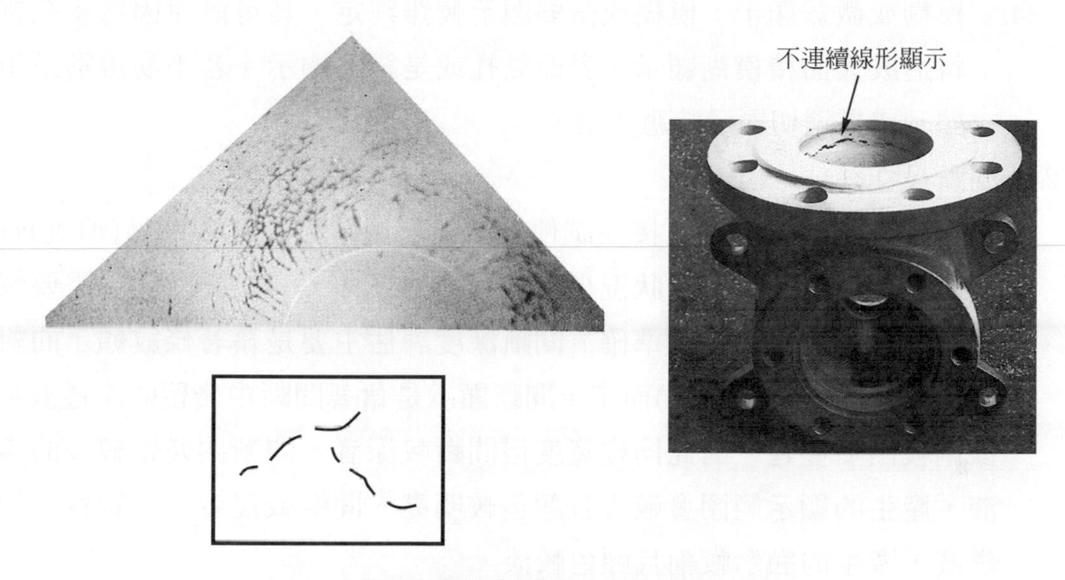

(b) 不連續線形顯示(*2、*3)

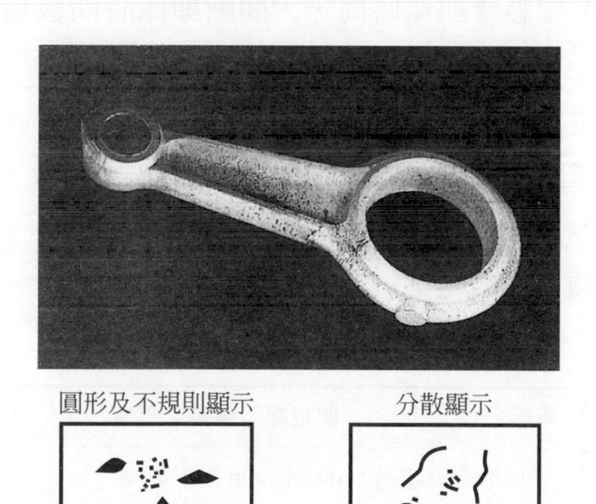

(c) 圓形及分散顯示(*3)

圖 2-27　適切顯示(續)

⑶　分散型瑕疵顯示：瑕疵顯示在一定區域有多數個存在，其可能為數個線形顯示或圓形顯示或是兩者的混合。

(4) 模糊或微弱顯示：模糊或微弱顯示較難判定，其可能原因爲多孔質材料造成大面積模糊顯示、表面氣孔或是錯誤顯示。若不易辨別是錯誤顯示或是適切顯示時應重檢。

2. 間斷尺寸評估

液滲檢測顯示是直接在試件表面上形成，因此發現間斷(瑕疵)時，僅能由試件表面的顯示狀況來評估間斷的尺寸，一般間斷評估需要較多的經驗輔助判斷才會較準確。間斷深度評估主要是藉著條紋顯示的對比(色比式)和亮度(螢光式)而定。間斷顯示是藉著間斷中殘留的滲透液被顯像劑吸出並蔓延，因此同樣寬度但間斷較深者，間斷內殘留較多的滲透液，產生的顯示範圍會較大且顏色較明亮。間斷較淺者，殘留較少的滲透液，產生的顯示較細且顏色較淡。

間斷大小會影響顯像時間，大間斷顯像時間較短，小間斷顯像時間較長。

3. 間斷等級分類

CNS對線狀及圓形瑕疵顯示等級分類如表2-10。分散型瑕疵顯示等級分類如表2-11。至於接受基準由檢驗雙方訂定合約或依照表2-10及表2-11等級分類協議規定。

表2-10　線狀及圓形瑕疵顯示等級分類

等級分類	瑕疵顯示條紋之長度
1級	超過1mm到2mm以下
2級	超過2mm到4mm以下
3級	超過4mm到8mm以下
4級	超過8mm到16mm以下
5級	超過16mm到32mm以下
6級	超過32mm到64mm以下
7級	超過64mm

表 2-11　分散型瑕疵顯示等級分類

等級分類	瑕疵顯示條紋合計長度
第一群	超過 2mm 到 4mm 以下
第二群	超過 4mm 到 8mm 以下
第三群	超過 8mm 到 16mm 以下
第四群	超過 16mm 到 32mm 以下
第五群	超過 32mm 到 64mm 以下
第六群	超過 64mm 到 128mm 以下
第七群	水超過 128mm

註：計算方法是在面積 2500 mm²之方形內(一邊最大為 150 mm)，凡瑕疵顯示條紋長度超過 1mm，所有瑕疵合計長度。

四、造成不當顯示的因素

液滲檢測時應避免或降低不當顯示的發生，包括：錯誤顯示、不適切顯示及瑕疵顯示被隱藏。造成不當顯示的因素包括：檢測方法選用不當、操作程序不當、試件製造過程的影響、試件表面狀況影響等等。以下略加說明：

1. 檢測方法選用：檢測方法選用的最重要考慮因素是靈敏度，參考表 2-1 內滲透液靈敏度的順序，選用適當的檢驗方法，若靈敏度較差對於細小瑕疵可能無法檢出。靈敏度過高容易造成浪費。
2. 操作程序的影響：液滲操作程序不當會造成錯誤顯示或瑕疵被遮蔽的情形，表 2-12 是操作程序對於不當顯示的影響。
3. 試件製造過程的影響：由於試件製造過程當中常會使開口的缺陷被封閉或使檢測出現錯誤顯示，檢驗人員應注意可能影響檢測的因素，加以防範。表 2-13 是試件製造過程容易產生的不當顯示。
4. 試件表面狀況：試件表面狀況處理不當或未經過前處理，都可能導致不當顯示。表 2-14 是說明常見的表面處理不良所導致的不當顯示情形。

表 2-12　操作程序對於不當顯示的影響

操作	不足	過量	正常範圍
溫度	遺漏細微缺陷	遺漏細微缺陷	16～52℃
滲透時間	遺漏細微缺陷	清洗困難	3～30 分鐘
清洗	錯誤顯示	遺漏寬淺缺陷	－
顯像劑	顯示的對比不良	遮蓋細微顯示	－

表 2-13　試件製造過程容易產生的不當顯示

製造過程	被隱藏的缺陷	錯誤與不適切顯示
研磨、搪磨	研磨物或雜質阻塞瑕疵開口	油脂汙染可能發出螢光
噴砂	雜質封閉瑕疵開口	－
鍛造	疊裂部份被阻塞	疤痕
鑄、銲件	－	粗糙表面清洗不易
打磨	金屬屑阻塞瑕疵開口	－
熱處理	－	氧化膜
油漆、電鍍	封閉瑕疵開口	－
陽極處理	降低螢光亮度	多孔氧化表面
鉻酸處理	降低螢光亮度	－

表 2-14　常見不良表面處理造成的不當顯示

表面狀況	可能的影響
油脂	無顯示、瑕疵開口封閉、錯誤顯示
灰塵	無顯示、瑕疵開口封閉
噴砂	無顯示、瑕疵開口封閉
酸、鹼清洗	顯示微弱、螢光亮度降低
潮濕	顯示微弱、沖淡滲透液
銹斑、銹皮	無顯示、瑕疵開口封閉、錯誤顯示
粗糙銲道	錯誤顯示
粗糙鑄件	錯誤顯示

2.5 實驗步驟

液滲檢測實驗步驟可參考圖 2-28。

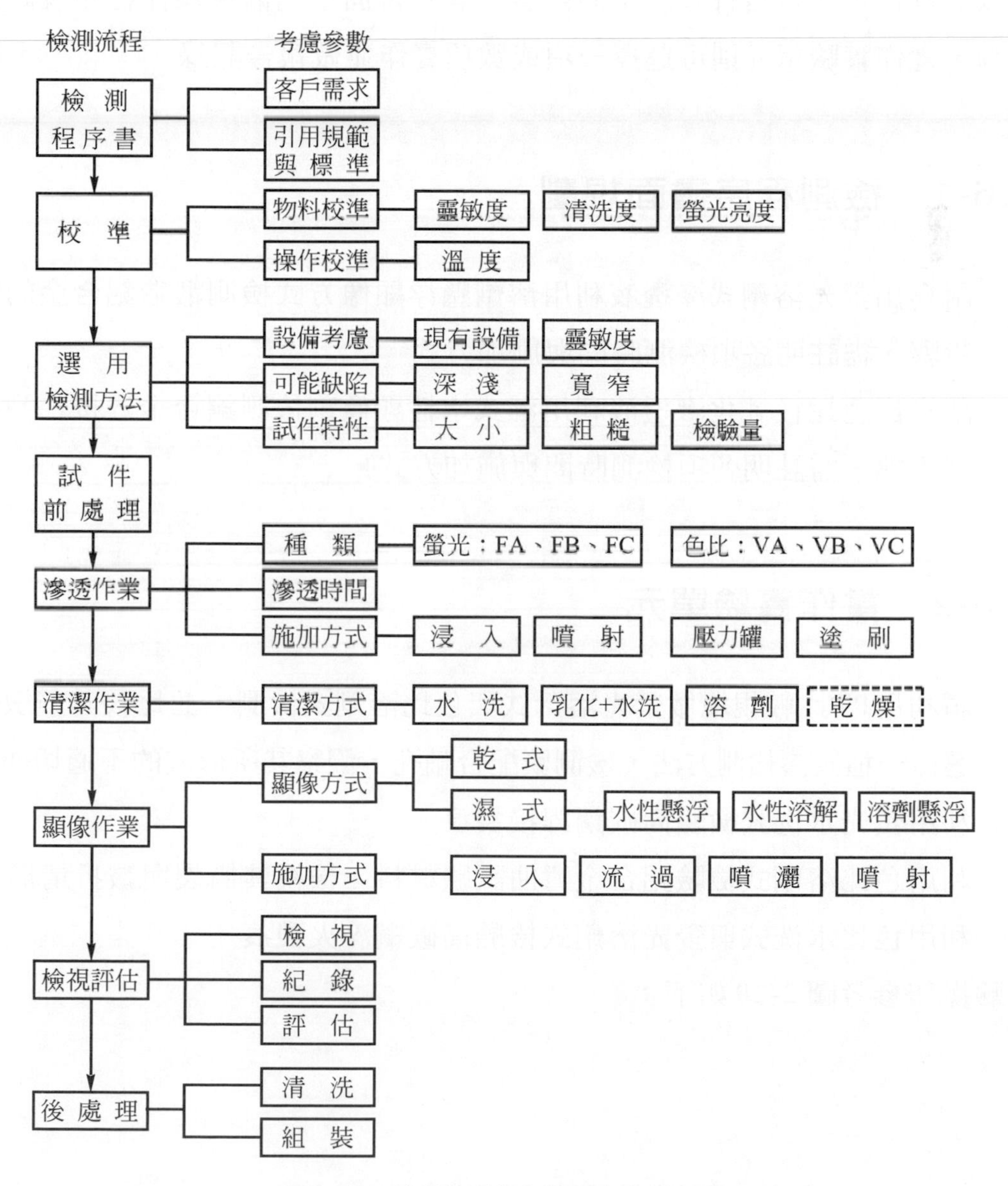

圖 2-28　液滲檢測操作程序與參考參數

2.6 實驗單元設計

以下實作單元可自行設計不同內容，其中書面單元偏重操作程序規劃與資料查詢，實作實驗單元則可選擇一項或數項實作並做報告記錄。

2.6-1 檢測程序書面規劃

1. 請寫出螢光溶劑式滲透液利用溶劑懸浮顯像方式檢測鍛造鋁合金的檢測步驟，需註明各項檢測時間與施加方式。
2. 請寫出色比後乳化滲透液利用濕式水性顯像劑檢測銅合金銲接件裂痕檢測步驟，需註明各項檢測時間與施加方式。

2.6-2 實作實驗單元

1. 請利用PT比較規塊做螢光溶劑式與色比溶劑式檢測，並比較其靈敏度。
2. 選擇一種液滲檢測方法，檢測緊配合軸孔，觀察其所形成的不適切顯示。
3. 利用螢光水洗式檢驗高碳鋼銲接裂痕。
4. 利用色比溶劑式檢驗鋁合金彎曲試驗材料，檢視其撕裂與皺折情形。
5. 利用色比水洗式與螢光溶劑式檢驗高碳綱淬火裂痕。

實驗操作參考圖 2-29 如下：

實驗項目	高碳鋼淬火裂痕色比水洗與螢光溶劑檢驗
前清理	
操作照片	操作說明
	1. 用鋼刷刷去脫碳層。 2. 酸洗浸泡或擦拭，去除氧化與脫碳層，並去除缺陷上的毛邊。 3. 超音波酒精洗淨 5 分鐘去除油脂。 4. 選擇通風處，並做好個人防護。 5. 直接噴灑清潔劑去除油脂。 6. 以不掉纖維擦拭紙將清潔劑擦拭乾淨。

圖 2-29　高碳鋼淬火裂痕色比水洗與螢光溶劑檢驗操作步驟

色比水洗式		螢光溶劑式	
操作照片	操作說明	操作照片	操作說明
 	滲透 1. 直接噴灑滲透劑。(距離約15cm) 2. 保持適當滲透時間。(30分鐘)	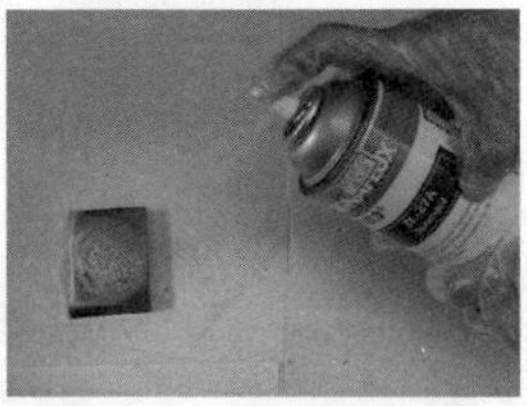	滲透 1. 直接噴灑滲透劑。(距離約15cm) 2. 保持適當的滲透時間。(7分鐘)
 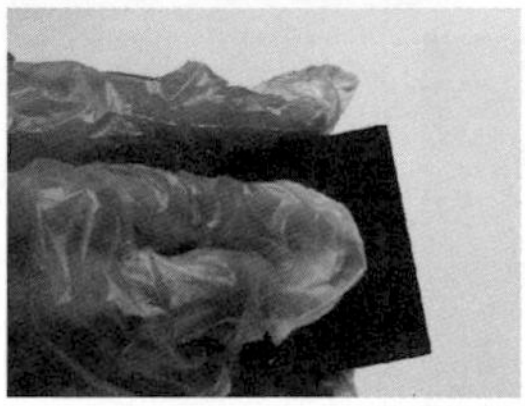	清潔 1. 以水龍頭不加壓力沖洗試片，水溫25℃，直至紅色滲透劑大都去除。 2. 以不掉纖維擦拭紙直接(不加清潔劑)單方向擦拭試件表面，使試件表面無殘留紅色滲透劑。	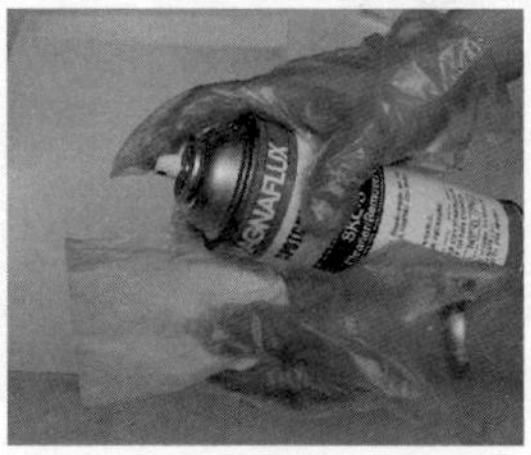 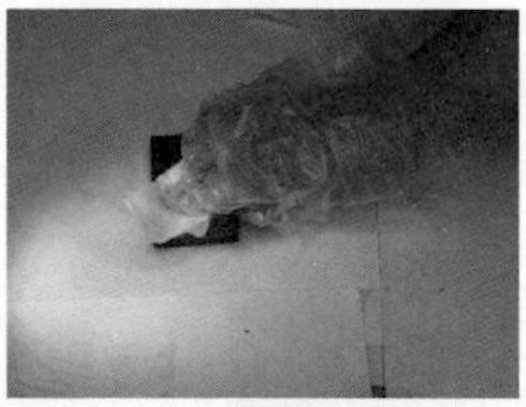 	清潔 1. 以清潔劑噴在不掉纖維擦拭紙上(不可直接噴灑在試件上) 2. 單方向擦拭試件表面，使試件表面無殘留滲透劑。 3. 以黑光燈檢視試件表面是否有滲透劑殘留(螢光反應)(若有缺陷可能會有螢光反應)

圖 2-29　高碳鋼淬火裂痕色比水洗與螢光溶劑檢驗操作步驟(續)

色比水洗式		螢光溶劑式	
操作照片	操作說明	操作照片	操作說明
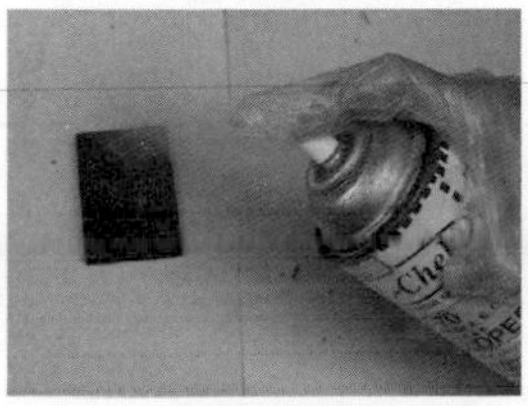	顯像 1. 視需要將試件風乾。 2. 壓力罐先均勻搖晃。 3. 噴灑薄層顯像劑。(距離約15cm，不要重複噴灑)	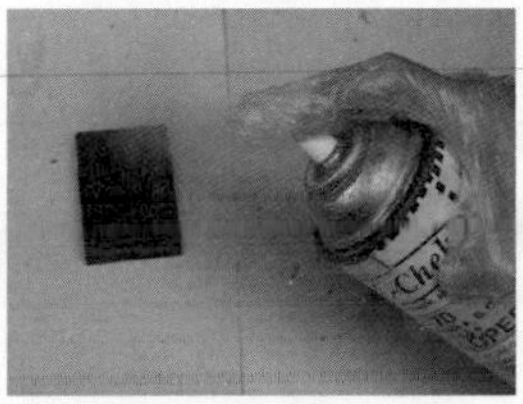	顯像 1. 視需要將試件風乾。 2. 壓力罐先均勻搖晃。噴灑薄層顯像劑。(距離約15cm，不要重複噴灑)
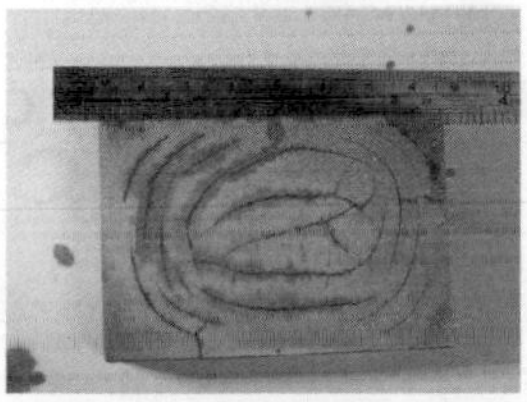 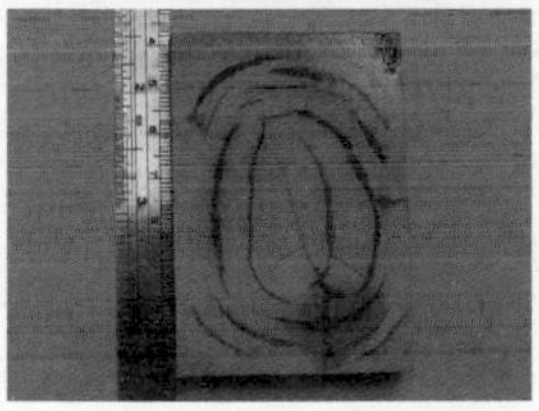	檢視 1. 顯像後立即檢視並紀錄。 2. 顯像後 30 分鐘再次檢視並紀錄。 3. 比較兩次顯像條紋變化。	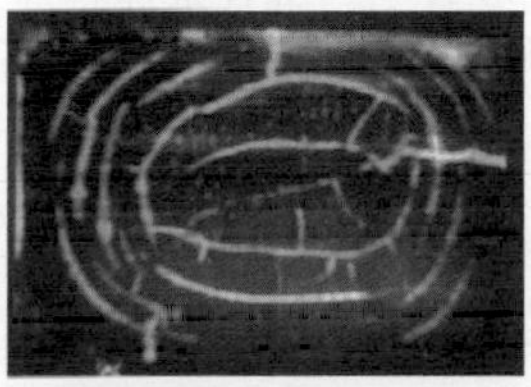 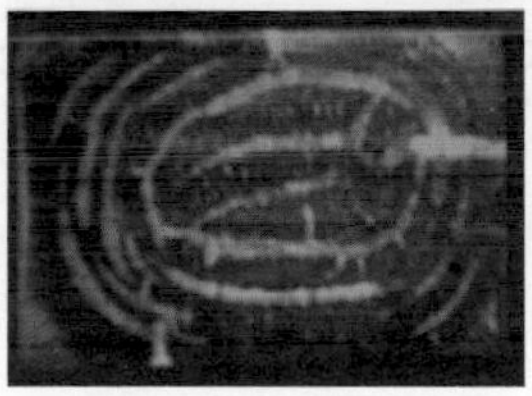	檢視 1. 顯像後立即以黑光燈檢視並紀錄。 2. 顯像後 30 分鐘再次檢視並紀錄。 3. 比較兩次顯像條紋變化。

圖 2-29　高碳鋼淬火裂痕色比水洗與螢光溶劑檢驗操作步驟(續)

2.7 實驗結果記錄

實驗結果可記錄於表 2-15 中。

表 2-15　液滲檢測記錄表

<table>
<tr><td rowspan="2">試件資料</td><td>名稱</td><td colspan="3"></td><td>編號</td><td></td></tr>
<tr><td>材質</td><td colspan="2"></td><td>處理情形</td><td colspan="2"></td></tr>
<tr><td rowspan="2">檢驗資料</td><td>日期</td><td colspan="2"></td><td>地　點</td><td colspan="2"></td></tr>
<tr><td>時機</td><td colspan="2"></td><td>規　範</td><td colspan="2"></td></tr>
<tr><td rowspan="2">檢測方式</td><td>滲透劑</td><td colspan="2">□色比式　□螢光式</td><td colspan="3">□水洗式　□後乳化式　溶劑式</td></tr>
<tr><td>顯　像</td><td colspan="5">□乾式　□濕式水性懸浮　□濕式水性溶解　□濕式溶劑懸浮</td></tr>
<tr><td rowspan="3">液滲物料</td><td>物　料</td><td>滲透劑</td><td>乳化劑</td><td>顯像劑</td><td colspan="2">清潔劑</td></tr>
<tr><td>廠　牌</td><td></td><td></td><td></td><td colspan="2"></td></tr>
<tr><td>型　號</td><td></td><td></td><td></td><td colspan="2"></td></tr>
<tr><td rowspan="4">作業條件</td><td>試件溫度</td><td></td><td rowspan="3">清洗方式</td><td colspan="3" rowspan="3">□水洗，噴射壓力_____ kg/cm^2，水溫_____
□擦拭，吸收性布或紙沾清潔劑
□其它，______________</td></tr>
<tr><td>滲透時間</td><td></td></tr>
<tr><td>乳化時間</td><td></td></tr>
<tr><td>顯像時間</td><td></td><td>乾燥作業</td><td colspan="3">時間_________　溫度________</td></tr>
<tr><td>記錄與描述</td><td colspan="6"></td></tr>
<tr><td>評估說明</td><td colspan="6"></td></tr>
</table>

檢驗人員：_________　日期：______　審核人：_________　日期：______

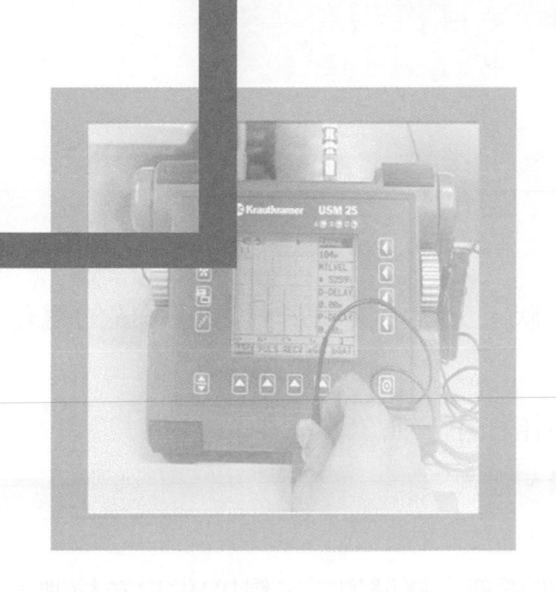

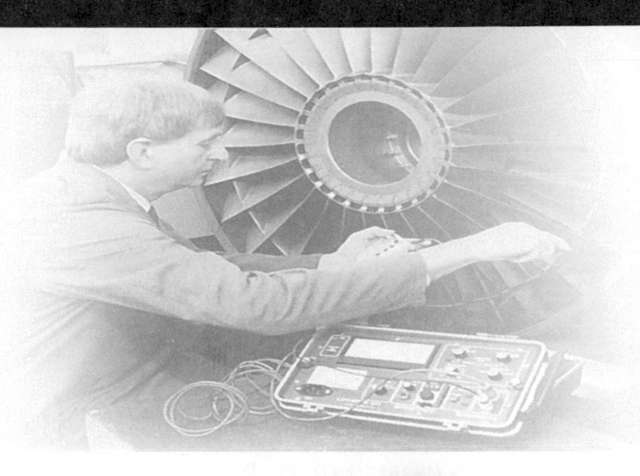

CHAPTER 3

磁粒檢測

MAGNETIC PARTICLE TESTING

磁粒檢測(Magnetic Particle Testing，簡稱MT)是利用材料中瑕疵所形成的磁漏磁場，吸引細小磁粒而形成顯示，常用於檢測鐵磁性材料的表面及近表面瑕疵。由於磁粒檢測法操作簡單方便，且原理易懂，對鐵磁性材料的檢測靈敏度也相當高，因此常用於鑄件、鍛造件、滾軋鋼板、熱處理件、機械加工或研磨零件的檢驗。

現今的磁粒檢測大多利用電能做磁化，容易產生均勻且穩定的磁場，在使用上極爲方便，在控制上也更能達到自動化控制的效果。

3.1 實驗目的

1. 瞭解磁粒檢測原理並能依照材料形狀、大小、缺陷形式選用正確的磁化設備與磁化方式。
2. 能正確依據檢測程序書正確選擇操作程序，並依程序執行檢測。
3. 能對檢測結果做適當評估並作記錄。
4. 能和其它非破壞檢測方法驗證比較。
5. 能配合其它製程成品(鑄造、鍛造、熱處理、機械加工、銲接)做磁粒檢測。

3.2 使用規範

1. CNS 11048 磁粒檢測法通則。
2. CNS 11377 鑄件及鍛件磁粒檢驗法。
3. CNS 11378 銲道磁粒檢驗法。
4. CNS 11750 非破壞檢測詞彙(磁粒檢測名詞)。

3.3 實驗設備

磁粒檢測的設備種類繁多，必須視檢測條件而定，從手提式的磁軛，活動式的激磁設備到固定式的磁粒檢測設備，檢測人員可參考下列條件選用設備：

1. 被檢物的條件：包括檢測物的材質、形狀、尺寸、中間是否有通孔、是否易夾持……等因素。被檢物的條件會影響到磁粒施加方式(連續法或剩磁法、濕式或乾式)，也會影響到磁場施加強度及退磁方式。
2. 瑕疵型式：包括瑕疵的種類、位置、大小與方向。瑕疵型式會影響磁化電流種類(直流或交流)、磁場施加方向(周向磁化或縱向磁化)、磁粒施加方式及磁場強度等條件。

3. 製程或場地因素：包括自動化程度、輸入電流電壓的要求、場地的大小、產品檢驗的可攜性或經常性等因素。

本節將實驗設備分成：磁化設備、退磁及其它裝備、磁化用耗材三部分說明。

3.3-1 磁化設備

磁化設備大致分成手提式、活動式及固定式三類。

一、手提式磁化設備

手提式磁化設備以磁軛(Yoke)如圖 3-1，或是攜帶式固定線圈如圖 3-2 為主。磁軛是利用兩磁極間感應縱向磁場之軛狀磁鐵，磁鐵可以是永久磁鐵、交流或是直流的電磁鐵。永久磁鐵磁軛適用於無電源處或是容易因電源火花而導致火災的場合，如圖 3-1(a)其中手提箱中包含整套磁化工具及耗材。交、直流兩用電磁軛一般會有一電源控制器，可做電流型式選用，有些電磁軛直接將變壓器和磁軛做在一起，如圖 3-1(b)。在特殊場合像是水中檢測時會將纜線加長，如圖 3-1(c)。磁軛適合用於銲件或是大型試件的局部磁化檢驗，由於手提式的磁軛攜帶方便，且容易變換不同磁化方向，配合可調整的磁極套，可以適用不同形狀大小的試件檢驗，一般磁軛檢測大多用於較小範圍檢測。

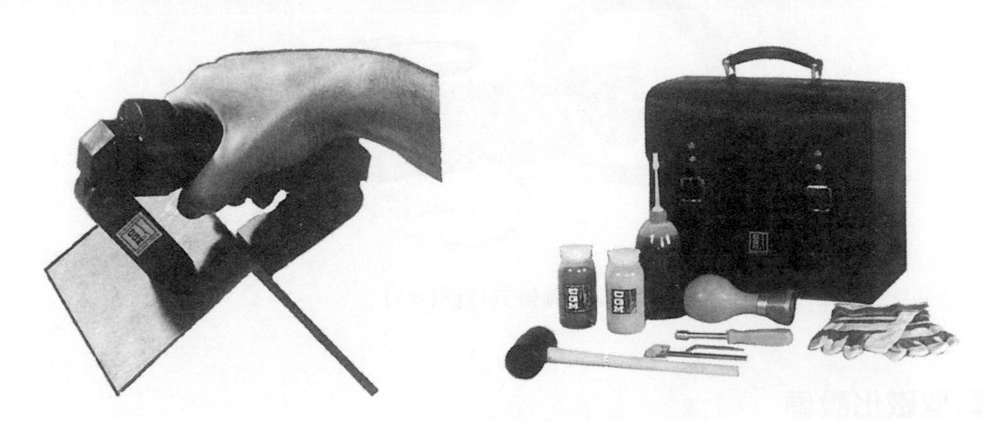

(a) 永久磁鐵磁軛及工具箱(*2)

圖 3-1　磁軛

(b) 交、直流電磁軛(*1)

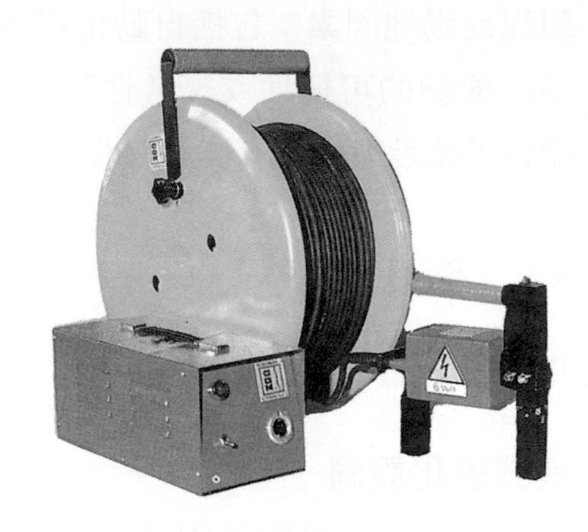

(c) 加長纜線電磁軛(*2)

圖 3-1　磁軛(續)

磁軛檢測時，CNS規定交流電磁軛在其最大使用磁極間距時，吸舉力最少須爲4.5kgf；直流電磁軛或永久磁軛在其最大使用間距時，吸舉力最少須爲18.1kgf。攜帶式固定線圈一般可以配合活動型裝備使用，也可以單獨將變壓器和線圈合在一起成攜帶式固定線圈，如圖3-2。

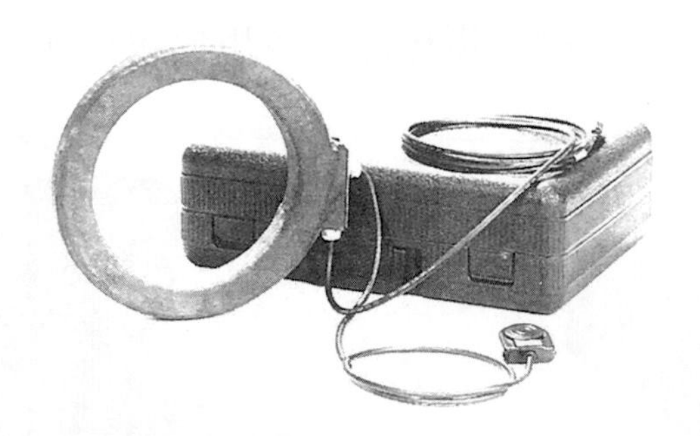

圖 3-2　攜帶式線圈(*1)

二、活動型磁化設備

一般活動型磁化設備包括可攜式小型激磁主機或是移動式激磁主機。可攜式激磁主機如圖3-3。使用110或220伏特電壓，能產生500～1000安培的輸出電流做爲磁化之用，一般會提供交流及半波直流供選擇。可攜式激磁主機一般配合接觸棒做周向磁化，配合線圈或利用連接纜線繞成的線圈做縱向磁化。可攜式機磁主機產生的電流較小，且很少提供全波直流。大多用於較淺的缺陷檢驗，同時能使用的連接纜線較短。此類主機大多未提供自動退磁功能，試件要退磁可利用其它退磁裝備或利用試件逐漸抽離線圈方式退磁。

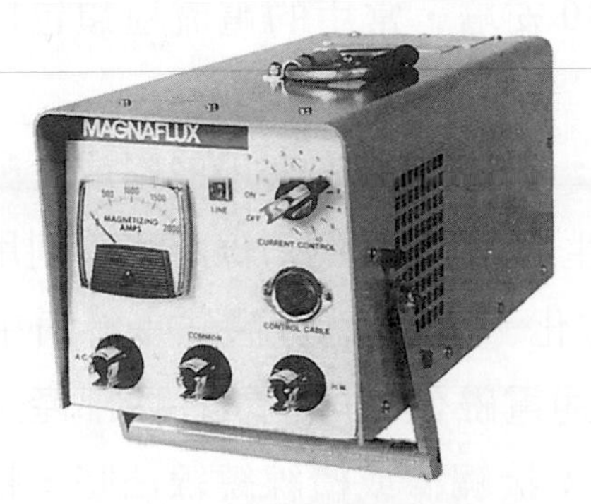

圖 3-3　可攜式激磁主機(＊1)

圖 3-4　移動式激磁主機(＊1)

移動式激磁主機如圖3-4。使用220或440伏特電壓，輸出電流能從1500～4000安培，一般以交流及半波直流輸出爲主，若採用三相輸入時，可做全波直流輸出。配合接觸棒、接觸夾、中心導體可以做周向磁化，配合磁軛、可撓纜線直接繞線、線圈可做縱向磁化。電流控制與工具連接直接由前面板控制，要更換輸出電流種類(直流或交流)可以直接將纜線的快速接頭接在面板相關位置便可。延伸用的可撓纜線可以將接觸點延伸至所需的地點，但纜線愈長接觸點的電流降低愈多，例如25～30呎長的纜線，在接觸點能產生的最大電流爲3000安培時，若纜線長度增至90～100呎長時，接觸點的電流將會降至600～700安培。

有時爲了配合工作需要可以加裝腳踏開關，有些設備爲了方便檢出不同方向缺陷，更會利用兩組輸出纜線同時做雙向磁化。移動式激磁主機的機器大多有提供自動退磁裝置，常用的退磁方式包括：1.週期斷電電流遞減法；2.連續電流遞減法；3.電流延遲法；4.反向斷電電流遞減法。試件可直接由選鈕切換做退磁的工作。

三、固定型磁化設備

固定式磁化設備依照使用特性可以分成一般用途磁化設備及專用磁化設備。一般用途磁化設備如圖 3-5，可以配合不同試件長度調整夾頭或夾具做磁化(從數英吋至十幾呎)，磁化電流可以從 1000～6000 安培，常用的電流種類包括交流與半波直流。

一般用途磁化設備常用的磁化方式包括：(1)頭射法：利用液壓或手動夾具將試件夾持固定，直接在試件兩端通電，產生周向磁場。(2)線圈法：利用自動移動的通電線圈，可以對試件分段做縱向磁化。(3)中心導體法：針對中空試件，將試件固定後，將一銅棒導體穿過，並通電磁化，可在試件內部產生周向磁場。(4)其它磁化法：利用一般手動磁化如：接觸棒或纜線繞線法時，輸出電流必須較低。一般用途固定磁化設備大多可同時做周向及縱向磁化。此類設備大多利用濕式磁浴法檢測，因此大多包括磁浴設備。此類設備同時具備自動退磁裝置。專用固定磁化設備如圖 3-6，大多是配合固定形狀、大量檢測而用的專用磁粒檢測機。

圖 3-5　固定式磁化設備(一般用途可做頭射法線圈法)(＊1)

圖 3-6 專用磁化設備，其中有 2 組 AC 磁化電源及 2 組 AC 磁化線圈，旋轉工作檯及輸送裝置(＊4)

3.3-2 退磁及其它裝備

一、退磁裝備

退磁乃是將被檢物剩磁降低至可接受程度的作業，在移動式或固定式裝備上大多附有自動退磁設備。利用固定線圈或是磁軛也可以做爲退磁的設備，如圖 3-7。若大量小型試件需要分開退磁時，可採用固定式交流線圈法如圖 3-8，試件的大小與線圈寬度相當時效果最佳。

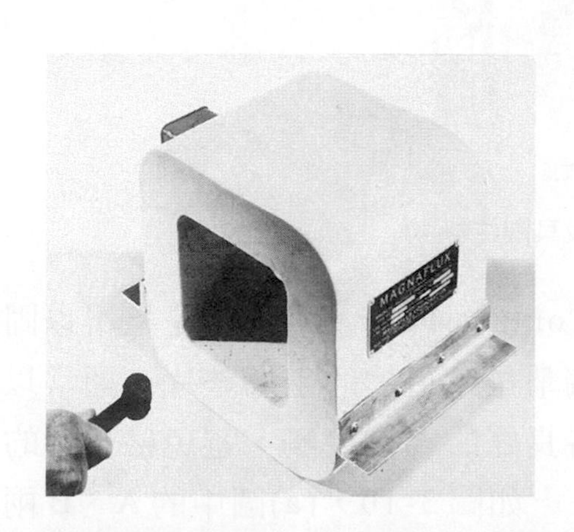

圖 3-7 固定線圈退磁裝備(桌上型適合小零件中量退磁)(＊1)

圖 3-8 固定式交流線圈退磁裝備(適合小零件大量退磁)(＊1)

二、設備附件

不論手提式、活動型或是固定型磁化設備，都必須配合一些工具或附件以完成檢測工作，以下簡單介紹：

1. 電纜線：一般是低電阻的可撓性纜線，用以傳遞磁化電流，纜線兩端有適當的接頭，一端接在磁化設備電流輸出端，另一端接在接觸棒或是線圈上如圖 3-9(a) 。有時爲了工作方便會配合腳踏開關做爲磁化開關如圖 3-9(b)。配合纜線常用的接頭型式如圖 3-9(c)。

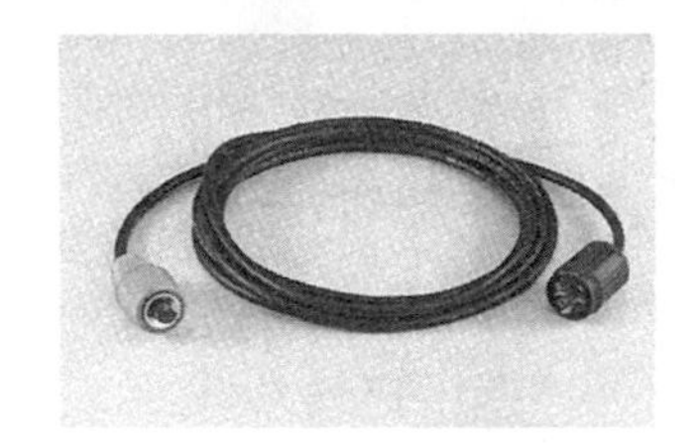

(a) 電纜線

(b) 腳踏開關

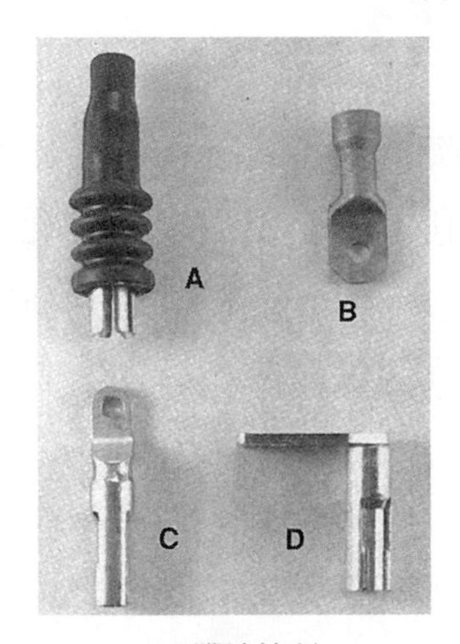

(c) 纜線接頭

圖 3-9　電纜線及其附件(＊1)

2. 接觸頭(Contact Head)與接觸墊(Contact Pad)：接觸頭是指用以固定被檢物並通電磁化的電極接頭。接觸墊是可更換的金屬墊片，通常以銅線編織而成，置於接觸頭前，以保持良好的導電接觸，避免磁化時的弧擊傷害，在固定式磁化設備使用較多。如圖 3-10，(a)圖中的 A、B 兩接觸頭，適用於固定磁化設備(頭射法)，檢測小型試件的接觸頭。(b)圖是用於傳遞接觸棒或接觸夾磁化電流用的接觸塊。(c)圖是彈簧接觸夾。

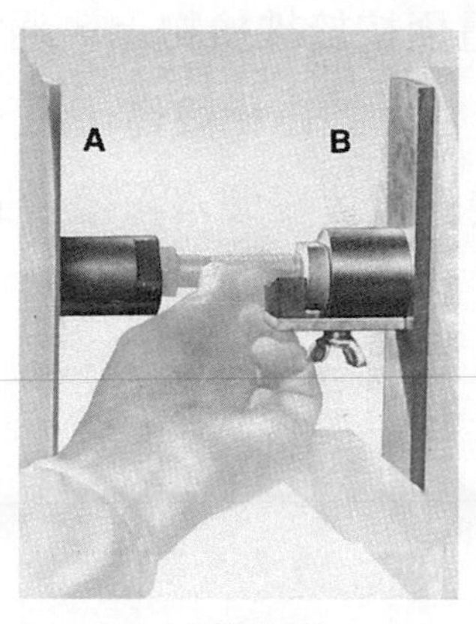

(a) 接觸頭

(b) 接觸塊

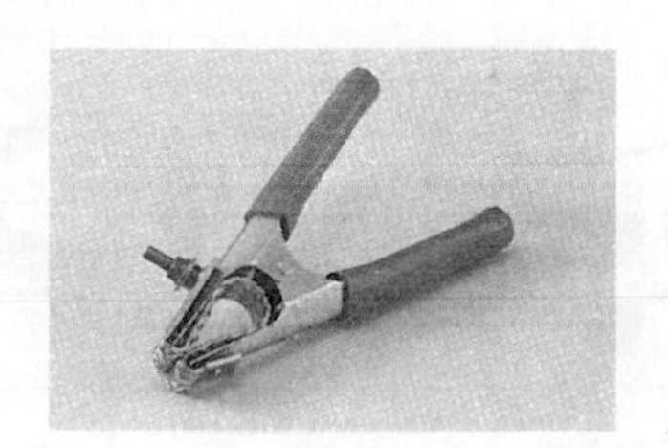

(c) 彈簧接觸夾

圖 3-10　接觸頭(＊1)

圖 3-11(a)是銅線編織的接觸墊，圖 3-11(b)是鉛製或鉛皮中含銅網的接觸板，用以改善接觸點的電流傳導。

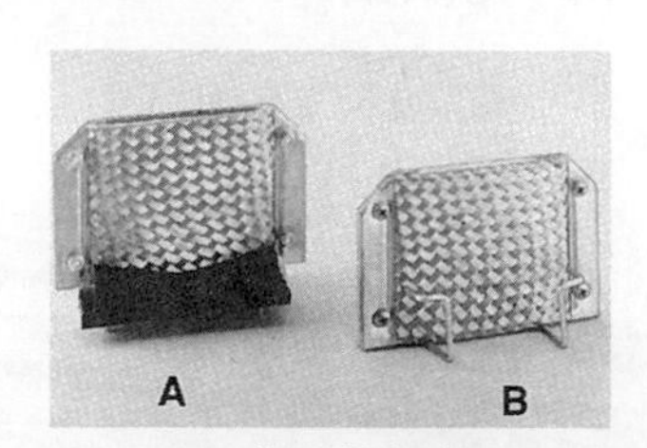

(a) 銅編接觸墊

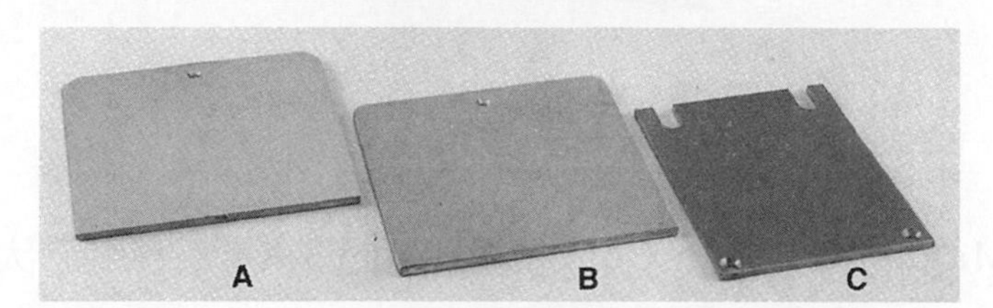

(b) 鉛支接觸板

圖 3-11　接觸墊(＊1)

3. 接觸棒(Prods)：以電極按於被檢物上，通電後產生周向磁場，此電極稱爲接觸棒，一般配合活動型磁化設備使用。如圖 3-12 是常見的接觸棒型式，包括標準型、繞線型、雙頭水平組合式等等。

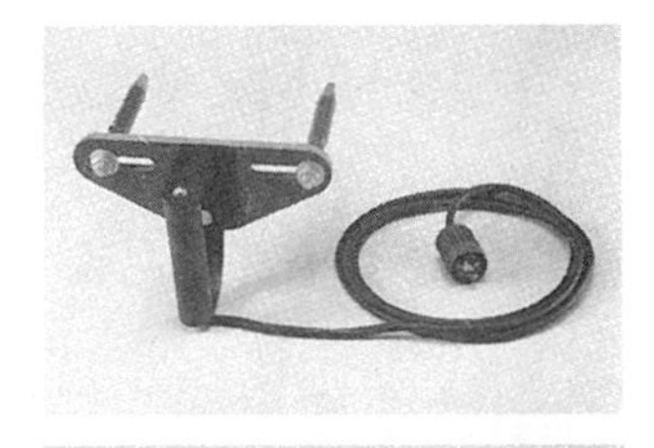

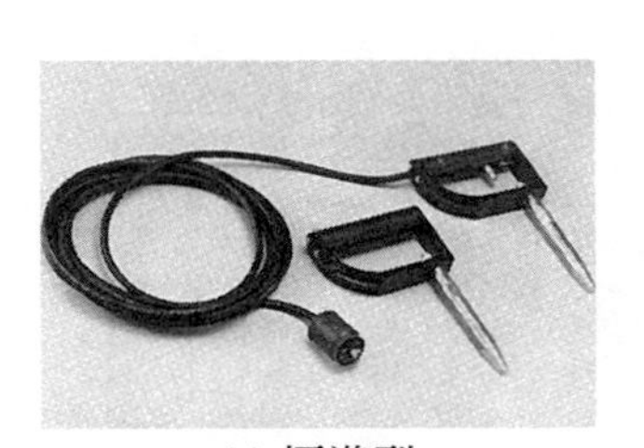

(a) 標準型

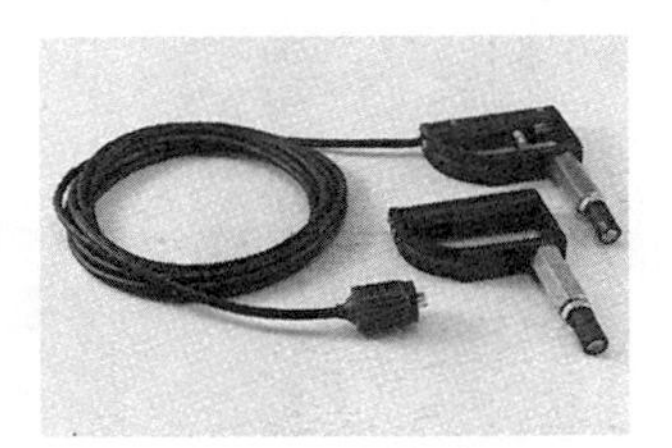

(b) 繞線型

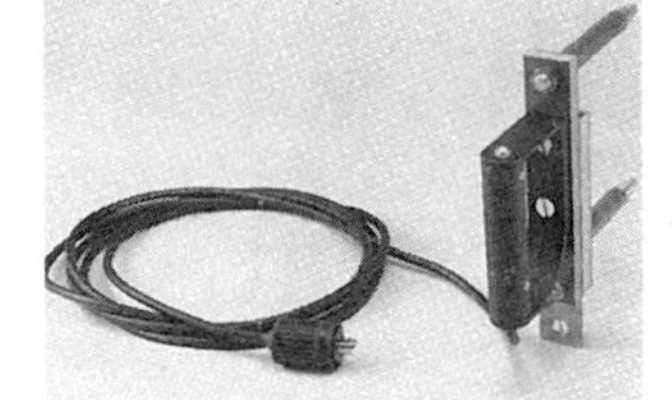

(c) 雙頭水平組合型

圖 3-12　接觸棒(＊1)

4. 中心導體棒(Central Conductors)：如圖 3-13，一般以銅棒製作用以產生周向磁場，以檢測試件內孔缺陷。

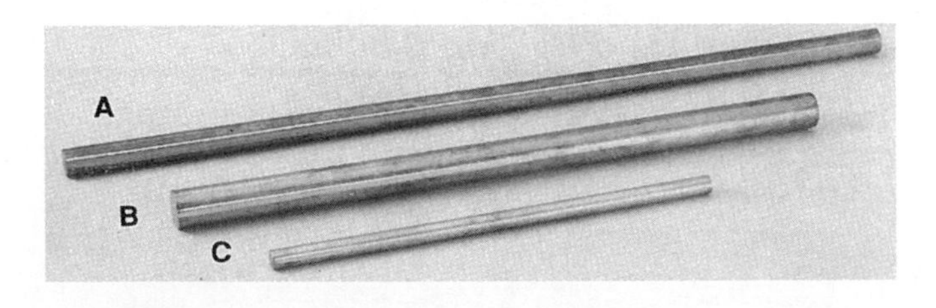

圖 3-13　中心導體棒(ABC 為不同尺寸)(＊1)

5. 磁附器(Magnetic Leech Contact)：如圖 3-14，適用於大型工件(像是大型銲件或鑄件)檢測時，利用磁附器可以將磁極棒或接觸棒以磁性吸附在試件上，而不需用手按住磁極棒，方便單人操作檢驗的工作。

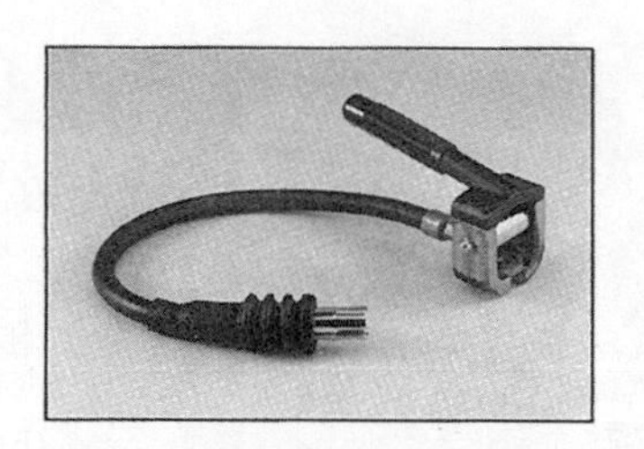

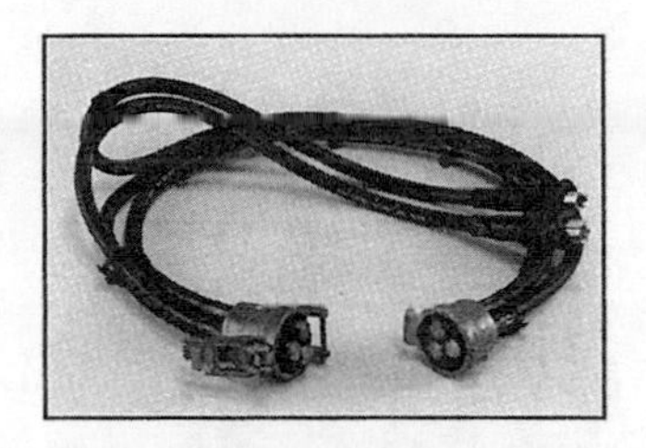

圖 3-14　兩種常見的磁附器(*1)

三、其它附件

1. 濕式磁浴施加裝備：如圖 3-15，濕式磁浴可採用手動噴壺如圖(a)、攜帶式壓縮空氣噴罐，可用於局部磁浴如圖(b)或是桶裝泵浦式，一般可用於連續噴灑磁浴如圖(c)。

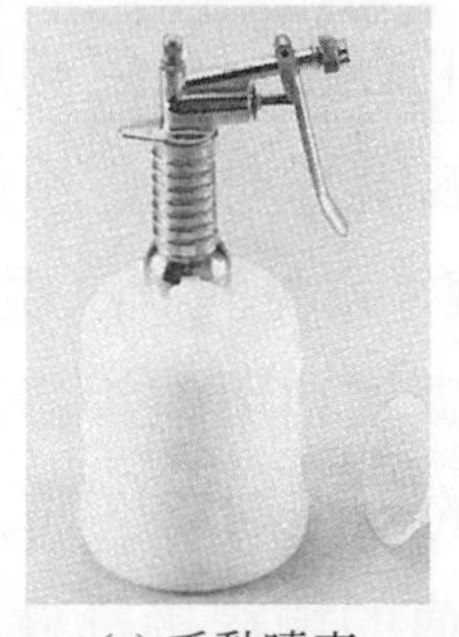

(a) 手動噴壺

(b) 攜帶式壓縮噴罐

(c) 桶裝泵浦

圖 3-15　濕式磁浴施加裝備(*1)

2. 乾式磁粉施加裝備：如圖 3-16，乾式磁粉施加可採用磁粉施加罐，做輕量撲粉如圖(a)、空氣噴壺及噴槍，適用於乾粉施加，若不裝磁粉時，可做爲過量磁粉清除之用如圖(b)。電動式磁粉施加器，適用於不易噴灑磁粉的環境，像是鑄造廠或是戶外場合，如圖(c)。

(a) 撲粉罐

(b) 空氣噴罐

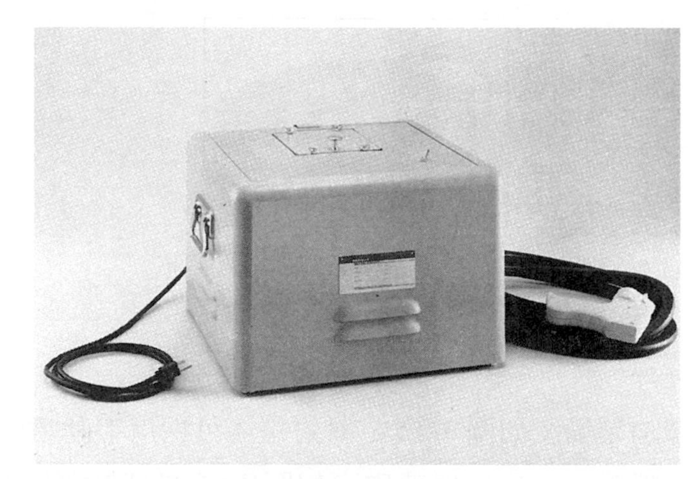

(c) 電動式磁粉施加器

圖 3-16　乾式磁粉施加裝備(＊1)

3. 測試規塊：測試規塊是在規塊上製做特定的人工瑕疵，利用測試規塊接受磁粒檢驗後，觀察瑕疵顯示結果，藉此評估磁場方向、選用的檢測方法靈敏度、磁化技術是否正確、磁浴濃度是否正確。常見的測試規塊如下：
   (1) 磁場指示八角規塊：如圖 3-17(a)，將八塊低碳鋼利用銅銲銲接，表面再用銅片覆面，銅銲的接縫便形成不同方向的人工缺陷，將八角規塊放在磁化磁場中(受檢物上方)，和磁場方向垂直的銅銲接縫會清楚呈現顯示，和磁場平行的銅銲接縫則不會呈現顯示，如此可做為磁場方向與強度是否正確檢驗。
   (2) 貝氏環狀規塊：如圖 3-17(b)，在硬度為 HRB90～95 的工具鋼環狀塊規上，距離表面不同深度鑽孔，模擬不同近表面的缺陷，經中心導體法磁化(周向磁化)後，觀察檢測顯示情形，藉此評估磁化電流大小和種類是否合乎需要，另外此種規塊也常用於測試磁浴靈敏度。

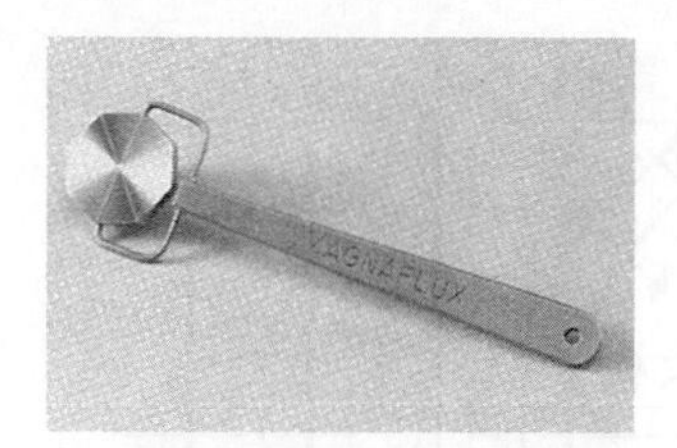

(a) 磁場指示八角規塊

(b) 貝氏環狀規塊

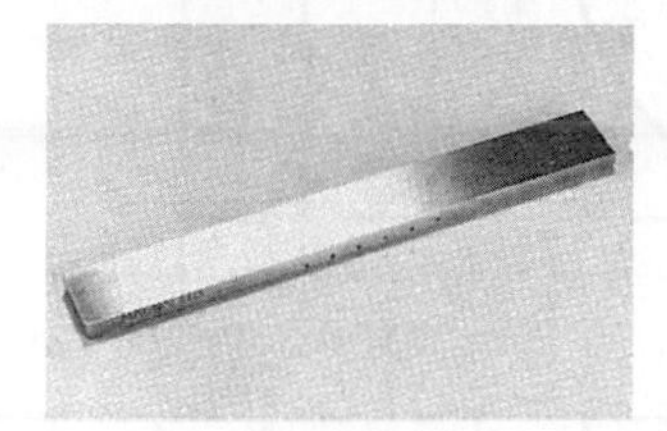

(c) 磁粒測試棒

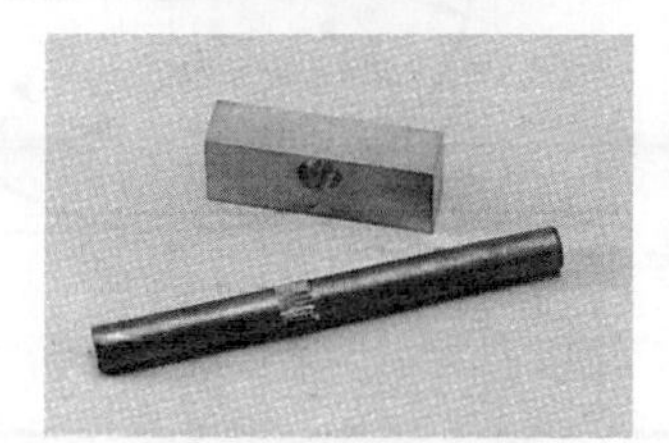

(d) 水平磁床測試規塊

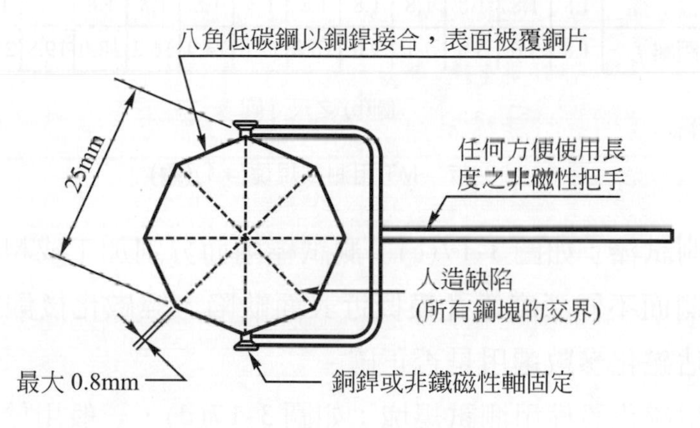

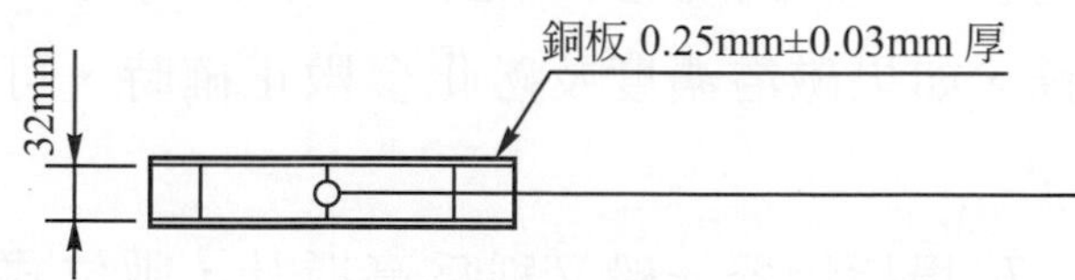

圖(a) 之示意圖

圖 3-17　MT 用測試規塊(＊1)

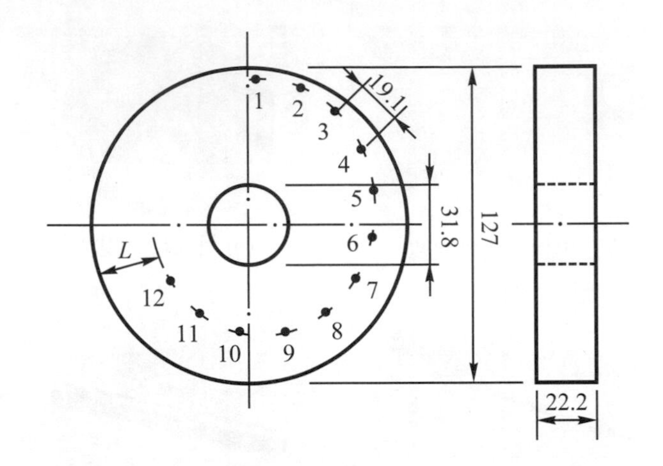

孔編號	1	2	3	4	5	6	7	8	9	10	11	12
直　徑	1.8	1.8	1.8	1.8	1.8	1.8	1.8	1.8	1.8	1.8	1.8	1.8
距離 L	1.8	3.6	5.3	7.1	9.0	10.8	12.6	14.4	16.2	18.0	19.8	21.6

圖(b) 之尺寸圖

圖 3-17　MT 用測試規塊(＊1)(續)

(3) 磁粒測試棒：如圖 3-17(c)，測試棒兩面分別加工成粗糙與光滑表面，並在側面不同深度鑽孔模擬近表面缺陷，經磁化後觀察顯示狀況，藉此評估磁化參數選用是否正確。

(4) 固定型磁化設備用測試規塊：如圖 3-17(d)，一般用於濕式連續法的固定磁化設備，如果磁浴濃度及磁化參數正確時，可在測試規塊上形成顯示。

4. 磁場指示器：磁場指示器一般又稱爲高斯計，數位式高斯計一般有較大的測定範圍，用於磁化磁場中磁通密度的量測如圖 3-18(a)。量錶式高斯計一般提供±10 或±20 高斯的量測範圍，一般用於被檢物退磁後殘磁測定如圖 3-18(b)。

5. 黑光燈：黑光燈說明如 2-3 節。

6. 黑光強度計：黑光強度計說明如 2-3 節。

7. 沈澱管：又稱梨型管，沈澱管及架子如圖 3-19，用於濕式磁粒檢測中，量測磁浴的磁粒濃度之用。

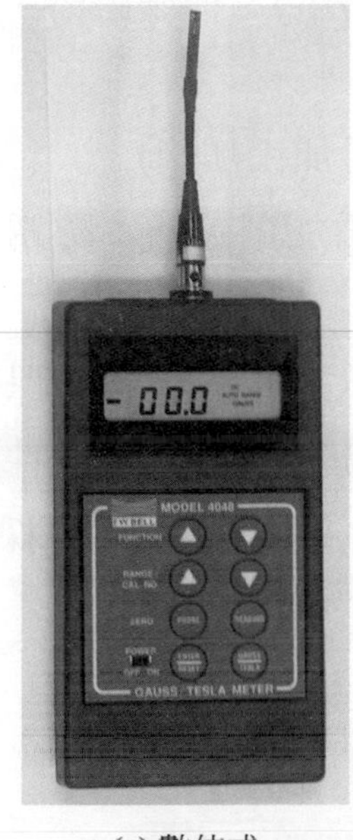

(a) 數位式

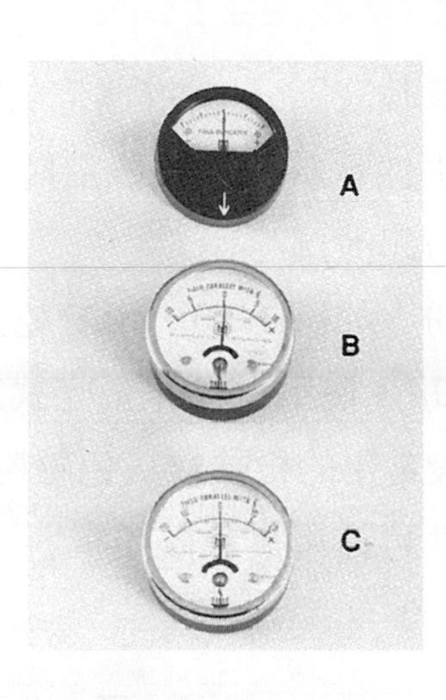

(b) 量錶式：A、B 爲 10 高斯
C 爲 20 高斯

圖 3-18 高斯計(＊1)

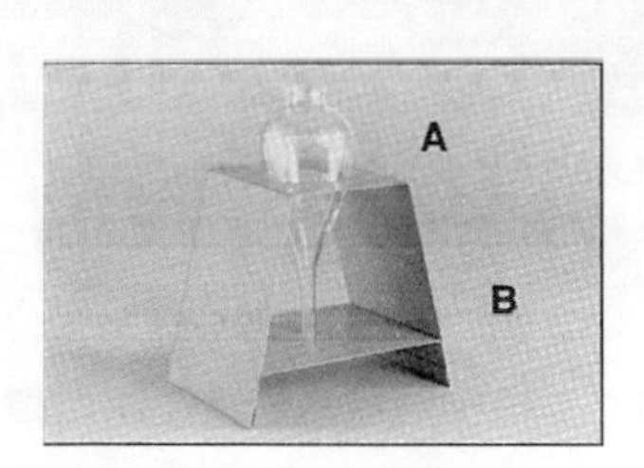

圖 3-19 沈澱管，A 為沈澱管，B 為架子(＊1)

四、磁粒檢測材料

磁粒檢測時要使間斷能正確顯示，必須藉由適當的磁化及磁粒聚集形成顯示。磁粒檢測需要的材料以磁粉爲主，依照檢測方式不同磁粉型式可分成下列：

1. 濕式磁粉：如圖 3-20，用於濕式檢測，利用磁浴檢測的方法。濕式磁粉因爲需要利用懸浮液承載流動，因此平均粒度較小大約在 5～20μ。磁粉選用可參酌下列分類：

⑴ 依照使用類別分成：螢光磁粉及非螢光磁粉(以黑色及紅色使用較多)。

(2) 依照保存方式分成：乾粉式(另外調配磁浴)、桶裝磁浴、壓力噴罐及濃縮液。

(3) 依照承載液區分：油(攜帶劑)和水(須另加添加劑)。

(4) 利用水性承載液調配磁浴時，常用的添加劑包括：防銹劑、介面活性劑、防起泡劑等等。

2. 乾式磁粉：如圖 3-20，用於乾式檢驗，大多以罐裝粉末保存，平均粒度約為 180μ，使用上以非螢光式為主，磁粉顏色可隨測試件的背景顏色選用，一般常用的檢驗以灰色磁粉為主，鑄造等灰色試件可採用紅色磁粉，淺色試件可採用黑色磁粉。

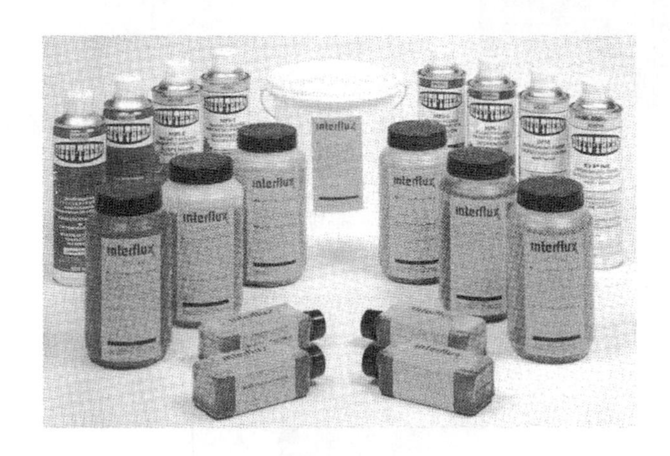

圖 3-20　磁粉、濃縮磁粉液及磁浴噴罐(*3)

3.4 實驗原理

3.4-1　磁粒檢測發展過程與適用性

磁粒檢測(Magnetic Particle Testing，簡稱MT)早期約在 1920 年初期由美國陸軍少校 Hoke 提出檢測觀念，約在 1930 年由 A.V.deForest 教授提出較完整的磁粒檢測技術，當時用於高應力機械裂痕的檢測。直到 1934 年美國 Magnaflux 公司在磁粒檢測技術的開發研究上，不斷的改進，使得磁粒檢測技術在工業檢測上逐漸廣泛使用。特別是濕式磁浴及乾式磁粉的改進，連帶使得磁粒檢測的靈敏度也提昇，而逐漸受到工業檢測界的重視。另外應用交流電做為磁粒檢測設備，提供方便且易於控制的磁場。

磁粒檢測在使用時有一定的適用範圍，使用者必須針對磁粒檢測的特性與限制，適當的判斷選用，才能正確的檢驗材料的缺陷。有關磁粒檢測的限制或適用範圍如下：

1. 磁粒檢測僅能檢測鐵磁性材料：磁粒檢測僅能檢測像是鐵、鈷、鎳及其合金等材料，對於鋁、銅、鈦、沃斯田鐵不銹鋼等非鐵磁性材料無法檢測。另外磁性材料在溫度超過居里時(大部分鋼鐵材料約在 760°C)，也會失去磁性而無法檢測。
2. 磁粒檢測可檢出材料表面及近表面的間斷：對於材料內部缺陷(離表面 1/4 英吋以下)無法檢測。
3. 磁力線必須和缺陷方向垂直，才能得到良好檢測效果，因此檢測時大多需要兩個或兩個以上方向磁化檢測。

3.4-2 磁粒檢測的優缺點

磁粒檢測的優點如下：

1. 對於細而淺的表面裂痕，磁粒檢測是最好且可靠的檢測方法。
2. 操作簡便。
3. 試件中不連續所形成的磁粒聚集，直接在試件表面顯示，不需儀器判讀，或儀器校正。
4. 相關理論簡單，操作者經適當訓練能迅速參與檢測。
5. 檢測不易受到被檢物尺寸或形狀限制。
6. 裂痕被非磁性物質封閉時(如油脂、漆、鍍層)，也能順利檢測。
7. 一般性的磁粒檢測，前清理的要求度不需很高。
8. 試件表面薄的非磁性覆層或油漆不會嚴重影響檢測效果。
9. 當檢測條件正確時，熟練的技工能相當精確的評估缺陷深度。
10. 易於自動化。

11. 和其他非破壞檢測法相較(射線、渦電流、超音波檢測)，磁粒檢測較便宜。

磁粒檢測法的缺點包括：

1. 僅適合鐵磁性材料檢測。
2. 無法檢測材料內部缺陷。
3. 磁粒檢測一般需要採用不同磁化方向檢測，才能檢出不同方向的缺陷。
4. 試件檢測後，常需要退磁處理及表面後處理。
5. 特殊不規則形狀試件，不易找到適當的磁化方向。
6. 大型鑄件或鍛件，常需要大磁化電流，使用接觸棒磁化法時，若接觸不當容易產生弧擊或灼傷試件表面。
7. 檢測時試件需各別磁化，多量小型試件檢測費時耗工。

3.4-3 磁場特性與磁性材料

一、磁場與磁力圖

磁性是指某些材料具有吸引相同或其他物質的能力。如果將鐵磁性材料放在一永久磁鐵旁，則鐵磁性材料會受到一吸引的作用力場，稱爲磁場。磁場產生方式除了由永久磁鐵產生外，更常以通電流的導體產生。若要更清楚的看到磁場的作用，可將一永久磁鐵棒上放置一張白紙，再將細小磁粒加到白紙上，此時磁粒會受到磁場作用而排列成一條條曲線的圖案，這種磁粒受到磁場作用而形成的圖案稱爲磁力圖(Magnetograph)，如圖 3-21。由磁場作用力所形成的封閉曲線稱爲磁力線。此磁力圖代表磁鐵所產生磁場和鐵粉作用的一個斷面分佈圖，事實上，磁鐵所產生的磁場是圍繞著磁鐵產生一個三度空間的磁場。從磁力圖中可以得到一些磁場的相關說明：

1. 磁力線從磁鐵一端到另一端形成一封閉曲線，且各曲線不相交。
2. 磁力線在磁鐵兩端(磁極)較密集，距離磁極愈遠則磁力線愈稀疏。
3. 磁力線會順著阻力最小(磁阻最低)的路徑排列。
4. 磁力線具方向性，在磁鐵外是由北極(N)至南極(S)，磁鐵內部是由南極(S)到北極(N)。

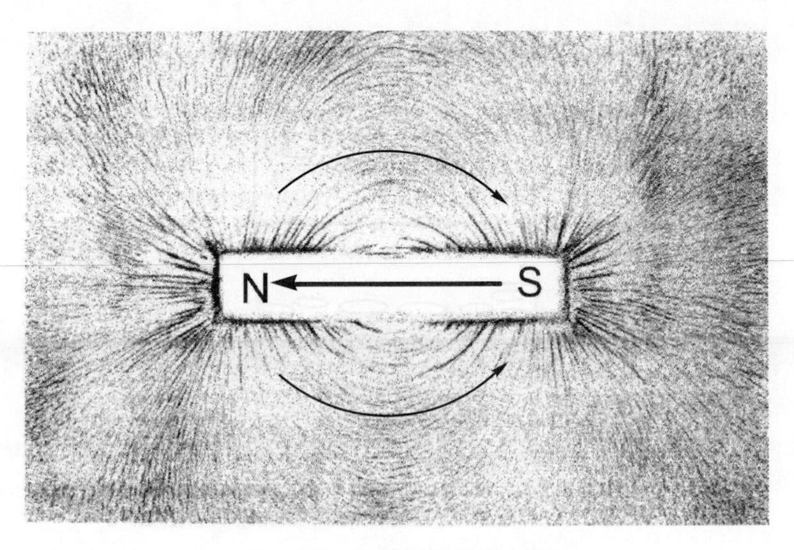

圖 3-21 棒狀磁鐵之磁力圖

二、磁極

由磁力圖中可知，磁力線密集在磁鐵兩端，事實上，磁力線是由磁鐵的一端離開到空氣中，再由另一端進入磁鐵，磁力線進出磁鐵的兩個地區便稱爲磁極。磁力線離開的一端稱爲北極(N)，磁力線進入的一端稱爲南極(S)，同極接近產生相斥力，異極接近會產生相吸力。

三、磁化原理

將鐵磁性材料放在一磁場附近會受到吸引力作用，事實上是鐵磁性材料受到磁場磁化的影響，鐵磁性材料受到磁化後在形狀、尺寸、重量、顏色上並無改變，而是在原子結構內的排列發生變化。

原子內包括原子核及電子，其中電子會在一定軌道上圍繞原子核旋轉，同時電子本身也會有自旋(Spin)產生，自旋一般分成正轉與逆轉兩個方向，如果原子中的電子群在繞行原子核旋轉與自轉不對稱時，便會形成磁矩而具磁性，如果將同方向的原子磁矩組合，便構成原子群的磁田。磁田是磁的最小單位，磁田內所有原子的自旋角動量和磁矩皆朝向同一方向。

材料未被磁化前，材料中個個磁田的排列是雜亂不規則的，當材料經磁化時，材料中的磁田排列會規律的朝向一定方向而被磁化。如圖 3-22。

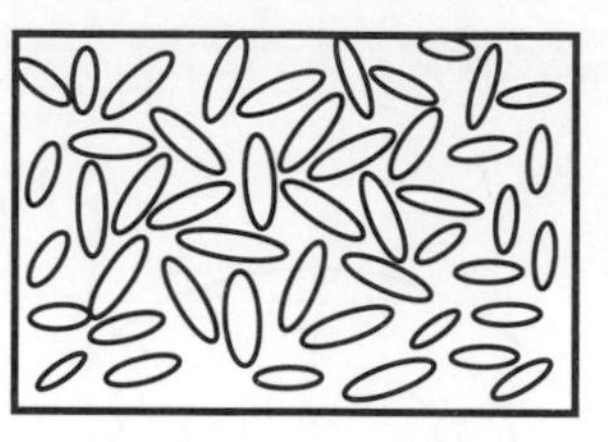

(a) 未被磁化

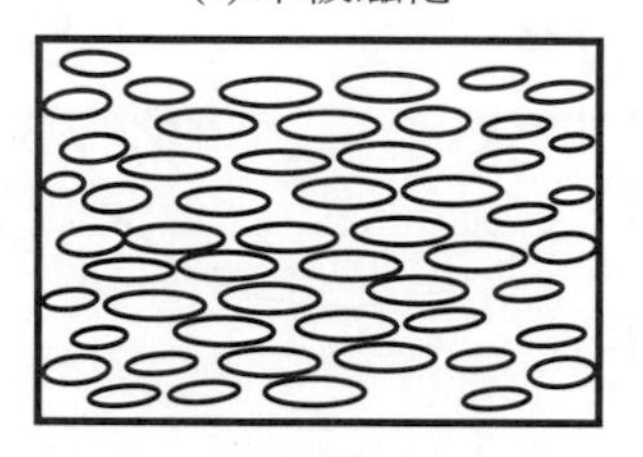

(b) 磁化後

圖 3-22　磁田排列

四、磁場的表示法

常用來描述磁場的方法包括磁通密度(Magnetic Flux Density)和磁場強度(Magnetic Field Strength)。

磁場是由磁力線所組成的區域，磁力線的表示單位為馬克斯威爾，而磁路中所有磁力線的總數稱為磁通量(Magnetic Flux)，其單位為韋伯(Webers)。磁通量可以用來表示磁力線數量，但卻無法用來描述磁場中磁力線集中密集的程度。磁通密度則是用來表示磁力線密集程度，是指每單位磁場面積內含磁力線的數目，一般以B表示，其單位為高斯(Gauss)或韋伯／米^2。其單位表示如表 3-1 所示。

表 3-1　磁通密度相關單位表示

名詞	單位	換算
磁力線	馬克斯威爾	—
磁通量	韋伯	1 韋伯＝10^8馬克斯威爾
磁通密度	高斯	1 高斯＝1 馬克斯威爾／cm^2
	韋伯／米^2	1 高斯＝10^{-4}韋伯／米^2

磁場強度，一般以H表示，是量測磁場中某一定點的強度值，單位爲奧斯特(Oersted)或安匝／米(電磁力的量測單位)。一奧斯特相當於在一單位磁極產生一達因(Dyne)作用力的磁場強度，也等於$1000/4\pi$安匝／米的電磁力。

磁化力(magnetizing force)是指在磁路中建立磁通量的合力，一般是以磁場強度H方式表示，其單位也是奧斯特。

五、磁化與磁滯曲線

在空氣中或眞空中，物體之奧斯特和高斯的數值相等。但在物體磁化時，奧斯特一般表示磁化物體時的磁化力，而高斯則是表示在物體內感應產生的磁場強度(磁通密度)。如果將磁化物體時磁化力(H)與物體感應磁通密度(B)的對應情形描繪成圖，便會得到如圖 3-23 的磁滯曲線圖。由於磁化力與物體感應磁通密度之間有延遲現象，稱之爲磁滯現象。

圖 3-23 所示磁滯曲線的相關說明如下：

***oa*曲線**：鐵磁性材料隨磁化力增加，感應的磁通密度也逐漸增加，其路徑如圖中之oa曲線，當感應磁通密度到達a點後，磁化力再增加材料感應磁通密度也不再隨之增加，a點稱爲磁飽和點。

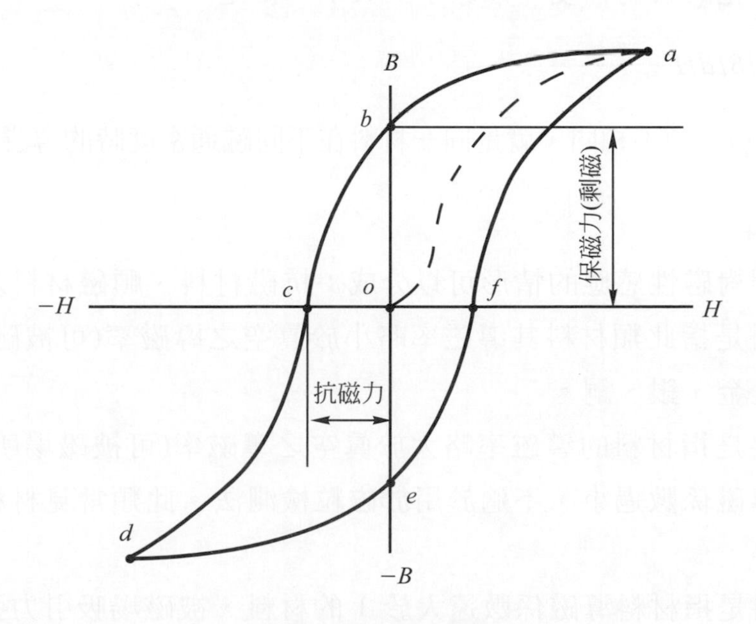

圖 3-23　磁滯曲線圖

***ab*曲線**：材料到達飽和點a後，將磁化力(H)逐漸降低至零，材料感應磁通密度，並不會順著原oa曲線降回零，而是沿著ab路徑降低至b點，此時，材料殘留的磁通密度ob便稱爲剩磁，或稱爲材料的保磁力。

***bc*曲線**：將磁化力以反方向施加，並逐漸增加，此時材料感應磁通密度才逐漸減少到零，此時反向磁化力大小oc稱爲材料的抗磁力。因此抗磁力便是消除材料剩磁所需的反向磁化力。

***cd*曲線**：反向磁化力逐漸增加，材料感應磁通密度也逐漸增加，直到逆向飽和點d。

***de*曲線**：反向磁化力逐漸減低至零，此時材料感應磁通密度也逐漸減少，但不會降爲零，此時材料剩下的磁通密度oe，便稱爲逆向剩磁。

***ef*曲線**：要將逆向剩磁消除，必須再將材料施以正向磁化力，直至磁化力大小到達of，此時磁化力of也稱做抗磁力。

***fa*曲線**：正向磁化力繼續增加，材料感應磁通密度會逐漸往磁飽和點a增加。

由於磁化力與材料感應磁通密度之間的關係圖是一個封閉的曲線環，故被稱爲磁滯曲線(Hysteresis Loop)。其中磁滯曲線的斜率，又稱爲導磁率μ，可以表示材料被磁化的難易程度。以數學式表示，便是

$$\mu = dB/dH \tag{3-1}$$

不同材料的導磁率便不相同，就是同一材料在不同磁通密度時的導磁率也不相同。

六、磁性材料

材料依照對磁性感應的情形可以分成：抗磁材料、順磁材料及鐵磁材料三類。抗磁材料是指此類材料其導磁率略小於眞空之導磁率(可被磁場排斥)。常見的材料像是金、銀、銅。

順磁材料是指材料的導磁率略大於眞空之導磁率(可被磁場所吸引)，由於此種材料的導磁係數過小，不適於用於磁粒檢測法。此類常見材料有鋁、鎂、鉬、鋰、鉭等。

鐵磁材料是指材料導磁係數遠大於 1 的材料，被磁場吸引力強，當磁場移開後，仍能保持相當強度的磁力。常見的材料有鐵、鈷、鎳等。在一般分類上，

可以將材料區分成鐵磁性材料及非鐵磁性材料兩大類，其中非鐵磁性材料又包括抗磁材料與順磁材料，常見材料導磁率如表 3-2。

表 3-2　常見材料導磁率

非鐵磁性材料				鐵磁材料	
抗磁材料		順磁材料			
材料	導磁係數	材料	導磁係數	材料	導磁係數
銅	0.99999	鋁	1.000022	鐵	7000
銻	0.999952	鉬	1.00289	鈷	170
水	0.9999992	空氣	1.00000029	鎳	1000

七、鐵磁性材料磁滯曲線與磁特性

從材料的磁滯曲線可以看出材料的磁特性，如果磁滯曲線較寬，此種材料的磁阻較大，較不易被磁化。相對的此種材料剩磁與保磁力較高，適合做爲永久磁鐵的材料。磁滯曲線較窄者，較易被磁化但保磁力較差。圖 3-24 說明寬窄磁滯曲線對材料磁特性的影響。

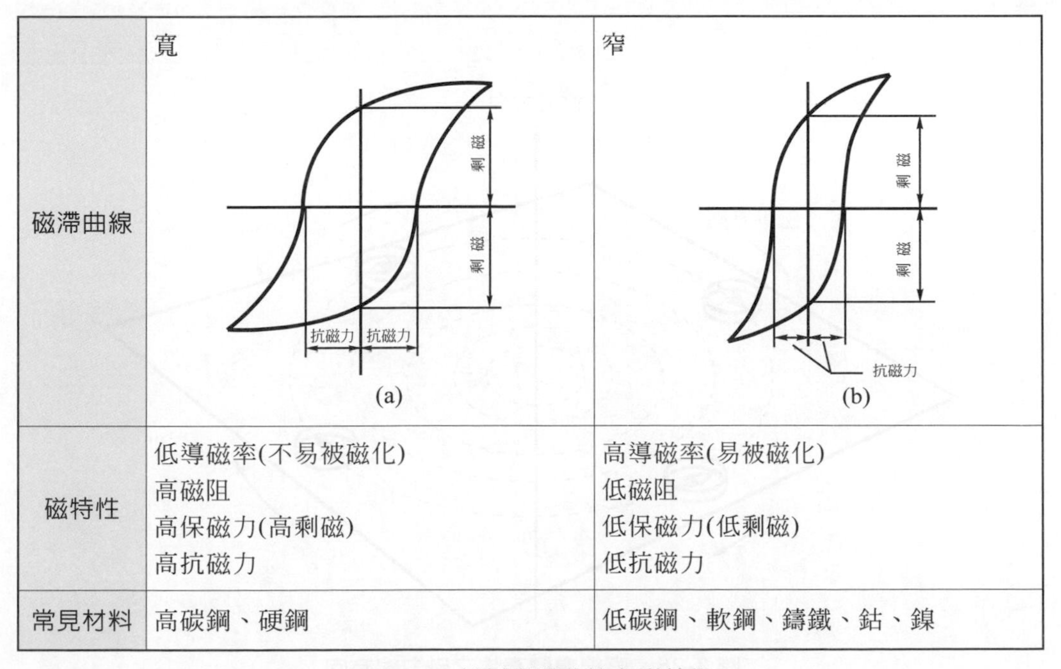

	寬	窄
磁滯曲線	(a)	(b)
磁特性	低導磁率(不易被磁化) 高磁阻 高保磁力(高剩磁) 高抗磁力	高導磁率(易被磁化) 低磁阻 低保磁力(低剩磁) 低抗磁力
常見材料	高碳鋼、硬鋼	低碳鋼、軟鋼、鑄鐵、鈷、鎳

圖 3-24　材料磁滯曲線與磁特性

3.4-4 磁電效應所產生的磁場方向

磁粒檢測的磁場產生方式除了永久磁鐵外，在實用上大多是以電流通過導體，產生感應磁場，如果導體形狀均勻，產生的感應磁場也很均勻穩定，另外控制電流大小、電流型式或是導體型式都很方便，要產生易於控制的磁場也相對方便，因此電流感應磁場所形成的磁電效應是磁粒檢測最基本的相關知識。

一、直線導體與安培右手定則

如果將電流通過一直線導體，在導體的四周會產生感應磁場，而且磁場的磁力線會與電流垂直相交。如果用一通電的導線通過一紙板中央，再於紙板上均勻灑上鐵粉，並輕輕震動紙板使鐵粉移動，則可以觀察到鐵粉會以導線爲圓心，繞成同心圓排列。此磁場強度與電流大小I成正比，和距導體的距離D成反比如公式3-2。

$$H \propto I/D \tag{3-2}$$

如果以小羅盤放在紙板上不同位置，可以觀察到磁力線方向如圖3-25。

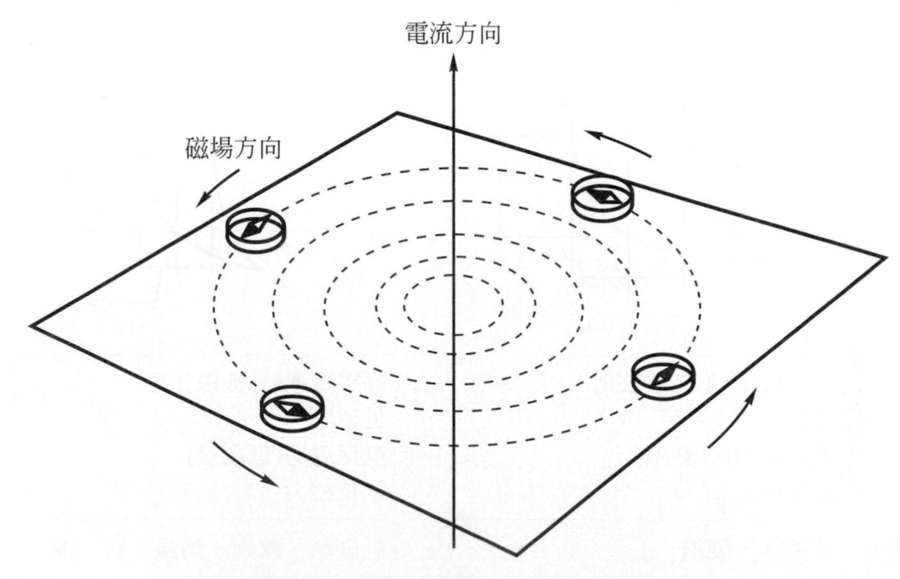

圖3-25　直線導體產生之磁力線方向

如果電流方向相反，則磁力線方向也會以相反方向排列。如此說明感應磁場方向，與電流方向相關。決定電流與感應磁場方向一般會以安培右手定則決定。將右手大拇指指向電流方向，其餘四指所指的方向即爲圍繞導體的磁力線方向，如圖 3-26(a)。如果電流通過螺管線圈時，右手握住線圈且四指指向電流流過方向，則大拇指的方向便爲磁場方向(*N* 極)，如圖 3-26(b)。

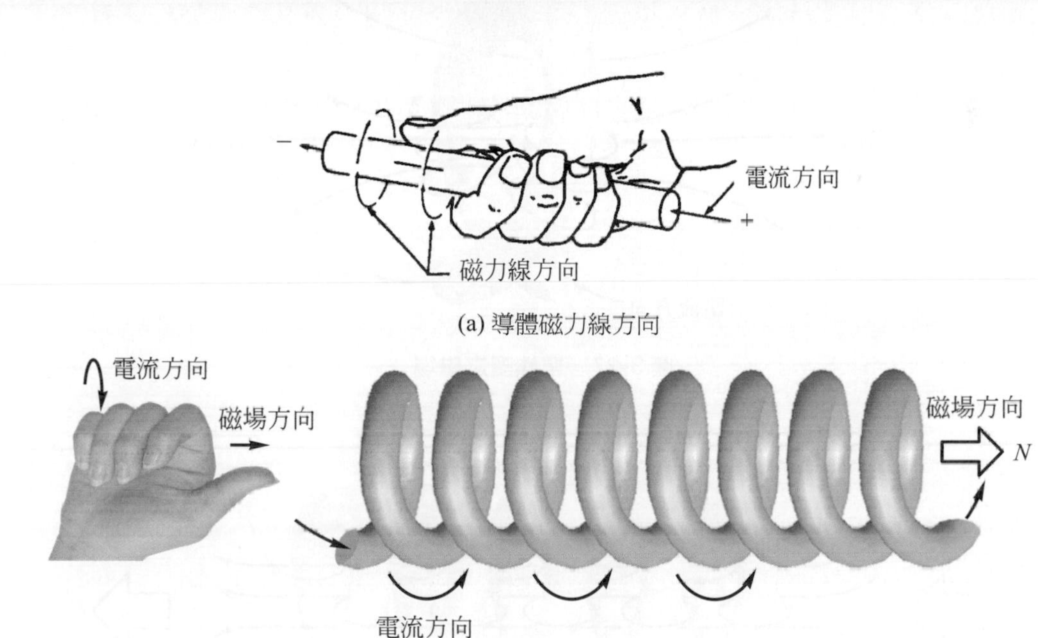

(a) 導體磁力線方向

(b) 螺管線圈的磁場方向

圖 3-26

二、線圈

將直線導體繞成一螺圈狀，如圖 3-27。電流通過時，在導體四周都會產生圓形感應磁場，對螺圈內部而言，不同位置的磁場皆由左向右，因此螺圈內部所產生的磁場方向便是由左向右，而磁場方向在螺圈內是由南極(*S*)往北極(*N*)，因此可知螺圈左邊爲 *S* 極，而螺圈右邊爲 *N* 極。

如果將螺圈繞成數圈形成螺管線圈如圖 3-28，此時在線圈內的磁場互相加成，形成一個類似棒狀磁鐵的磁場，在線圈內的磁場方向會是縱向的由 *S* 極到

N極。而線圈外的磁場則相對於線圈內疏鬆了許多，形成一個封閉的磁力曲線。螺管線圈內的磁場強度會和線圈的圈數以及線圈流通的電流大小成正比例。因此利用線圈做爲磁化工具時，一般都以線圈匝數與流過線圈的電流安培數乘積(稱爲安匝)做爲磁化力(H)的表示方法。

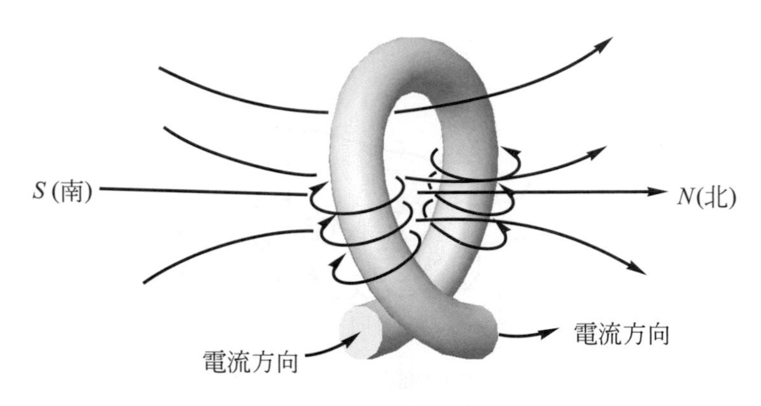

圖 3-27　單螺圈之磁場

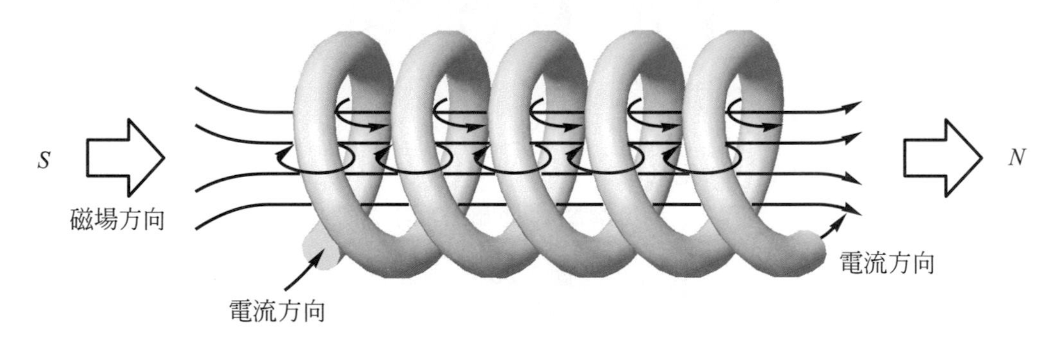

圖 3-28　螺管線圈之磁場

三、磁化方向

在磁粒檢測應用上，包括周向磁化與縱向磁化，以檢測不同方向的缺陷。周向磁化是在導體上直接通電，產生圓周方向磁場，如圖 3-29(a)。縱向磁化是利用線圈等方式產生與試件縱軸方向平行的磁場，如圖 3-29(b)。

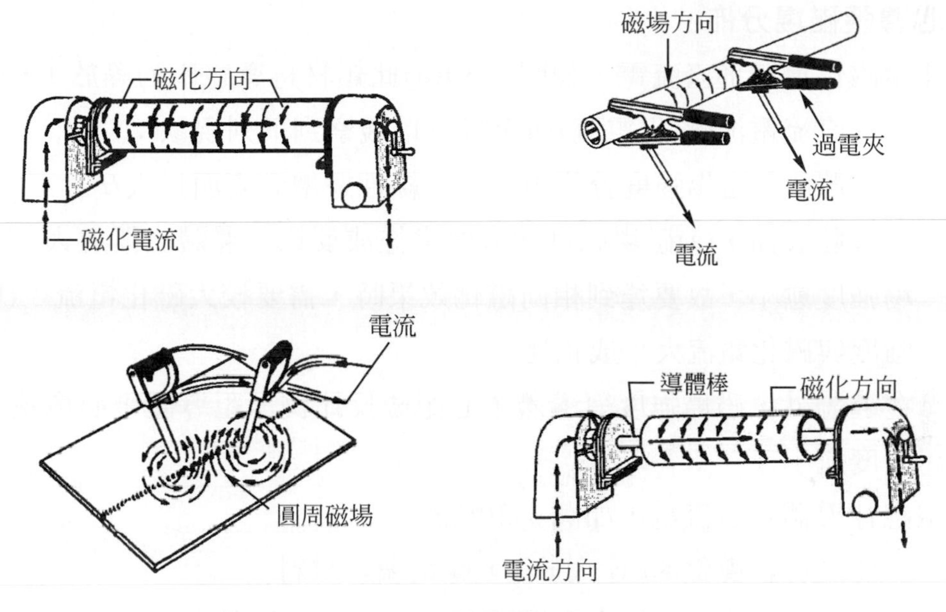

(a) 周向磁場

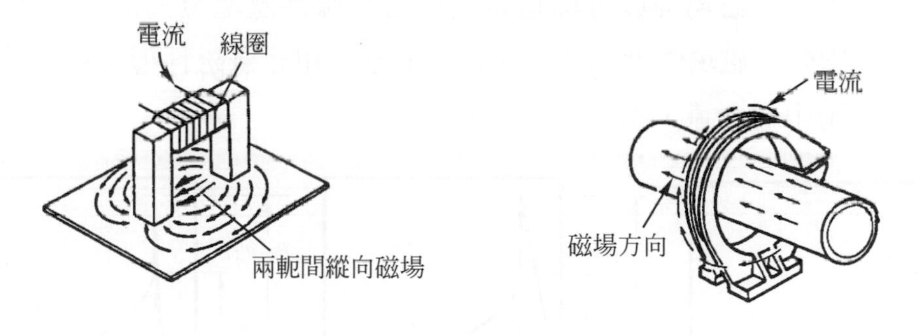

(b) 縱向磁場

圖 3-29 磁化方向

3.4-5 磁電效應所產生的磁場分佈

電流通過一個直線導體，會在導體四周產生磁場，且磁場分佈如公式 3-2 所示，但在磁粒檢測時，電流大多通過一個實心導體(試件)、中空環或是同心軸環，因此磁場強度的分佈情形，會影響檢測試件的磁化強度。實心、中空或同心軸環磁場分佈情形會受到材料材質、尺寸、形狀的影響，爲簡化討論，本段落僅針對對稱圓形導體材料加以探討磁場分佈的情形。

一、實心導體磁場分佈

1. 非鐵磁性導體通直流電，如圖 3-30(a)此類材料導磁率約等於 1，像是銅棒，當直流電流(磁化電流)通過時可以觀察到下列現象：
   (1) 在導體內，磁場強度分佈由中心零線性遞增到表面最大H。
   (2) 在導體表面，(a)磁場強度與導體半徑成反比，導體直徑愈大，表面磁場強度愈小，故要達到相同磁化效果時，需要較大磁化電流。(b)磁場強度與磁化電流大小成正比。
   (3) 在導體外，磁場強度與導體中心距成反比例，距導體中心愈遠，磁場強度愈小。
2. 鐵磁性導體通直流電，如圖 3-30(b)

   此類材料導磁率μ遠大於 1，像是鋼鐵材料。
   (1) 在導體表面的磁場強度爲$\mu \times H$，較非鐵磁性導體大許多。
   (2) 在導體內，磁場強度分佈也是由中心零線性遞增至表面爲最大。
   (3) 在導體外，磁場強度迅速降至H後，分佈和非鐵磁性導體的情形相同，距導體中心愈遠，磁場強度愈低。

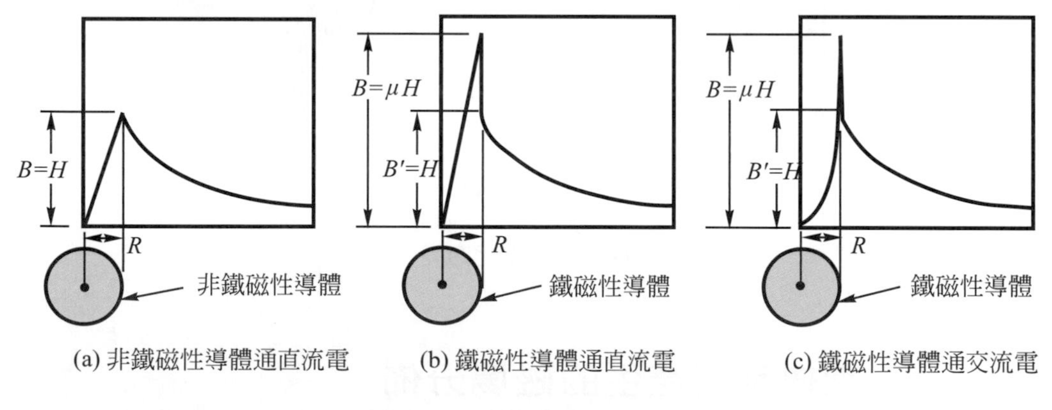

圖 3-30　實心導體磁場分佈

3. 鐵磁性導體通交流電，如圖 3-30(c)

   鐵磁性導體通過交流電所產生的磁場分佈情形，與通過直流電類似，說明如下：

⑴ 在導體外，磁場分佈和直流電相同，只是磁場強度與方向會隨交流電不斷改變。

⑵ 在導體表面，導體表面磁場強度爲$\mu \times H$，和直流電通過鐵磁性導體相同。

⑶ 在導體內部，磁場強度在中心爲零，非線性增加至表面爲最大。

其中磁場強度在中心部分，緩慢增加，在接近導體表面時，磁場強度迅速增加，這說明交流電由於有集膚效應，使得磁場集中在導體表面。

二、中空導體磁場分佈

1. 非鐵磁性導體通直流電，如圖 3-31(a)

⑴ 中空區，無電流通過，且磁場強度爲零。

⑵ 導體區，磁場強度內壁爲零，逐漸增加，直到導體表面爲最大H，和實心導體比較，在相同電流大小與導體外徑時，外表面磁場強度相同。

⑶ 導體外，在相同條件下，磁場強度分佈和實心導體相同。

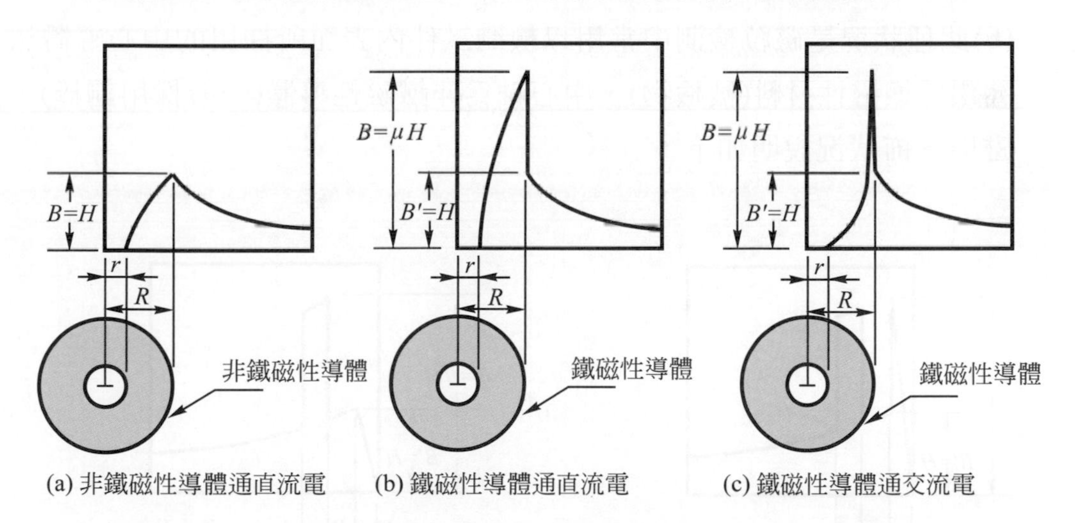

(a) 非鐵磁性導體通直流電　(b) 鐵磁性導體通直流電　(c) 鐵磁性導體通交流電

圖 3-31　中空導體磁場分佈

2. 鐵磁性導體通直流電，如圖 3-31(b)

⑴ 中空區，磁場強度爲零。

⑵ 導體區，磁場強度從內壁 0 至外表面的$\mu \times H$。

⑶ 導體外，磁場強度迅速降至H後分佈和非鐵磁性導體情形相同。

3. 鐵磁性導體通交流電，如圖 3-31(c)
   (1) 中空區，磁場強度為零。
   (2) 導體區，磁場強度由內壁零在外表面區迅速增加，至外表面時為$\mu \times H$。
   (3) 導體外，磁場強度分佈和非鐵磁性導體情形相同。

三、同心軸環磁場分佈

1. 中心軸與圓環皆為鐵磁性導體，電流通過中心軸，如圖 3-32(a)。
   (1) 中心軸磁場強度由中心零遞增至表面$\mu \times H$。
   (2) 中空部分，磁場強度迅速降低至H後遞減至接近圓環內壁。
   (3) 圓環部分，內壁磁場強度迅速上升至略低於$\mu \times H$，磁場強度向圓環外表面遞減。
   (4) 圓環外，磁場強度迅速降低至H_2後，隨中心距增加而磁場強度降低。
2. 中心軸非鐵磁性導體，圓環為鐵磁性導體，電流通過中心軸，如圖 3-32 (b)此種狀況是磁粒檢測中常用以檢測試件內表面所採用的中心導體法，圓環為鐵磁性材料(被檢物)，中心軸為非鐵磁性導體(一般採用銅棒)，其磁場分佈狀況說明如下：

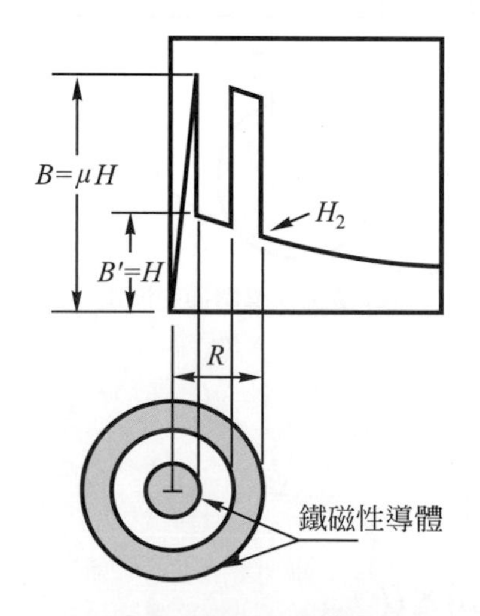

(a) 軸環皆為鐵磁性導體通直流電

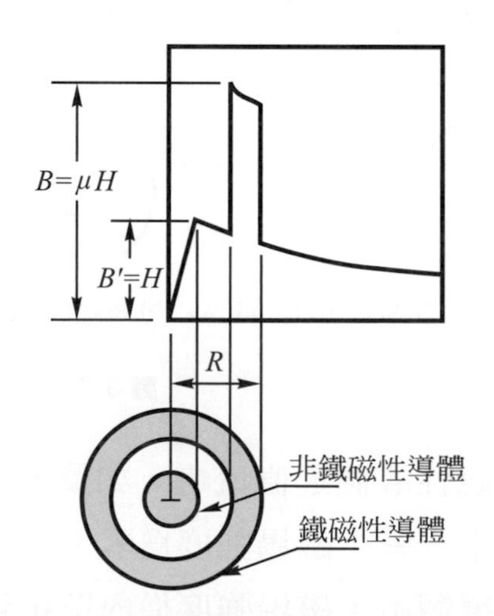

(b) 軸為非鐵磁性導體環為鐵磁性導體通直流電

圖 3-32 同心軸環磁場分佈

(1) 中心軸磁場強度由中心零遞增至表面H。

(2) 中空部分，磁場強度由H遞減至接近圓環內表面。

(3) 圓環部分，磁場強度在內表面上爲略低於$\mu \times H$向外表面遞減。

(4) 圓環外，磁場強度迅速降低後，隨中心距增加而磁場強度降低。

3.4-6 磁漏與磁粒檢測原理

一、磁漏現象

棒形磁鐵的磁場分佈如圖 3-33(a)所示，在磁鐵兩端分別是北極(N)與南極(S)，現在如果將棒形磁鐵折斷成兩半，兩個磁鐵在折斷端會立即產生新的磁極，如圖 3-33(b)所示，如果再將折斷端接合，在接合端會產生磁力線外漏現象，如圖 3-33(c)。相類似的情形，如果將一個磁棒切一個槽，磁棒在切槽端會

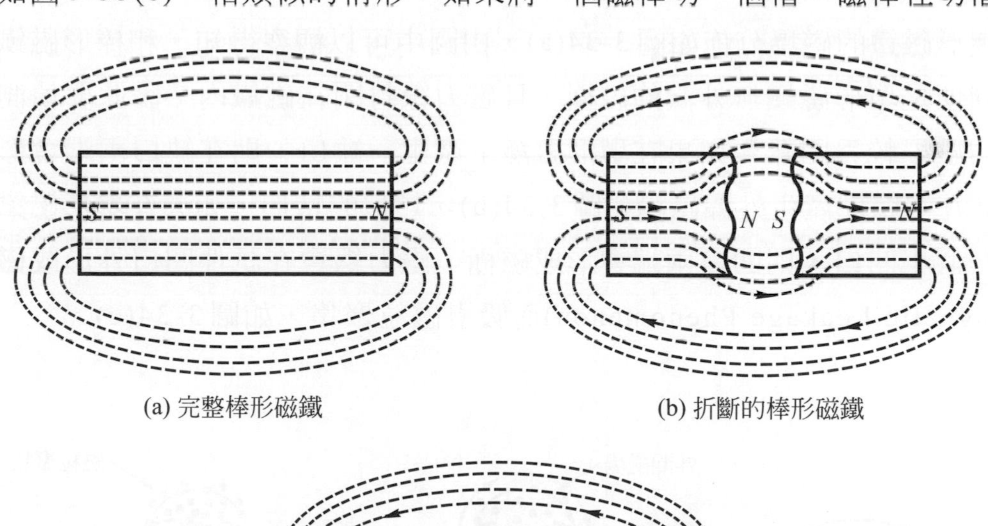

(a) 完整棒形磁鐵　　(b) 折斷的棒形磁鐵

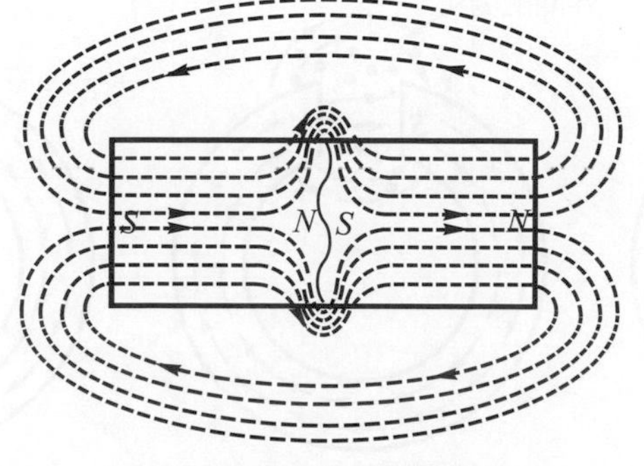

(c) 折斷又接合的棒形磁鐵

圖 3-33　棒形磁鐵磁場分佈

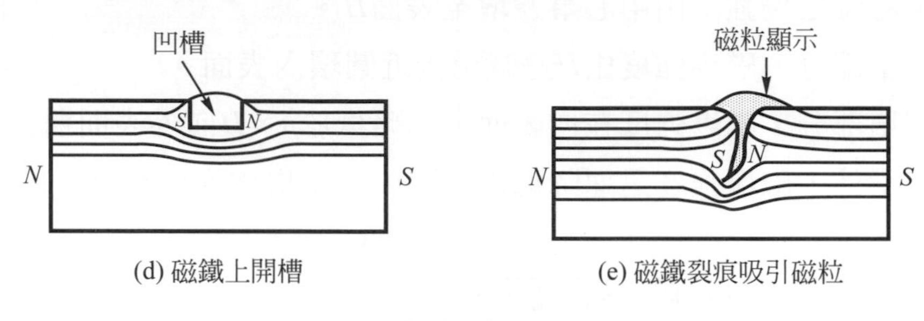

(d) 磁鐵上開槽　　(e) 磁鐵裂痕吸引磁粒

圖 3-33　棒形磁鐵磁場分佈(續)

形成兩個磁極，並且也會造成，磁力線外漏的磁場，如圖 3-33(d)。此種由於被檢物的瑕疵或斷面積改變，造成磁力線在磁路上受阻，而進出被檢物表面的現象稱爲**磁漏現象**(Magnetic Leakage Phenomenon)。磁粒在磁漏部位會聚集而形成缺陷顯示，如圖 3-33(e)所示。

環形磁鐵的磁場分佈如圖 3-34(a)，由圖中可以觀察得知，和棒形磁鐵最大的不同便是環形磁鐵無外漏的磁極，且磁力線封閉在磁鐵內，因此要偵測環形磁鐵的磁場較爲困難。如果在環形磁鐵上產生一缺口，則在缺口兩端會形成磁極，並在空隙處產生外漏磁場如圖 3-34(b)。類似的情形，如果在環形磁鐵邊緣產生一個小凹口，則凹口兩端會形成磁極，磁力線會在試件凹口外形成**磁漏磁場**(Magnetic Leakage Phenomenon)而吸引磁粒聚集，如圖 3-34(c)。

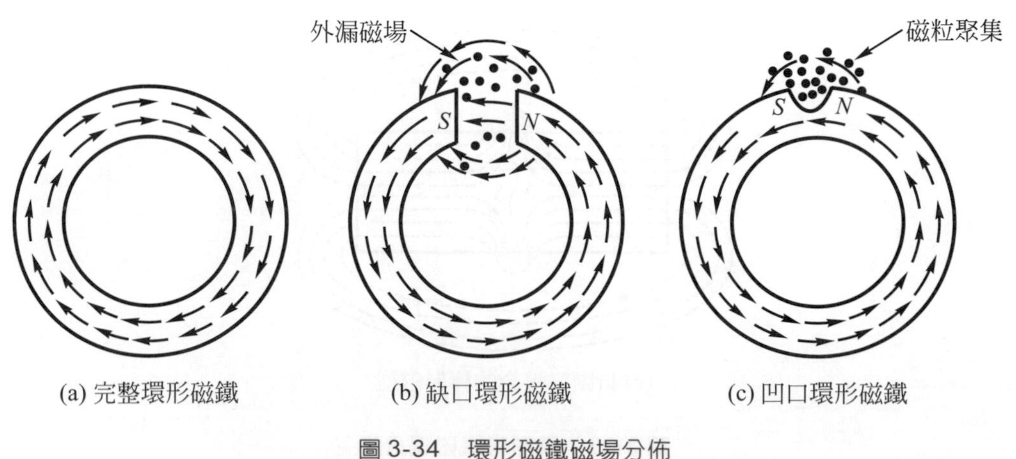

(a) 完整環形磁鐵　　(b) 缺口環形磁鐵　　(c) 凹口環形磁鐵

圖 3-34　環形磁鐵磁場分佈

二、磁粒檢測原理

磁粒檢測便是利用磁漏現象，檢測出材料的不連續間斷。磁粒檢測通常需有幾個基本程序，其相關原理如下：

1. 適當的磁化材料：磁化控制是磁粒檢測最重要的步驟之一。其中材料感應磁場強度與磁場方向是決定是否能產生磁漏的主要因素。磁場強度必須夠強以產生磁漏磁場，磁場方向必須垂直缺陷方向才能產生最強的磁漏磁場，如果磁場方向平行缺陷方向，很難產生磁漏磁場。
2. 施加磁性介質：有瑕疵的材料經磁化產生磁漏磁場時，我們無法直接觀察到磁場的作用，加入磁性介質(鐵粉)時，磁性介質會被磁漏磁場所吸引而聚集，如此檢驗者才能觀察到磁漏磁場的影響。

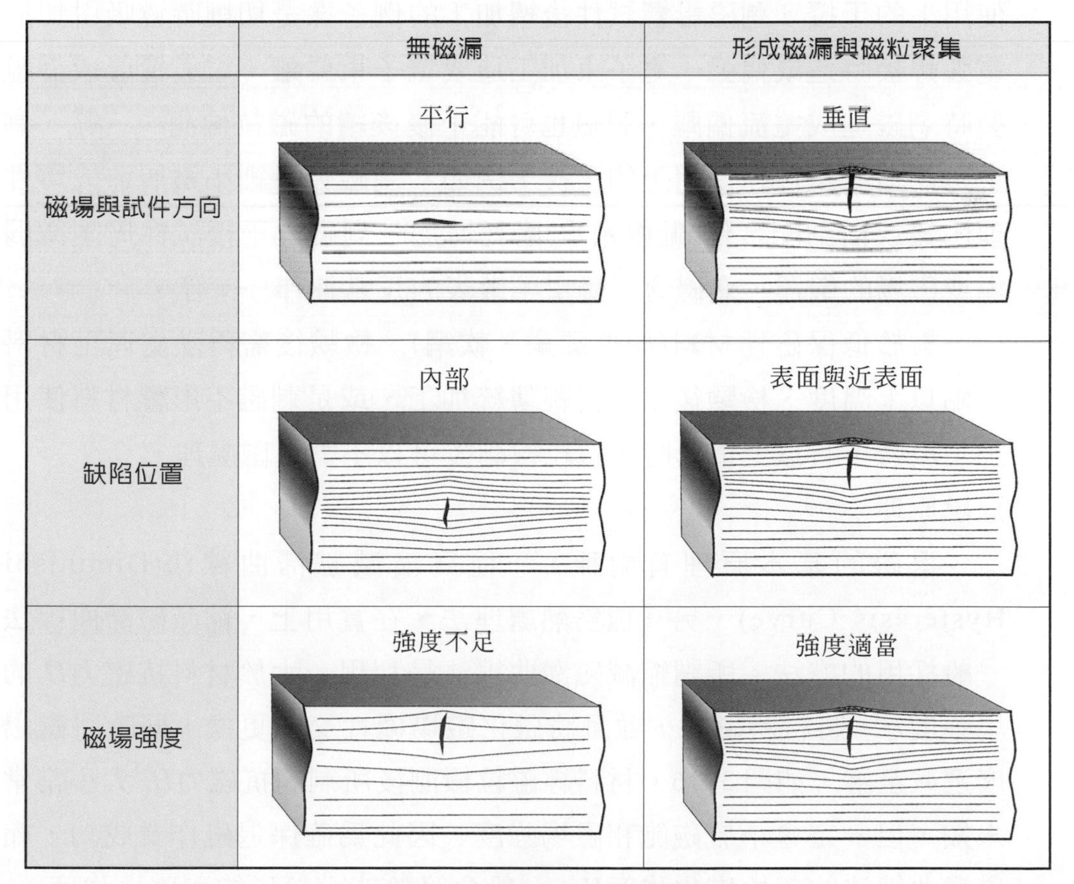

圖 3-35　影響磁漏形成的因素

3. 檢視：由磁粒顯示出的磁漏磁場，可以判斷缺陷的位置及嚴重性。

圖 3-35 是比較缺陷位置、缺陷方向與磁場強度等因素對磁漏形成的影響。適當的磁場強度、交叉磁化方向是磁粒檢測中非常重要的兩個操作參數。

三、退磁

材料經過磁粒檢測磁化後，材料常會有剩磁殘留，特別是高保磁性材料，剩磁更明顯，因此退磁便是在降低被檢物剩磁至可接受程度的作業。以物理學的觀點而言，退磁就是將材料原子所形成的磁田重新排列成凌亂不規則的方向。

1. 退磁之時機

材料需要退磁的時機包括剩磁會影響試件後續加工或是剩磁會造成使用上的干擾。剩磁影響試件後續加工的例子像是切削時會吸引切屑、電弧銲接時造成偏弧、電子束加工造成電子束偏離、電鍍覆層或靜電塗裝時剩磁造成電流偏離、剩磁也可能干擾後續的磁粒檢測……等。剩磁更可能造成試件在使用上的干擾，例如：剩磁吸引細小鐵屑造成零件清理困難或活動配合件(軸與軸承)磨耗增加、剩磁會干擾試件周圍微弱電場或磁場的儀器、剩磁會干擾電子儀表的正常運作……等。

對於低保磁性材料(如低碳鋼、軟鋼)、檢驗後需再熱處理至材料居里點以上溫度、檢驗後不需再經傳統加工、或是剩磁不影響材料使用或加工場合，有以上情形時，磁粒檢測後可以不需退磁處理。

2. 退磁原理

退磁的基本原理有兩種，一種爲縮減磁滯曲線法(Diminishing Hysteresis Curve)，另一種爲熱處理法，在實用上，縮減磁滯曲線法爲一般採用的方法。所謂縮減磁滯曲線法是利用一大於材料抗磁力H_c的磁場強度H，將材料磁化，並且將磁化磁場極性交迭更換，同時將磁場強度遞減至零，如圖 3-36。材料經磁粒檢測後所剩的抗磁力H_c大小常常是未知，但一定會小於磁飽和磁場強度，因此爲確保退磁作業成功，縮減磁滯曲線法的起始磁化強度H，一般會等於或大於磁飽和磁場強度。

退磁的另一種方式是把材料加熱到材料的居里點以上，在鋼鐵材料上常稱爲磁性變態點A2變態。此種方式較爲少用，除非被檢物檢測完正好需要做熱處理。

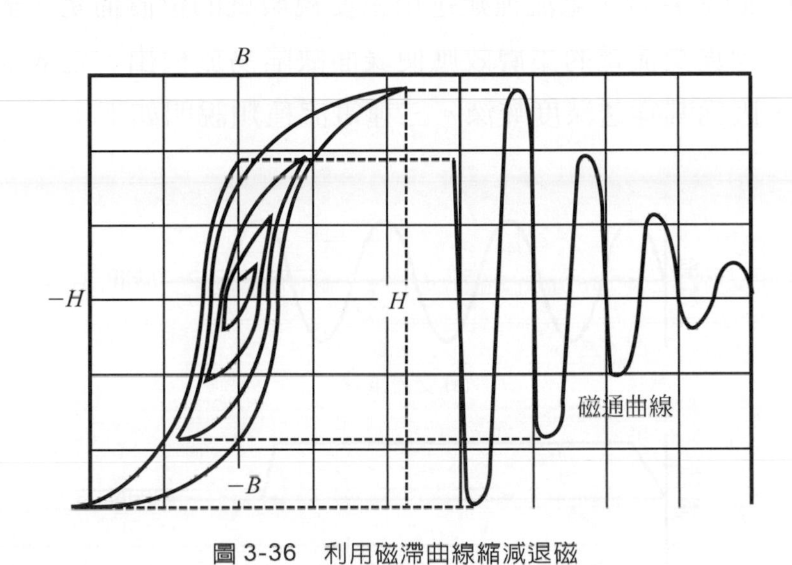

圖 3-36　利用磁滯曲線縮減退磁

3.4-7　檢測變數

磁粒檢測的主要過程包括：前處理、磁化試件、施加磁性介質、檢視評估、後處理等步驟。本段落主要針對影響檢測操作的變數探討，其中磁化試件與施加磁性介質是磁粒檢測中最重要的操作變數，也是磁粒檢測原理與應用最複雜的部分，本段落中將分點敘述。

磁粒檢測對前處理的要求不高，一般銲接、滾軋、鑄造、鍛造後可直接檢測，對於表面可能會造成妨害缺陷顯示的情形，可以靠研磨或機械方式去除，在檢測面與鄰近面需保持乾燥與乾淨，油脂、銹皮、焊藥焊渣、髒物、纖維等應以適當方式清除。

影響磁粒檢測操作的主要變數包括：磁化試件、施加磁性介質等兩項，其中正確磁化試件必須考慮的因素包括試件的材質、形狀、尺寸、可能產生瑕疵的種類、位置與方向，適當選用磁化電流種類、磁化方向、磁化強度。施加磁性介質必須考慮材料保磁性、磁化磁場種類，選用適當的磁性介質種類與施加方式。以下分點敘述。

一、磁化電流種類

磁粒檢測所採用的電流種類包括：交流電(AC)、直流(DC)、半波直流(HWDC)三種如圖 3-37，電流種類選用主要視瑕疵的位置而定，表面缺陷大多採用交流電，因爲交流電的集膚效應使表面缺陷易於檢出，近表面缺陷大多採用半波直流，因爲其穿透深度較深。三種電流種類說明如下：

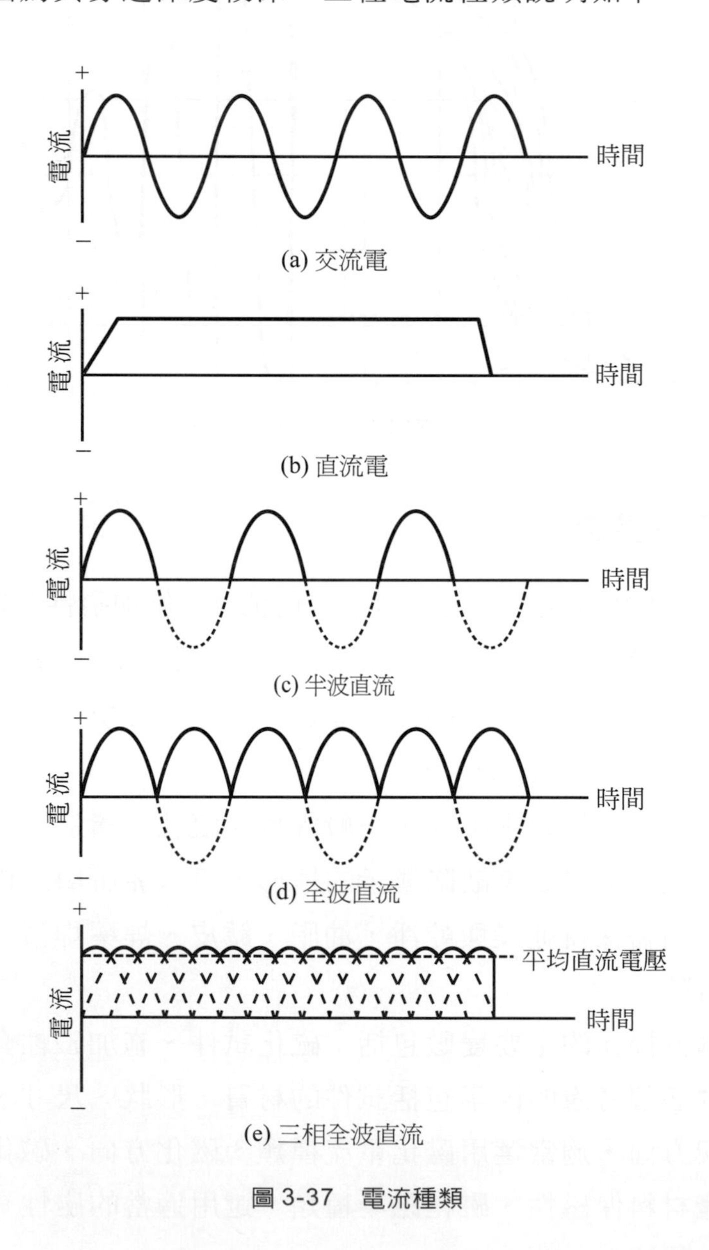

圖 3-37　電流種類

1. 交流電

交流電如圖3-37(a)是最廣泛用於生活與工業上的電流種類，在磁粒檢測中大多採用電壓110～440V 60Hz 的單相交流電便可檢測。此種電流由於集膚效應能在導體表面產生最大的磁通量，但相對的穿透力較差。利用交流電檢測的特性如下：

(1) 交流電易於控制變壓器做電壓步升或步降，使檢測電流能方便提升至數千安培。
(2) 交流電所產生的磁場方向與大小不斷在改變，因此易於推動微小磁粒，使磁漏顯示更清楚。
(3) 交流電具集膚效應，對於表面缺陷易於檢測，靈敏度高，但穿透性差，不適合近表面缺陷檢測。
(4) 由於交流電所產生的磁場大小一直在改變，因此檢測後，試件的殘磁大小不固定。

2. 直流電

直流電的產生方式可以藉著馬達發電、蓄電池和整流器的方式獲得。馬達發電很少用於磁粒檢測，蓄電池所產生的直流電如圖3-37(b)，其電壓不易調整，因此檢測電流也不易調整，大多僅適用於磁軛法和線圈法等不需調整檢測電流大小的場合。並且蓄電池的維護與腐蝕也是嚴重的問題，使用極少。

利用現有交流電整流是產生直流電最方便且易於控制的方法。目前利用整流產生直流電的方法包括半波直流如圖 3-37(c)、全波直流如圖 3-37(d)、三相整流的全波直流如圖3-37(e)。

單相全波直流，其穩定性不如三相整流，且和半波直流相較其在相同磁化效果下，需要較高的電流，一般單相全波直流都使用在特殊用途上。

三相全波直流，可產生類似於蓄電池固定直流的電流，其優點爲易於切換和控制電壓與電流大小，且不需電池維護。現在已廣泛應用於磁粒檢測設備上，其特性爲穿透力較深。

3. 半波直流

半波直流是單相交流整流的一種，將交流電中的半波整流去除，故形成間斷的脈波半波。由於其特性正好適合磁粒檢測，因此從早期到現在都是磁粒檢測中應用最廣的電流方式，其特性如下：

(1) 應用交流電整流，易於控制電壓及電流。

(2) 穿透力較強，適合近表面缺陷檢測。

(3) 具脈波作用，能推動微細磁粉，使磁漏顯示更清楚。

(4) 配合交流磁化裝備，加裝整流切換裝置，可以共用相同設備。

4. 穿透特性比較

利用貝氏環狀塊規針對不同電流種類與磁粒，利用中心導體法做磁粒檢測，可以得到如圖 3-38 所示的結果，其中半波直流穿透性最好，其

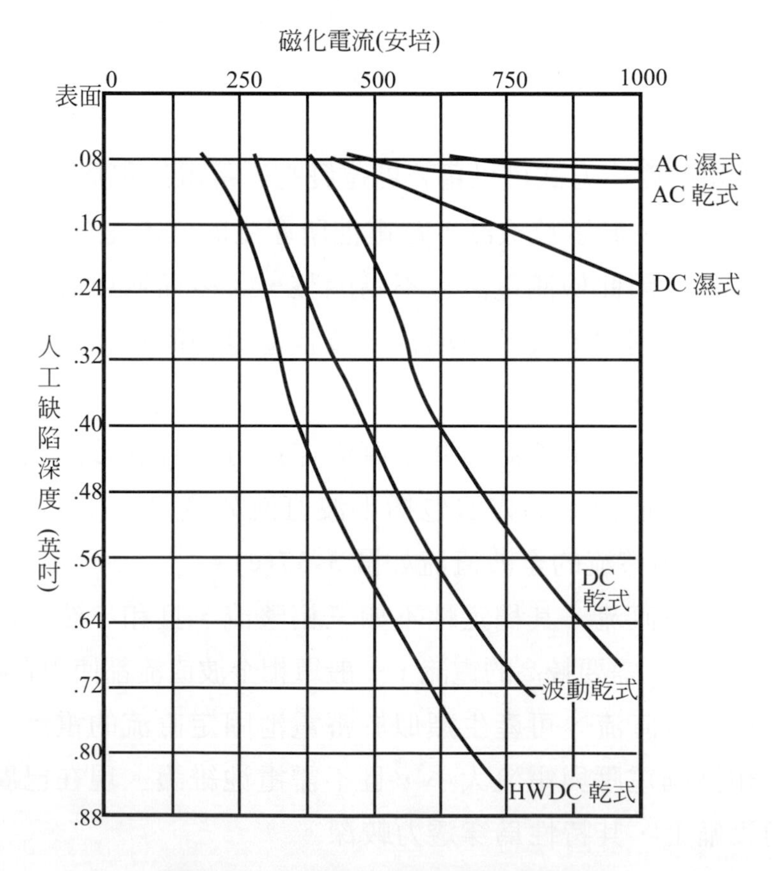

圖 3-38 不同電流與磁粒穿透深度比較

次是直流，交流電穿透性較差。由於交流電有集膚效應因此在表面檢測的靈敏度大於直流電與半波直流電。但直流電穿透性較深，而半波直流的脈波效果使得細微磁粒顯示更明顯，因此穿透特性實驗時，缺陷顯示效果最好。

從圖中另外可以看出同一種電流種類，乾式磁粒在穿透深度的顯示上較佳。

二、磁化方向

磁粒檢測的磁化方向和缺陷方向是影響檢測的重要因素之一，磁力線的方向和缺陷垂直時，所產生的磁力線擠壓會最嚴重，其所產生的磁漏也會最明顯。當磁力線與缺陷的夾角愈來愈小時，相同的檢測條件所產生的顯示就會愈不清楚，如果磁力線方向和缺陷方向平行時，甚至無法檢出缺陷。因此做磁粒檢測時，爲了能檢測出不同方向的缺陷，大多會利用兩次分開不同的磁化方向來檢測試件，並且第二次檢測的磁力線方向須大約垂直第一次檢測的磁力線方向。

依照磁化設備所產生的磁場方向，分成周向磁化與縱向磁化兩類。其中產生周向磁化的方法包括：接觸棒、頭射法及中心導體法。產生縱向磁化的方法包括：線圈法及磁軛法。以下分別加以說明：

1. 周向磁化

周向磁化包括直接在試件上通電磁化的直接磁化法(接觸棒法及頭射法)，另一種是在導體上通電，再於試件上產生感應磁場的間接磁化法(中心導體法)。

(1) 接觸棒法

接觸棒法是直接將電極緊壓在被檢物上，再通入磁化電流，在試件上便會產生周向磁場，如圖 3-39。此種檢測方法的優點是配合電纜線攜帶方便，適合大型試件的局部檢測或分段檢測，配合半波直流乾式磁粒和連續檢測時，對於近表面缺陷的檢測靈敏度相當高。

此種磁化方式的缺點爲

① 接觸棒距離不宜太寬，一般須小於 12 英吋，較理想的檢測距離爲 6～8 英吋。

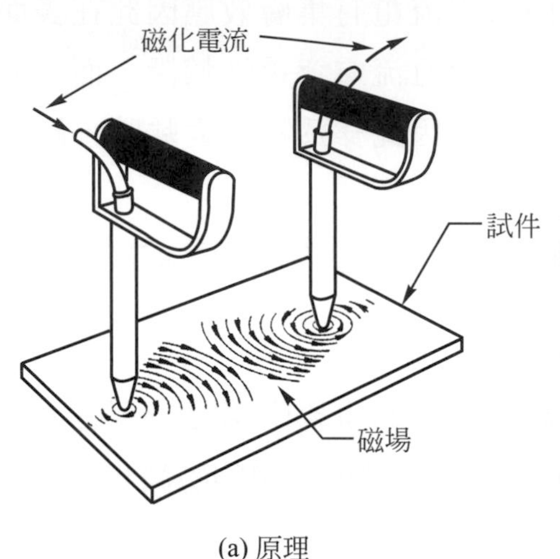

(a) 原理

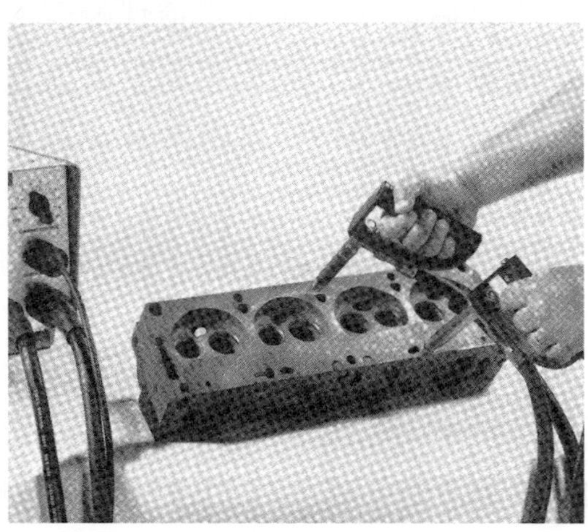

(b) 照片(*1)

圖 3-39　接觸棒法

② 接觸棒之間的試件所產生的電流與磁場有時會互相干擾，造成缺陷顯示不良，磁化電流不宜太大的問題。

③ 過大的電流或接觸狀況不佳，會導致試件與電極間產生弧擊而燒傷試件。

(2) 投射法

直接在試件兩端通電，依照安培右手定則，在試件上會產生周向磁場，如圖 3-40。此種磁化方式適合無貫穿孔的小型試件，一般磁化時可用夾具、接觸頭或接觸墊保持試件通電時導電良好，對於高電阻材料應避免磁化電流所產生的熱量，使材料組織改變。對於複雜形狀的試件應利用多方向磁化或利用電纜繞圈方法，以便檢測出不同方向的缺陷。

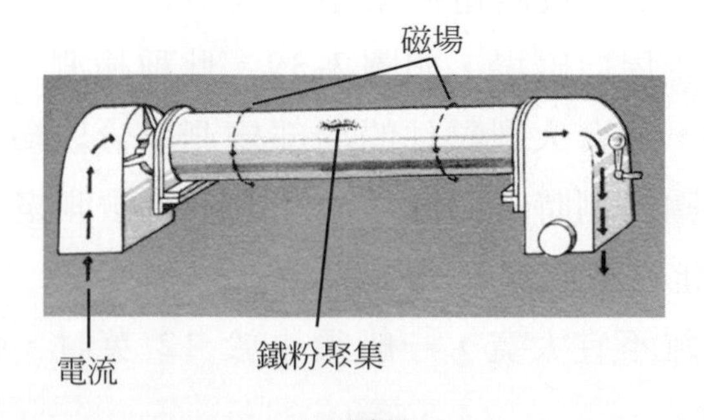

(a) 原理

圖 3-40　投射法檢測(*4)

(b) 曲軸檢測照片

圖 3-40　投射法檢測(續)(*4)

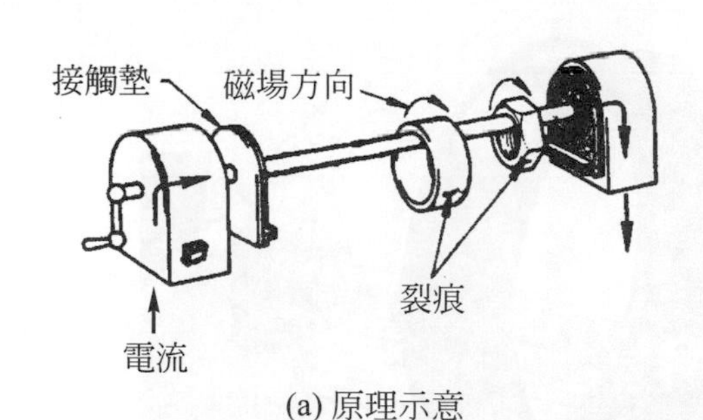

(a) 原理示意

(b) 檢測照片

圖 3-41　中心導體法(*4)

⑶　中心導體法

中心導體法是間接磁化的方式，利用一導體材料，在其兩端直接通以磁化電流，依照前述單元“磁電效應所產生的磁場分佈”中可知，其所感應的磁場，對於圓環試件或貫穿孔試件的內壁與外壁表面與近表面缺陷都能有效檢測，如圖 3-41。此種磁化方法適合有貫穿孔的試件檢驗，其優點爲不會產生弧擊灼傷試件或大電流產生試件發熱的缺點。

2. 縱向磁化

縱向磁化方法是將磁化電流通過線圈或磁軛，依照安培右手定則，會產生縱向磁場，利用此種磁化的方式包括線圈法、電纜線繞線法及磁軛法。

(1) 線圈法

線圈大多以銅線繞製而成，可提式線圈大多做成固定式，其底座可以配合固定在床台上做爲大量檢測的裝備，如圖 3-42。當線圈通以磁化電流，則會產生縱向磁場，且磁場強度在線圈內表面處爲最大。線圈法的磁化強度大致與線圈的圈數和電流大小的乘積成正比。

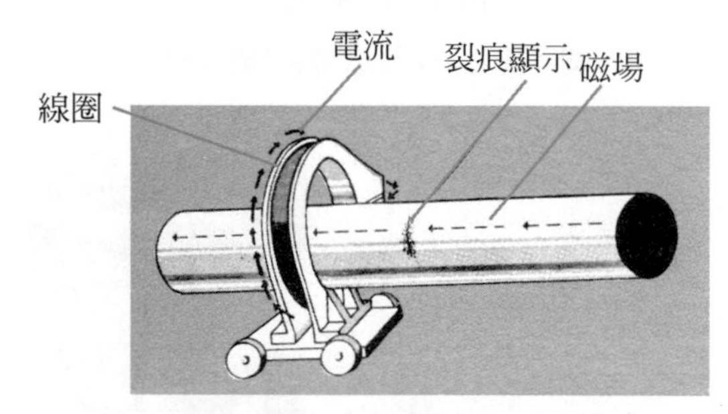

(a) 原理示意

(b) 線圈法與投射法同時檢測照片

圖 3-42　線圈法(＊1)

線圈磁化法適合磁化長度較斷面直徑(圓形)或對角線長(方形)大許多的材料，像是軸類、鐵軌、曲柄軸、管線……的材料。線圈法的有效檢測寬度約為線圈兩邊各6～9英吋，因此當被檢物長度超過12～18英吋時，應採用分段檢測，且每次分段檢測應保持適當的重疊區。

(2) 電纜繞線法

電纜繞線法原理和線圈法相同，只是利用連接激磁主機的可撓性電纜線，直接依照被檢物的形狀大小繞成線圈，適合大型試件少量檢測，檢測時應注意線圈下方是否有缺陷顯示被遮住。如圖3-43。

圖 3-43 電纜繞線法(*1)

(3) 磁軛法

磁軛磁化法是藉由永久磁鐵或電磁鐵的方式，在磁軛的兩腳上產生如馬蹄形磁鐵的南北極，在試件上建立磁通量的方式，其所產生的磁場方向在磁軛兩腳間是縱向的，如圖3-44。

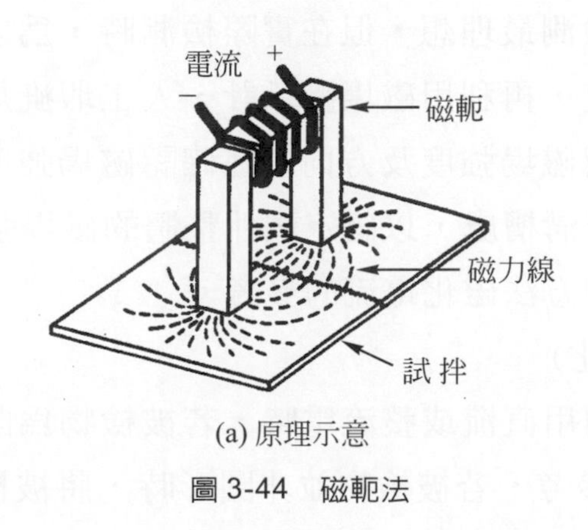

(a) 原理示意

圖 3-44 磁軛法

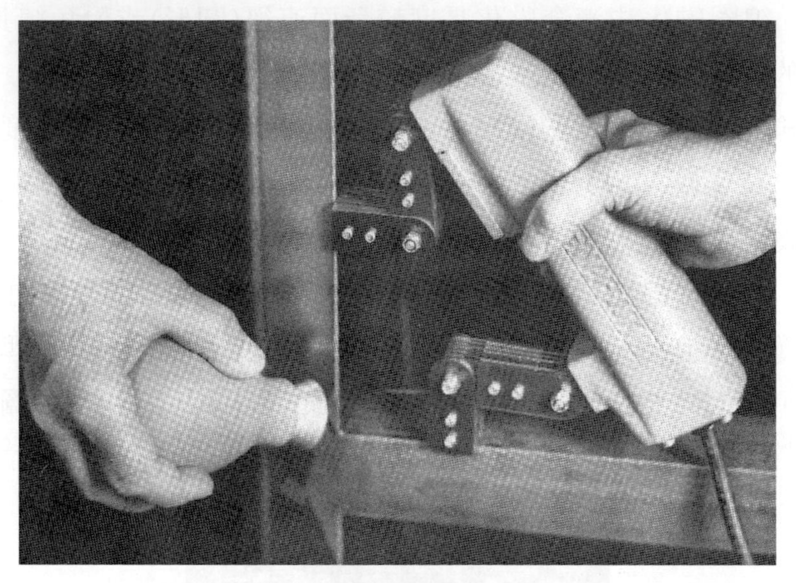

(b) 檢測照片(*1)

圖 3-44　磁軛法(續)

三、磁化強度

磁化強度是影響缺陷顯示最重要的因素之一，通常是控制磁化電流來改變試件所產生的感應磁場強度。如果磁化電流太強可能導致試件內部產生大量的熱或是使試件燒傷，在檢測顯示上，磁化電流太強會使磁粒過度聚集，形成不適切的指示。磁化電流太小時，無法充分產生磁漏導致無法形成顯示。

不同的試件通以相同的磁化電流所產生的磁化強度也不相同，試件的材質、形狀、尺寸、導磁係數等因素都會影響磁化強度。檢測時一般磁化電流應由小到大逐步增加，如此檢測最理想，但在實際檢測時，爲求檢測方便，大都可參考磁化電流建議值設定，再利用磁場指示計、人工瑕疵規塊或磁場指示八角規塊等方法在試片上確認磁場強度及方向。在確認磁場強度時應做多點測試，特別是複雜形狀的尖角或溝槽處，以確定試件整體的磁場強度。

以下介紹不同檢測方法磁化電流的參考。

1. 投射法(周向磁化)

磁化電流利用直流或整流電時，若被檢物爲圓形時磁化電流大小可依表 3-3 原則參考，若被檢物並非圓形時，將被檢物外徑更改爲試件磁化電流的垂直方向的最大橫截面，其中最大的對角線長。磁化電流決定後需以磁場指示計、人工瑕疵規塊或磁場指示八角規塊做試件上磁場強度確認。

表 3-3　直接接觸法磁化電流選用參考

被檢物外徑 D (mm)	磁化電流範圍(安培)
125 以內	(試件外徑／25)×700～(試件外徑／25)×900
125～250	(試件外徑／25)×500～(試件外徑／25)×700
250～375	(試件外徑／25)×300～(試件外徑／25)×500
375 以上	(試件外徑／25)×100～(試件外徑／25)×300

註：若磁化電流為交流電且用於表面缺陷檢測時，所需電流為上表之一半。

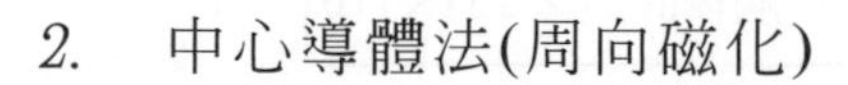

利用半波直流頭射法檢驗長爲 1000 mm 直徑爲 100 mm 的鋼棒，其磁化電流爲多少？

解 磁化電流範圍爲 $(100/25)\times 700 \sim (100/25)\times 900$
故磁化電流範圍爲 2800～3600 安培

2. 中心導體法(周向磁化)

中心導體法主要用於檢測中空或是環形試件的內表面及外表面缺陷，檢測所需的磁化電流計算公式和頭射法相同，調整後也需要利用規塊或磁場指示計確認。如果僅利用交流電做試件內表面檢測時，表 3-3 中計算公式的被檢物外徑(D)應更改爲被檢物內徑。

如果利用偏置法(Offset)檢測大內徑試件時，表 3-3 磁化電流計算公式的被檢物外徑(D)應更改爲中心導體的直徑加上兩倍的試件厚度，如圖 3-45，檢測時，中心導體應貼近試件內表面，且有效磁化區爲中心導體直徑的 4 倍，因此大型試件應採分段檢測，且每次分段檢測時，應將檢測區重疊 10％。

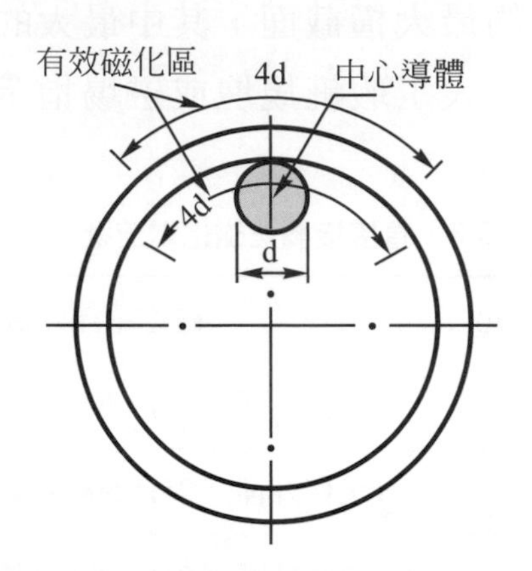

圖 3-45　偏置法檢測的有效磁化區

3. 接觸棒磁化法(周向磁化)

利用接觸棒磁化法時，需注意試件與接觸棒表面的清潔，接觸棒完全接觸試件後才可通電，先關電後才可將接觸棒離開試件，以免產生弧擊，造成試件表面損傷。接觸棒的間距需保持在75～200mm之間，以保持安全與檢測靈敏度。接觸棒所需的磁化電流，可參考表3-4。

表 3-4　接觸棒法磁化電流參考

被檢物厚度 mm	磁化電流
大於或等於 19 時	(接觸棒間距／25) × 100～(接觸棒間距／25) × 125
小於 19 時	(接觸棒間距／25) × 90～(接觸棒間距／25) × 110

4. 線圈法(縱向磁化)

線圈法是利用固定線圈或電纜線纏繞的方式產生縱向磁場。有效磁化區的計算，可以依照線圈與工件配合比(Fill Factor)來決定，低配合比的情況時，有效磁化區約以線圈中心左右各線圈半徑(*R*)寬度；高配合比的情況時，有效磁化區約以線圈中心左右各225mm(9in)寬度計算，如圖3-46。若工件較長時，應分段檢測，且每次檢測區應重疊10％以上。

線圈法所需磁化電流參考公式可以參考圖3-47幾種狀況。

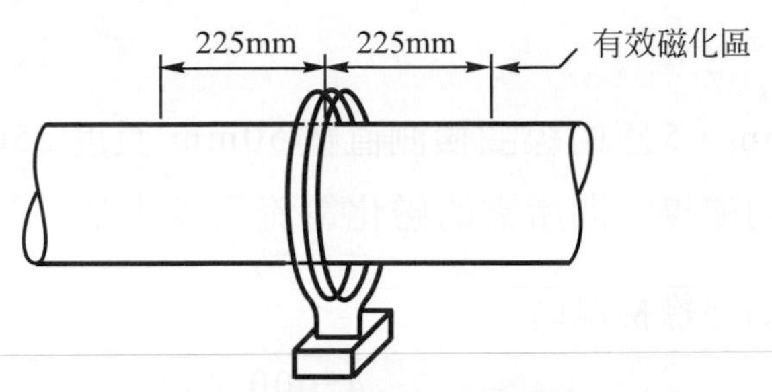

圖 3-46　線圈法檢測的有效磁化區

配合比	試件在線圈的位置	圖示	$A_{線圈}/A_{試件}$	計算公式
低	邊緣	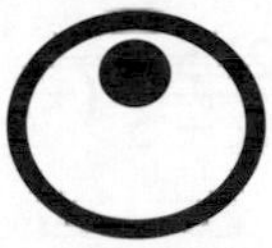	>10	$NI_{(1)}=\dfrac{45000}{L/D}$ (±10 %)
低	中心		>10	$NI_{(2)}=\dfrac{1690R}{(6L/D)-5}$ (±10 %)
中	邊緣		2～10	$NI_{(3)}=\dfrac{NI_{(1)}(Y-2)+NI_{(5)}(10-Y)}{8}$ (±10 %)
中	中心		2～10	$NI_{(4)}=\dfrac{NI_{(2)}(Y-2)+NI_{(5)}(10-Y)}{8}$ (±10 %)
高	中心		<2	$NI_{(5)}=\dfrac{35000}{L/D+2}$ (±10 %)

N：線圈匝數　I：電流(安培)　L：試件長度(mm)　D：試件直徑(mm)

R：線圈半徑(mm)　$A_{線圈}$：線圈截面積(mm²)　$A_{試件}$：試件截面積(mm²)

Y：$A_{線圈}/A_{試件}$

註 1：若試件非圓形時，直徑以橫截面之最大對角線長度代替。

註 2：$NI_{(3)}$及$NI_{(4)}$是利用$NI_{(1)}$或$NI_{(2)}$及$NI_{(5)}$計算之安匝值代入計算。

註 3：以上之計算公式皆須符合L/D值在 3～15 之間。若L/D小於 3，需取試件相近材質接在試件兩端做為集磁器。若L/D大於 15 則L/D均取 15 代入。

註 4：中空試件時，D應取有效直徑D_{eff}代入。$D_{eff}=2[(At-Ah)/\pi]^{1/2}$其中$At$為試件總截面積，$Ah$為試件中空部分截面積。

圖 3-47　線圈法磁化電流參考公式

例題 2

利用直徑 550mm，5 匝的線圈檢測直徑 50mm 長度 250mm 的鋼棒，若欲產生適當的縱向磁場，問所需的磁化電流爲多少？

解 ⑴試件靠近線圈邊緣檢測時

$NI=\frac{45000}{L/D}$ (±10 %)　　$5\times I=\frac{45000}{250/50}$ (±10 %)

$I=1800$ (± 10 %) 安培

⑵試件置於線圈中心檢測時

$NI=\frac{1690R}{6L/D-5}$ (±10 %)　　$5\times I=\frac{1690\times 275}{6\times 250/50-5}$ (±10 %)

$I=3718$ (± 10 %) 安培

5. 磁軛法(縱向磁化)

磁軛法之磁化力一般以舉升力表示，也就是吸舉規定重量的能力。交流電磁軛在最大磁極間距時，最低吸舉力應爲 4.5kgf。直流磁軛或永久磁軛在最大磁極間距時，最低吸舉力應爲 18.1kgf。

四、磁性介質

磁粒檢測是藉著磁粒形成並顯示不連續間斷，如果磁性介質選用不當，可能無法正確形成顯示，或是形成的顯示模糊，或是形成的顯示扭曲，造成誤判。因此，瞭解並選擇正確的磁性介質才能有效的檢測出缺陷。

1. 磁性介質與功用

磁粒檢測材料包括各式磁粒、濃縮磁浴、磁糊、承載液、潤濕劑、分散劑、防銹劑等。

⑴ 磁粒：區分爲濕式及乾式，依其染料又分成螢光、色比、複合三類。

① 乾式磁粒：具有黃、紅、黑、灰或螢光色等，微細顆粒的低抗磁性及低保磁性鐵磁性材料。當用於粗糙表面試件的近表面瑕疵檢測時，其靈敏度最佳。

② 濕式磁粒：其爲較乾式磁粒更細微的鐵磁性材料，此種磁粒可懸浮於水或輕質油中形成磁浴，最適合檢測如疲勞裂縫等細微瑕疵。

③ 磁漆：爲可目視對比磁粒調和透明漆，在試件磁化後，刷在檢測面上，用以檢測瑕疵。其特點爲磁漆黏性大，適合垂直面或倒仰面的檢測，且檢測結果易於保存。

④ 磁膠磁粒：利用濕式磁粒懸浮於可在室溫凝固的特製橡膠中，待磁化後，磁粒受磁漏磁場吸住，經約1小時後，橡膠凝固取下，便可做爲永久之檢測記錄。一般可用於檢測凹入之孔穴等不易觀察的場合。

(2) 磁糊：濕式磁粒檢測中，準備磁粒懸浮過程中，預先將磁粒與少量油或水及添加劑調成糊狀，以利沖泡懸浮液。

(3) 承載液：濕式磁粒檢測法中，用於懸浮磁粒的液體。可分成油性懸浮液及水性懸浮液。

① 油性懸浮液：利用無味、低黏度、高含硫量及高閃火點的精煉輕質石油品，做爲油性磁浴用。使用此種懸浮液檢測時，試件需經前處理除油污，以免影響污染油性磁浴及增加磁浴黏度。

② 水性懸浮液：以水代替輕質油調配磁浴，可節省成本及防止燃燒，一般需加入潤濕劑、分散劑、防銹劑及防止泡沫劑。

(4) 潤濕劑：減少液體表面張力之添加劑，減少液體氣泡生成。

(5) 分散劑：使磁粒能均勻分散在水性懸浮液中的添加劑。

2. 磁粒的特性

磁粒應考慮的特性如下：

(1) 磁特性：應具備高導磁率及低保磁性與低抗磁力。一般常以鐵金屬及其氧化物做爲磁粒。

(2) 磁粒尺寸：一般而言，磁粒顆粒愈小，檢測靈敏度愈高。因此小磁粒適合檢測細而窄或是微弱磁漏的缺陷，大磁粒適合檢測寬的缺陷。一般乾式磁粒會將大小磁粒做適當混合，小磁粒負責流動性與靈敏度，大磁粒負責寬的間斷檢測及減少背景干擾。濕式磁粒尺寸要比乾式磁粒細小，以便懸浮於承載液中。一般乾式磁粒尺寸約在100～1000μm，濕式磁粒約在1～25μm。

(3) 磁粒形狀：細長形磁粒容易受到磁化而在內部形成磁極，磁粒間的磁極又互相吸引，磁粒容易形成鏈狀或群集狀，對於寬、淺、近表面等缺陷的靈敏度較高。其缺點為磁粒不易流動，且群集狀顯示容易造成顯示模糊。球形或顆粒磁粒的流動性較佳，但對磁場吸引的能力較差。

(4) 可視性與對比：磁粒顏色選用主要是能和被檢物表面背景形成明顯對比為主。鐵及其氧化物的自然色，像是銀灰色、黑色、紅色，應用極為廣泛。有時為了特殊場合增加對比，可於磁粒加上染色劑，像是白色、黃色、藍色、紅色或螢光色等等，此類磁粒應注意染色劑與磁粒脫離的情形。

(5) 流動性：磁粒受到磁漏磁場作用，會向磁漏處移動聚集形成顯示，因此磁粒流動性也是磁粒選用特性之一。乾式磁粒是利用空氣懸浮，磁粒落到試件表面後便不易流動，一般可利用敲擊或震動試件、利用交流電或半波直流電等方式改善流動性。濕式磁粒可藉著懸浮液增加流動性，因此濕式磁粒中懸浮液粘度與密度，是影響流動性的重要因素。

3. 磁浴濃度測試

磁浴濃度是影響檢測顯示品質的主要因素，磁浴中磁粒的比例需到達一定水準，否則應添加磁粒或液體調整。因為磁浴濃度變化會影響檢測顯示的可視度，甚至無法顯示。磁浴濃度的測試方法可以利用測試規塊，像是貝氏環狀規塊、磁粒測試棒等，通電磁化後，比較不同磁浴的檢測結果。另外也可利用沉澱法精確測出磁浴濃度。

沉澱法檢驗步驟如下：

(1) 選用容積至少 100 毫升(ml)，最小刻度為 0.05 毫升之梨形沉澱管，置於管架上。

(2) 取樣前充分攪拌或循環 30 分鐘磁浴，使磁粒均勻懸浮。

(3) 取樣 100ml 磁浴，注入沉澱管。

(4) 靜置俟其沉澱。螢光磁粒放 60 分鐘，色比磁粒放 30 分鐘。

(5) 以 0.05 毫升精確度讀取磁粒容積。

(6) 視濃度添加液體或磁粒。螢光磁粒參考濃度為每100ml磁浴含0.1～0.4ml磁粒，色比磁粒為每100ml磁浴含1.2～2.4ml磁粒。

4. 磁性介質選用

有關乾式或濕式磁粒選用，可參考下列因素：

(1) 缺陷類型：近表面缺陷使用乾式磁粒(特別是細長形磁粒)靈敏度較佳。
(2) 表面缺陷的大小：細或是寬淺的表面缺陷利用濕式磁粒檢測效果佳。
(3) 方便性：乾粉磁粒加上可攜式半波直流設備，可用於固定位置或現場檢測。利用壓力罐的濕式磁粒，攜帶也十分方便。

有關色比或螢光磁粒選用，主要是參考設備與方便性，螢光磁粒需有黑光燈與暗室。兩種磁粒的靈敏度相當，但是螢光磁粒的顯示較易觀察。

五、磁性介質施加方式

磁性介質施加方式依照乾式磁粒與濕式磁粒採用不同的方式，乾式磁粒施加可採用撲粉罐、空氣噴壺或是電動噴槍等方式，利用空氣噴壺或電動噴槍在垂直面或仰面檢測時效果較佳，施加磁粒時約距檢測面30cm，以低速吹出霧狀磁粒，此種施加方式較均勻且較節省成本。在水平檢測面時，乾式磁粒施加最重要的便是使磁粉均勻散佈在被檢物表面，當磁粒覆蓋過多時，可以用空的低壓噴壺將磁粒吹散均勻，或是將檢測面稍微傾斜震動，或是利用交流電磁化等方式改善。

濕式磁粒常採用的施加方式為浸入法(小零件)或流過法(大試件)及壓力噴罐(大試件局部檢測或現場檢測)等方式，濕式磁粒為防止磁粒沉澱，使用前及使用中應充份攪拌，利用壓力噴罐時，使用前應先搖晃壓力罐使磁粒均勻。

六、磁性介質施加時機

依照磁性介質施加時機可以分成連續法與剩磁法。連續法是指檢測時，被檢物在磁化的同時，噴灑磁粒或磁粒懸浮液於檢測物表面。剩磁法是指當磁化電流中斷後，才施加磁性介質的方法。

1. 連續法

連續法可用於乾式及濕式磁粒，由於是在磁化檢測物同時施加磁性介質，因此試件能到達磁飽和點，磁化效果較佳，檢測的靈敏度也較佳，適合表面及近表面缺陷的檢測，對於細微的表面缺陷也適合利用連續法檢測。連續法檢測速度較快，但在操作順序及缺陷判讀上需要特別注意，以防止不適切顯示或顯示被掩蓋的情形發生。

連續法可適用於高保磁性材料(較硬的材料，如高碳鋼、淬火過的工具鋼)及低保磁性材料(較軟的材料，如低碳鋼)。對於低保磁性材料而言，僅能採用連續法檢測，而不能適用剩磁法檢測。

(1) 乾式磁粒連續法的操作步驟

①清理檢測面→②磁化試件→③施加磁粉→④清除過量磁粉→⑤停止磁化→⑥檢視

清除過量磁粉時應注意不可用壓力過大的噴槍，同時應保持通電磁化，以免已經形成的顯示被吹散。

(2) 流過或噴灑方式濕式磁粒連續法操作步驟

①表面清理→②流過或噴灑磁浴→③停止磁浴→④通電磁化→⑤停止磁化→⑥檢視

此種方式在通電磁化後，應避免再噴灑、流過磁浴，以防止已經形成的顯示被磁浴沖刷掉。

此種方式應特別注意磁浴停止後，待磁浴滴流停止時，應立即通電磁化，通電時間約 1/2 秒便可在濕式磁粒的薄膜上形成顯示，有時可採用點放 2 次通電，以增加磁浴流動性。若通電時間過久可能會造成試件過熱損壞。

(3) 浸入方式濕式磁粒連續法操作步驟

①表面清理→②浸入磁浴→③通電磁化→④停止磁浴→⑤滴流停止→⑥停止磁化→⑦檢視

此種檢測方法對細小間斷的靈敏度最高。

2. 剩磁法

剩磁法適用於乾式及濕式磁粒檢測。由於是藉著被檢物的剩磁(小於磁飽和)來檢測，因此要產生相同的磁化效果，檢測所需的磁化電流要較正常檢測更大。一般而言剩磁法檢測的靈敏度較差，且僅能適用於表面缺陷的檢測。

剩磁法僅能用於高保磁性材料(磁滯曲線較為寬胖者)。其操作分成磁化與施加磁性介質兩部分，因此檢測速度較慢。

剩磁法操作基本步驟：

①表面處理→②通電磁化→③停止磁化→④施加磁性介質→⑤駐留一段時間→⑥檢視

利用乾式剩磁法採用噴壺或噴槍施加磁性介質較佳。

利用濕式剩磁法不論是流過式或是浸入式，施加磁性介質後都需在溫和攪動或流動的磁浴中駐留一段時間，如此可提高檢測靈敏度。此外，不論連續法或剩磁法都應注意，在移動試件時，不可過快或震動過大，造成已經出現的顯示被沖掉。

有關連續法和剩磁法的比較如表 3-5。

表 3-5　連續法與剩磁法的比較

	連續法	剩磁法
適用磁粒	乾式及濕式	乾式及濕式
磁化電流	一般磁化電流	較一般磁化電流大
適用材料	高、低保磁材料皆可	僅用於高保磁材料
靈敏度	較高	較差
適合缺陷類型	表面、近表面、細微缺陷	表面缺陷
檢測速度	較快	較慢
操作技術性	較高	較容易
適用場合	一般用	特殊目的或自動化檢驗設備搭配需要

七、退磁處理

磁粒檢測後必須視需要做退磁處理，退磁處理最重要的兩個要件：一爲磁極交迭，另一爲磁場強度遞減。磁極交迭的方法：(1)磁化電流採用交流電；(2)交替改變直流電方向；(3)轉變磁場中試件的方向。磁場強度遞減的方式：(1)試件漸離磁場或磁場漸離試件；(2)由電源控制電流衰減或分段步降(一般常採用30點步降)。

1. 交流電退磁法

   利用交流電退磁是最方便的方法，因爲交流電造成磁極自然交迭，但由於集膚效應造成退磁的穿透力較淺。常用的交流電退磁方法包括：交流線圈法、電纜繞圈、直接通電30點步降等方法。交流線圈法是使用最多的方法，試件利用輸送裝置緩慢穿過並離開線圈(磁場遞減)，而達到退磁如圖3-48。

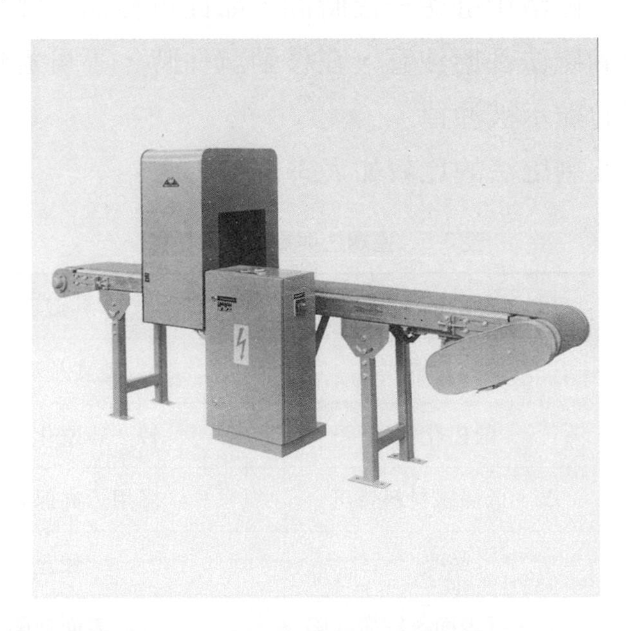

圖3-48　利用輸送帶穿過交流線圈退磁(＊4)

   電纜繞線法適用於大試件或是試件不易移動的場合，在試件外利用電纜線纏繞成線圈，通交流電，由電源控制器控制遞減電流(30點步降)，或是將電纜線逐漸抽離試件，達到退磁的操作。

直接通電30點步降法是直接接觸法，直接在試件上通電，並由電源控制系統將電流大小做30點步降。常用於水平濕式磁粒檢測，像是頭射法便可以採用此種退磁方法，直接在磁粒檢測完成後退磁，而不需將試件拆下後，再另外退磁。

2. 直流電退磁法

直流電退磁法的優點是磁場穿透深度較深，但其缺點是需要將通電方向不斷變更，同時將電流遞減，控制較麻煩。常用的直流電退磁方法包括：直流線圈法、電纜繞圈法、直接通電30點步降法。其原理和交流電退磁相同，只是電源控制需再加上反轉電流方向功能。

3. 磁軛退磁法

磁軛退磁適合用於小零件、低長寬比(L/D)、局部區域或特定用途的退磁。交流電磁軛退磁時可將試件由磁軛面逐漸抽離，或是將磁軛由試件表面逐漸移開。直流磁軛可利用電流反向裝置改變極性，如此可得較深的穿透深度。有時可利用試件抽離時搖擺晃動來得到極性交迭與磁場遞減的效果。

4. 退磁發生的問題

退磁處理可能發生的問題包括：

(1) 退磁場強度較材料殘留抗磁力弱時，無法完全退磁。
(2) 直流電磁化的試件不可用交流電退磁，因爲交流電退磁穿透深度不足。
(3) 退磁物體方向需注意，採用線圈法時，物體長軸最好和線圈中心軸平行，圓環形試件或複雜形狀試件，通過線圈時最好轉動不同方向，以確保退磁方向與剩磁方向相同。
(4) 試件長寬比低於3且利用線圈法退磁時，需在試件兩端接上相同材質集磁器。
(5) 若需退磁零件在退磁前先和其他零件組裝，需防止周圍或外圍的鐵質零件造成磁遮蔽效應。

3.4-8 檢視與評估

磁粒檢測的基本程序包括：前處理、磁化試件、施加磁性介質、形成顯示和檢視。前面各節敘述的操作，其目的便是希望藉由磁粒檢測來形成顯示，如果操作不當，缺陷未形成顯示，則檢測便失敗。如果操作參數選用不當，形成不適當或錯誤顯示，則會增加檢視人員評估時的困擾。

檢視就是觀察並將顯示結果記錄下來，如果檢視人員未能將缺陷形成的顯示判讀出來，同樣是檢測失敗。檢視人員應善用工具將形成的顯示，有效的記錄下來，包括顯示的大小、形狀、位置、數量與分佈情形等。

評估是由顯示的結果判斷是何種顯示(適切顯示、不適切顯示或錯誤顯示)、缺陷的嚴重性及等級，並決定被檢物是否應被剔退。評估是較高深的工作，評估人員必須對磁粒檢測的原理、操作有相當的認識，同時對被檢物的材質、加工背景，加工專業知識與技術有一定的認知才能正確的下判斷。

一、檢視條件

1. 檢視環境

檢測環境應注意亮度對比與顏色對比，在正常光(非螢光)磁粒檢測時，亮度對比大多採用高亮度背景與低亮度顯示。亮度以光線的反射率來計算，背景顏色的光線反射率在15～75％，顯示顏色的光線反射率在3～8％之間。背景與顯示平均亮度對比約爲9：1(45％：5％)，一般建議背景與顯示亮度比至少應在2：1以上。螢光磁粒檢測時，一般採用低亮度背景與高亮度顯示，若螢光檢測的暗室處理得當，顯示與背景的亮度對比可高達200：1或更高。

背景與顯示也可利用適當的顏色對比增加顯示的可視度。一般人眼可見的顏色光波長從400～700nm 之間，波長450～480nm 是純藍色，波長550～600nm 是純紅色，白色是所有波長光線總和，黑色是所有波長光線都沒有。當磁粒檢測用的磁粒採用純色，背景採用趨近白色或黑色，則顯示的可視度較佳。

2. 檢視系統

檢視系統最常用的便是人眼，其他像是電子掃描系統、攝影監視系統等等，常用於自動化檢測之用。利用目測檢視，檢視人員應有一定的視力要求，並且對顏色辨認無誤(非色盲)。電子或攝影系統應注意鏡頭是否會過濾部分光線、偏光、色差、對螢光的反應等問題。

二、記錄顯示的方法

1. 繪圖和註記法

繪圖註記法是最簡單而且常用的方法，註記時至少應將顯示的位置、大小記錄下來，一般還會提供使用警告。繪圖常可以輔助註記不易表達的部分，像是顯示形狀、分佈情形。當大量而相同顯示的檢測結果時，可將繪圖影印做爲基本顯示圖形。

2. 覆層固定法

覆層固定法是將試件上的顯示直接固定在試件上，有時是爲了當作顯示記錄，有時是爲了防止後續處理將試件上的顯示抹去所做的處理。一般常以壓力噴罐將透明漆噴佈在試件表面，而形成一層覆層。在乾式磁粒檢測時，噴灑透明漆前應注意避免過多磁粒堆積在試件上。濕式磁粒檢測時，噴漆前應先將濕式磁浴乾燥後再處理。此種方法也可用於轉印法使用，但實際使用上較少。

3. 轉印法

轉印法是將試件上的顯示黏附在一透明薄片上，以便將顯示結果保存在報告或其他資料夾中。常採用的轉印法有兩種型式，一爲透明膠帶法，另一種爲透明漆法。

透明膠帶法是利用膠帶將顯示狀況平順的黏附在膠帶上，再沿著顯示線條壓實，之後將膠帶撕下貼在報告上永久保存。在將透明膠帶壓實時，應注意避免磁粒染開使得顯示線條輪廓不清楚。乾式磁粒檢測應注意磁粒堆積過多會使磁粒太重，黏貼時易染開。濕式磁粒檢測要先等磁浴乾了之後再用膠帶黏貼，否則極易造成顯示染開的情形。

使用透明漆法和覆層固定法相同，不過要將覆層撕下，再用膠帶將覆層黏貼在報告上。

4. 照相法

照相法是最有效保存顯示的方法，因爲顯示的大小、形狀、位置、數量、分佈皆能清楚記錄。但檢驗員必須具備照相的專業知識，並需具備照相的相關器材。所以和繪圖法或轉印法相較，照相法較複雜。有關照相法的一些注意事項包括：

⑴ 注意照片比例，以便表達試件與顯示的大小比例。如在大試件上有小顯示，照片很難將試件全景和顯示同時清晰表達，此時應將試件全景和顯示區域照片分別拍攝。另外，採用分段區域拍照方式，再將照片連接，對小顯示記錄或是多個小顯示記錄都是有效的方法。

⑵ 螢光拍照時可在試件左右30公分處，以45度角，各放一個100W的黑光燈，照相機可加裝特殊濾色片，以增進拍攝效果。

⑶ 鏡頭選擇以標準鏡頭拍攝便可，焦距50～135mm鏡頭較適合，廣角鏡頭易造成影像變形，望遠鏡頭景深短，在拍攝上較不理想。

⑷ 底片感光度從ASA100～400都適合，黑白、彩色或拍立得底片皆可拍照。

⑸ 濾色鏡可阻擋過濾一些非必要光線，因此在正常或螢光拍攝時皆可選用適當的濾色鏡，以改善拍攝效果。

⑹ 拍照時可配合三腳架、蛇腹、翻拍架、閃光燈等器材，方便長時間曝光或近拍。

5. 磁膠或磁印法

磁膠檢測或磁印檢測都可產生永久記錄的檢測方法，磁膠法是利用特製橡膠代替一般磁浴做檢測，檢測完橡膠凝固後便可將橡膠層取下，對於凹孔表面、螺孔……皆能保存檢測結果。磁印法和覆層固定法相似，當檢測顯示開始產生時便噴上一層白色壓克力噴漆，並保持磁化 6～12秒，待漆層凝固便可撕下保存。此兩種方式皆須在檢測過程中便預先操作，因此和形成顯示後才做記錄的方式不太相同。

三、顯示的種類與評估

評估顯示的第一個步驟便是判斷顯示的種類屬於適切顯示、不適切顯示或是錯誤顯示。適切顯示是指由於缺陷造成材料間斷所形成的顯示。檢測到適切顯示時，應根據規範或合約書判斷試件是否合乎要求，如果試件合乎要求，則表示此種缺陷對試件品質、功能或使用不會造成危害。如果不合乎要求，則檢驗員應將完整報告交由品保員、主管、工程師或顧客做進一步評估。

不適切顯示是指由於材料結構、形狀、尖角、螺紋根部、磁痕、栓槽配合……等材料設計或製程上所形成的磁漏場，這種磁漏所形成的顯示是被允許的，並非由缺陷造成的顯示。檢測出此種顯示時不可做爲剔退的依據，但應特別注意不適切顯示有可能會遮蓋掉適切顯示，另外有些由缺陷造成的顯示可能會和不適切顯示很類似而造成誤判。

錯誤顯示是指由於操作不當所造成的顯示，並非由於磁漏場所形成的顯示。像是灰塵、指紋印、銹皮、滴流線條、電流過大所形成的線條……等。應藉由適當的檢測管制避免產生此種顯示。產生此種顯示時，不可做爲剔退的依據，但常需經重測後認可。

1. 適切顯示

   適切顯示的產生可能是由表面缺陷或是由近表面缺陷所造成。兩種類型所形成的顯示不太相同，以下僅就常見的缺陷顯示型式加以說明，相關內容僅做爲判斷參考，不可做爲剔退的依據。

(1) 表面缺陷

表面缺陷所形成的顯示較爲尖銳、明顯、輪廓清晰、磁粒較爲緊密附著在一起。常見的顯示包括：

① 夾層或疊層：平行試件表面上產生強的顯示線條。如圖 3-49。

② 鍛打疊痕：產生的顯示較輕，並且顯示不是直線而是順著材料流線方向。如圖 3-50。

③ 鍛造氫裂 (Flake)：此種缺陷爲不規則、分散的顯示。

④ 熱處理裂痕：此種缺陷會在轉角、溝槽或斷面改變處產生強烈的顯示。如圖 3-51。

圖 3-49　夾層顯示(＊1)

圖 3-50　鍛造疊痕顯示(＊1)

⑤ 收縮裂痕：此種缺陷會產生強烈而尖銳的顯示，通常還會產生連續分支的顯示，此種顯示特別容易發生在斷面改變處。

⑥ 研磨裂痕：此種缺陷大多是和研磨方向垂直產生整群的顯示。如圖 3-52。

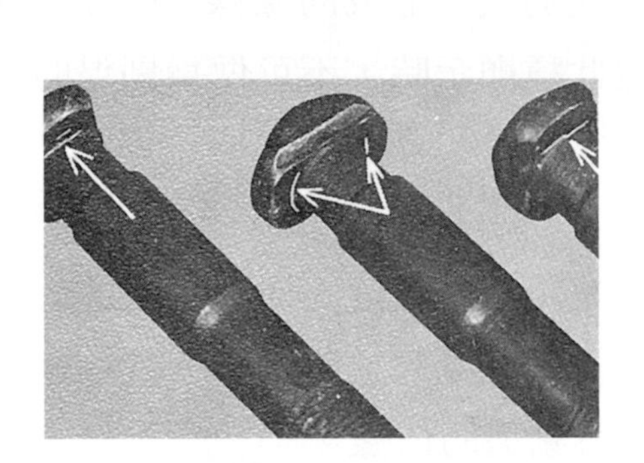

圖 3-51　熱處理裂痕顯示(＊1)

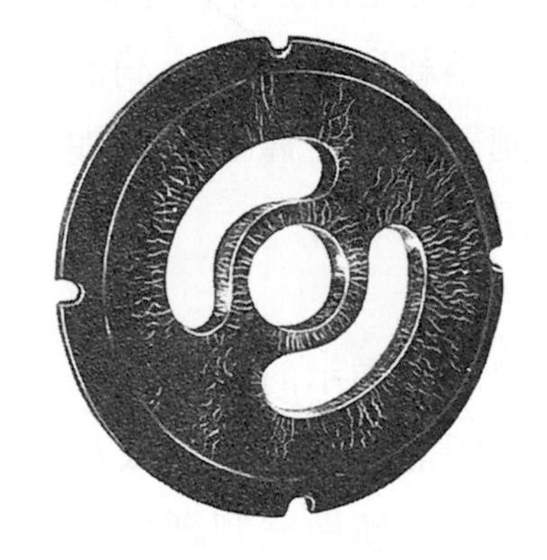

圖 3-52　研磨裂痕顯示(＊1)

⑦ 腐蝕或電鍍裂痕：此種缺陷會在垂直殘留應力方向形成強烈顯示。

⑧ 銲接裂痕：此種缺陷可能在銲道、熱影響區發生，所形成的顯示細而清晰。如圖 3-53。

⑨ 使用裂紋：大多由於疲勞現象造成，裂痕顯示細微清晰，如圖 3-54(a)。圖 3-54(b)爲銑刀長期使用由於應力而造成之裂痕。

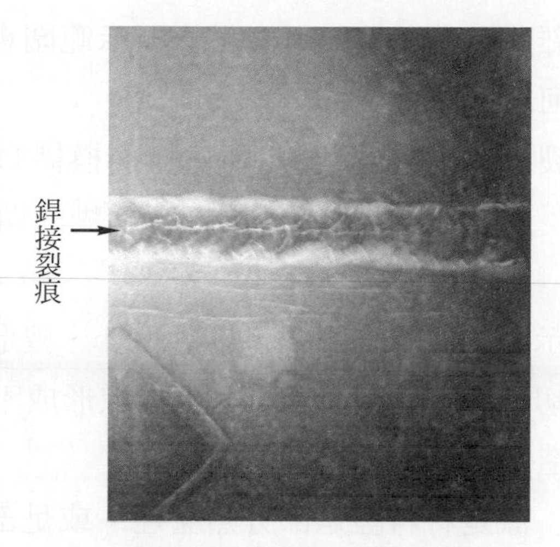

圖 3-53　銲接裂痕顯示

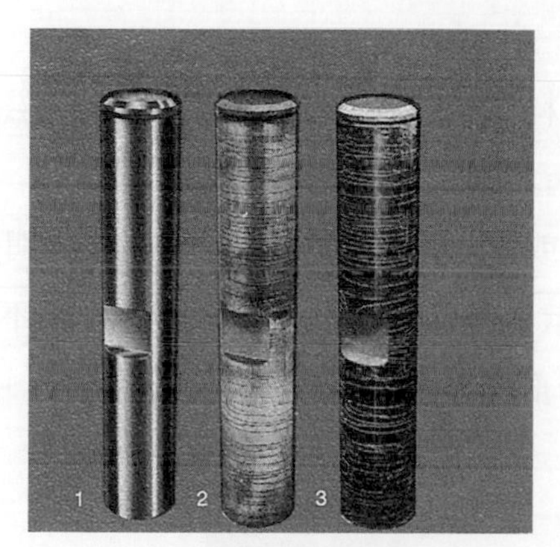

(a) 1.用目視檢測
2.用色比磁粒檢測
3.用螢光磁粒檢測

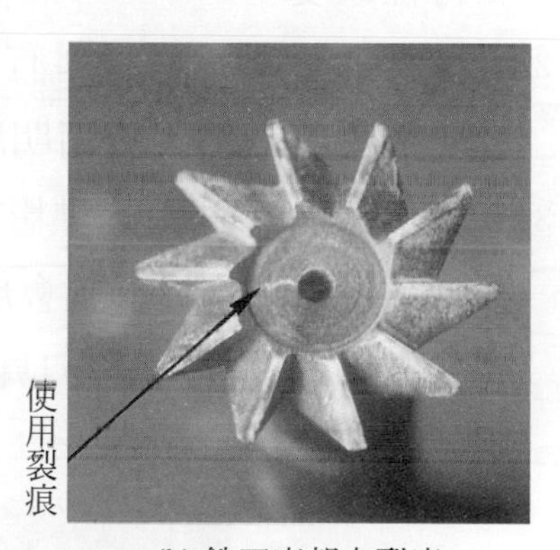

(b) 銑刀底部之裂痕

圖 3-54　使用裂痕

⑵　近表面缺陷

近表面缺陷所形成的顯示輪廓較不明顯、型式模糊、寬廣且較爲鬆散。常見的型式包括：

①　非金屬夾雜物線條：此種缺陷所形成的顯示會和表面疊裂很類似，形成強烈的顯示。不過此種顯示所產生的線條片段而不連續、較短、有時會成群產生，並且會順著鍛造的流線方向產生。缺陷必須在近表面才會形成顯示。

② 非金屬夾雜物：此種缺陷所產生的顯示範圍會從尖銳到模糊，並且可能在任何地方產生。

③ 銲道底部裂痕：此類缺陷會產生寬廣而模糊的顯示。

④ 鍛打迸裂：此種缺陷會產生不規則且模糊的顯示。

2. 不適切顯示

不適切顯示形成的因素很多，包括設計、製造、處理上的需要都可能會造成不適切顯示。以下僅簡單說明幾種形成不適切顯示的情形：

(1) 由冶金因素造成的不適切顯示

① 組織改變：像是材料經過部分熱處理，或是部分冷加工，在加工與未加工交界面會形成不適切顯示，原因是處理或加工的組織造成磁特性改變。

② 成份改變：一個材料有部分材料由於合金成份改變，造成磁特性改變，也會形成尖銳而明顯的顯示。

③ 銲接邊緣：銲接的熱影響區，或是異種金屬銲接，在母材與熱影響區或銲道的交界面上會形成顯示，此種顯示一般較為鬆散而不緊密。如圖 3-55 是碳化物刀具硬銲所形成的顯示。

圖 3-55 碳化物刀具硬銲形成之不適切顯示

(2) 接觸磁性物質造成的不適切顯示

磁痕：被檢物表面因接觸到另一具有磁場的物件或磁性物質，造成磁粒在該處集中而形成不適切顯示，此種情形常發生在大量試件同時利用中心導體法磁化時。此種顯示一般較為模糊，並且經退磁處理後便會消失。如圖 3-56 便是刻意由磁性物書寫的磁痕。

圖 3-56 利用磁性物質在試件上書寫所造成之磁痕

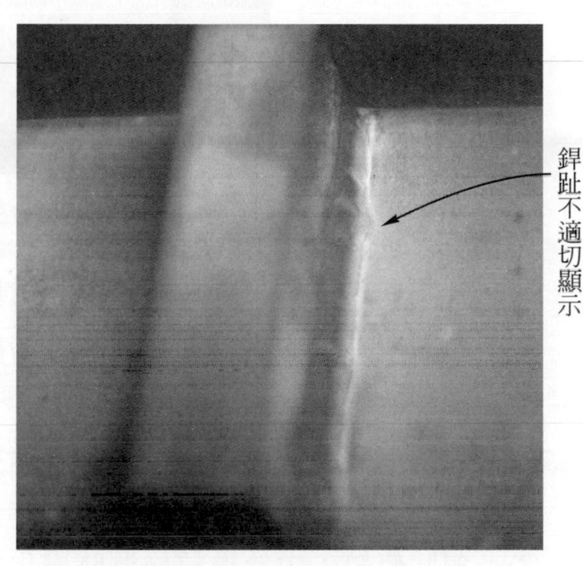

圖 3-57 填角銲銲趾不適切顯示

(3) 結構設計造成的不適切顯示

① 斷面改變：斷面突然變小時，磁通密度會增加而集中，導致磁力線外漏形成顯示，像是齒輪齒、鍵槽、尖角等地方。此種顯示一般較為寬廣而模糊。如圖 3-57 是填角銲銲趾部份造成的不適切顯示，其顯示較裂痕顯示寬廣模糊。

② 螺紋根部：常因磁粒重力殘留在螺紋尖角根部，所形成的不適切顯示。

③ 緊配合件：緊配合件在兩個物體的配合面會形成明顯清楚的顯示。如圖 3-58。

3. 錯誤顯示

錯誤顯示大多是檢測時操作或試件處理不當所造成的顯示。可能的錯誤顯示包括：

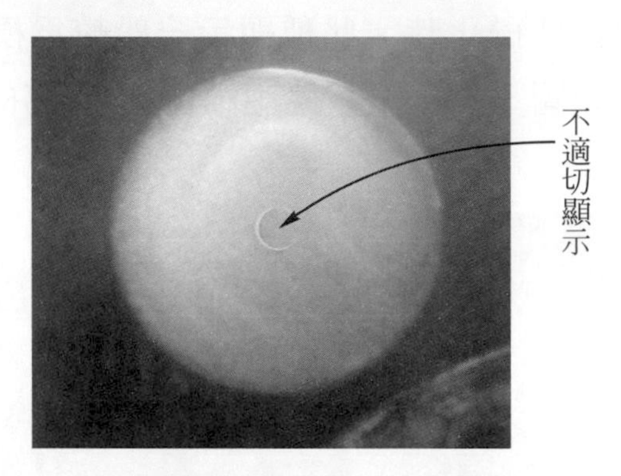

圖 3-58　緊配合軸孔不適切顯示

(1) 灰塵與銹皮：灰塵、指紋痕、銹皮等，試件前處理表面不乾淨，或檢測時所造成的污染都可能導致錯誤顯示，一般錯誤顯示經過表面清理重測後大多便不會再出現。

(2) 小刮痕或摩痕：小刮痕造成磁粒堆積所形成的顯示，並非由於磁漏場所造成。如圖 3-59。

(3) 羽狀條紋：由於磁粒檢測時磁化電流太大，過度磁化造成磁粒聚集，形成羽毛狀的顯示。

(4) 流線紋：鍛造加工試件由於磁化電流太大，形成大量平行線條的顯示。

(5) 滴流紋：濕式磁粒檢測時，磁浴取出後在試件上所殘留的滴流痕跡。此種痕跡經搖動或輕吹或重新磁浴磁化便會消失。如圖 3-60。

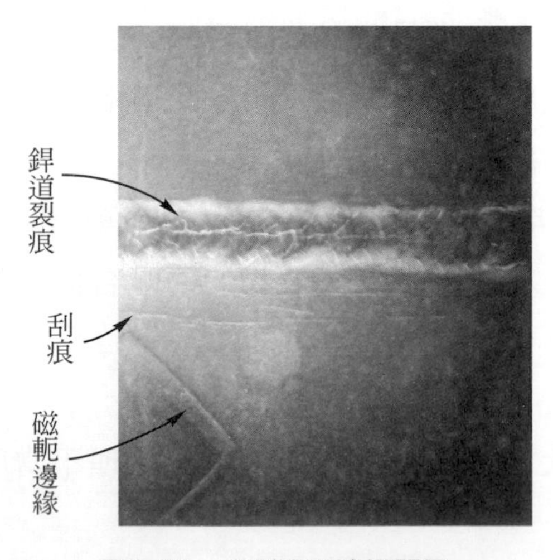

圖 3-59　小刮痕不適切顯示

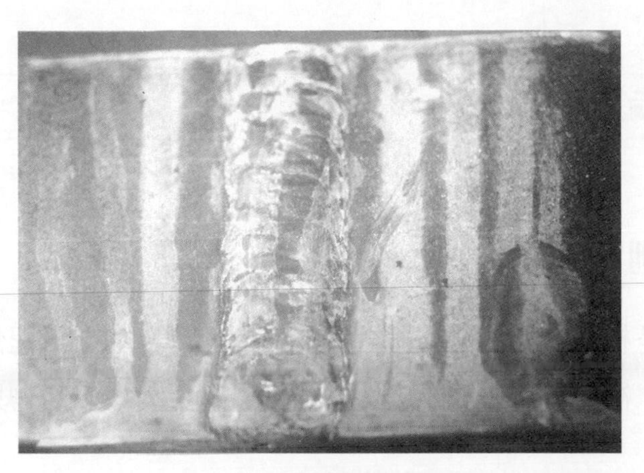

圖 3-60 滴流紋(錯誤顯示)

4. 顯示等級

磁粒檢測發現適切顯示後，可以依照顯示的情形判斷瑕疵的種類，一般分成下列四種：

(1) 線形瑕疵顯示：瑕疵顯示之長度爲寬度三倍以上者。

(2) 圓形瑕疵顯示：瑕疵顯示之長度未滿寬度三倍者。

(3) 群集形瑕疵顯示：數個瑕疵顯示分佈於特定區域內者。

(4) 裂縫顯示：瑕疵顯示確定爲任何型式之裂縫者。線形、圓形及群集形瑕疵顯示的等級區分如表 3-6。

表 3-6 線形、圓形及群集形瑕疵顯示等級區分

瑕疵顯示種類等級	線形及圓形瑕疵顯示瑕疵顯示長度(mm)	群集形瑕疵顯示瑕疵顯示長度總和(mm)
1 級	超過 1 至 2	超過 2 至 4
2 級	超過 2 至 4	超過 4 至 8
3 級	超過 4 至 8	超過 8 至 16
4 級	超過 8 至 16	超過 16 至 32
5 級	超過 16 至 32	超過 32 至 64
6 級	超過 32 至 64	超過 64 至 128
7 級	超過 64	超過 128

註：*1.* 群集形瑕疵顯示係採用特定區域(2500mm^{2}之矩形)判定，統計大於 1mm 以上瑕疵長度總和。
2. 兩個以上瑕疵顯示間隔小於 2mm 時，應視為一個瑕疵顯示，其長度為瑕疵長度及間隔長度之合。但瑕疵顯示長度小於 2mm 且間隔大於較短瑕疵長度時，應各自視為單一瑕疵。

3.5 實驗步驟

3.5-1 檢測程序書

檢測程序書是檢測人員執行檢測與評估的依據，檢測程序書必須參考客戶需求、現有設備、被檢測物相關資料、檢測規範(例如 CNS 規範)等資料訂定。

3.5-2 校準

校準是確保檢測正確的重要工作，其應包括設備校準、材料校準與技術校準。

1. 設備校準：磁化設備每年需校準一次，當裝備經重大機電維護、定期維護、或損壞修復後皆需校準。需校準的項目包括：
   (1) 電流表：活動型或固定型激磁設備的電流表，取三點校正其電流表輸出值，公差爲 10％。
   (2) 磁軛校準：校正其吸舉力，交流磁軛最大間距時爲 4.5kgf，直流與永久磁軛最大間距時爲 18.1kgf。
   (3) 黑光燈校準：黑光燈距檢測區表面 380mm 時，檢測表面之黑光燈強度爲 $1000\mu W/cm^2$。
2. 材料校準：主要是針對濕式磁浴濃度校準，可使用測試規塊協助。
3. 技術校準：技術校準大多是在執行檢測程序中執行，主要是利用測試規塊，如磁場指示八角規塊、貝氏環狀規塊等，校準設定的磁化方向、磁場強度、穿透深度是否適當。

3.5-3 檢測程序

磁粒檢測的一般操作程序與考慮參數如圖 3-61。

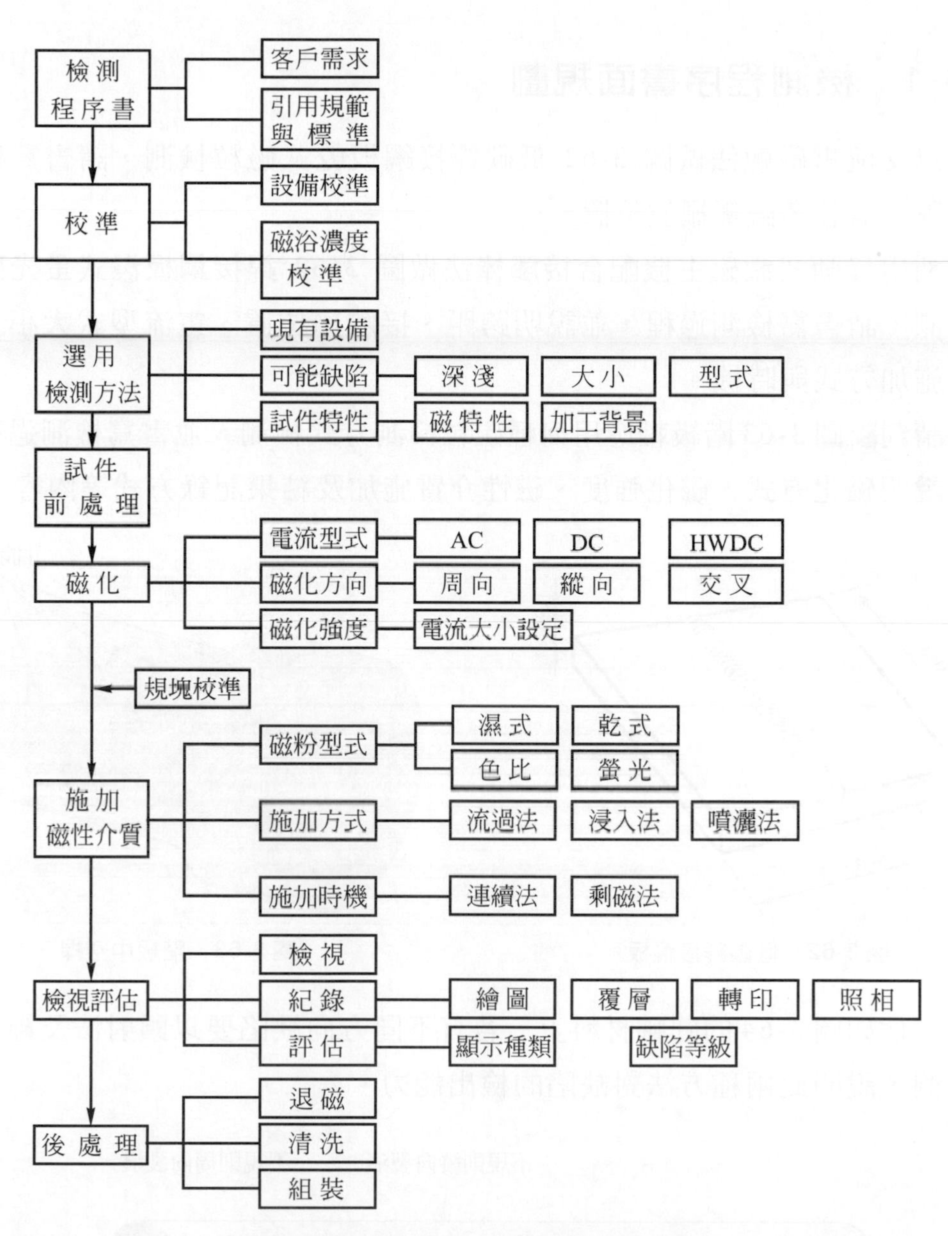

圖 3-61　磁粒檢測操作程序與參考參數

3.6 實驗單元設計

以下實作單元可自行設計不同內容，其中書面單元偏重操作程序規劃與計算，實作實驗單元則可選擇一項或數項實作並做報告記錄。

3.6-1 檢測程序書面規劃

1. 以交流電磁軛法做圖 3-62 低碳銲接鋼板乾式磁粒檢測，請書寫檢測過程。需註名磁軛擺放位置。
2. 利用移動式激磁主機配合接觸棒法做圖 3-62 銲接鋼板濕式螢光磁粒檢測，請書寫檢測過程，並說明跨距、接觸棒位置、電流型式大小、磁浴施加方式與時機。
3. 請判斷圖 3-63 階級軸應用何種磁粒檢測方式檢測，並書寫檢測過程，應說明磁化方式、磁化強度、磁性介質施加及結果記錄方式等內容。

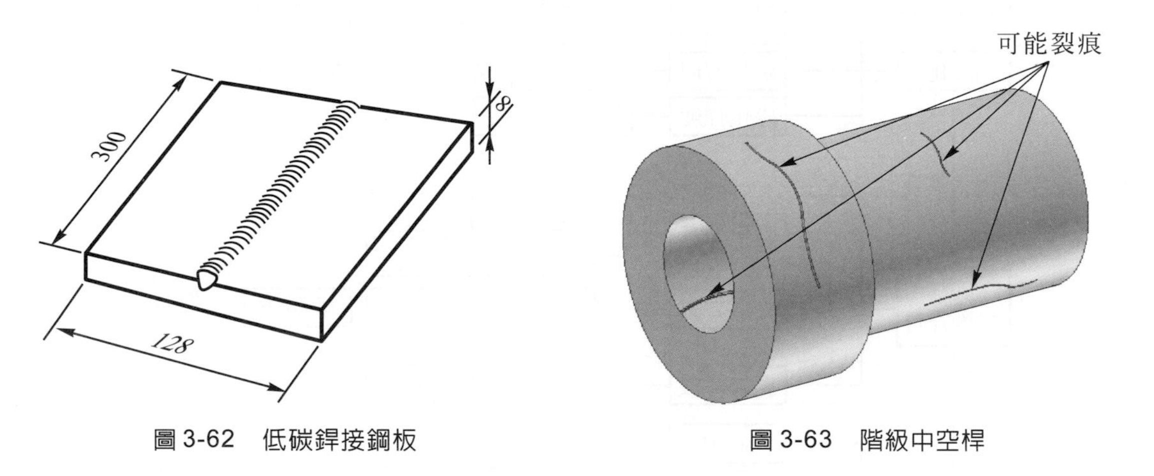

圖 3-62　低碳銲接鋼板　　　　圖 3-63　階級中空桿

4. 評估如圖 3-64 的圓軸材料上，若有不同方向缺陷要以頭射法及線圈法檢測，說明此兩種方法對缺陷的檢出能力。

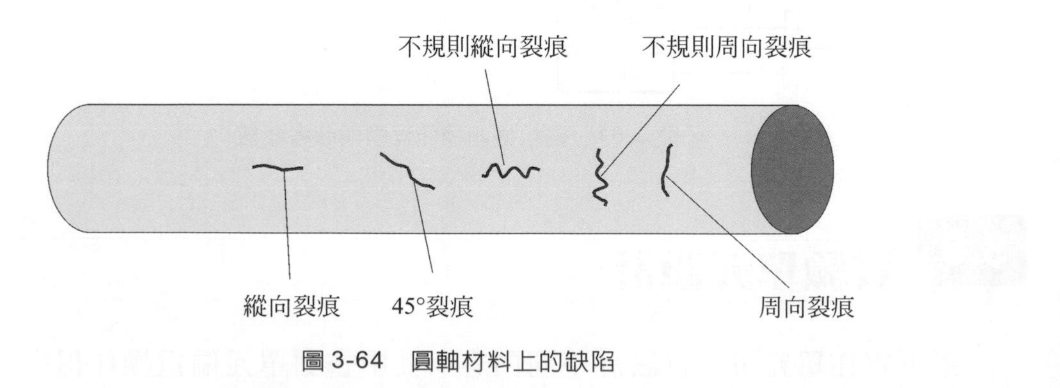

圖 3-64　圓軸材料上的缺陷

解：檢測結果如圖3-65所示。利用線圈法檢測時，因為產生縱向磁場，故對於周向裂痕與45度裂痕能有效檢出，對於不規則裂痕則是有可能檢出，或是部份檢出(斷續)，對於縱向磁場則無法檢出。利用頭射法檢測時，因為產生周向磁場，故對於縱向裂痕與45度裂痕能有效檢出，對於不規則裂痕則是有可能檢出，對於周向磁場則無法檢出。因此若要檢出全部缺陷一般需要採用兩種磁化方向(交叉磁化)才能完整檢出。

磁化方法	線圈法	頭射法
示意圖	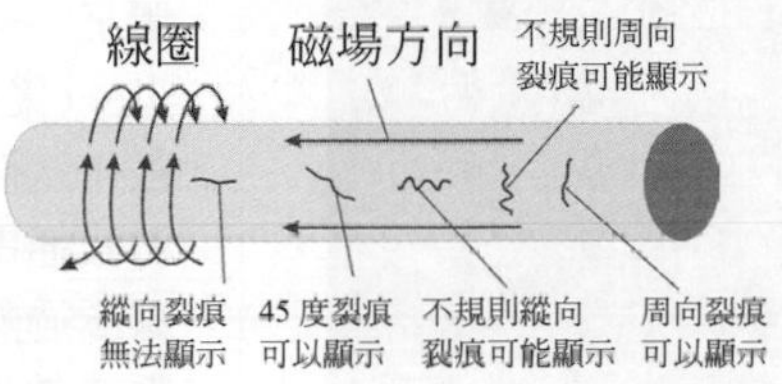 線圈、磁場方向、不規則周向裂痕可能顯示、縱向裂痕無法顯示、45度裂痕可以顯示、不規則縱向裂痕可能顯示、周向裂痕可以顯示	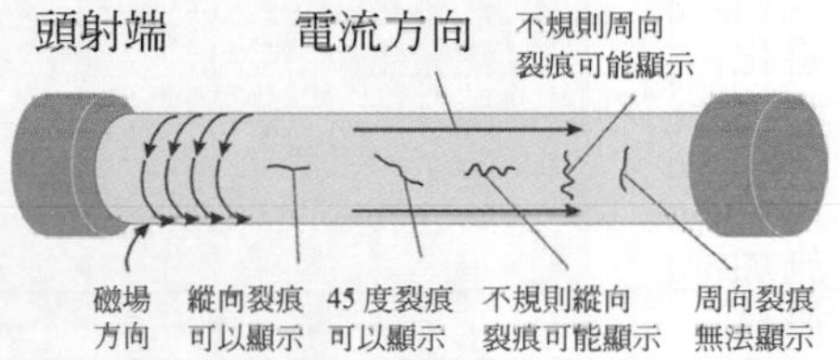 頭射端、電流方向、不規則周向裂痕可能顯示、磁場方向、縱向裂痕可以顯示、45度裂痕可以顯示、不規則縱向裂痕可能顯示、周向裂痕無法顯示
磁化方向	縱向	周向
有效檢出之缺陷	周向缺陷、45度缺陷	縱向缺陷、45度缺陷
可能檢出之缺陷	不規則裂痕	不規則裂痕
無法檢出之缺陷	縱向缺陷	周向缺陷

圖3-65　評估線圈法及頭射法對圓軸材料上的缺陷檢出能力

3.6-2　實作實驗單元

1. 利用磁場指示八角規塊，判定任一磁場之磁化方向與磁場強度是否足夠。
2. 利用磁粒測試棒如圖3-17(c)，測試不同深度人工缺陷的靈敏度。
3. 請以磁軛法採用乾式連續方式檢驗高碳鋼淬火裂痕。參考操作步驟如圖3-66。
4. 利用低碳鋼板，高碳銲條做鋼板銲接，再以磁粒檢測銲接缺陷。
5. 利用鋼板鑽孔，再以拉力實驗機拉伸一定荷重後，以磁粒檢測其缺陷。

6. 請以接觸棒法採用濕式連續方式檢驗銲道裂痕。參考操作步驟如圖 3-67。

步驟	操作圖	操作說明
前清理	 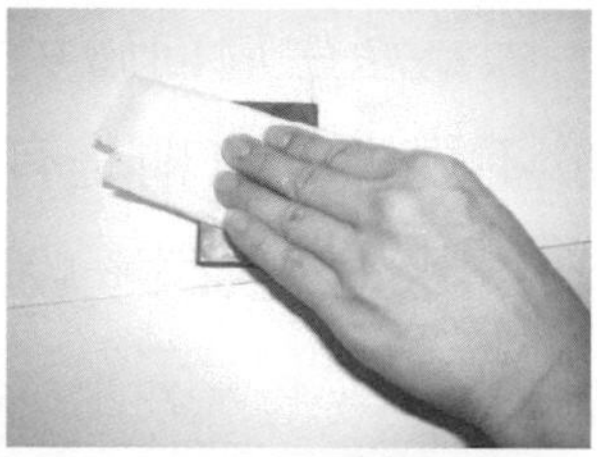	1. 試件前清理採用方法同液滲檢測，但試件表面清潔要求較液滲檢測寬鬆。 2. 噴灑清潔劑。 3. 試件表面擦拭乾淨。
磁化試件 ↓ 施加磁粉 ↓ 停止磁化		1. 若試件太短可將試件置於一導磁的鐵板上。(集磁板) 2. 磁化試件時，以點放方式通電，一則避免線圈過熱，再則產生脈波效果。 3. 磁化同時以撲粉罐噴灑鐵粉，噴灑要均勻且避免過多。 4. 停止磁化。
交叉磁化 ↓ 磁化試件 ↓ 施加磁粉 停止磁化		1. 將試件輕輕轉動 90 度。(大型試件時則是將磁軛轉 90 度) 2. 點放通電磁化試件。 3. 磁化同時施加磁粉。儘量避免施加過多磁粉再清除過量磁粉。 4. 停止磁化。

圖 3-66　磁軛法採用乾式連續方式檢驗高碳鋼淬火裂痕

步驟	操作圖	操作說明
檢視	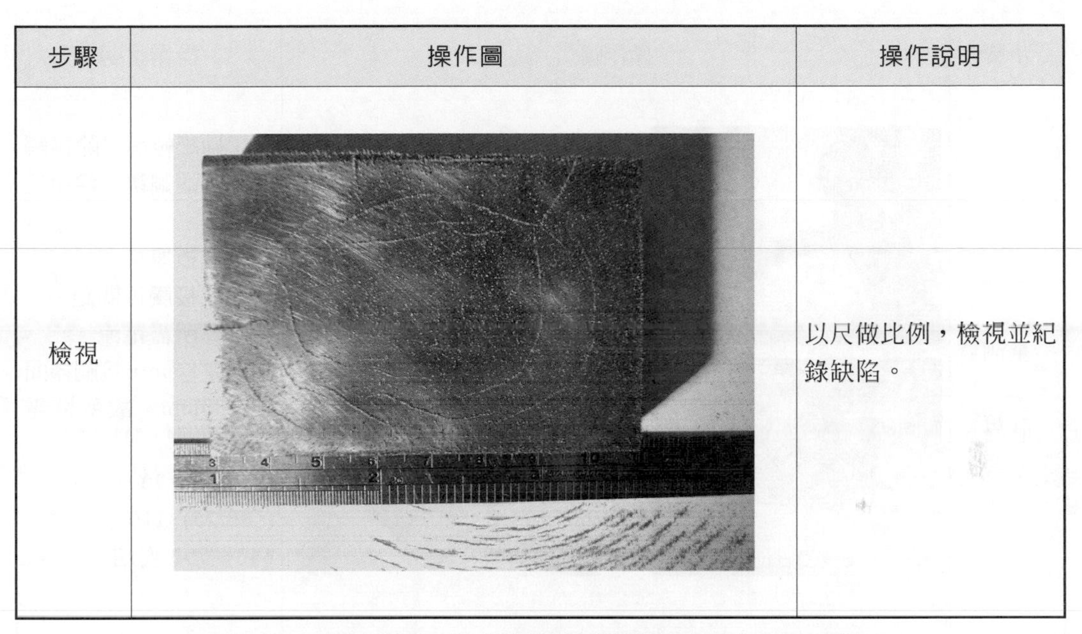	以尺做比例，檢視並紀錄缺陷。

圖 3-66　磁軛法採用乾式連續方式檢驗高碳鋼淬火裂痕(續)

步驟	操作圖	操作說明
前清理		1. 試件前清理採用方法同液滲檢測，但試件表面清潔要求較液滲檢測寬鬆。 2. 鋼刷去除銲渣與銲疤 3. 噴灑清潔劑，並擦拭乾淨。

圖 3-67　接觸棒法採用濕式連續方式檢驗銲道裂痕操作參考步驟

步驟	操作圖	操作說明
準備 ↓ 量測 ↓ 計算	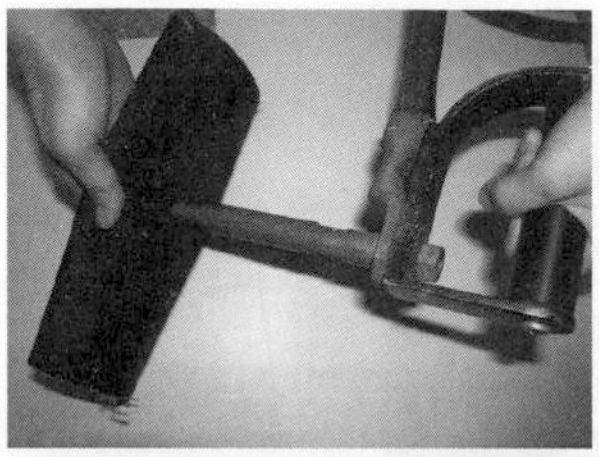  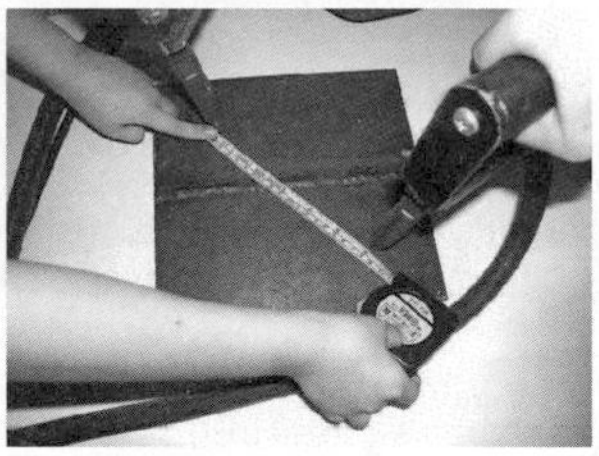	1. 用砂紙輕輕去除接觸棒尖端銅銹，避免弧擊。 2. 量取板厚。 3. 量取接觸棒間距。 4. 計算所需電流。 鋼板厚8mm，接觸棒間距 180mm，故所需電流爲 (180/25)×90～ (180/25)×110 648～792 安培
噴灑磁浴 ↓ 停止磁浴	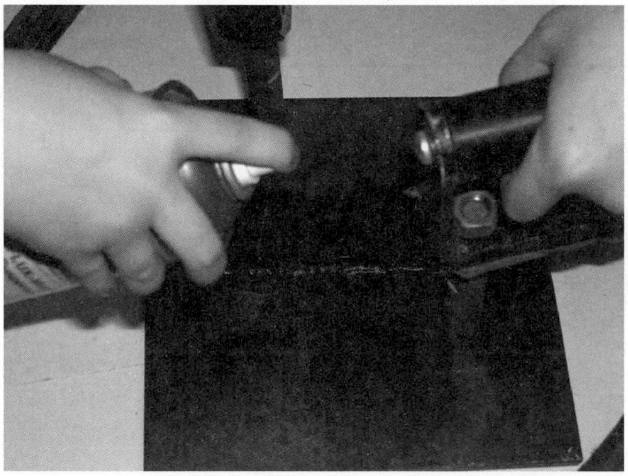	1. 以壓力罐均勻噴灑磁浴在檢測面上。 2. 停止噴灑。

圖 3-67　接觸棒法採用濕式連續方式檢驗銲道裂痕操作參考步驟(續)

步驟	操作圖	操作說明
磁化試件 ↓ 停止磁化	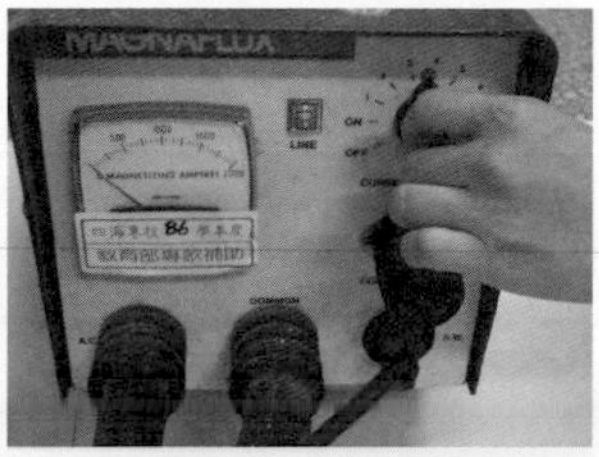  	1. 將激磁主機開電，選定電流大小。(750 安培) 2. 手戴絕緣手套。 3. 將接觸棒壓緊試片。 4. 通電磁化。通電採用點放方式，避免過熱燒傷試片。
交叉磁化		以上述相同方式將接觸棒轉 90 度方向，交叉磁化試件。
檢視	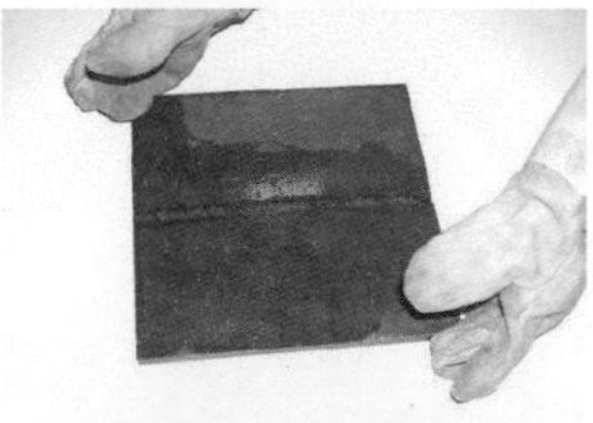  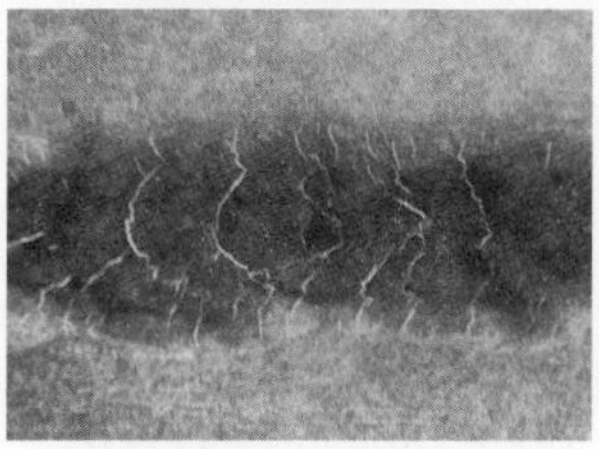 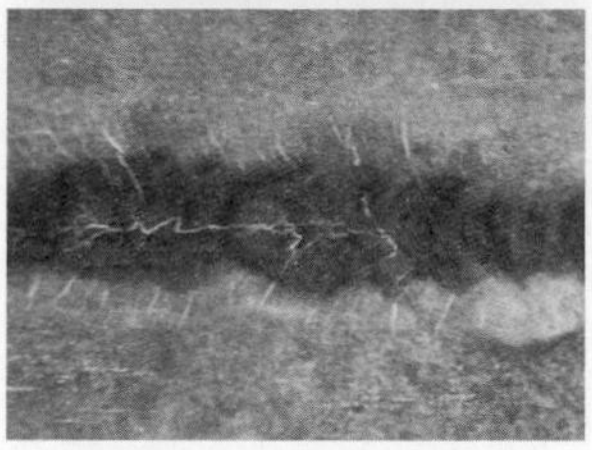	1. 將試片水平移至黑光檢驗室，避免磁粒流動。 2. 分段觀察銲道，包括橫向裂痕與縱向裂痕，並做紀錄。

圖 3-67　接觸棒法採用濕式連續方式檢驗銲道裂痕操作參考步驟(續)

3.7 實驗結果記錄

實驗結果記錄於表 3-7 中。

表 3-7 磁粒檢測記錄表

<table>
<tr><td rowspan="2">試件資料</td><td>名稱</td><td colspan="3"></td><td>編號</td><td></td></tr>
<tr><td>材質</td><td colspan="2"></td><td>處理情形</td><td colspan="2"></td></tr>
<tr><td rowspan="2">檢驗資料</td><td>日期</td><td colspan="2"></td><td>地　點</td><td colspan="2"></td></tr>
<tr><td>時機</td><td colspan="2"></td><td>規　範</td><td colspan="2"></td></tr>
<tr><td rowspan="2">磁化設備</td><td>廠牌</td><td></td><td>規格</td><td></td><td>型號</td><td></td></tr>
<tr><td>校準規塊</td><td colspan="2"></td><td>其他設備</td><td colspan="2"></td></tr>
<tr><td>磁化方法</td><td colspan="6">周向磁化 □直接接觸法 □中心導體法 □接觸棒法---間距______mm
縱向磁化 □線圈法 □電纜繞線法 □磁軛法 -----間距______mm</td></tr>
<tr><td rowspan="2">磁化強度</td><td colspan="4">電流型式 □AC □DC □HWDC □其它</td><td>電流大小</td><td>安培</td></tr>
<tr><td colspan="3">分段檢驗 __________ 段</td><td colspan="3">重疊長度 ______________</td></tr>
<tr><td rowspan="2">磁性介質</td><td colspan="4">□乾式 □濕式 □磁浴濃度 ____________</td><td colspan="2">□色比 □螢光</td></tr>
<tr><td colspan="4">施加方式 □流過法 □浸入法 □噴灑法</td><td colspan="2">施加時機 □連續法 □剩磁法</td></tr>
<tr><td>記錄與描述</td><td colspan="6"></td></tr>
<tr><td>評估說明</td><td colspan="6"></td></tr>
</table>

檢驗人員：__________ 日期：_______ 審核人：__________ 日期：_______

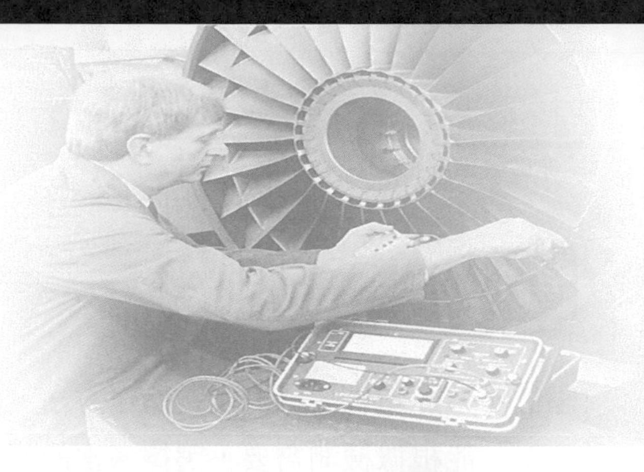

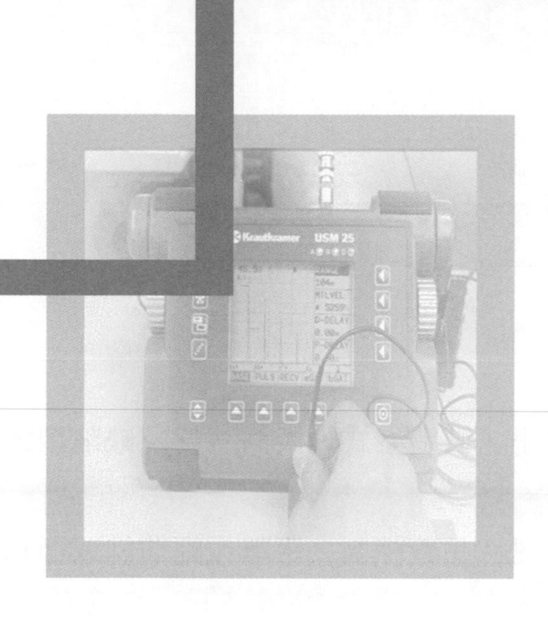

CHAPTER 4

超音波檢測

ULTRASONIC TESTING

超音波檢測係利用高頻振動的音波導入材料內部，藉以檢測材料表面或內部缺陷之非破壞檢測方法。此檢測法除用於檢測缺陷外，尚可用於量測試件厚度，進一步若利用音波在材料內部的穿透性差異或音速改變情形，可輔助用於分析材料物理性質、晶粒尺寸或顯微組織等，對材料學研究貢獻甚大。此外，由於超音波檢測係利用音波高頻振動的原理，因此只要音波能量能完全穿透檢測物厚度，不論是金屬或非金屬試件皆可檢測，此特點使其在非破壞檢測方法中應用更為廣泛。

4.1 實驗目的

1. 熟悉超音波檢測儀之操作方法。
2. 能根據檢測需要，選擇適當的規塊。
3. 能根據檢測物材質特性、形狀、大小、製造方式、表面狀況及缺陷型式選擇適合種類、大小及頻率的探頭。
4. 能實際檢測材料內部缺陷、測厚及建立品管控制之距離振幅曲線或面積振幅曲線。
5. 熟悉檢測結果評估及缺陷判讀的技巧。

4.2 使用規範

1. CNS 總號 3712 金屬材料之超音波探傷法。
2. CNS 總號 11051 脈波反射式超音波檢測法通則。
3. CNS 總號 12618 鋼結構熔接道超音波檢測法。
4. CNS 總號 12622 大型鍛鋼軸件超音波檢測法。
5. CNS 總號 11224 脈波反射式超音波檢測儀系統特性評鑑表。
6. CNS 總號 13342 非破壞檢測詞彙。(超音波檢測名詞)

4.3 實驗器材及設備

4.3-1 超音波檢測儀

超音波檢測儀種類依其特性及功能不同，分類整理如表 4-1 所示。

表 4-1 顯示之超音波檢測儀雖種類甚多，然工業上用於非破壞檢測者多以探傷用之脈波反射式超音波檢測儀居多(A 掃描訊號顯示)，其系統裝置方塊圖如圖 4-1 所示。

圖 4-1 中顯示，脈波反射式超音波檢測儀係以高頻脈衝產生器產生電壓脈動，經由同軸電纜線傳輸至換能器中，換能器將電的脈波震盪變成機械震盪之超音波而傳送入檢測物內，並接收來自表面、缺陷及底面等機械震盪的回波，再轉換成脈動的電壓訊號，經放大電路增幅並藉由掃描電路時序控制而將此回波訊號先後顯示於示波器螢幕上。超音波檢測儀依操作方式不同可區分爲傳統手調式及數值按鍵式兩種。圖 4-2 所示爲傳統手調式脈波反射式超音波檢測儀，其控制面板上各控制鈕功能及螢幕尺度說明如下：

1. 電源(POWER)：控制儀器電源開關，蓄電池充電是否正常，可注意充電指示(BATT)，LO(低電量)、HI(高電量)，若發現電量趨近於 LO 處應立即充電。
2. 焦點調整(FOCUS)：調整影像焦距，使其清晰。
3. 訊號基線調整(VERT)：使訊號水平基準線垂直上下移動。
4. 亮度對比調整(RATE)：可調整明暗對比，HI(亮)、MED(中)、LO(暗)。

表 4-1 超音波檢測儀之種類

區分項目	種類	簡單說明
用途	測厚儀	主要用於檢測物件厚度。
	探傷儀	主要用於檢測物件內部缺陷。
發射波形式 (參考第 4.4-2 節)	脈波式	儀器產生的超音波是衰減性的脈動，多用於脈波回波法，亦可用於穿透傳送法。
	連續波式	儀器產生的超音波是連續不斷的，多用於共振法及穿透傳送法。
顯示方式 (參考第 4.4-5 節)	A 掃描	橫軸表時間，縱軸表波幅，可藉以檢測物件缺陷大小及位置。
	B 掃描	檢測物經掃描後，會以線狀呈現不連續部分之前視圖。
	C 掃描	檢測物經掃描後，會以面狀呈現不連續部分之上視圖。
訊號處理方式	類比式	檢測儀訊號系統中，對訊號以連續函數處理所得之相關訊息。
	數位式	檢測儀訊號處理部以數位訊號輸出。

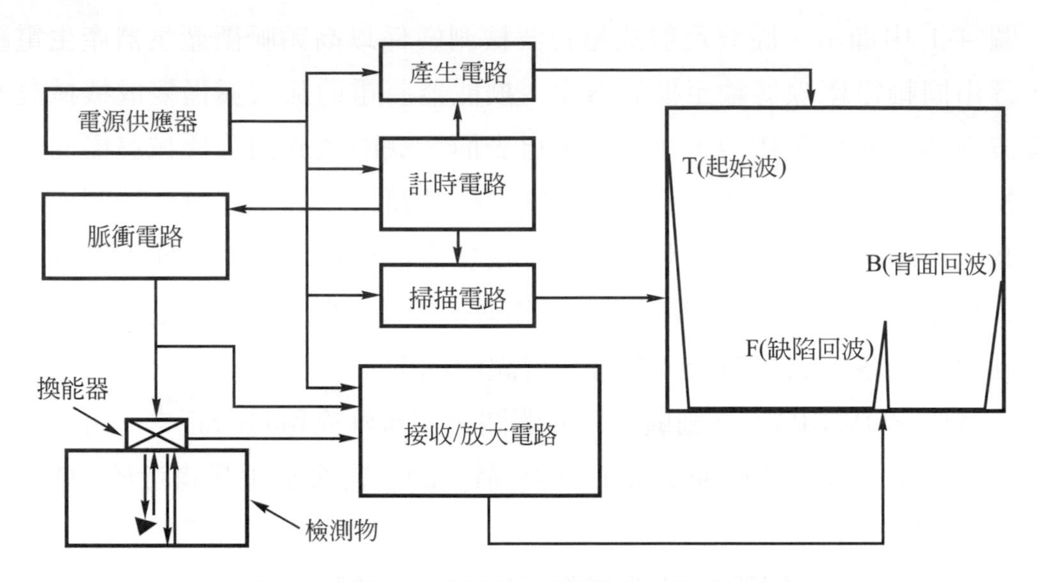

圖 4-1 脈波反射式超音波檢測儀系統裝置方塊圖

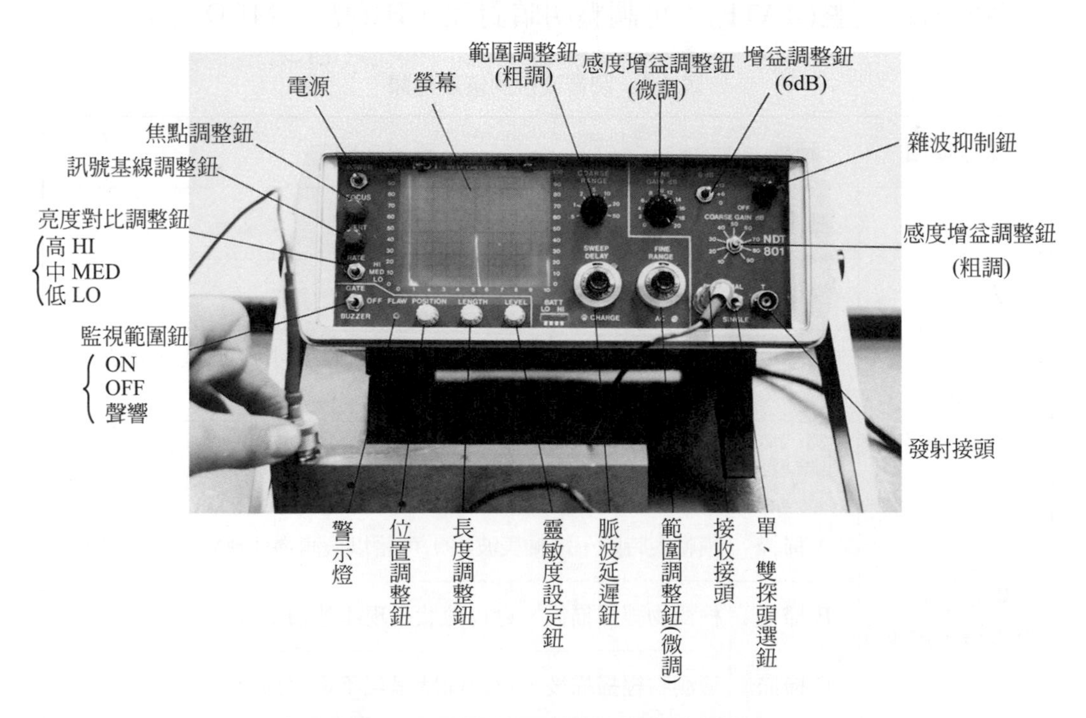

圖 4-2 超音波檢測儀及面板功能鈕

5. 監視範圍(GATE)：設定缺陷監視範圍(GATE)，OFF(關閉)、FLAW(紅燈亮表GATE內有缺陷訊號)、BUZZER(響聲表示GATE內有缺陷訊號)。配合其右側三調整鈕，可調整監視範圍位置(POSITION)、長度(LENGTH)及靈敏度(LEVEL)。
6. 範圍測定(RANGE)：螢幕橫軸 10 個刻度表示之長度，即爲測定範圍，可利用粗調鈕(COARSE RANGE)及微調鈕(FINE RANGE)調整爲欲設定的距離。
7. 脈波延遲鈕(SWEEP DELAY)：橫軸上整個脈波訊號起始點調整，但不改變各回波間距離。配合範圍測定鈕，可調整欲設定檢測範圍內之回波位於適當之比例位置。
8. 感度增益調整鈕(GAIN dB)：調整脈波訊號高低，螢幕垂直軸上等分爲 10 等分，以百分比表示訊號高低程度。其調整可利用粗調(COARSE GAIN dB)、微調(FINE GAIN dB)及 6dB 三鈕調整。其中感度每增減 6dB，則訊號高度會升降爲原脈波高度之1倍。$\left[\text{dB}=20\log\left(\frac{P}{P_o}\right)\right.$，$P$：放大或衰減後訊號高度；$P_o$：原訊號高度$\left.\right]$。
9. 雜波抑制鈕(REJECT)：此鈕可剔除位於記錄位準以下之雜波訊號不出現在螢幕上，但一般檢測規範對雜波抑制後之檢測結果，大多不認可。
10. 探頭選擇鈕：依據使用探頭種類選調單探頭(SINGLE)或雙探頭(DUAL)。探頭接頭有接收接頭(R)及發射接頭(T)兩處，若採單探頭，則探頭接於R或T端均可。
11. 示波器螢幕：螢幕縱座標表音波訊號高度，以百分比表示，共等分爲10格，全垂直尺度爲100％。螢幕橫座標表檢測距離或時間，共等分爲10格，每1小格距離以水平全尺度範圍決定之。

圖 4-3 所示爲數值按鍵式超音波檢測儀，其功能及操作說明如表 4-2 所示。

表 4-2　數值按鍵式超音波檢測儀之操作功能說明

功能群組	功能說明	功能選擇	操作說明
BASE (基本設定)	調整設定螢幕顯示	RANGE	調整顯示範圍(R=2.5～9999 mm)。
		MTLVEL	材質音速測定。
		D-DELAY	顯示範圍起點。
		P-DELAY	探頭延遲距離。
PULS (脈波產生)	調整脈波產生	DAMPING	阻尼：high(高阻尼，窄波及高解析度)。Low(低阻尼，寬波及低解析度)。
		POWER	超音波能量強度：high (穿透較深距離，低解析度)。Low(穿透較淺距離，高解析度)。
		DUAL	雙探頭：ON(穿透法及雙晶探頭用)。OFF(脈波回波用)。
		PRF-MOD	脈波重覆率模式：1-10 可設定，大工件採低 PRF 值，去除幻影回波。
RECV (接收器)	接收器訊號調整	FINE G	增益微調：約 4dB 微調，區分 40 個階段。
		REJECT	雜訊抑制。
		FREQU	頻率選擇：根據探頭頻率選定頻率範圍。
		RECTIFY	整流模式：FULL-W(全波)， POS. H-W(正半波)，NEG-H-W(負半波)， RF 波(RANGE≤50 mm 時才能使用)。
GAT (監視閘)	設定監視閘	LOGIC	設定監視閘動作模式：off(不動作)，pos(一致)，neg(不一致)，multi(2 個閘門)。
		START	監視閘監視起始點。
		WIDTH	監視閘寬度。
		THRSH	監視閘高度。
TRIG (斜角設定)	斜束檢測時缺陷位置之計測	ANGLE	探頭正確折射角。
		X-VALUE	探頭前緣與入射點距離。
		THICKNESS	檢測物厚度。

表 4-2　數值按鍵式超音波檢測儀之操作功能說明(續)

功能群組	功能說明	功能選擇	操作說明
MEM (記憶)	儀器參數及訊號顯示之存取	SET-#	資料組別號碼。
		RECALL	讀取記憶資料。
		STORE	儲存資料。
		DELETE	刪除資料。
DATA (資料)	資料處理及報表列印	TESTINF	指定資料名稱及物件種類之儲存。
		PREVIEW	預覽儲存之 A-Scan 圖形。
		DIR	顯示所有儲存資料。
		SETTING	顯示設定參數。
MEAS (量測)	—	TOF	選擇測定點。
		S-DISP	區間讀值顯示。
		MAGNIFY	延伸監視閘。
		COMPARE	回波比較。
MSEL(螢幕監控選項)	音波在螢幕上顯示項目的選擇	P1, P2, P3, P4	測量線的組態。
LCD (液晶螢幕)	—	FILLED	回波填滿顯示。
		LIGHT	螢幕背光。
		CONTR	調整螢幕對比。
CFG (組織架構)	—	UNIT	單位選擇。
		DIALG	語言選擇。
		PRINTER	印表機。
		COPYMOD	資料輸出模式。

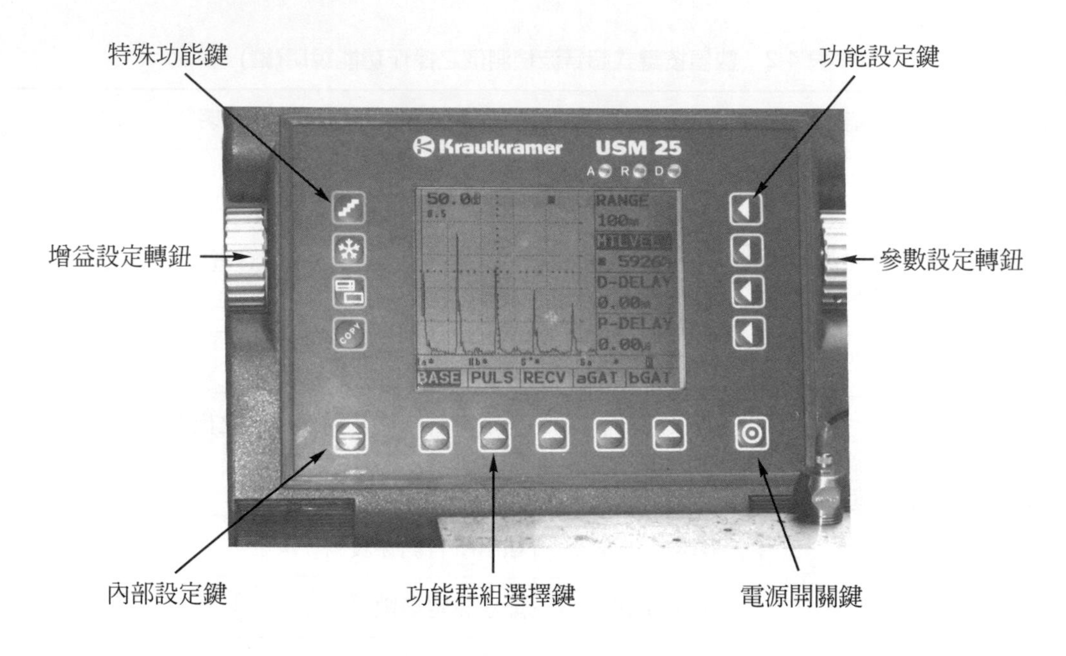

圖 4-3　數值按鍵式超音波檢測儀

4.3-2　校準規塊

超音波檢測爲建立缺陷大小評估的比對根據，並瞭解儀器特性是否達到使用條件標準，必須視檢測需要製作各種不同形狀、大小及人工缺陷的校準規塊。校準規塊依其檢測目的區分爲儀器校準用之標準規塊(Standard Test Block)及檢測材料用之比較規塊(Reference Block)兩種。

一、標準規塊

此規塊須具有特定形狀及尺寸，並採用低衰減係數的材料；若爲規塊組則應採用相同材質及熱處理。超音波檢測常用的標準規塊有下列幾種：

1. CNS STB A-1 標準規塊

此標準規塊材質爲 CNS 2947 規定之淨面鋼，經鍛造加工且正常化熱處理而製成，其形狀及尺寸，如圖 4-4 所示。本規塊具 100mm 寬 25mm 厚，可作爲直束範圍調整用。半徑 100mm 之圓弧，可用於斜束範圍調整；若配合 0.5mm 寬 30mm 深之校正刻槽可作入射點校正。直徑 1.5mm 貫穿孔，用於設定靈敏度，2mm 寬 6mm 深之校正刻槽用於檢定直束檢測鑑別力。此外尚具有直徑 50mm 之貫穿孔，孔內塡裝表面鍍上銀膜之壓克力樹脂，配合規塊外緣角度標記刻度，可作爲斜束折射角校正用。

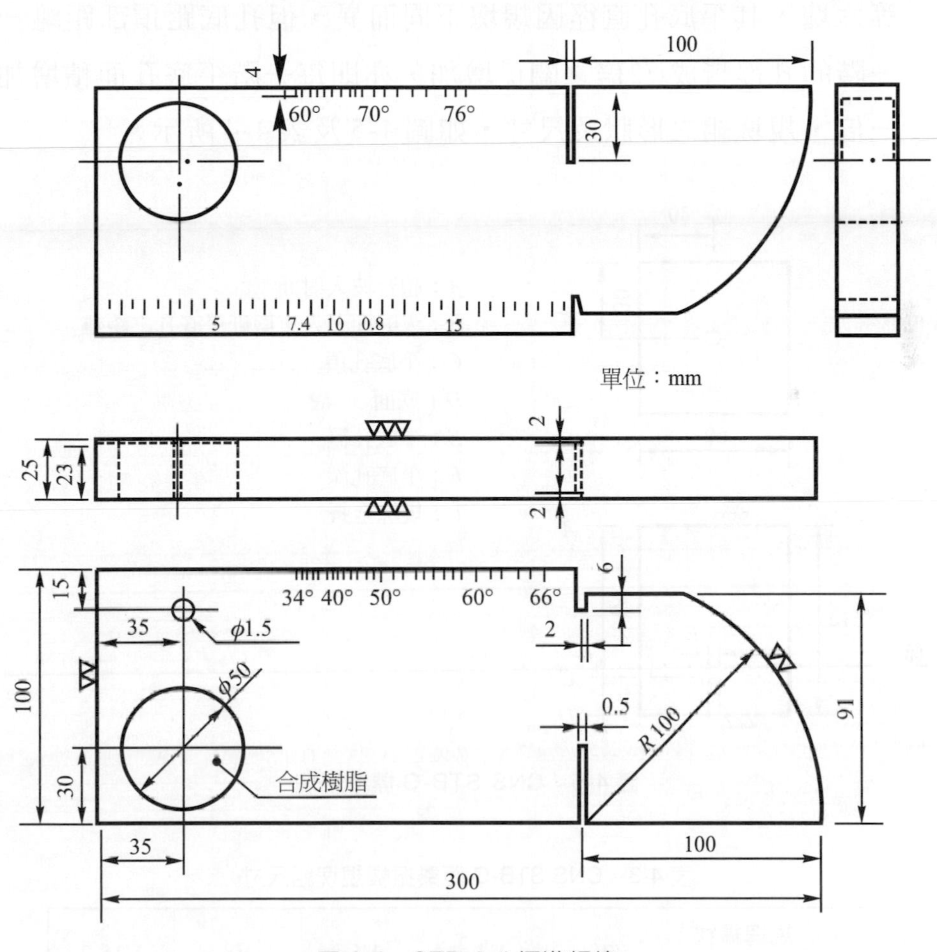

圖 4-4 STB A-1 標準規塊

2. CNS STB-G 標準規塊

此規塊組材質爲球化處理之高碳鉻軸承鋼，經鍛造加工製成。由 10 個規塊組成，依其使用目的分成距離振幅校準用及面積校準用規塊兩組，分別說明如下：

(1) 距離振幅校準規塊組

此規塊組包括 V2、V3、V5、V8 及 V15-2 等，其平底孔直徑約 2mm，孔底部距頂部距離，依序增加，其形狀及尺寸，如圖 4-5 及表 4-3 所示。本規塊主要用於直束檢測之距離振幅校準及靈敏度設定。

(2) 面積振幅校正規塊組

此規塊組包括V15-1、V15-1.4、V15-2、V15-2.8、V15-4、V15-5.6等六塊，其平底孔直徑因規塊不同而異，但孔底距頂部距離一定；每一階的孔徑皆成$\sqrt{2}$倍之關係增加，亦即每一階平底孔面積增加或減少一倍，規塊組之形狀及尺寸，如圖 4-5 及表 4-4 所示。

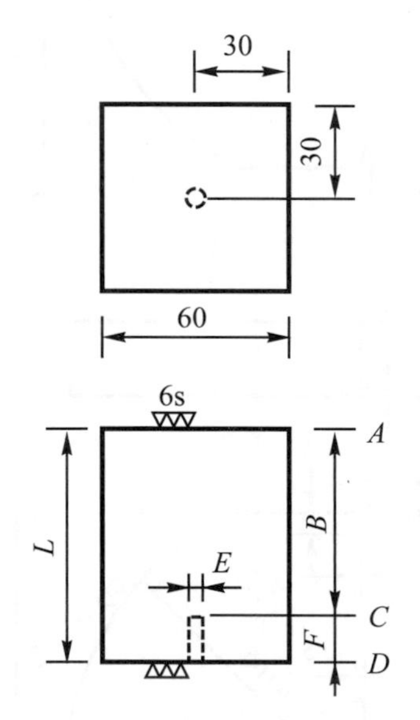

圖 4-5　CNS STB-G 標準規塊

表 4-3　CNS STB-G 距離振幅規塊組尺寸

規塊編號 / 尺寸代號	V2	V3	V5	V8	V15-2
B	20	30	50	80	150
E	2	2	2	2	2
F	20	20	20	20	20
L	40	50	70	100	180

表 4-4　CNS STB-G 面積振幅規塊組尺寸

尺寸代號 ＼ 規塊編號	V15-1	V15-1.4	V15-2	V15-2.8	V15-4	V15-5.6
B	150	150	150	150	150	150
E	1	1.4	2	2.8	4	5.6
F	30	30	30	30	30	30
L	180	180	180	180	180	180

二、比較規塊

此規塊應與檢測物表面狀況、外形及尺寸(近似可)、熱處理及材質(或音響特性近似材質)相同者爲原則，常用於超音波檢測用之比較規塊有下列幾種：

1. H.D. ROMPAS 比較規塊

由於 STB A-1 重而體積大，攜帶不便，而 H.D. ROMPAS 規塊輕且小，故可免除此種困擾而利於現場檢測。此規塊材質與A1 標準相同，主要用於斜束檢測校準及調整用，其形狀及尺寸，如圖 4-6 所示。厚度爲 12.5mm或 25mm，兩端具有半徑 25mm及 50mm之圓弧，可作爲斜束範圍調整及入射點校正用。直徑 2mm之橫向平底孔(現多改爲貫通孔)，除可設定檢測靈敏度外，配合邊緣角度標記刻度，亦可作爲斜束折射角校正用。

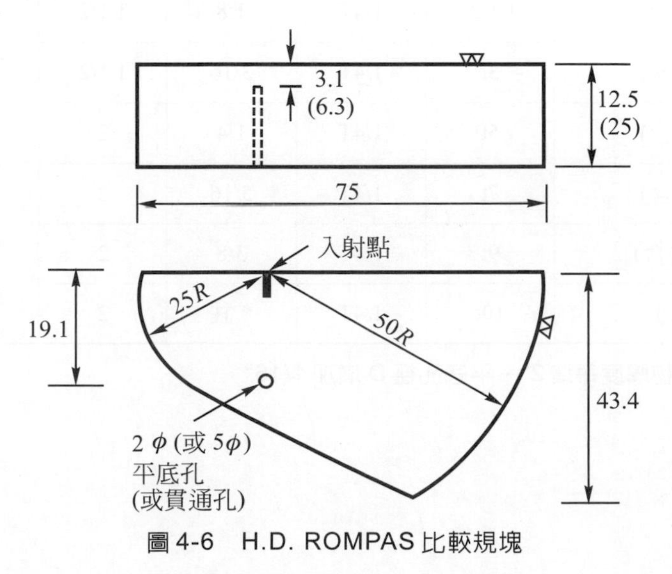

圖 4-6　H.D. ROMPAS 比較規塊

2. ASTM T533 比較規塊

本規塊之材質應儘量與檢測物相同或其冶金組織、音響特性近似者，孔徑及平底孔位置隨檢測物厚度而改變。此規塊主要應用於建立斜束距離振幅曲線及設定靈敏度，其形狀及尺寸，如圖 4-7 及表 4-5 所示。

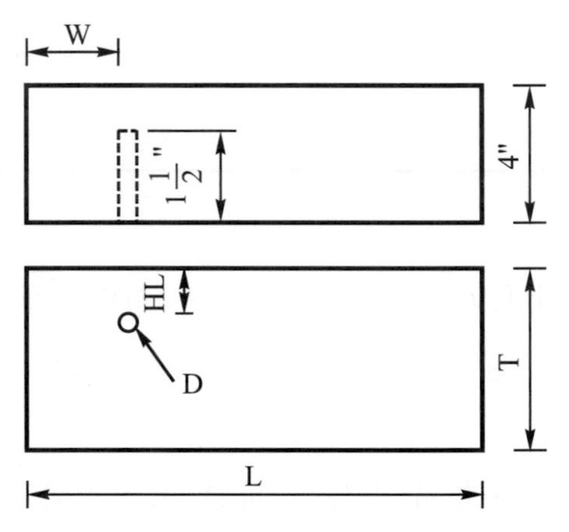

T：規塊厚度
HL：平底孔之位置
D：平底孔徑
L：規塊長度
W：平底孔距邊距離

圖 4-7　ASTM T533 比較規塊

表 4-5　ASTM T533 比較規塊各部尺寸

尺寸代號 / 檢測物厚度	T	HL	D	W	L
≤1	3/4 或 t	1/2T	3/32	1 1/2	視換能器角度及其 V-Path 而定
1～2(含)	1 1/2t	1/4T	1/8	1 1/2	
2～4(含)	3t	1/4T	3/16	1 1/2	
4～6(含)	5t	1/4T	1/4	2	
6～8(含)	7t	1/4T	5/16	2	
8～10(含)	9t	1/4T	3/8	2	
10 以上	10t	1/4T	* 註	2	

*註：檢測物厚度每增 2"，平底孔徑 D 增加 1/16"。

3. D型比較規塊

此規塊之材料須符合 CNS 8696 G3169 之第二種 SB42 規範，並經正常化熱處理之熱軋鋼板，其形狀及尺寸，如圖 4-8 所示。此規塊主要用於雙晶探頭之校準，其項目包含，檢測距離(厚度)調整及校準、靈敏度設定及距離振幅曲線(Distance Amplitude Curve, DAC)製作等。

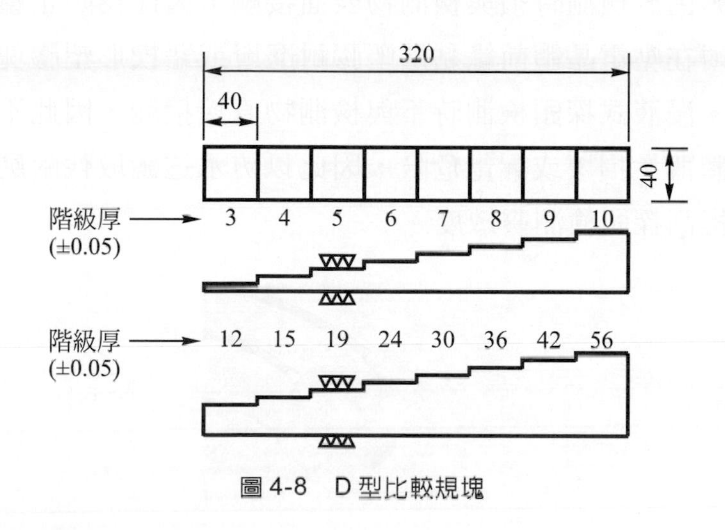

圖 4-8　D 型比較規塊

4.3-3　探頭(Probe)

探頭亦稱換能器(Transducer)，主要由壓電晶體(Piezoelectric Crystal)構成，當通以交流電時，壓電晶體會發生高頻振動而產生超音波，藉以發射進入檢測物內，當反射回波撞擊探頭時，壓電晶體會使其轉換成交流脈波訊號，因此探頭兼具音波發射與接收之雙重作用。超音波探頭依其使用場合不同，區分為接觸式探頭(Contact Probe)及浸液式探頭(Immersion Probe)兩種；若依使用目的不同，則區分為直束探頭(Straight Beam Probe)、斜束探頭(Angle Beam Probe)、可變角度探頭(Changeable Angle Probe)、雙晶探頭(Twin Probe)、遲延探頭(Delay Probe)、漆刷型探頭(Paint Brush Probe)及聚焦探頭(Focusing Probe)等，茲分別說明如下：

一、接觸式探頭及浸液式探頭

執行檢測時，探頭需與檢測物表面接觸者，稱為接觸式探頭。反之，若探頭浸沒於液體中，其產生的音波需經過液體傳送後才進入檢測物內，此種檢測探頭，稱為浸液式探頭，如圖 4-9 所示。

接觸式探頭由於檢測時須與檢測物表面接觸，因此為防止壓電晶體薄片磨損或破裂，必須在壓電晶體前緣黏貼塑膠耐磨層或藉楔形塑膠塊加以保護，以延長探頭壽命。浸液式探頭檢測時不與檢測物直接接觸，因此不需耐磨層，但為防止壓電晶體薄片損壞或漏電危險，因此以防水透鏡取代耐磨層。透鏡具有聚焦作用，可提高探頭檢測靈敏度。

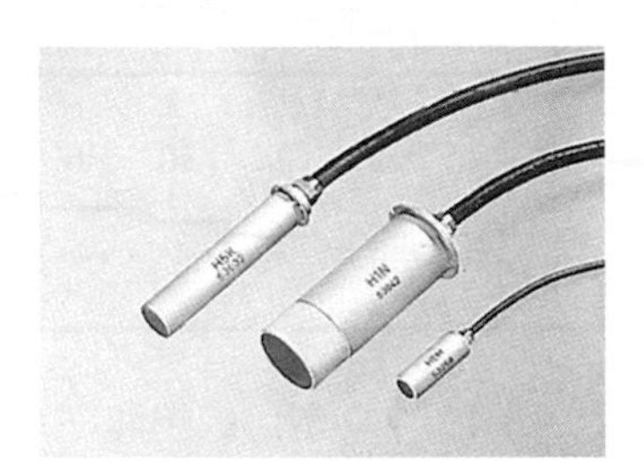

圖 4-9　浸液式探頭(*4)

二、直束探頭及斜束探頭

超音波音束以垂直入射面進入檢測物之探頭，稱為直束探頭，如圖 4-10 所示。反之，若探頭產生之超音波音束以偏斜入射面方向進入檢測物，則稱為斜束探頭，如圖 4-11 所示。

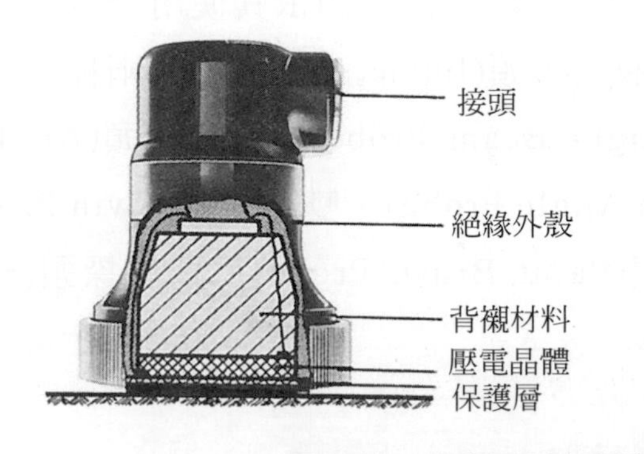

圖 4-10　直束探頭之實體及構造圖(*4)

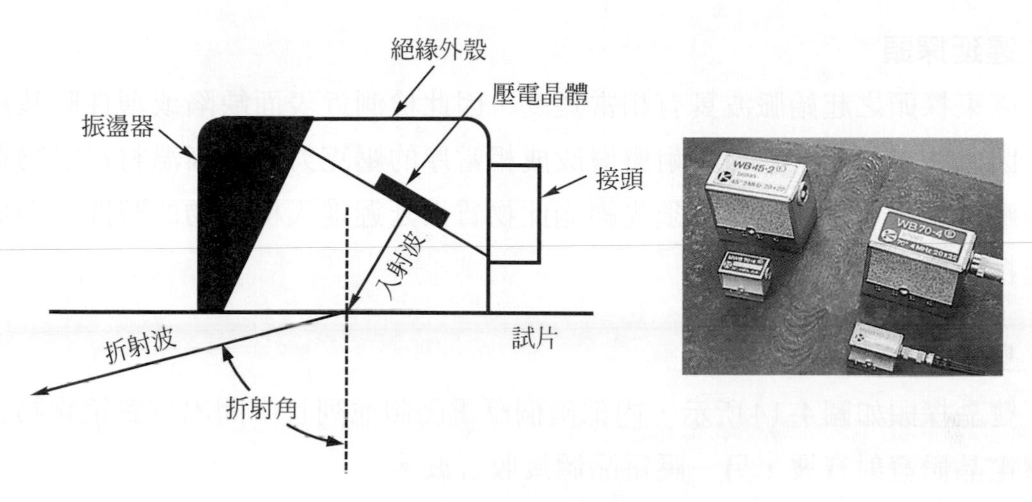

圖 4-11　斜束探頭之實體及構造圖(＊4)

三、可變角度探頭

將探頭黏著於半圓柱形之塑膠塊上，而後置於相同直徑的圓孔中，當旋轉此塑膠塊時，即可改變音波在塑膠中的入射角而形成不同折射角，以達連續可變折射角的檢測需求，如圖 4-12 所示。

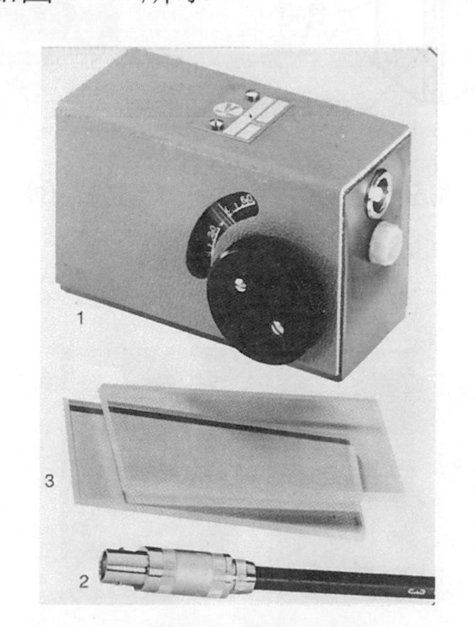

圖 4-12　可變角度探頭及附件(＊4)

四、遲延探頭

直束探頭之起始脈波具有相當寬度，因此檢測近表面缺陷或薄件時甚爲不易，因此將接觸式直束探頭耐磨層改成相當厚的壓克力或耐高溫材料等物質，使得壓電晶體產生的超音波須先經過此物質而延遲進入檢測物的時間，即稱爲遲延探頭，如圖 4-13 所示。

五、雙晶探頭

雙晶探頭如圖 4-14 所示，內部兩個壓電晶體並列且中間隔以聲絕緣物質，一壓電晶體發射音波，另一壓電晶體接收音波。

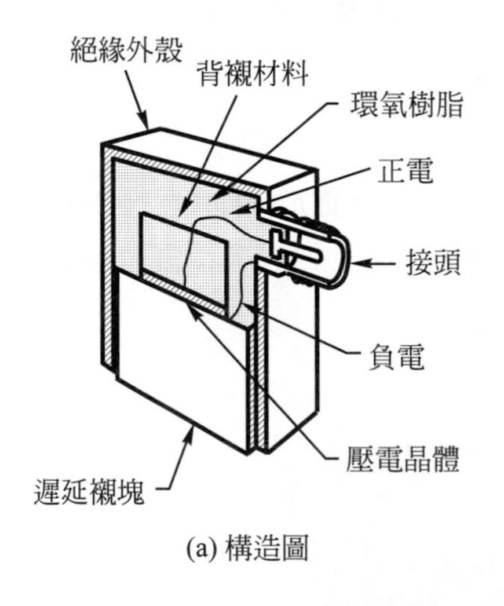

(a) 構造圖

(b) 實體圖(*4)

圖 4-13　遲延探頭

圖 4-14　雙晶探頭(*4)

六、漆刷型探頭

此種探頭由許多壓電晶體薄片組成一長方形探頭，亦可採用一長條形壓電晶體薄片製成，如圖4-15。探頭音波呈現長而窄的長方形音束，因此可迅速的偵測到檢測物缺陷，若適當減少探頭大小，可提高檢測靈敏度，即可偵測出缺陷的大小、形狀、方向及位置等。

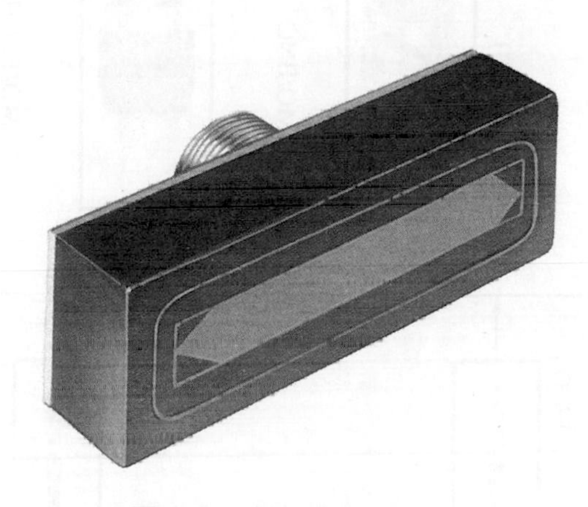

圖4-15　漆刷型探頭(*4)

七、聚焦探頭

此探頭在壓電晶體前加一透鏡用以將音束在距鏡面某一距離處集中聚焦成一點或一線。

4.3-4　高頻纜線及接頭

連接超音波檢測儀及探頭所用之檢測纜線即爲高頻纜線(High Frequency Cable)，亦稱同軸纜線(Coaxial Cable)，其接頭種類及連接方式，舉例如圖4-16所示。

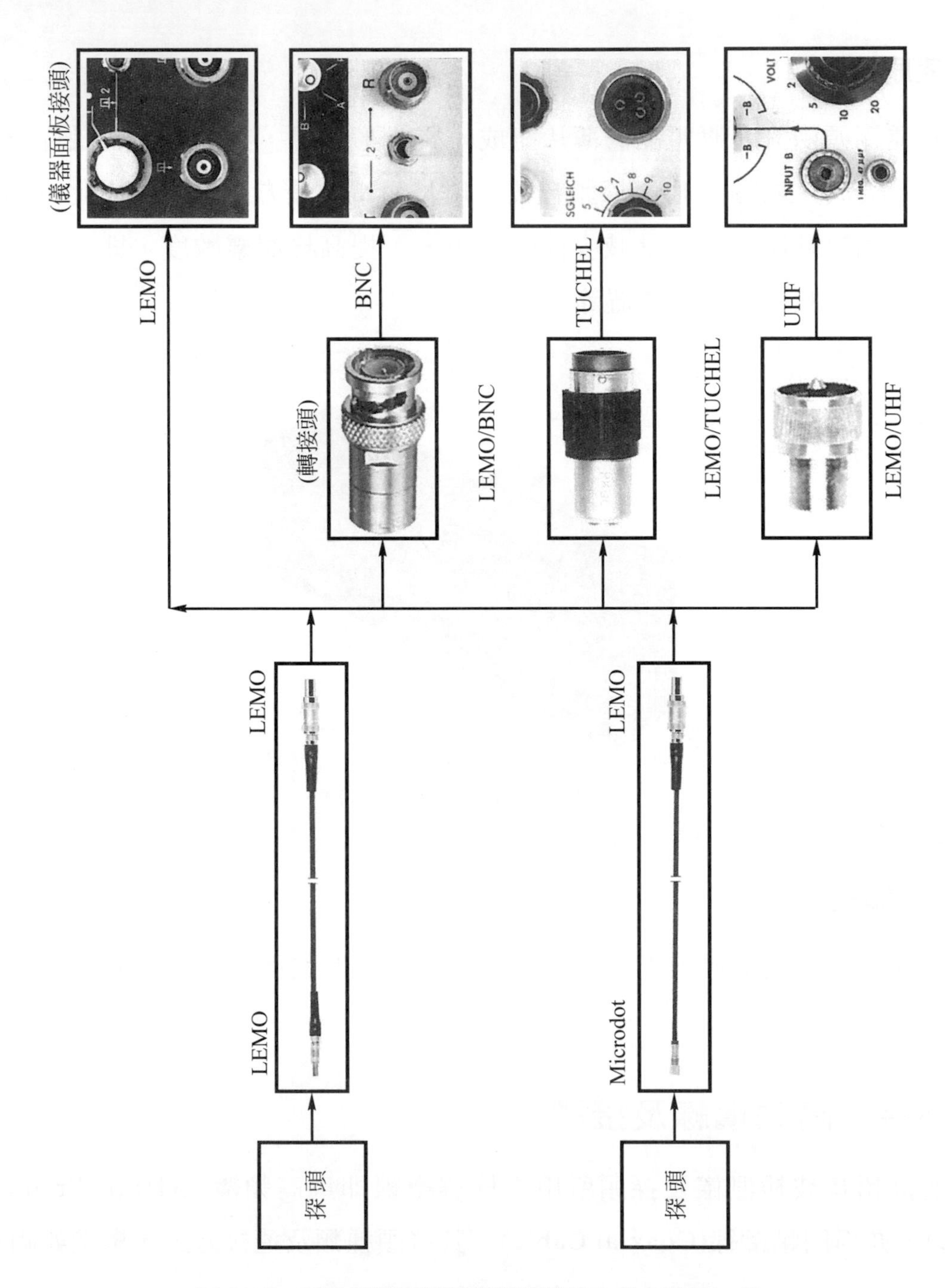

圖 4-16　同軸電纜線接頭種類及連接方式方塊圖(∗4)

4.3-5 耦合劑

在檢測時於探頭與檢測物表面間添加水、油或漿糊等物質，藉以趕走空氣，避免音波能量損失而以較佳的傳送效率進入檢測物內部，此等接觸媒質，稱為耦合劑(Couplant)。耦合劑於檢測時應穩定滯留於檢測面上，於完成檢測後，必須容易清除，且不能對檢測物或探頭造成損害。實用上耦合劑以罐裝或瓶裝居多，選用時應注意其化學特性，並留意適用溫度，如圖 4-17 所示。

圖 4-17 耦合劑(*4)

4.3-6 探頭保護膜層

接觸式探頭表面常與檢測物表面接觸而發生磨耗，因此可採用能更換的塑膠膜來保護，並藉以消除層內多次反射，避免脈波變寬，如圖 4-18 所示。

圖 4-18 探頭保護膜(*2)

4.4 實驗原理

4.4-1 超音波產生之原理

人耳可以聽見的音波，頻率約在16Hz至20KHz之間，若波動的頻率高於此範圍，則音波無法爲人類所聽見，稱其爲超音波(Ultrasonic)。在非破壞檢測應用上，超音波頻率約在0.5～25MHz之間，而其中尤以1～5MHz最爲常用。

超音波產生的原理有多種，但以利用壓電材料最爲普遍。常見的壓電材料有鈮酸鋰($LiNbO_3$)、石英(SiO_2)、硫酸鋰($LiSO_4$)、鈦酸鋇($BaTiO_3$)及鋯鈦酸鉛(PZT)等，現今以PZT應用最多。此等壓電材料製成之晶體薄片，當外加一正負交變的電壓訊號時，則晶體薄片會形成厚薄變化而產生壓縮震盪的現象，於是便形成超音波，如圖4-19所示。當超音波傳送進入檢測物內部時，若碰觸到界面而被反射回來，此時超音波脈波正負交變的波形會使得壓電晶體薄片承受正負交變的壓縮力。壓縮力愈大則晶體薄片兩面所產生的電壓愈大，此電壓訊號經檢測儀電路增幅放大後而呈現於顯示器上。

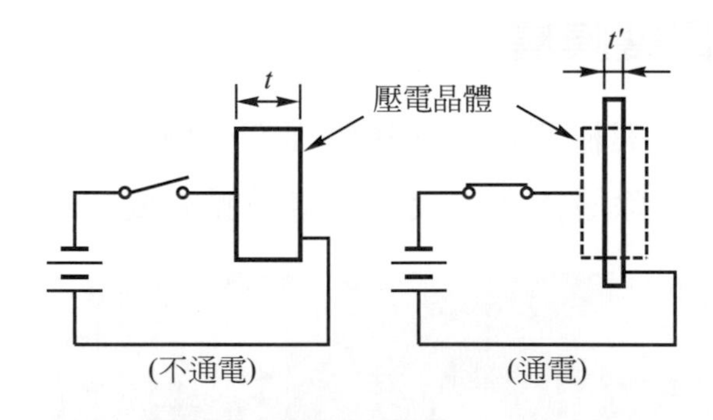

圖4-19 超音波產生的原理

4.4-2 音波的種類及特性

一、音波的種類

當物質中的粒子受外力作用而產生機械性震盪時，即發生波動現象。波動產生的音波若是連續不斷的，即稱爲連續波(Continuous Wave)；否則當音波呈現衰減的脈動波形時，則稱爲脈波(Pulse Wave)，如圖 4-20 所示。超音波因音波波動特性不同，產生下列四種不同的波式：

1. 縱波

物質粒子之振動方向與波傳送方向平行者，稱爲縱波(Longitudinal Wave)，如圖 4-21 所示。此波以疏密相間方式傳遞，因此亦稱疏密波；且由於波係藉由壓縮力及彈性力造成，所以又稱壓縮波或彈性波。由於固體、液體及氣體可傳送壓縮力，因此縱波可存在於此三相內。

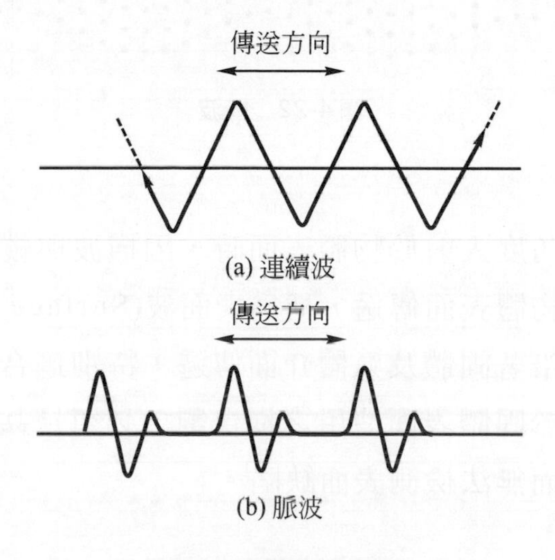

圖 4-20 音波的種類

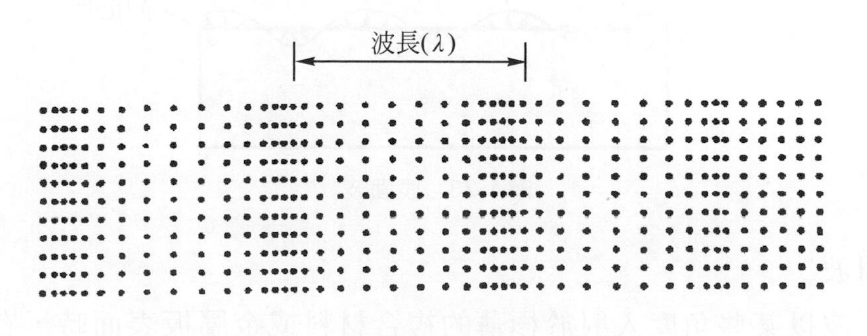

圖 4-21 縱波

2. 橫波

物質粒子之振動方向與波傳送方向垂直者，稱爲橫波(Transverse Wave)，亦稱剪力波(Shear Wave)，如圖 4-22 所示。由於氣體及液體中物質粒子間距離較大，相互間作用力較弱，難以傳送切向力，因此不能傳遞橫波，使得橫波僅能存在於固體中。

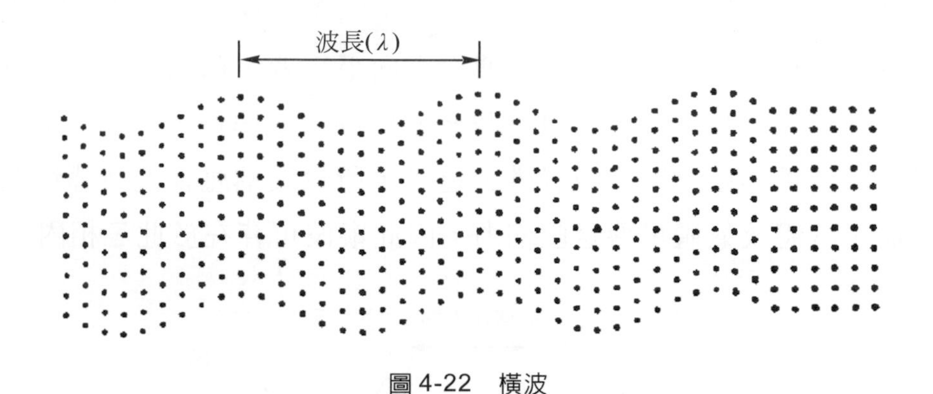

圖 4-22　橫波

3.　表面波

波以某一角度入射於物體表面時，因橫波與縱波相互干涉的結果，使得波動僅沿物體表面傳送，稱爲表面波(Surface Wave)，如圖 4-23 所示。表面波係沿著固體及氣體介面傳遞，特別適合複雜輪廓物體表面缺陷之檢測。對於固體表面使用之耦合劑，必須是甚薄的膜層，否則表面波將難以傳送而無法檢測表面缺陷。

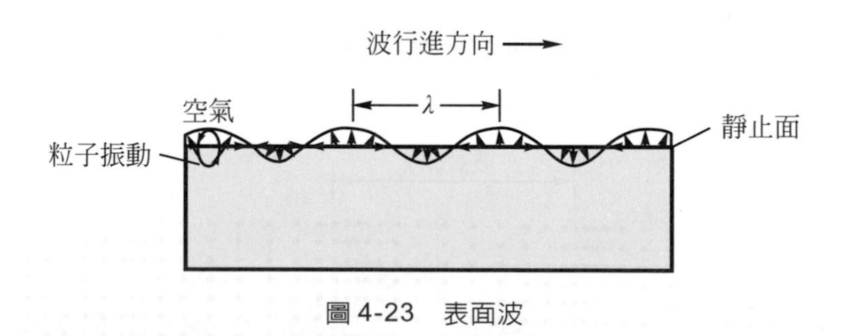

圖 4-23　表面波

4.　藍姆波

波以某些角度入射於極薄的複合材料或金屬板表面時，在適當的材料密度、彈性係數、厚度及波動頻率下，會產生藍姆波(Lamb Wave)。藍姆波又稱平板波(Plate Wave)，可傳送於物體的內部及上、下表面。藍姆波依物質粒子運動方向與受檢物中心軸是否對稱，可區分爲下列兩種：

(1) 擴張波(Dilatational Wave)：為對稱的藍姆波，沿著受檢物中心軸會產生壓縮(縱向)的粒子位移；同時在受檢物上、下表面產生沿著橢圓方向的位移，如圖 4-24(a)所示。

(2) 彎曲波(Bending Wave)：為非對稱的藍姆波，沿著受檢物中心軸會產生剪力方向(橫向)的粒子位移；同時在受檢物上、下表面亦產生沿著橢圓方向的位移，如圖 4-24(b)所示。

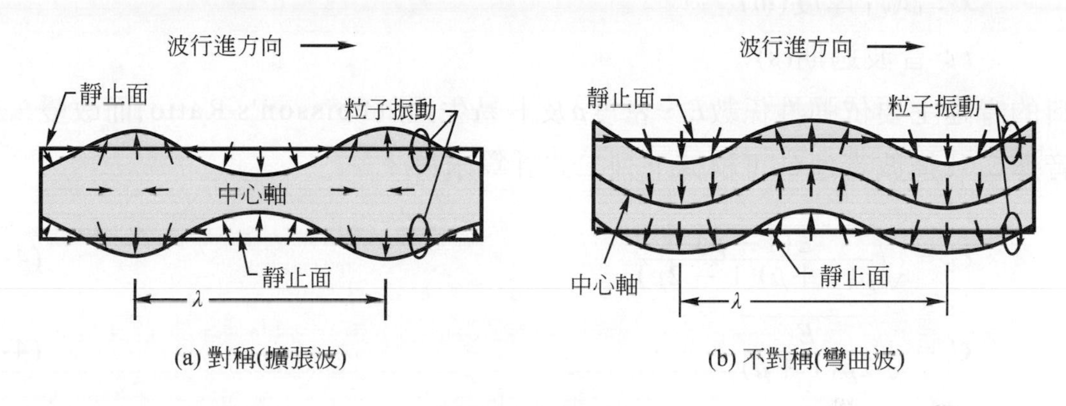

圖 4-24　藍姆波

二、音波傳送速率

超音波在物質中傳送的快慢程度，稱為音速(Acoustic Velocity)。同一物質中相同波式的音速接近定值，但不同波式時其音速會發生改變。一般而言，在相同的均質物質中，縱波的音速約為橫波的兩倍(在鋼中約 1.8 倍)；表面波音速略小於橫波(在鋼中約為橫波之 0.92 倍)。常見物質中不同波式的音速，請參閱表 4-7。

音波頻率係物質粒子每秒振動的次數，同一波中任何物質粒子的振動頻率皆相同。波長是物質粒子同相位的相鄰兩平面間的距離，例如縱波波長為兩密集區間或兩疏鬆區間的距離；而橫波波長為相鄰兩波峰或波谷間的距離。音速(C)、頻率(f)及波長(λ)三者間的數學關係式以式 4-1 表示。

$$C = f \times \lambda \tag{4-1}$$

在相同的物質中，各種波式其音速均接近定值，因此依式 4-1 可知，音波頻率愈高，波長愈短，二者成反比關係。

當超音波傳遞進入固體內，其音速可利用式 4-2 計算求得。

$$C = 2x/t \tag{4-2}$$

式中　C：音速(m/s)

x：試片厚度(m)

t：音波週期(s)

材料的音速主要依彈性係數E、密度ρ及卜易生比μ(Poisson's Ratio)而改變，縱波音速C_L及橫波音速C_T可根據下列二式計算求得。

$$C_L = \sqrt{\frac{E(1-\mu)}{\rho(1+\mu)(1-2\mu)}} \tag{4-3}$$

$$C_T = \sqrt{\frac{E}{2\rho(1+\mu)}} \tag{4-4}$$

式 4-3 及式 4-4 以數學計算合併成式 4-5

$$C_L^2 \rho = \sqrt{\frac{E(1-\mu)}{(1+\mu)(1-2\mu)}} \tag{4-5}$$

$C_L^2\rho$與材料彈性係數成正比，其大小可視爲間接計算求出材料彈性係數的數值，因此在探討材料彈性係數與音速之關係時具有特殊的物理意義。

以縱波音速(C_L)及橫波音速(C_T)表示材料彈性係數，可以式 4-6 表示。

$$E = \frac{\rho C_T^2(3C_L^2 - 4C_T^2)}{C_L^2 - C_T^2} \tag{4-6}$$

同時材料剪力模數(Shear Modulus)$G = \rho C_T$。

三、音壓、能量及音阻抗

音壓係表示同相位粒子構成之平面上，單位面積所承受的壓縮力。音壓愈大則波動粒子振動愈大，其音波強度愈大。音波在物質中傳送時所受的阻礙程度以音阻抗Z(Acoustic Impedance)來表示；其大小等於材料密度(ρ)與音速(C)

的乘積。在不同物質中，音阻抗與其密度成正比，而在同一物質中，由於不同波式其音速不同，因此音阻抗並不相同。

音壓用以表示訊號的大小，與音波能量(音功率強度)有關，它們與音阻抗的關係如式 4-7 所示。

$$J = P^2/2Z \tag{4-7}$$

式中 J：音功率強度(Watt/m^2)

P：音壓(Nt/m^2)

Z：音阻抗(kg/m^2-sec)

當超音波入射一個垂直界面時，僅有平面波可入射垂直界面。通過界面的超音波稱為傳遞波(Transmitted Wave)，而另一個以相反方向反射的超音波稱爲反射波(Reflected Wave)。反射波音壓P_r與傳遞波音壓P_d對入射波音壓P的比值以式 4-8 表示，D值較大表示界面音壓變大。

$$\frac{P_r}{P} = R \quad 及 \quad \frac{P_d}{P} = D \tag{4-8}$$

反射係數R及穿透係數D 可利用第一介質音阻抗(Z_1)及第二介質音阻抗(Z_2)計算求出，如式 4-9 所示。

$$R = \left(\frac{Z_2 - Z_1}{Z_1 + Z_2}\right)^2 \quad 及 \quad D = \frac{4Z_1 Z_2}{(Z_1 + Z_2)^2} \tag{4-9}$$

對於超音波垂直入射相異介質界面時，超音波強度在界面間平衡的關係，以式 4-10 表示。

$$J = J_r + J_d \tag{4-10}$$

根據能量不滅定律，入射波的強度等於傳遞波及反射波強度的總和。因此音壓表示成式 4-11。

$$P = P_r + P_d \quad 或 \quad 1 = R + D \tag{4-11}$$

音波傳送過程中，會發生反射、折射或衰減等現象，以致能量逐漸減少。在密度較大物質中，因音阻抗增大，故音壓變大，反之在密度較小材料中，音壓變小。音波由介質 1 入射至介質 2 時，其反射能量的百分比，如表 4-6 所示。各種材料的密度、不同波式的音速及其音阻抗值，如表 4-7 所示。

表 4-6　音波在介質間傳送的能量反射百分比

第一介質 1	第二介質												
	鋁	鋼	鎳	銅	黃銅	鉛	汞	玻璃	石英	聚苯乙烯	電木	水	油
鋁	0	21	24	18	14	3	1	2	0.3	50	42	72	74
鋼		0	0.2	0.3	1	9	16	31	27	77	76	88	89
鎳			0	0.8	2	12	19	34	29	79	75	89	90
銅				0	0.2	7	13	19	22	75	71	87	88
黃銅					0	5	10	23	16	73	68	86	97
鉛						0	1	9	8	62	55	79	80
汞							0	4	1	8	6	75	76
玻璃								0	0.8	40	32	65	67
石英									0	46	17	68	71
聚苯乙烯										0	1	12	17
電木											0	18	23
水												0	0.6
油													0

表 4-7　各種材料密度、不同波式的音速及音阻抗

材料	密度 (ρ=g/cm^3)	縱波		橫波		表面波	
		音速 (C_L=cm/μsec)	音阻抗 (Z_L=g×10^3/cm^2-sec)	音速 (C_T=cm/μsec)	音阻抗 (Z_T=g×10^3/cm^2-sec	音速 (C_S=cm/μsec)	音阻抗 (Z_S=g×10^3/cm^2-sec)
空氣	0.001	0.033	0.33	—	—	—	—
鋁 250	2.71	0.635	1720	0.310	840	0.290	788
鋁 17ST	2.80	0.625	1750	0.310	868	0.279	780
鈦化鋇	0.56	0.550	310	—	—	—	—
鈹	1.82	1280	2330	0.871	1600	0.787	1420
黃銅	8.1	0.443	3610	0.212	1720	0.195	1580

表 4-7　各種材料密度、不同波式的音速及音阻抗(續)

材料	密度 (ρ=g/cm^3)	縱波		橫波		表面波	
		音速 (C_L=cm/ μsec)	音阻抗 (Z_L=g×10^3/ cm^2-sec)	音速 (C_T=cm/ μsec)	音阻抗 (Z_T=g×10^3/ cm^2-sec	音速 (C_S=cm/ μsec)	音阻抗 (Z_S=g×10^3/ cm^2-sec)
磷青銅	8.86	0.353	3120	0.223	1980	0.201	1780
鑄鐵	7.7	0.450	2960	0.240	1850	—	—
銅	8.9	0.466	4180	0.226	2010	0.193	1720
軟木膠	0.24	0.051	12	—	—	—	—
玻璃板	2.51	0.577	1450	0.343	865	0.314	765
耐熱玻璃	2.23	0.557	1240	0.344	765	0.313	698
甘油	1.261	0.192	242	—	—	—	—
金	19.3	0.324	6260	0.120	2320	—	—
冰	1.00	0.398	400	0.199	199	—	—
鉛	11.4	0.216	2460	0.07	798	0.063	717
鎂	1.74	0.579	1010	0.310	539	0.287	499
鉬	10.09	0.629	6350	0.335	3650	0.311	339
鎳	8.8	0.563	4950	0.296	2610	0.264	2320
油	0.92	0.13	127	—	—	—	—
壓克力	1.18	0.267	320	0.112	132	—	—
聚苯乙烯	—	0.153	—	—	—	—	—
石英	2.20	0.593	1300	0.375	825	0.339	745
銀	10.5	0.360	3800	0.159	1670	—	—
鋼	7.8	0.585	4560	0.323	2530	0.279	2180
不銹鋼 302	8.03	0.566	4550	0.312	2500	0.312	2500
不銹鋼 410	7.67	0.739	5670	0.299	2290	0.216	2290

表 4-7　各種材料密度、不同波式的音速及音阻抗(續)

材料	密度 (ρ=g/cm^3)	縱波		橫波		表面波	
		音速 (C_L=cm/ μsec)	音阻抗 (Z_L=g×10^3/ cm^2-sec)	音速 (C_T=cm/ μsec)	音阻抗 (Z_T=g×10^3/ cm^2-sec	音速 (C_S=cm/ μsec)	音阻抗 (Z_S=g×10^3/ cm^2-sec)
錫	7.3	0.332	2420	0.167	1235	–	–
鈦	4.54	0.610	2770	0.312	1420	0.279	1420
鎢	19.25	0.518	9980	0.287	5520	0.265	5100
水	1.00	0.149	149	–	–	–	–
鋅	7.1	0.417	2960	0.241	1710	–	–

4.4-3　音波反射、折射及波式轉換

當音波由介質 1 入射至另一種特性不同的介質 2 時，在音波到達二介質界面時，音波會發生反射(Reflection)、折射(Refraction)或波式轉換的現象，如圖 4-25 所示。為進一步瞭解入射音波及折射音波特性，可利用折射定律(司乃耳定律)，其公式如式 4-12 所示。在圖 4-25 中，依據式 4-12 可知，因$C_1 < C_2$，故音波入射角皆小於折射角。且由於縱波音速大於橫波音速，所以縱波折射角(β_L)均大於橫波折射角(β_T)。

$$\sin\alpha/\sin\beta = C_1/C_2 \qquad (C_1 < C_2) \tag{4-12}$$

α：入射角

β：折射角

C_1：介質 1 音速

C_2：介質 2 音速

在圖 4-25(a)及(b)中，入射縱波進入介質 2 時部分音波發生波式轉換為橫波，使得縱波及橫波同時存在於介質 2 中，此結果若應用於實際檢測訊號的判別，將發生混淆而無法正確判定缺陷是由縱波或橫波所偵測到。因此超音波檢測實用上，斜束探頭多利用塑膠楔形塊以決定入射縱波角度，藉以控制所要的折射波波式及折射角，且一般多以能在檢測物內僅產生折射橫波為目的。

由圖 4-25(c)可知，當音波入射角增大至α_3角度以上時，由介質 1 入射的縱波，在介質 2 中發生全反射(縱波折射角為 90°或更大)而完全消失，僅留存折射橫波，此α_3角度稱為縱波臨界角(第一臨界角，1st Critical Angle)。同理，在圖 4-25(d)中，當音波入射角加大至α_4角度以上時，由介質 1 入射的縱波，在介質 2 中發生全反射而回至介質 1，此時折射橫波亦消失(橫波折射角為 90°或更大)，稱此α_4角度為橫波臨界角(第二臨界角，2nd Critical Angle)。綜合圖 4-25(c)及圖 4-25(d)得知，當音波入射角介於縱波及橫波臨界角之間時，則折射波僅為橫波，此狀況即適合超音波之檢測。利用接觸式檢測來估算常見材料之音波臨界角，整理如表 4-8 所示。

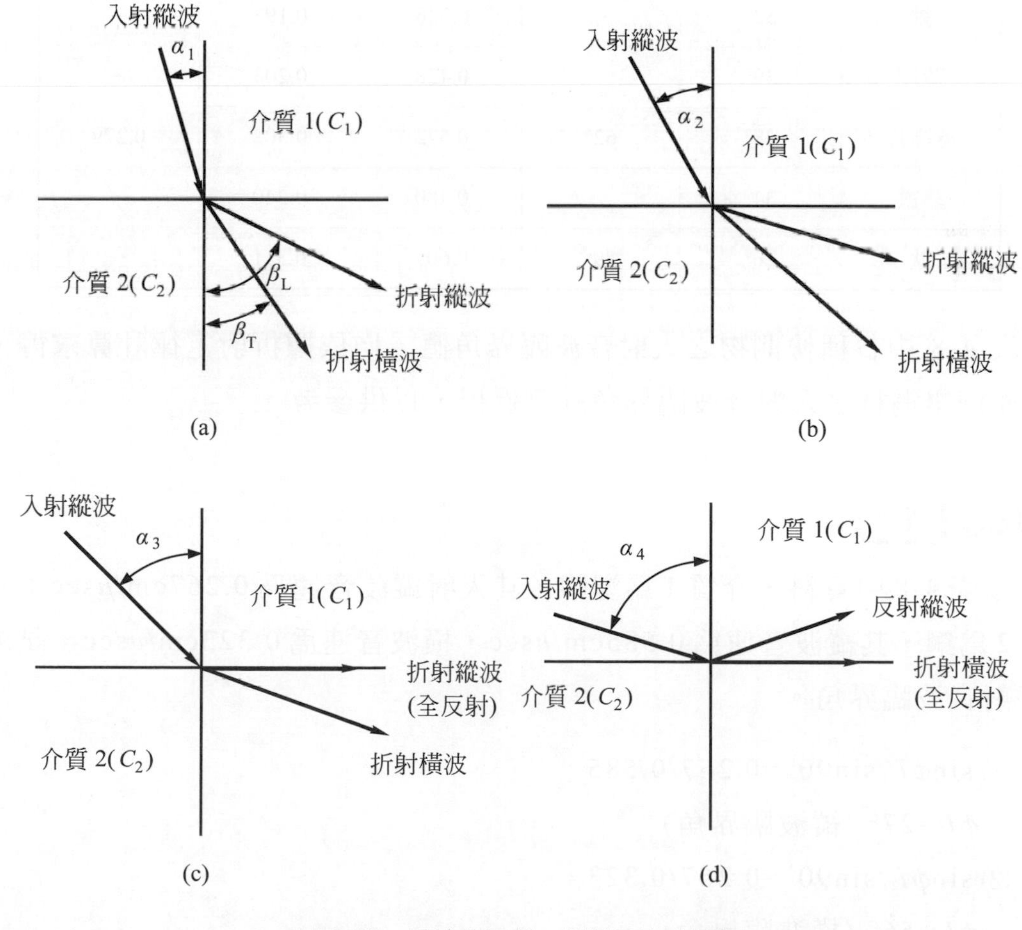

圖 4-25 音波的反射、折射及波式轉換

表 4-8　常見材料之音波臨界角(採接觸檢測)
(介質 1 為塑膠，音速C_1=0.267 cm/μsec)

檢測材料	縱波臨界角 ϕI_1	橫波臨界角 ϕI_2	音速(cm/μsec)，C_2		
			縱　波	橫　波	表面波
鈹	12°	18°	1.28	0.871	0.787
鋁，17ST	25°	59°	0.625	0.310	—
鋼	27°	56°	0.585	0.323	—
302 不銹鋼	28°	59°	0.566	0.312	0.312
鎢	31°	68°	0.518	0.287	—
鈾	52°	—	0.338	0.193	—
黃銅	39°	—	0.428	0.203	—
英高鎳	28°	62°	0.572	0.302	0.279
鑄鐵	34°	—	0.480	0.240	—
鈦	26°	59°	0.607	0.311	—

表 4-8 中各種檢測物之入射音波臨界角值，均依據折射定律計算求得，故在此僅例舉鋼材之入射音波臨界角計算過程，以供參考。

例題 1

依表 4-8 中資料，介質 1 為塑膠，其入射縱波音速為 0.267cm/μsec；介質 2 為鋼，其縱波音速為 0.585cm/μsec，橫波音速為 0.323cm/μsec，試求入射音波臨界角。

解

(1) $\sin\phi I_1/\sin 90° = 0.267/0.585$

$\phi I_1 = 27°$ (縱波臨界角)

(2) $\sin\phi I_2/\sin 90° = 0.267/0.323$

$\phi I_2 = 56°$ (橫波臨界角)

由例1的計算結果得知，音波以縱波由塑膠入射至鋼中，其入射角在27°～56°之間時，音波在鋼中僅有橫波，由此結果可計算出斜束探頭在鋼中僅產生橫波之折射角(ϕR_1，ϕR_2)範圍爲 32°～76°，因此常用的接觸式斜束探頭，其折射角以45°、60°及 70°最爲普遍。($\sin\phi R_1/\sin 27° = 0.312/0.267$，$\sin\phi R_2/\sin 56° = 0.312/0.267$)

4.4-4 超音波之作用音場及衰減

超音波音束作用的的範圍稱爲音場(Acoustic Field)，由於超音波音束隨著距壓電晶體薄片距離改變，其音壓並非一致性變化；因此以距離壓電晶體薄片最遠(最右)的一個最強音壓點爲分界點，由此點向左與壓電薄片間的區域，稱爲近場(Near Field)，而由此點向右的區域，稱爲遠場(Far Field)。

一、近場及其強度

在近場中，超音波干涉現象最爲明顯，以平面波方式傳送，由於音壓變化複雜，因此不適於檢測小缺陷。當近場距離等於近場長度時，中心音壓最大，近場長度可利用式4-13計算求得。

$$N = (D^2 - \lambda^2)/4\lambda \qquad (4\text{-}13)$$

式中 N：近場長度
D：壓電薄片直徑
λ：超音波波長

二、遠場及音束發散角

觀察圖4-26可發現，由近場終端尖塔形的音壓曲線，在遠場中已漸隨著距離增大而變得矮而寬，意即中心軸上音壓與距離成反比。若將壓電薄片的中心點與音壓曲線的第一個零點連成一直線(圖中虛線)，則此線與壓電薄片中心軸之夾角γ_0，稱爲射束角，爲發散角(Angle Of Divergence)之半。依據繞射原理可計算此角，公式如式4-14所示。

$$\sin \gamma_0 = 1.22 \times (\lambda / D) \tag{4-14}$$

式中　γ_0：射束角

λ：超音波波長

D：壓電薄片直徑

由式(4-14)得知，λ/D值愈小，即探頭直徑愈大，音波波長愈小，則音束較為集中，因此音壓隨距壓電薄片增加而減少的現象較不明顯。

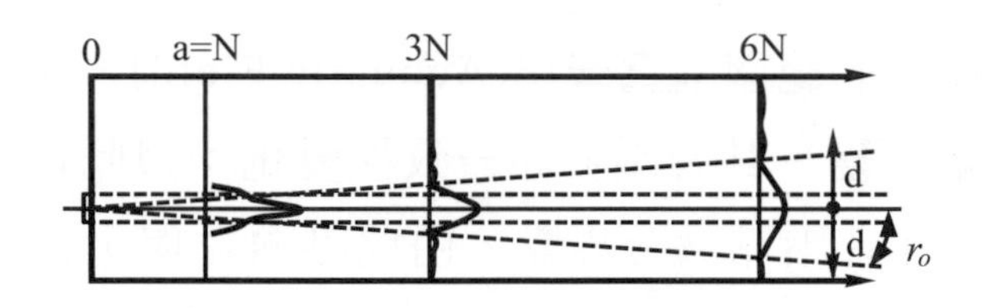

圖 4-26　近場及遠場音壓強度之分佈

三、超音波的衰減

超音波強度的減弱，主要來自發散及衰減兩項因素。

1. 發散(Divergence)：已如前述，主要因超音波音束在遠場中以發散角向外發散，致始音波強度隨距離增加而逐漸減弱。
2. 衰減(Attenuation)：均質物質對超音波強度(音壓)不會造成減弱，然一般材料或多或少都會使超音波強度造成衰減，其原因來自於吸收與散射兩種現象。
   (1) 吸收：材料將音束能量轉換為熱能而散失，使得音束強度降低。
   (2) 散射：由於材料的非均質性，包括雜質、氣孔、晶界……等阻礙音束傳送而形成許多音束分量，致使超音波強度減弱。

超音波強度會隨著傳遞距離增加而呈現指數函數的衰減，如式 4-15 所示：

$$J = J_0 \exp(-\alpha X) \tag{4-15}$$

式 4-15 中J_0為超音波原始強度，J為超音波衰減後強度。衰減係數α是用來定量表示超音波強度衰減的程度，主要與材質及其內部組織有關，若以音波在介質中傳遞的理論來分析，則超音波的衰減係數會受到吸收與散射的影響(已如前述)，如式 4-16 所示：

$$\alpha(f)=\alpha_a(f)+\alpha_s(f) \tag{4-16}$$

式 4-16 中音波吸收衰減係數α_a受到材料差排阻尼、磁阻和熱彈作用的影響。音波散射衰減係數α_s則受到晶界、氣孔、夾雜物、第二相顆粒及裂縫所影響，同時超音波衰減係數(α)和超音波頻率(f)相關。超音波可用於彈性係數、晶粒大小、氣孔率、析出物、組織方向性和殘留應力等材料特性的檢測。

在超音波實際檢測過程中，衰減係數的測定，可利用式 4-17 計算求得。

$$\alpha_f=\frac{20\left[\log\left(\frac{A_1}{A_2}\right)+2\log R\right]}{2x} \quad (\text{dB/mm}) \tag{4-17}$$

式 4-17 中A_1、A_2為第一及第二個回波高度，x為試片厚度，$R=[(1-\eta)/(1+\eta)]^2$為耦合面反射係數，η為耦合界面的音阻抗比 (Z_1/Z_2)。當試片具有相近粗糙度，並使用相同耦合劑及探頭壓力狀況下，可將界面音阻抗忽略而將式(4-17)簡化如式(4-18)。

$$\alpha_f=\frac{20\left[\log\left(\frac{A_1}{A_2}\right)\right]}{2x}\ (\text{dB/mm})\text{或}\ \alpha_f=\frac{\ln\left(\frac{A_1}{A_2}\right)}{2x}\ (\text{Nepers/mm}) \tag{4-18}$$

式 4-18 中，1Neppers = 0.1151dB。

4.4-5 超音波訊號顯示與記錄

一、訊號顯示之表示方法

超音波訊號顯示之表示方法常見有 A 掃描、B 掃描及 C 掃描三種，示意如圖 4-27 所示。

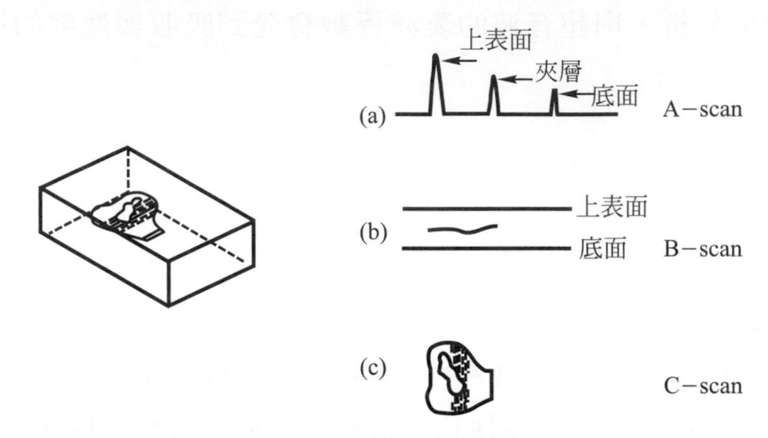

圖 4-27　超音波訊號之顯示方法

1. A 掃描表示法

此種訊號顯示之表示方法是超音波檢測最普遍的方法，通常應用於脈波反射式超音波檢測。探頭在檢測物上一點，所記錄的是此點下方一條線的訊息，如圖 4-27(a)所示。顯示螢幕上之水平軸表示訊號出現的時間或音波回波之路徑長度，利用此長度及音束方向即可推算出回波反射體之位置。垂直軸表示訊號高度(振幅大小)，在沒有人工缺陷規塊的校準比對下，不能斷然地以訊號高度判定缺陷大小。

2. B 掃描表示法

如圖 4-27(b)所示，探頭在檢測物上沿直線移動，所記錄的是此線下方一截面的訊息。水平顯示表示掃描移動方向的位置，而垂直顯示表示檢測物內之通過時間，即缺陷深度，因此 B 掃描可顯示受測物某一截面上缺陷分佈的大致情形。

3. C 掃描表示法

如圖 4-27(c)所示，探頭在檢測物表面上來回掃描整個表面，所記錄的是此面下方一個整體的訊息，此方法之顯示與射線照相結果相似，可看出缺陷的分佈情形及形狀，但無法得知其深度。

二、訊號記錄之符號

爲分辨檢測物幾何形狀及缺陷造成之回波訊號顯示，超音波訊號以符號加以記錄，如表 4-9 所示；配合檢測實例圖形說明，如圖 4-28 所示。

表 4-9　超音波訊號記錄符號

區分	回波(脈波)名稱	符號	參考
探傷	起始脈波	T	Transmission
	缺陷回波	F	Flaw
	底面回波	B	Bottom
	側面回波	W	Wall
	境界面回波	I	Interface
	表面回波(水浸法)	S	Surface
	不明回波	X	原因不明回波
標準缺陷	標準缺陷橫孔缺陷	H	Horizontal
	標準缺陷縱孔缺陷	V	Vertical

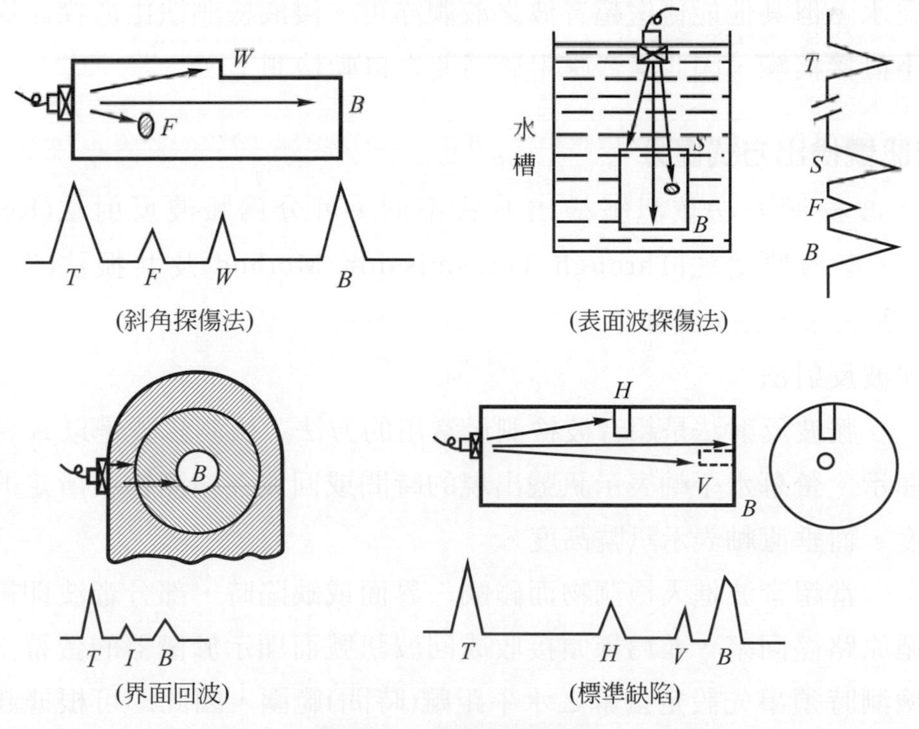

圖 4-28　超音波訊號圖形

4.4-6 超音波檢測方法

一、依探頭耦合方法區分

1. 接觸檢測法(Contact Testing)

   檢測時探頭與檢測物直接接觸的檢測法，一般在二者間須加入耦合劑以趕走空氣而利於音波傳送進入檢測物內。當檢測面粗糙或爲曲面時，宜採用較黏稠之耦合劑，如漿糊、黃油等。對於一般性檢測，可用較稀的液體，如水、甘油及機油等。接觸檢測法由於探頭與檢測面直接接觸，其間之摩擦力阻礙探頭的滑動，因此適合慢速或手動的檢測。

2. 浸液檢測法(Immersion Testing)

   對於檢測物因形狀限制、表面過於粗糙或厚度薄等因素，以致不適合利用探頭直接接觸檢測時，可採用浸液法檢測。此法檢測時將檢測物全部或局部浸沒於液體中，或使用噴水或水柱等方法。浸液常用之液體爲水，但其他能傳送超音波之液體亦可。浸液檢測法由於探頭與檢測物不直接接觸，因此適合應用於高速之自動檢測上。

二、依訊號檢出方式區分

超音波檢測方法依訊號檢出方式不同，可分爲脈波反射法(Reflection Method)、穿透傳送法(Through Transmission Method)及共振法(Resonance Method)等三種，茲分述如下。

1. 脈波反射法

   脈波反射法是超音波檢測最常用的方法，檢測訊號是以A掃描方式顯示。螢幕水平軸表示訊號出現的時間或回波在檢測物中所走的路徑長度，而垂直軸表示訊號高度。

   當超音波進入檢測物而碰觸一界面或缺陷時，部分音波即被反射而循原路徑回來，並爲探頭接收成回波訊號而顯示於儀器的螢幕上。由於檢測時須事先設定螢幕之水平距離(時間)範圍，因此即可根據起始脈波(Initial Pulse)、缺陷回波(Defect Echo)及底面回波(Bottom Echo)……等位在儀器螢幕上之水平位置，並配合檢測物厚度、探頭位置及其音束路徑的幾何關係換算求得缺陷的位置。同時，螢幕上顯示的訊號高度，並不一定表示缺陷大小，因為影響反射訊號強度的因素很多，諸如缺陷的大小、形狀、表面狀況，以及缺陷與音束間的方向等均是。

以脈波反射檢出回波訊號的檢測方法，常見有下列幾種，其選用時機，端視是否能得到最大缺陷回波及便利檢測為原則。當超音波音束方向與缺陷垂直時，可得最大的缺陷回波訊號，此時缺陷檢出效果最佳。

(1) 直束檢測法(Straight Beam Testing)

利用直束探頭發射超音波縱波以垂直入射面方向進入檢測物的檢測方法，稱為直束檢測，如圖 4-29 所示。當檢測物尺寸較厚而對稱、表面平坦或平滑者常採用直束探頭檢測。

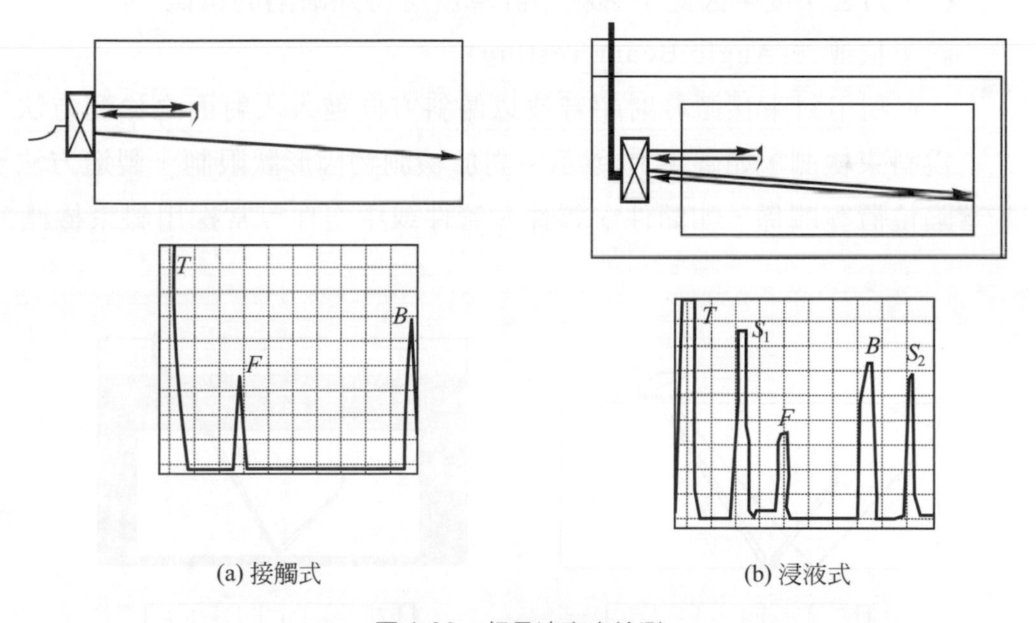

(a) 接觸式　　(b) 浸液式

圖 4-29　超音波直束檢測

圖 4-29(a)所示為接觸式直束檢測，檢測物內部有缺陷，其缺陷回波訊號在起始脈波及底面回波間出現而被檢測到。圖 4-29(b)所示為浸液式直束檢測，探頭與檢測物(鋼材)完全浸末於水中，為使第二個表面回波(S_2)在第一個底面回波(B_1)後產生，以免干擾缺陷回波的判定，因此探頭與檢測物表面間的距離應適當安排。因超音波縱波在水中傳

送速度約爲鋼或鋁的 1/4 倍，故此檢測例取 1/4(檢測物厚度)＋ 1/4"距離即可。

當音束與缺陷之反射面垂直時可得最大回波訊號，因此直束檢測較適宜檢測與入射面平行或方向性較不強烈的缺陷，如含渣或氣孔等。對於銲道缺陷檢測，如裂縫或熔合不良等，因其缺陷方向常不平行於音波入射面，且方向性較強烈，故即使是將銲冠磨平亦難檢測出重要缺陷。此外，直束檢測法中，若檢測物背面與入射面平行，大多有底面回波。檢測時可利用有無底面回波以判斷超音波是否完全穿透整個檢測物，同時可藉由維持一定的底面回波高度，以穩定檢測靈敏度。直束檢測時在螢幕上直接讀出缺陷之射束距離，即爲其在探頭正前方(下方)之深度，因此不必經由計算就可得知缺陷的位置。

⑵ 斜束檢測法(Angle Beam Testing)

利用斜束探頭發射超音波以偏斜方向進入入射面之檢測方法，稱爲斜束檢測，如圖 4-30 所示。對於檢測物因形狀限制、製造方法、缺陷位置等關係，如鑄件、銲件、管件或中空件等常採用斜束檢測。

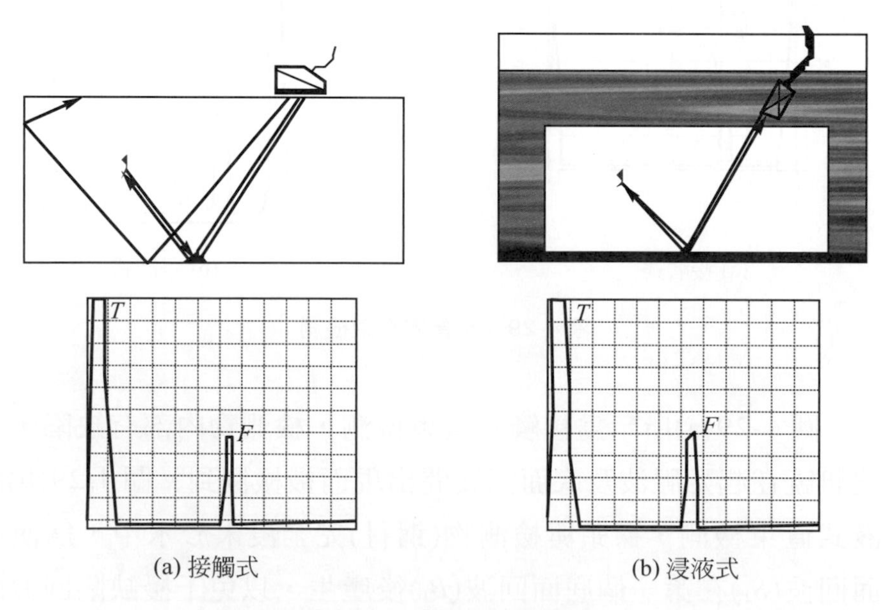

(a) 接觸式　　(b) 浸液式

圖 4-30　超音波斜束檢測

超音波音束偏斜的目的，主要使入射縱波在檢測物內產生不同角度的折射橫波、折射縱波或表面波以檢測缺陷，在使用上以產生折射橫波為最普遍。此外，偏斜的超音波音束，可使得超音波與欲檢測的缺陷垂直，以期獲得較大的缺陷回波及檢測靈敏度，因此甚適合銲道缺陷的檢測。由於斜束檢測法無背面回波，故不具直束檢測之優點與便利。

(3) 雙晶探頭檢測法(Twin Crystal Method)

同一探頭包含兩個相鄰的壓電晶體，一晶體發射超音波， 另一晶體接收超音波，超音波音波皆為縱波型式，其作用方式，如圖 4-31 所示。由於此一設計，電壓脈動訊號不需傳輸至放大器內，因此起始脈波甚小，甚適合用於薄件檢測近表面缺陷。此種探頭之檢測靈敏範圍在兩音波射束相交區間，因此過於接近表面或太深的缺陷較難偵測到(檢測死區，Dead Zone)。

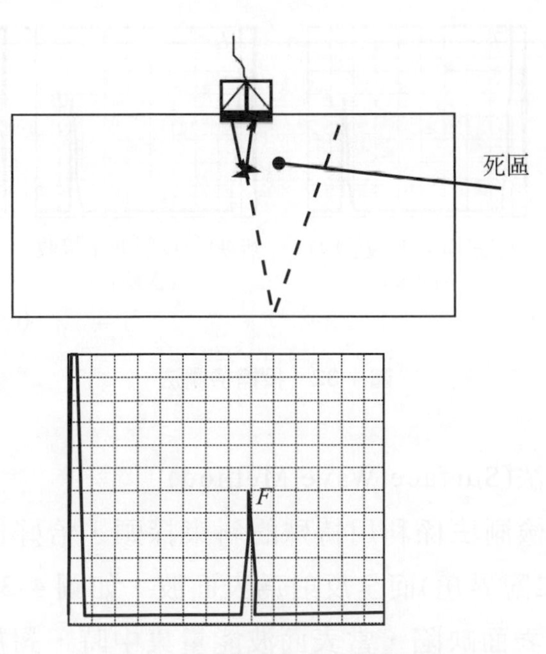

圖 4-31 雙晶探頭之作用方式

⑷ 投捕檢測法(Pitch-Catch Method)

如圖 4-32 所示，兩個分離的探頭在檢測物上之不同位置，分別擔任發射及接收超音波的功能。藉由調整兩探頭間距離，便可檢測到物體表面下不同深度的缺陷。由於探頭間距離與缺陷相關位置的不同，其缺陷檢測結果會有兩種不同的螢幕顯示，分別如圖 4-32(a)及圖 4-32(b)所示。前者係發射探頭所發射的超音波經缺陷反射後部分音波恰為接收探頭所接收，因此有缺陷時會顯示音波訊號；而後者顯示缺陷波折射後恰未能被接收探頭所接收，因此沒有訊號顯示時，即表示檢測物內存在有缺陷。

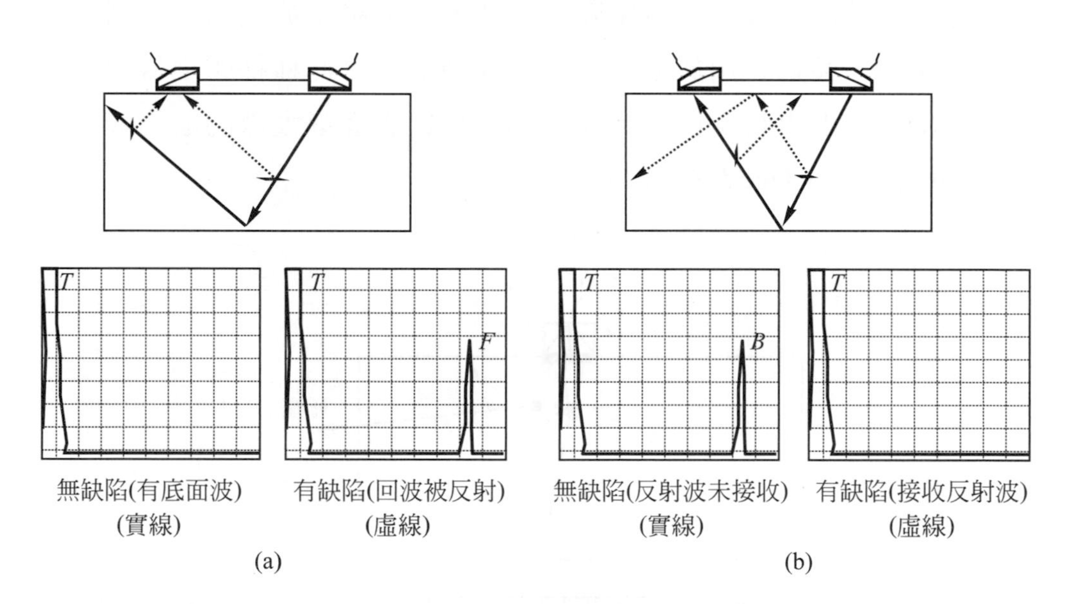

圖 4-32　投捕檢測法

⑸ 表面波檢測法(Surface Wave Method)

表面波檢測法係利用特殊的斜束探頭，恰好使折射橫波到達橫波臨界角(第二臨界角)而全反射為表面波，如圖 4-33 所示。此法適合偵測檢測物的表面缺陷，當表面波能量集中時，對於任合種類的表面缺陷，諸如空孔、油漬、裂縫……等均能產生缺陷回波而被檢測到。

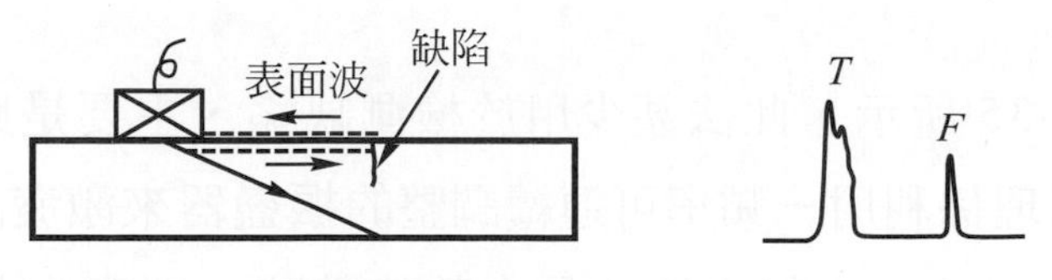

圖 4-33　表面波檢測法

2. 穿透傳送檢測法

此法係偵測傳送波訊號強弱藉以判斷是否有缺陷的方法，因此又稱強度法(Strength Method)。其方法由一個探頭發射超音波，而在檢測面的對邊以另一個探頭負責接收超音波訊號(採用直束探頭或斜束探頭均可)。當檢測物中無缺陷時，音波將毫無阻礙地傳送，可接收到較高的訊號高度(強度大)；若檢測物中有缺陷，則音波傳送時部分音波爲缺陷所反射，因此接收到較低的訊號高度(強度小)，直束及斜束檢測分別如圖 4-34(a)及圖 4-34(b)所示。

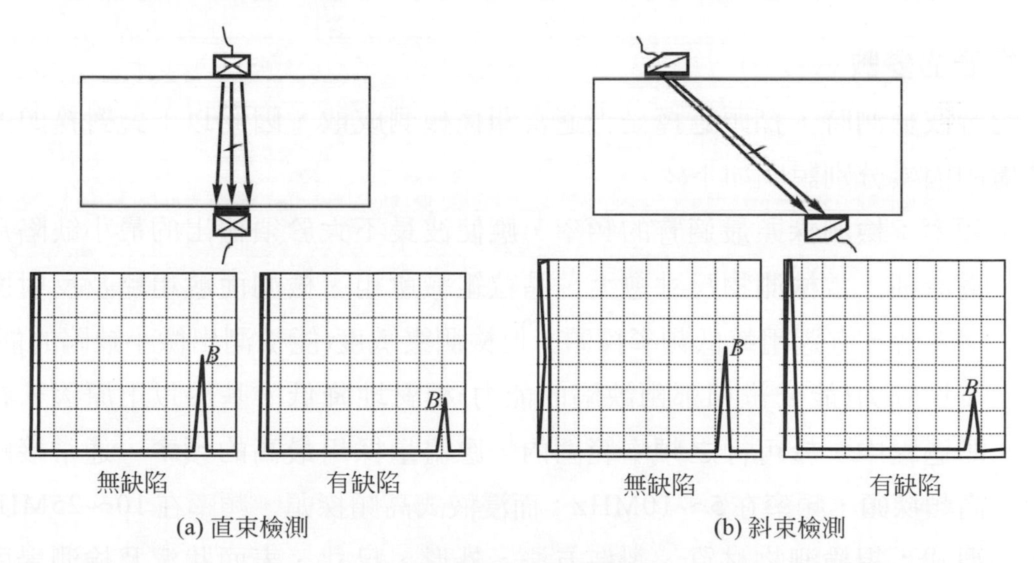

圖 4-34　超音波穿透傳送法

此種檢測方法有下列三種缺點：

(1) 不能顯示缺陷位置。
(2) 微量的訊號降低，未必由缺陷造成，因此可能造成誤判而降低可靠度。
(3) 不適合檢測較厚材料，因爲缺陷離接收探頭較遠，則訊號減弱現象並不顯著。

3. 共振法

如圖 4-35 所示，此法甚少用於檢測缺陷，主要是應用在測定檢測物厚度。其原理係利用一頻率可連續調整的振盪器來激發晶體而發射音波，當檢測物厚度恰爲發射音波波長之整倍數時，即產生共振現象，由此即可根據共振頻率測得板厚。

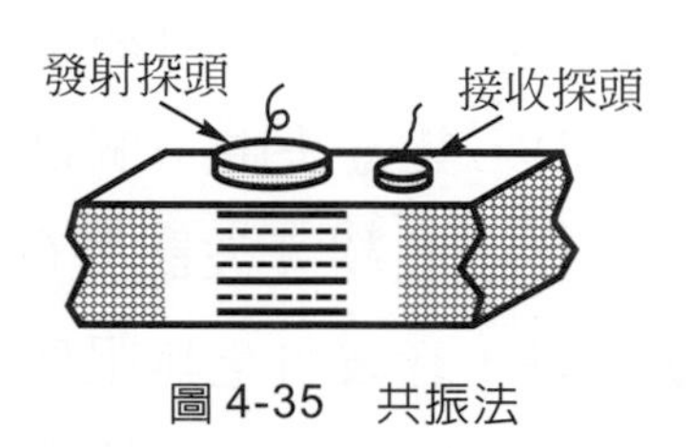

圖 4-35　共振法

4.4-7　超音波檢測變數的選擇

一、探頭的變數

超音波檢測時，探頭選擇是否適當關係檢測成敗，因此以下針對探頭選擇應考慮的因素分別說明如下：

1. 頻率：檢測探頭最適宜的頻率，應使波長不大於須檢出的最小缺陷尺寸爲原則。當檢測物尺寸愈大、晶粒組織愈粗、檢測面愈粗糙及反射面不明顯時，宜選用較低頻率探頭，但檢測靈敏度(能檢測出微小缺陷的能力)及鑑別力(能分辨相鄰兩缺陷的能力)相對地降低。基於以上原因，在檢測過程中，於可行之頻率範圍內，應儘量採用最高的頻率。通常接觸式高頻探頭，頻率在 5～10MHz；而浸液式高頻探頭，頻率在 10～25MHz。
2. 型式：視檢測物材質、製造方法、外形、尺寸、表面狀況及檢測場所環境等選擇適當的直束、斜束、雙晶……等探頭。
3. 大小：探頭與檢測面間之接觸面積大小，會改變檢測靈敏度，因此應選擇適當大小之探頭以提高檢測靈敏度。尤其對於銲冠未磨平之檢測，當母材愈薄，則探頭應愈小，以利銲道能完全檢測到。另外，當探頭大小等於或小於缺陷尺寸時，檢測靈敏度最高。

4. 角度：銲道斜束檢測常須考慮探頭折射角之大小，一般檢測物厚度較薄時，可採用較大折射角之探頭，以使探頭不必太靠近銲道，而利於檢測作業。反之，當檢測較厚材料時，則可採用較小之探頭折射角，以減少探頭在檢測面上之掃描範圍。現今較新之檢測觀念，探頭折射角之選擇，完全以缺陷方向為依據。對於不同方向的缺陷，應採用多種折射角度之探頭，檢測結果才準確。

二、靈敏度(Sensitivity)

靈敏度為能檢測出微小缺陷的能力，在檢測前須使用同一探頭、耦合劑及檢測物相似超音波特性的規塊加以校準，常見的方法有下列三種。

1. 底面回波法：調整第一個完全底面回波為檢測規範規定之訊號高度以評估靈敏度，其表示如B_1：80％。
2. 標準或比較規塊法：以同一標準或比較規塊調整人工缺陷回波達到檢測規範之規定，藉以評估靈敏度，其表示如STB-G V15-2：50％。
3. 距離振幅曲線法：距離振幅曲線(Distance Amplitude Curve，簡稱DAC曲線)可描述同大小缺陷之回波高度隨其射束路徑距離增大而降低的情形，主要作為評估靈敏度的根據。此曲線係利用規塊組(每一規塊有相同大小缺陷，但距離不同)或單一規塊(含有許多相同大小缺陷，但不同距離)以增益控制調整製作而成。(DAC曲線製作例，請參閱第4.5節)

三、鑑別力(Resolution)

超音波檢測系統分辨兩相鄰近瑕疵或瑕疵與界面間緊鄰程度的能力，可利用STB A-1規塊來加以測定，如圖4-36所示。

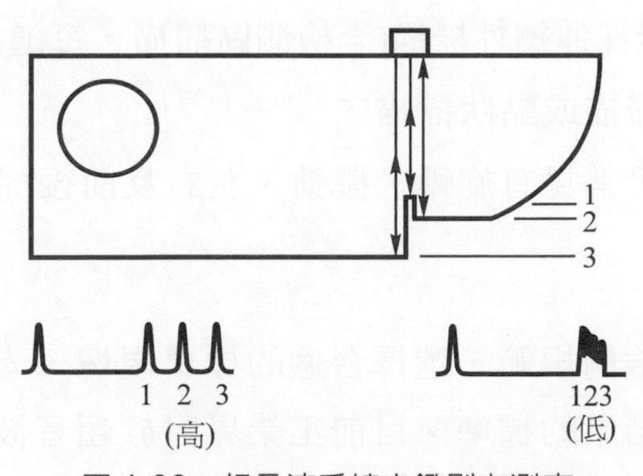

圖4-36 超音波系統之鑑別力測定

四、耦合劑(Couplant)

檢測表面愈粗糙，或檢測面爲曲率較小的曲面(探頭與檢測面接觸面積較小)，或採直立或上仰方式檢測等上述狀況時，爲得到較佳的耦合效果，應使用較黏稠的耦合劑。常見用於檢測作業之耦合劑，以其黏稠度高低依序爲油脂、漿糊(CMC)、100％(60％)水玻璃、甘油、50％水玻璃、機油、輕機油及水。此外，應愼選適用溫度範圍的耦合劑，並留意耦合劑是否內含有害人體或使檢測物產生氧化、腐蝕……等物質。

超音波傳送時相鄰兩物質間的相對音阻抗大小，會影響其傳送效率，因此探頭(Z_1)、耦合劑(Z_2)及檢測物(Z_3)三者間音阻抗之配合，當$Z_2 = (Z_1 \times Z_3)^{1/2}$時，超音波的傳送效率最好。

五、探頭掃描方式、範圍及速率

超音波探頭掃描必須以掃過全部應檢測的部分及能檢出各種缺陷爲原則，接觸式探頭由於須與檢測面直接接觸，因此掃描速率不可過快，以免探頭磨損，一般速率應在150mm/sec以下；浸液式探頭不與檢測面接觸，速度可較快，約在1m/sec以內。

超音波探頭可採手動或自動掃描，前者係以手操作探頭以適當壓力作穩定的連續移動掃描，而後者則以夾具固定探頭，令自動機構移動探頭掃描，掃描速率較快。不論手動或自動掃描，均需依一定的掃描方式操作，常見之掃描方式如下：

1. 直束檢測：一般採連續性掃描(全檢測區掃描，每道掃描至少10％重疊)、間隔線狀連續掃描或點狀掃描。
2. 斜束檢測：一般常見有旋轉、擺動、左右及前後掃描等。

六、檢測標準

檢測標準應根據檢測規範，選擇合適的標準規塊、人工缺陷比較規塊作爲儀器調整或校正檢測結果的標準。目前工業界對於超音波檢測規範及使用規塊均有詳細規定，一般校準用規塊與實際檢測物應力求化學成分及物理特性相近爲原則。

4.4-8 影響檢測結果的因素

一、儀器特性變化的影響

超音波檢測儀其儀器系統特性一但發生改變，必定影響檢測結果之正確性，因此超音波檢測儀儀器系統特性應加以評鑑。脈波反射式超音波檢測儀依據CNS總號11224規定其評鑑項目包含螢幕水平線性、螢幕垂直線性、增益控制線性、雜訊比及鑑別力等，如表4-10所示。

1. 螢幕水平線性(Horizontal Linearity)

   在螢幕水平全尺度上任一點均應維持線性，以使回波顯示的距離與實際反射源距離按比例顯示，如此才能依檢測結果顯示找出正確之缺陷位置。

2. 螢幕垂直線性(Vertical Linearity)

   回波顯示於螢幕水平全尺度上任何位置之訊號高度，均須依分貝(dB)數之定義增減(意即與反射源大小成比例顯示)，如此對缺陷大小判定才不致誤判。

3. 增益控制線性(Gain Control Linearity)

   每增減 6dB，在螢幕上之同一回波高度應升降一倍，此儀器特性應加以維持，否則將影響螢幕垂直線性。

4. 雜訊比(Noise Ratio)

   超音波檢測時任何非期望的干擾訊號謂之雜訊，它會遮蔽缺陷回波顯示，因此雜訊回波高度(或雜訊比)應加以限制。

5. 鑑別力(Resolution)

   超音波檢測系統分辨相鄰兩缺陷，或缺陷與介面間緊鄰程度的能力，謂之鑑別力。鑑別力應維持一定水準，否則會將兩相鄰缺陷誤判爲同一缺陷。

表 4-10　CNS 11224 脈波反射式超音波檢測儀系統特性評鑑表

儀器廠牌型式 Inst Brand & Type	儀器製造序號 Serial No	檢驗方法 Testing Method	換能器 Transducer	接觸媒質 Couplant	評鑑人員 Tester
		□直接接觸法 □水浸法			
評鑑日期 Cali date	下次評鑑日期 Next Cali date	評鑑結果 Evaluation Results			

評鑑項目 Cali Item	合格基準 Acc Level	校準程序 Calibration Procedure	校準紀錄 Calibration Data
螢幕水平線性	±2 % 以內	*1.* 將換能器置於 STB-A1 上。 *2.* 調整距離控制鈕及遲延控制鈕使 B_2 及 B_5 分別在 20 %，80 %水平全尺度上。 *3.* 調整 B_n 回波高度為 50 %，並讀取且記錄其位置刻劃。	見下表

n	CRT 全尺度刻劃	實際刻劃	差 值 a_n
1	0		
2	20	20	0
3	40		
4	60		
5	80	80	0
6	100		

$|a_{max}| =$　　　%

表 4-10 CNS 11224 脈波反射式超音波檢測儀系統特性評鑑(續)

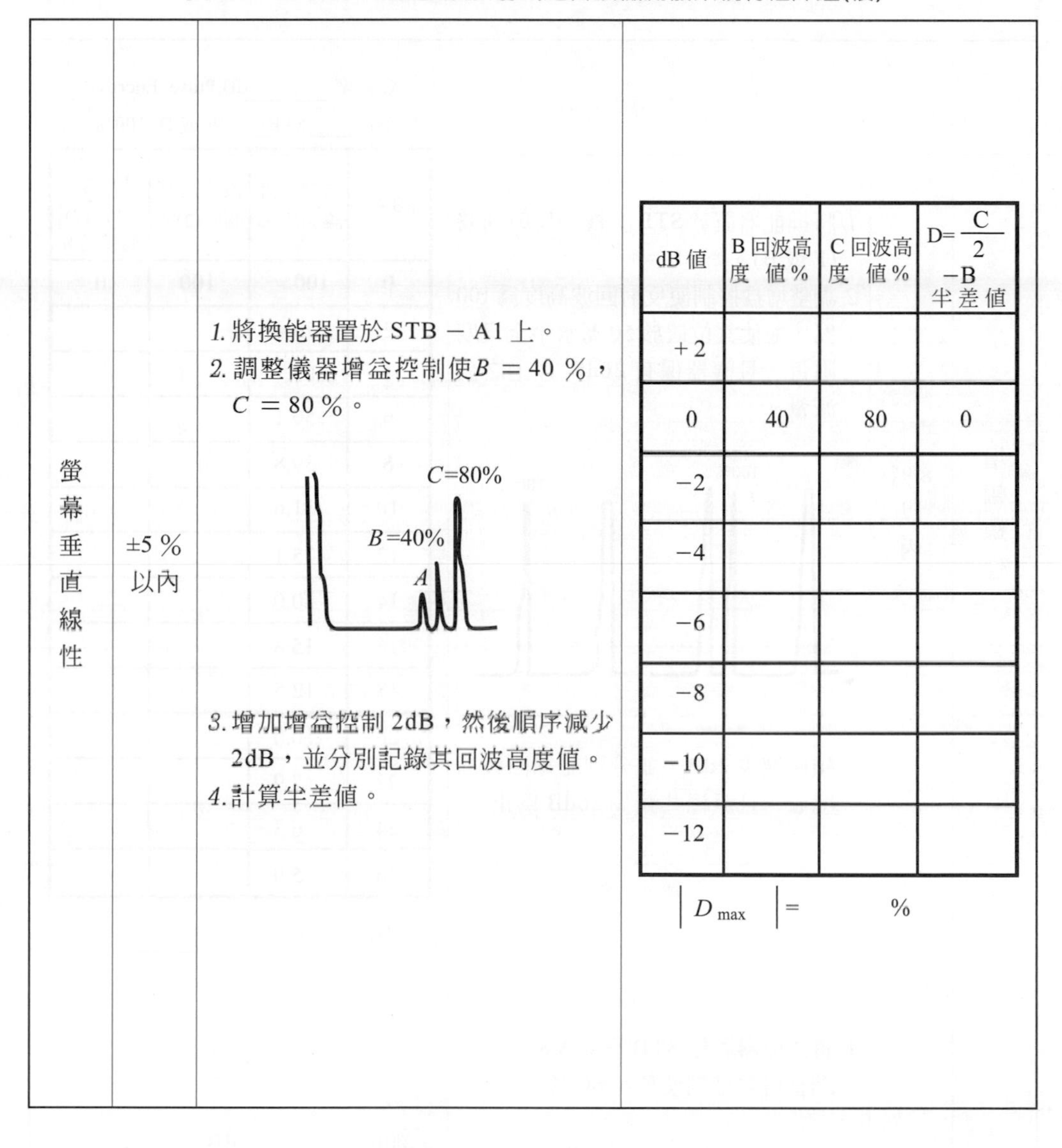

螢幕垂直線性	±5 % 以內	1. 將換能器置於 STB － A1 上。 2. 調整儀器增益控制使 $B = 40\ \%$，$C = 80\ \%$。 3. 增加增益控制 2dB，然後順序減少 2dB，並分別記錄其回波高度值。 4. 計算半差值。	(見下表)

dB 值	B 回波高度 值%	C 回波高度 值%	$D=\frac{C}{2}-B$ 半差值
+2			
0	40	80	0
−2			
−4			
−6			
−8			
−10			
−12			

$|D_{max}| =$ %

表 4-10 CNS 11224 脈波反射式超音波檢測儀系統特性評鑑(續)

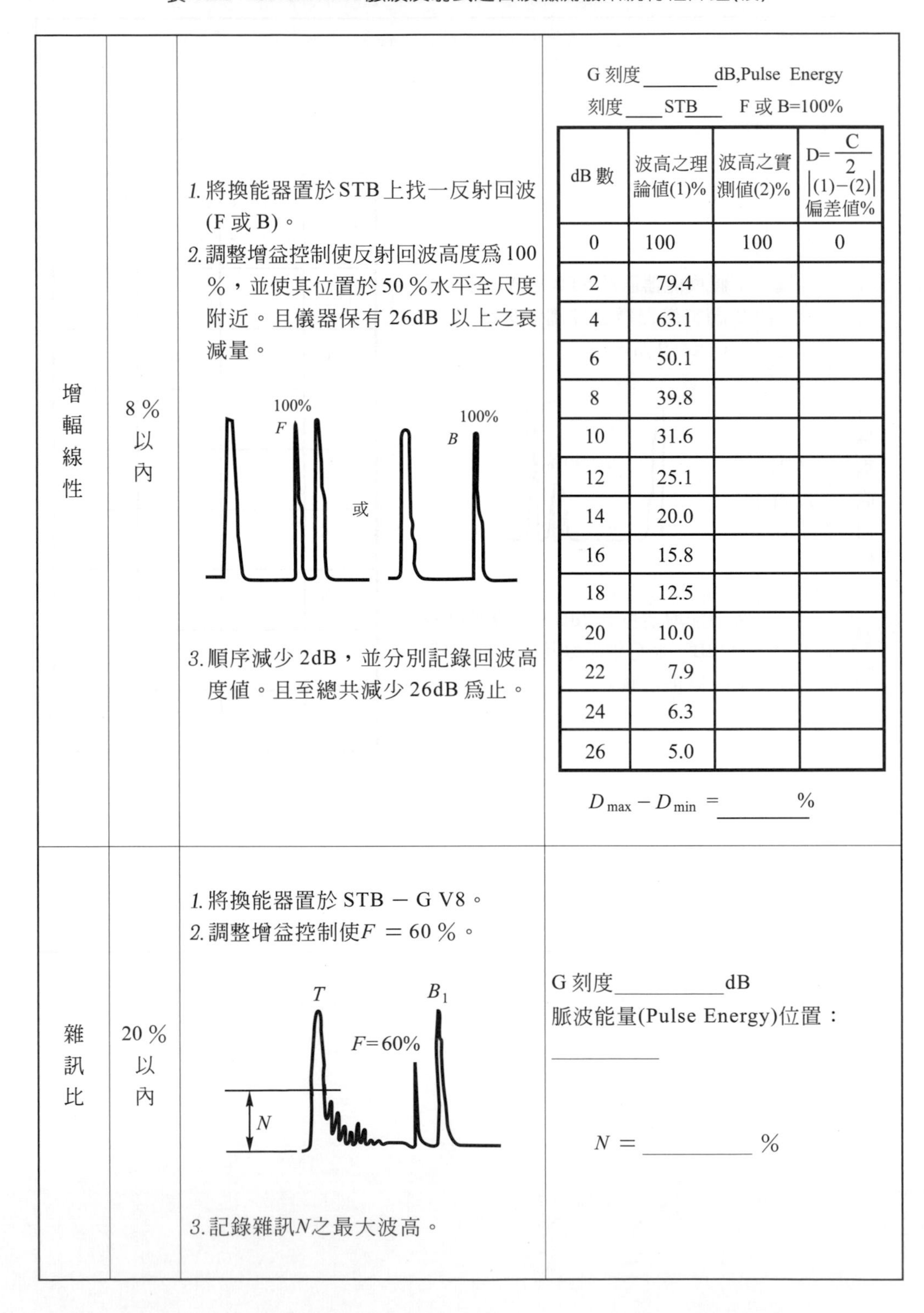

增幅線性 | 8 % 以內

1. 將換能器置於STB上找一反射回波(F 或 B)。
2. 調整增益控制使反射回波高度為100 %，並使其位置於50 %水平全尺度附近。且儀器保有 26dB 以上之衰減量。

3. 順序減少 2dB，並分別記錄回波高度值。且至總共減少 26dB 為止。

G 刻度_______dB,Pulse Energy 刻度____STB____ F 或 B=100%

dB 數	波高之理論值(1)%	波高之實測值(2)%	$D=\frac{C}{2}$ $\|(1)-(2)\|$ 偏差值%
0	100	100	0
2	79.4		
4	63.1		
6	50.1		
8	39.8		
10	31.6		
12	25.1		
14	20.0		
16	15.8		
18	12.5		
20	10.0		
22	7.9		
24	6.3		
26	5.0		

$D_{max} - D_{min}$ = _______ %

雜訊比 | 20 % 以內

1. 將換能器置於 STB － G V8。
2. 調整增益控制使F ＝ 60 %。

3. 記錄雜訊N之最大波高。

G 刻度_________dB

脈波能量(Pulse Energy)位置：_________

N ＝ _________ %

表 4-10　CNS 11224 脈波反射式超音波檢測儀系統特性評鑑(續)

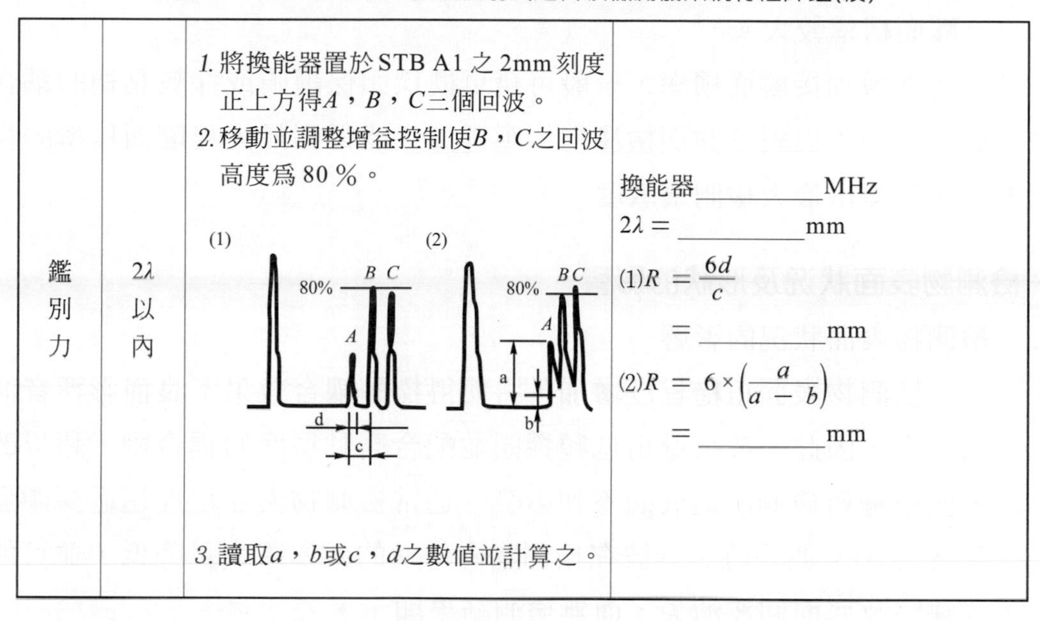

鑑別力	2λ 以內	1. 將換能器置於 STB A1 之 2mm 刻度正上方得 A，B，C 三個回波。 2. 移動並調整增益控制使 B，C 之回波高度為 80％。 (1) (2) 80% A B C a b c d 3. 讀取 a，b 或 c，d 之數值並計算之。	換能器 ______ MHz $2\lambda =$ ______ mm (1) $R = \frac{6d}{c}$ $=$ ______ mm (2) $R = 6 \times \left(\frac{a}{a-b}\right)$ $=$ ______ mm

二、探頭耦合情形的影響

1. 耦合劑

耦合劑之選用原則已如前述，檢測時若選擇不適用的耦合劑，將使得耦合效果不良而造成音波傳送效果不佳，進而影響檢測結果。

2. 接觸壓力

接觸式探頭進行檢測時，施加於探頭上之壓力不同會顯示相異的回波高度，如此將影響檢測結果的判定，因此檢測時施加於探頭上之壓力應保持穩定為原則，一般以 1kg 為宜。

3. 接觸面積

探頭與檢測物表面接觸面積之比率，稱為面積率(有效接觸面積／探頭原面積)。當面積率愈大，其檢測靈敏度愈大。一般檢測平坦表面檢測物時，其面積率幾近 100％，然對於曲面檢測物，將有下列兩種狀況影響其接觸面積率：

(1) 同一曲率檢測物，以不同大小探頭檢測時，採小探頭檢測其接觸面積率較大。

(2) 不同曲率檢測物，以相同大小探頭檢測時，檢測曲率小檢測物時其接觸面積率較大。

檢測時爲增加接觸面積率，一般可藉更換探頭保護膜或採較黏稠的耦合劑來達成此項目的；但對於曲面檢測物，應選擇以能得到最大接觸面積率的探頭爲原則，藉以獲得最大檢測靈敏度。

三、檢測物表面狀況及形狀的影響

1. 檢測物表面狀況的影響

檢測物表面粗糙程度增加，將使得探頭耦合效果不良而影響音波傳送效率，因此一般可選用低頻探頭並配合高黏稠度的耦合劑，藉以改善表面粗糙對檢測所造成的不利影響。通常檢測物表面粗度超過探頭發射音波之 1/3 波長時，音波在檢測物內傳送的效率將大爲降低，並可能造成缺陷及底面回波消失，而無檢測結果顯示。

當檢測物表面粗糙、曲率大或使用折射角超過 70°之斜束探頭時，常導致表面干擾回波的產生，檢視螢幕顯示，會發現此干擾回波隨探頭移動而左右移動，此時若以手沾機油於探頭正前方拍打，將發現回波高度消失或巨降。

2. 檢測物形狀的影響

(1) 底面形狀的影響

採用超音波脈波直束檢測法檢測，底面回波常是判定檢測結果(缺陷位置)的評估資料。當檢測物底面形狀不同時，其底面回波顯示會有明顯差異。常見幾種因檢測物底面形狀不同而形成不同顯示的結果，如圖 4-37 所示。

(2) 側面的影響

以超音波直束探頭檢測，當探頭移近檢測物側緣時，超音波因邊緣效應(Edge Effect)而使音束方向偏離側面，使得檢出檢測物側面缺陷的靈敏度變得很差，如圖 4-38 所示。此狀況若能改以斜束探頭檢測，則檢測物側緣的缺陷將容易被檢出，如圖 4-39 所示。

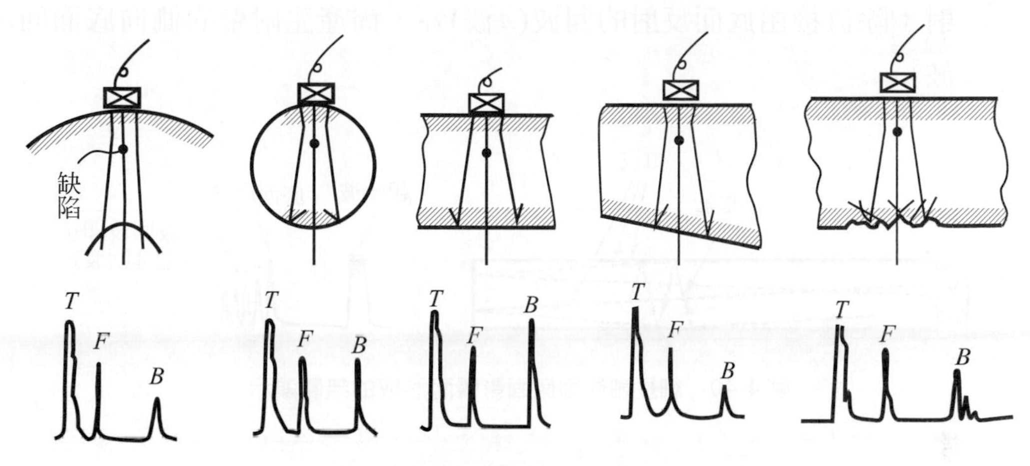

圖 4-37　檢測物底面形狀對檢測結果之影響

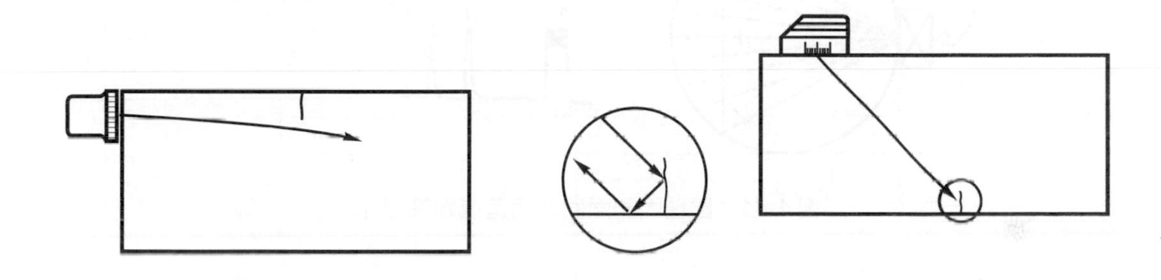

圖 4-38　超音波音束因側面影響而產生偏離現象

圖 4-39　斜束檢測側面缺陷之情形

以超音波直束檢測細長的試件時，探頭發射超音波縱波除直接碰觸底面而形成回波顯示外，往往有部分縱波音束會碰觸檢測物側面而轉換爲橫波。此分支橫波音速較慢，且因角度影響射束路徑距離的關係，因此會遲延一段時間顯示而形成遲延回波(Delay Echo)，如圖 4-40 所示。此遲延回波爲無關顯示(非缺陷顯示)，會干擾檢測結果顯示，在評估缺陷時應特別留意。此檢測狀況若能改以較大探頭檢測，則無關顯示會消失而更有利於檢測結果的判定。

由檢測物側面造成無關顯示的干擾回波，另見於直束檢測圓柱試材，如圖 4-41 所示。由於探頭與檢測物曲面不能完全密合接觸，使得二者間接觸面積遠較探頭實際面積小，所以射束角增大而造成三角反射；除直接由底面反射的回波(A波)外，尚產生附帶的側向底面回波(B波)。

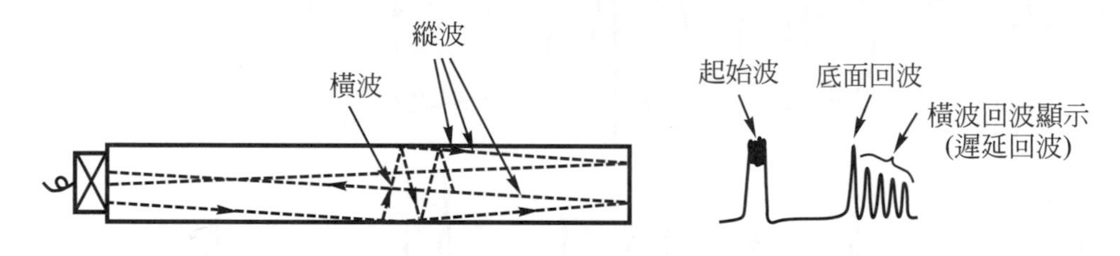

圖 4-40　細長軸件因側面影響而形成的無關顯示

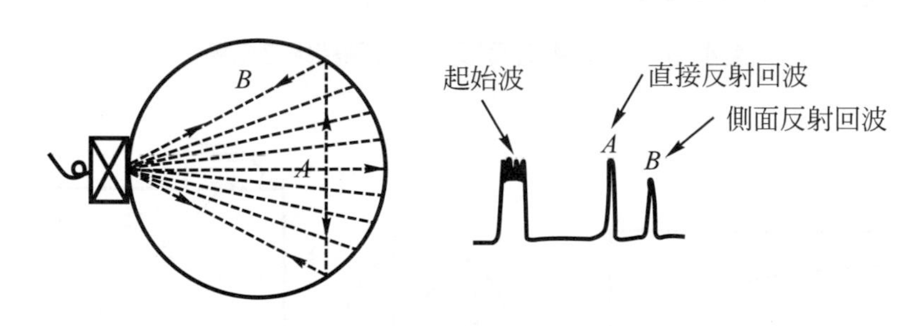

圖 4-41　圓柱因側面回波而造成無關顯示

四、金相組織的影響

金相組織對超音波檢測結果的影響較爲複雜，一般在實際檢測作業上，以結晶顆粒對超音波造成的衰減作用較受重視。對於等向性材料(Isotropic Materials)，結晶顆粒並非造成音波衰減的因素；但對於非等向性材料(Anisotropic Materials)，當超音波傳送進入材料內部時，任一顆晶粒即成爲音波的散射源，晶粒愈大，晶界方向性愈強烈，使得音波散射程度愈大而增加衰減程度。爲改善試材因結晶顆粒粗大而造成音波衰減的影響，部分鋼材可藉合適的熱處理加以改進。圖 4-42 所示爲鑄鋼以正常化熱處理細化晶粒後，以超音波直束檢測此試件在熱處理前後音波改變的情形。圖中顯示，正常化熱處理後試材，因晶粒細化，使得音波傳送衰減甚小，呈現明顯的底面回波顯示。反之，原試材因結晶顆粒粗大，音波衰減程度嚴重，以致無明顯的底面回波顯示。

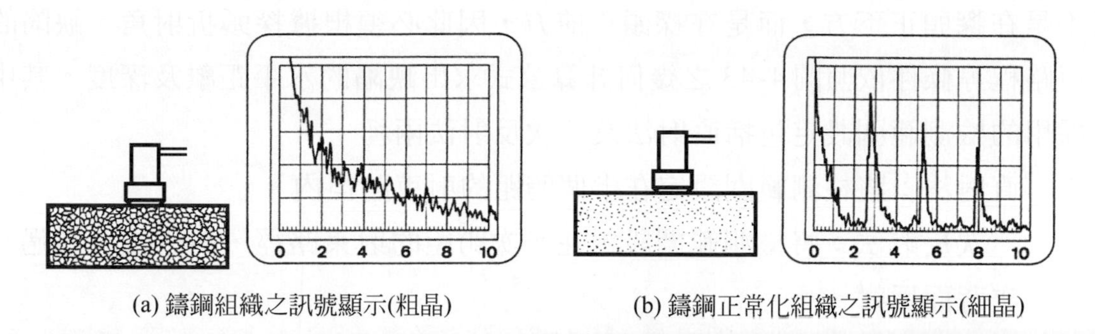

(a) 鑄鋼組織之訊號顯示(粗晶)　(b) 鑄鋼正常化組織之訊號顯示(細晶)

圖 4-42　金相組織對超音波檢測之影響

4.4-9　顯示的判讀

超音波檢測儀器的操作是一項簡易的工作，但對於缺陷顯示的確認及判定，檢測人員除應具備基本原理知識外，尚應熟悉檢測物製造過程、冶金特性並輔以豐富經驗，方能正確判讀。

一、缺陷顯示的確認

如前節所述，超音波檢測作業常因探頭耦合情形、檢測物表面狀況、幾何形狀及金相組織等因素的影響，而造成底面回波巨降或消失、產生遲延回波、表面干擾回波或雜訊回波等非缺陷顯示。因此超音檢測人員須將這些非缺陷造成的無關顯示充分釐清，如此才能正確判讀缺陷顯示。

二、缺陷種類的判定

檢測物因本身材質特性或製造方法不同的影響，而產生各種形式的缺陷。這些缺陷因形狀及方向性不同，當被檢出時其波形顯示有所不同，因此可依此判斷出為何種缺陷。由於缺陷種類判斷常須具有相當經驗，因此以下例舉超音波檢測常見缺陷種類的檢測結果顯示，如表 4-11 所示。

三、缺陷位置及大小的判定

缺陷位置的判定，若採直束檢測法，可根據檢測設定範圍內音波所在位置的距離，直接往探頭入射面中心點之正下方量取；若以斜束檢測法檢測，因缺陷不是在探頭正下方，而是在探頭正前方，因此必須根據探頭折射角、缺陷的射束路程等條件依照圖 4-43 之幾何計算公式求出缺陷的水平距離及深度。其中常採用的檢測範圍設定包括直射法及一次反射法兩種。

1. 直射法：將檢測範圍設定在半個跨距的射束路徑內。
2. 一次反射法：將檢測範圍設定在一次跨距的射束路徑，斜束波會經過一次背面反射。

缺陷大小的判定方法有很多種，但較簡易的方法係採用DAC曲線，當檢測的缺陷回波達到此 DAC 曲線時，不論其距離爲何均可視爲與設定 DAC 曲線時之人工缺陷相同大小。

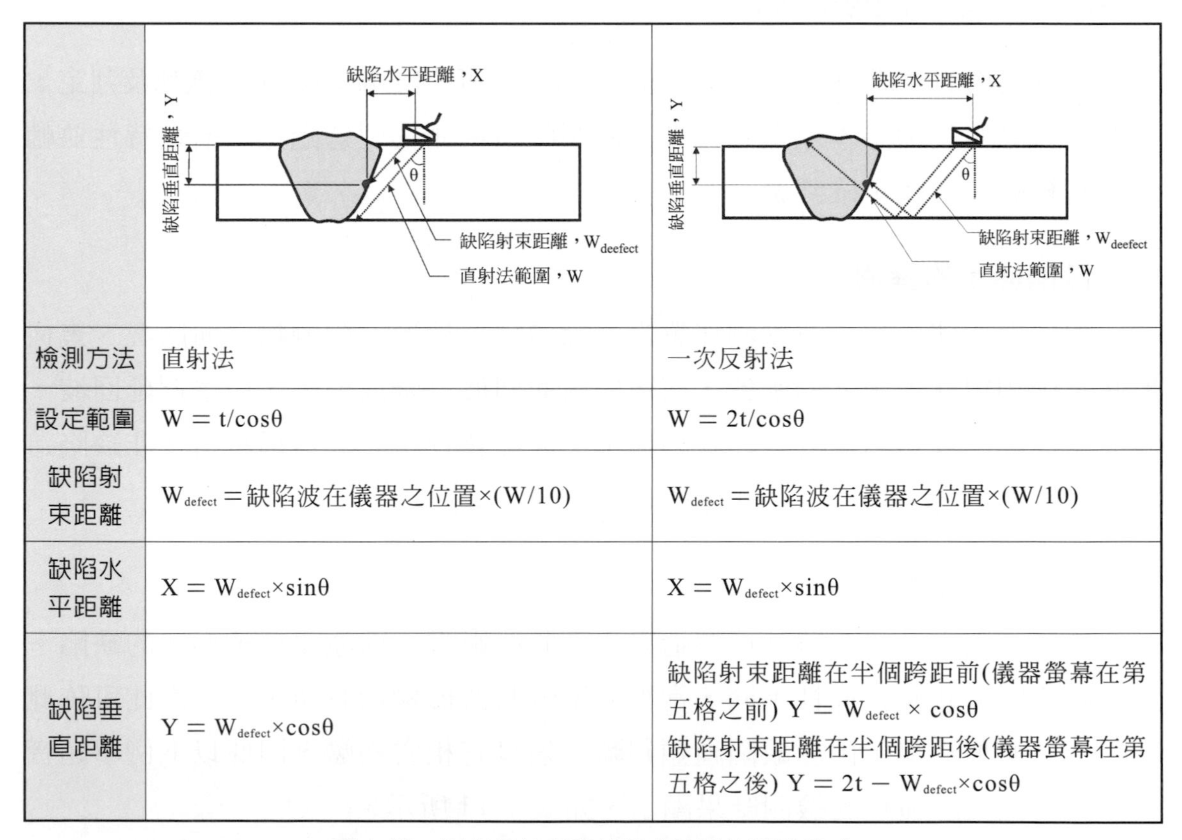

檢測方法	直射法	一次反射法
設定範圍	$W = t/\cos\theta$	$W = 2t/\cos\theta$
缺陷射束距離	W_{defect} ＝缺陷波在儀器之位置×(W/10)	W_{defect} ＝缺陷波在儀器之位置×(W/10)
缺陷水平距離	$X = W_{defect} \times \sin\theta$	$X = W_{defect} \times \sin\theta$
缺陷垂直距離	$Y = W_{defect} \times \cos\theta$	缺陷射束距離在半個跨距前(儀器螢幕在第五格之前) $Y = W_{defect} \times \cos\theta$ 缺陷射束距離在半個跨距後(儀器螢幕在第五格之後) $Y = 2t - W_{defect} \times \cos\theta$

圖 4-43　以超音波斜束檢測求缺陷位置計算式

表 4-11　超音波檢測常見缺陷種類的檢測結果顯示

檢測方法	缺陷種類	檢測圖例	結果顯示 (示意圖)
直束檢測	非金屬介在物	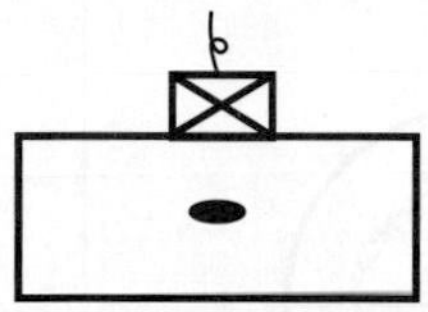	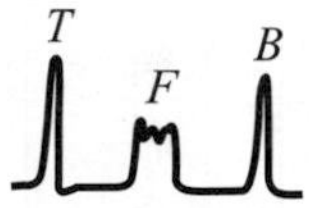
	裂縫	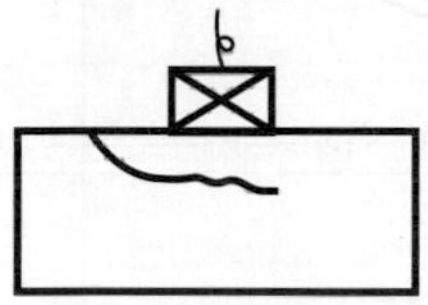	
	鍛裂	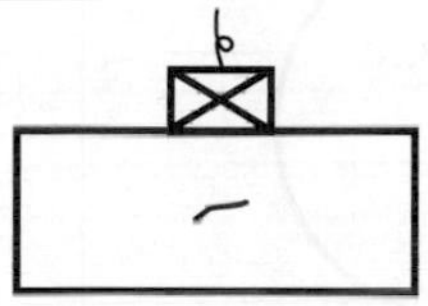	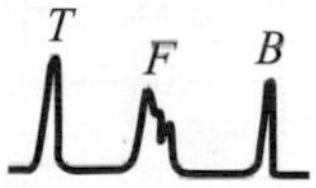
	片狀石墨		
	中心鍛造缺陷	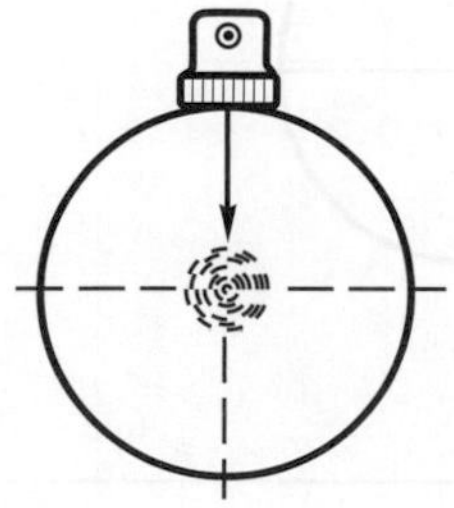	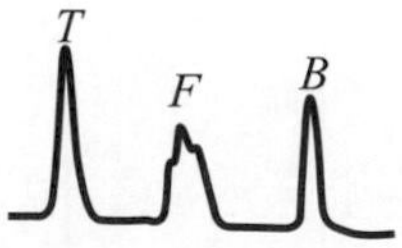

表 4-11 超音波檢測常見缺陷種類的檢測結果顯示(續)

檢測方法	缺陷種類	檢測圖例	結果顯示 (示意圖)
直束檢測	環形介在物	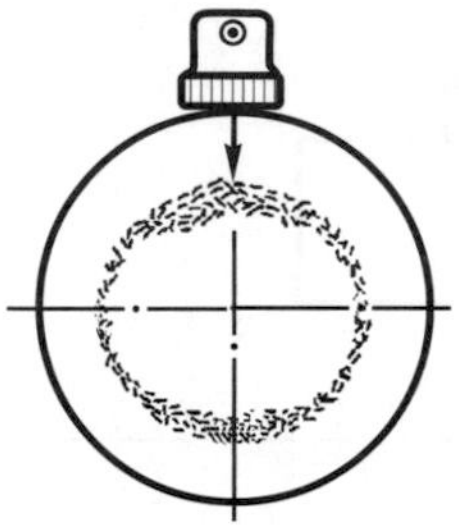	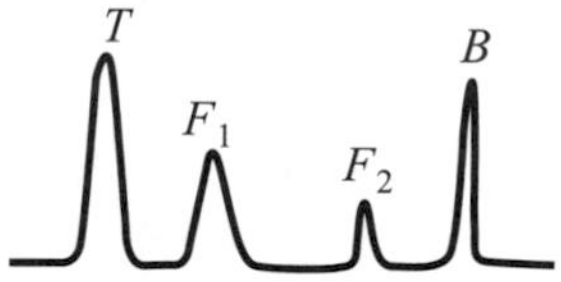 T F1 F2 B
	含渣	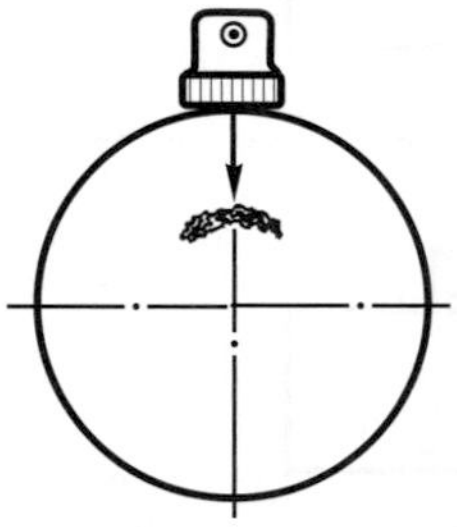	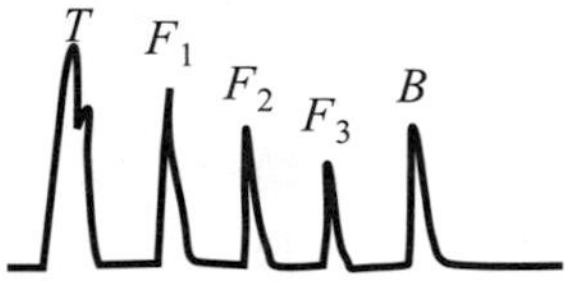 T F1 F2 F3 B
	縮孔	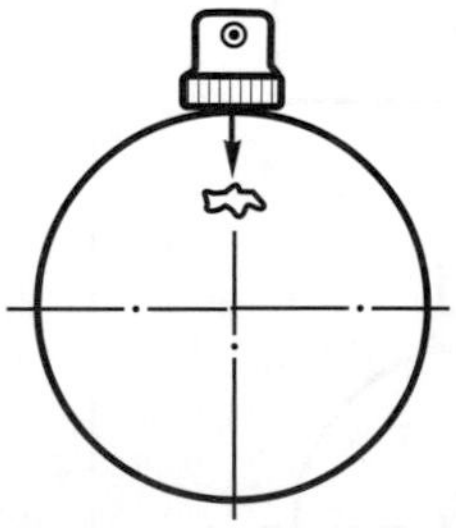	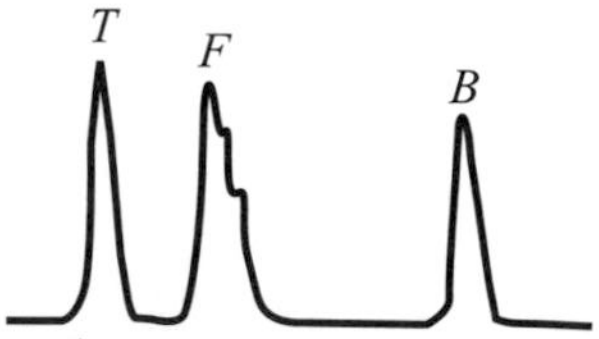 T F B

表 4-11　超音波檢測常見缺陷種類的檢測結果顯示(續)

檢測方法	缺陷種類	檢測圖例	結果顯示 (示意圖)
斜束檢測	銲道根部	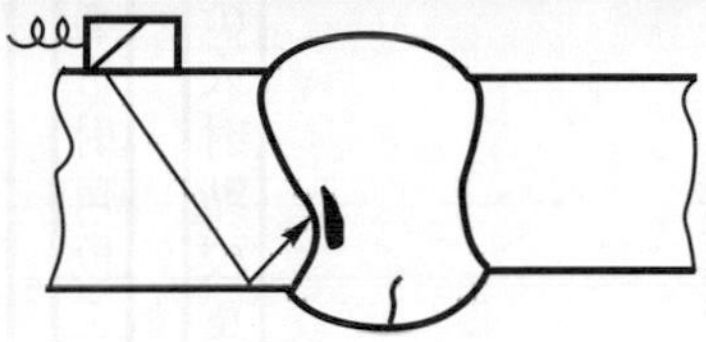	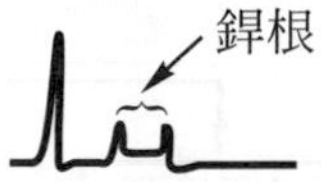 銲根
	銲道中心根部缺陷		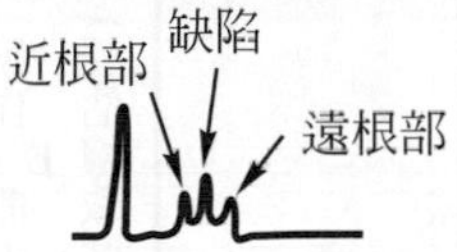 近根部 缺陷 遠根部
	銲縫處缺陷		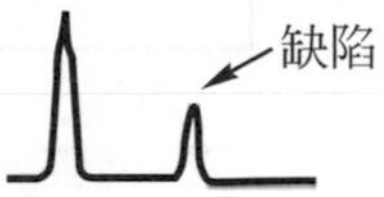 缺陷

4.5 實驗方法及步驟

1. 確認使用規範。
2. 瞭解檢測物特性：如材質、尺寸、形狀、製程、熱處理方式及表面狀況等。
3. 選定檢測時機：視檢測需要於成形後、熱處理前(後)、修補前(後)、熔接後……等執行檢測作業，一般詳細規定載於檢測程序書中。
4. 依圖 4-44 所示超音波檢測流程圖檢測。

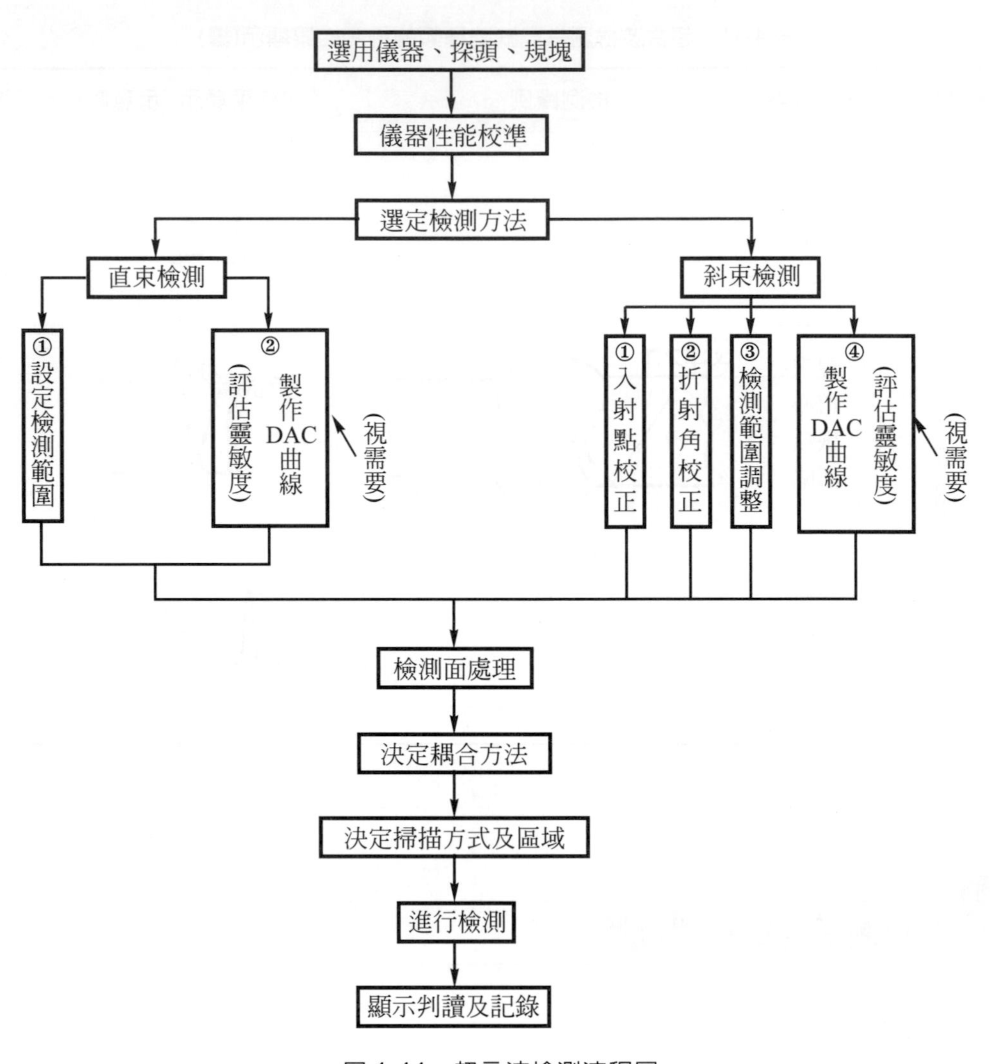

圖 4-44　超音波檢測流程圖

一、選用儀器、探頭及規塊

1. 儀器選用：超音波檢測儀一般以脈波反射式最為常用，其廠牌種類眾多，選擇時應以儀器是否操作簡單、穩定度高及各項功能均能符合檢測需要為原則。
2. 探頭選擇：依據 4.4-7 節探頭選擇原則視檢測物特性，選擇適當型式、大小及頻率的探頭。依據此探頭選擇原則，當以直束或斜束檢測鋼板時，其探頭選擇建議如表 4-12 及表 4-13 所示。

表 4-12　檢測鋼板之直束探頭選用參考表

鋼板厚(mm)	探頭頻率	探頭直徑
6～13	雙晶 5MHz	－
13～20	5MHz	20～25
20～40	5MHz	20～25
40～60	2MHz(2.25MHz)	20～25
60～100	2MHz(2.25MHz)	20～25
100～160	2MHz(2.25MHz)	20～25

表 4-13　檢測鋼板之斜束探頭選用參考表

鋼板厚度(mm)	折射角	尺寸	頻率(MHz)
6～12	70°	8×9	4(或 5)
12～40	70°或 60°	8×9 至 20×25	2(或 2.25)，4(或 5)
40～60	60°	8×9 至 20×25	2(或 2.25)，4(或 5)
60 以上	45°	20×25	2(或 2.25)

3. 規塊選擇：依檢測物特性選擇適當的標準及比較規塊，直束檢測常用STB A-1、CNS STB-G標準規塊及D型比較規塊；而斜束常用STB A-1標準規塊、H.D.ROMPAS及ASTM T533比較規塊。

二、儀器性能校準

依據表4-10 CNS 11224 脈波反射式超音波檢測儀系統特性評鑑表校準，項目包含螢幕水平及垂直線性、增益控制線性、雜訊比及鑑別力等。

三、選擇檢測方法

依據4.4-6節超音波檢測方法要點視檢測物特性選擇直束、斜束、雙晶或浸液檢測法等。

四、檢測前儀器的調整及設定

主要作檢測範圍調整、歸零校正及靈敏度設定等項目，直束及斜束檢測之設定項目及調整過程，說明如下：(靈敏度設定僅介紹 DAC 曲線製作，其他方法詳見第 4.4-7 節靈敏度設定)

1. 直束檢測

(1) 設定檢測範圍：即水平全尺度之設定，其操作步驟如下：

① 將 STB A-1 規塊之入射面，塗上耦合劑並使探頭平穩置於其上。

② 利用範圍粗調鈕轉至所欲檢測距離之位置，如 10mm、50mm、250mm、1m 等。其選定距離應大於或等於檢測物之厚度或直徑。

③ 利用增益鈕調整第一回波高度約 80 %垂直全尺度。

④ 利用範圍微調鈕及脈波延遲鈕交互調整，使回波在所欲設定範圍之比例位置上，且在螢幕範圍內至少應有兩個回波。

依以上操作步驟調整檢測範圍，列舉實例如表 4-14 所示。

表 4-14　直束檢測範圍調整實例

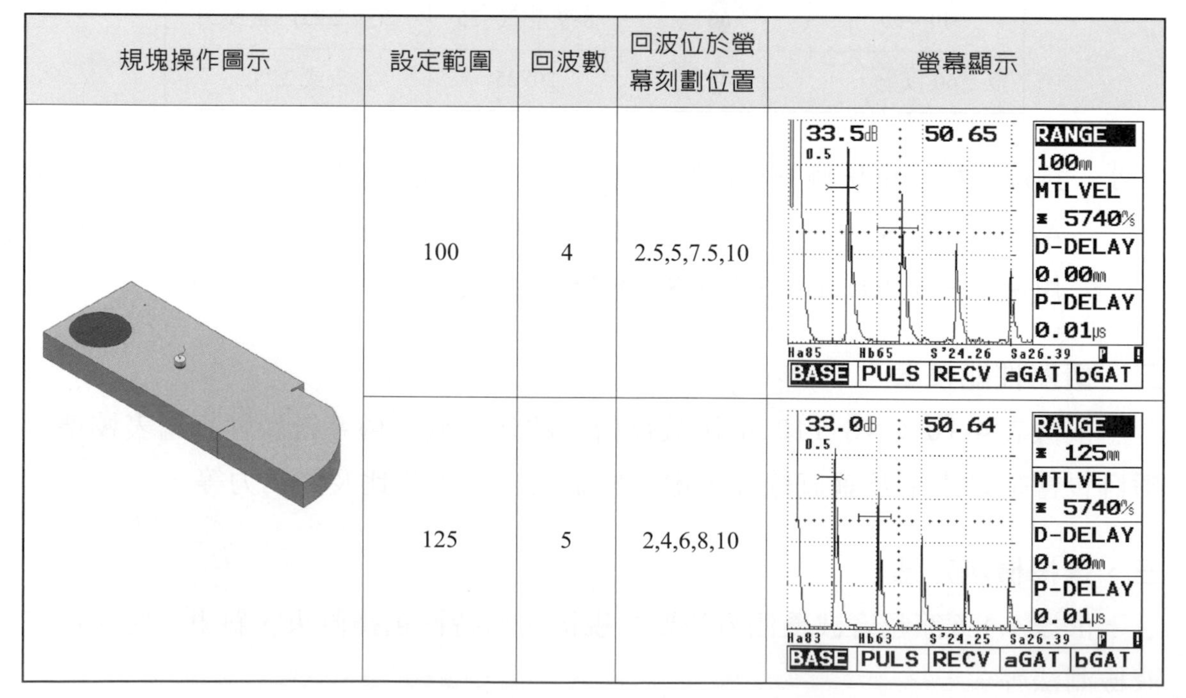

規塊操作圖示	設定範圍	回波數	回波位於螢幕刻劃位置	螢幕顯示
	100	4	2.5,5,7.5,10	33.5dB 50.65 0.5 RANGE 100mm MTLVEL 5740m/s D-DELAY 0.00mm P-DELAY 0.01μs Ha85 Hb65 S'24.26 Sa26.39 BASE PULS RECV aGAT bGAT
	125	5	2,4,6,8,10	33.0dB 50.64 0.5 RANGE 125mm MTLVEL 5740m/s D-DELAY 0.00mm P-DELAY 0.01μs Ha83 Hb63 S'24.25 Sa26.39 BASE PULS RECV aGAT bGAT

表 4-14　直束檢測範圍調整實例(續)

規塊操作圖示	設定範圍	回波數	回波位於螢幕刻劃位置	螢幕顯示
	200	2	5,10	34.0dB 40.00 0.5 RANGE 200mm MTLVEL 5740m/s D-DELAY 0.00mm P-DELAY 0.01µs Ha1 Hb1 S'22.00 Sa18.00 BASE PULS RECV aGAT bGAT
	250	2	4,8	38.0dB 42.24 0.5 RANGE 250mm MTLVEL 5740m/s D-DELAY 0.00mm P-DELAY 0.01µs Ha1 Hb2 S'24.24 Sa18.00 BASE PULS RECV aGAT bGAT

⑵ 製作距離振幅曲線(DAC)：視檢測需要加以製作，主要用以評估檢測靈敏度，其製作係採一可容納許多大小相同但距檢測面深度不同之人工缺陷規塊爲設定的依據。以圖 4-45 之人工缺陷規塊爲例，製作DAC曲線之步驟如下：

① 將儀器雜訊消除鈕置於 OFF 狀態。

② 移動探頭找出圖 4-45(a)位置 1.2.3 中之人工缺陷回波最高者。

③ 將回波最高者，利用增益控制鈕調至 80±5 %之垂直全尺度，並將波峰標記在螢幕面板上。

④ 不改變儀器任何控制鈕，找到其他位置人工缺陷之最高波，並將各波峰標記在螢幕面板上。

⑤ 三點標記連成之平滑曲線即爲DAC 曲線之基本位準，於此降低 12dB 作爲記錄位準(高於此位準訊號須加以記錄)，如圖 4-45(b)所示。

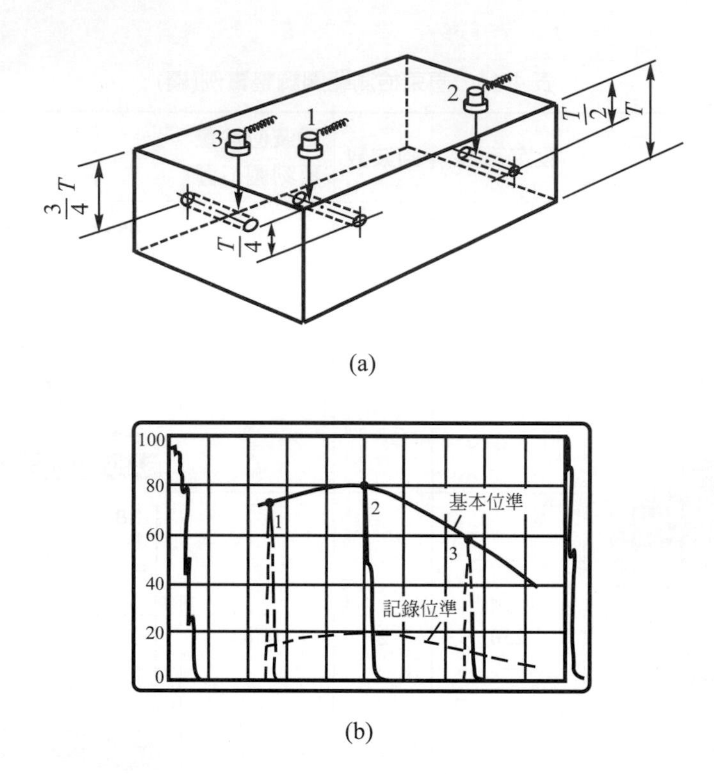

圖 4-45　直束法 DAC 曲線校準位置圖

2. 斜束檢測

(1) 入射點校正：斜束探頭之楔形塊因與檢測面經常接觸而發生磨耗，因此標記之入射點在檢測前應加以校正。校正時可利用探頭射束方向指向 STB A-1 規塊 100R 弧面或 H.D.ROMPAS 規塊 25R 弧面，在探頭平移過程中，可得最大回波訊號，此時規塊刻痕所對準之探頭側緣刻度，即是正確之入射點，應加以標記之，如圖 4-46 所示。

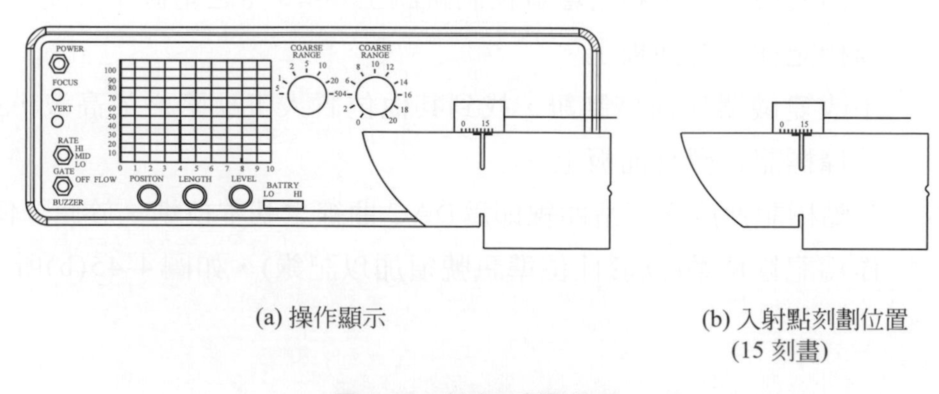

圖 4-46　斜束入射點校正

⑵ 折射角校正：探頭經久使用後其折射角如入射點一般會發生改變，因此檢測前須加以校正。操作方法與入射點相似，首先依探頭角度對照規塊上所標示之角度，再使探頭射束方向對準50ϕ孔(STB A-1) 或5ϕ孔(H.D.ROMPAS)左右滑動，當獲得最大回波時，探頭標記入射點對應在規塊側緣之角度，即爲正確折射角，如圖4-47所示。

⑶ 設定檢測範圍：即水平全尺度設定，其操作步驟如下：

① 直射法及一次反射法，依圖4-43設定範圍公式計算求出射束路程，取較大或相近之距離爲調整之檢測範圍，如50mm、100mm、125mm、200mm、250mm、400mm及500mm等，以方便讀取。

② 利用範圍粗調鈕，轉至先前選定之檢測範圍。

③ 取STB A-1規塊或H.D.ROMPAS規塊，於入射面塗上耦合劑，並使探頭穩定貼於其上。

④ 探頭入射點對準規塊0.5mm刻痕並使射束指向弧面，然後利用增益鈕調整第一次回波高度約80％垂直全尺度。

⑤ 利用範圍微調鈕及脈波延遲鈕交互調整，使回波位於欲調整檢測範圍之適當比例位置上。

依以上操作步驟調整檢測範圍，列舉實例如表4-15所示。

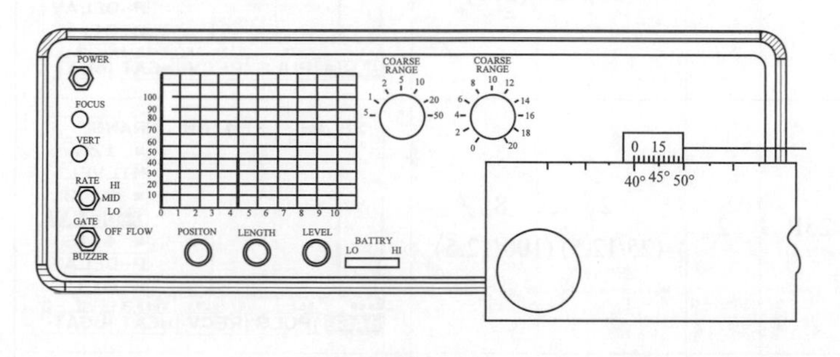

(a) 操作顯示

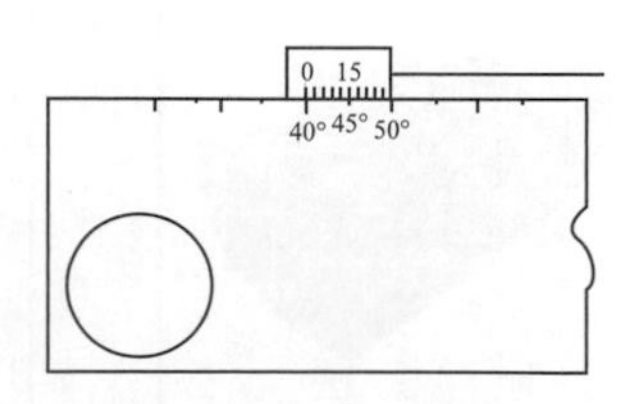

(b) 折射角刻劃位置(45°)

圖4-47　斜束折射角校正

表 4-15　斜束檢測範圍調整實例

規塊操作圖示	設定範圍	射束指向	回波數	回波位於刻劃位置	螢幕顯示
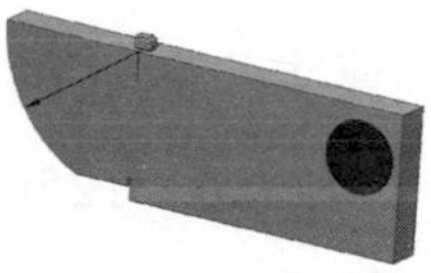	200	100R	2	5,10	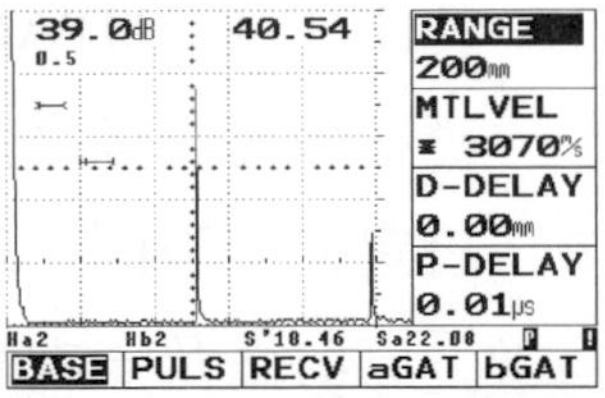 39.0dB 40.54 0.5 RANGE 200mm MTLVEL 3070m/s D-DELAY 0.00mm P-DELAY 0.01μs Ha2 Hb2 S'18.46 Sa22.08 BASE PULS RECV aGAT bGAT
	250	100R	2	4,8	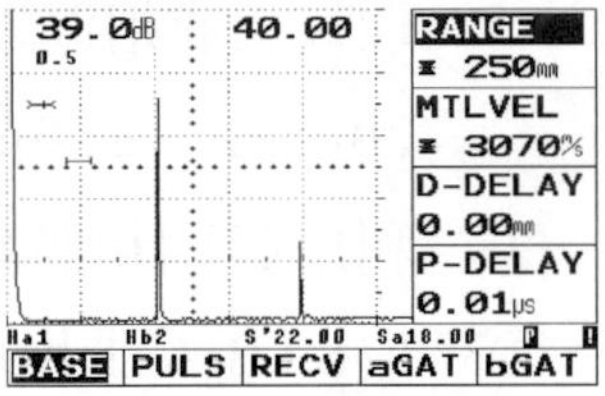 39.0dB 40.00 0.5 RANGE 250mm MTLVEL 3070m/s D-DELAY 0.00mm P-DELAY 0.01μs Ha1 Hb2 S'22.00 Sa10.00 BASE PULS RECV aGAT bGAT
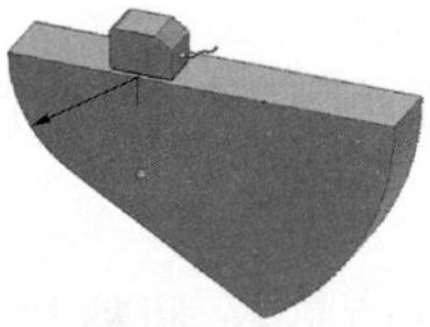	250	25R	4	1　,4　,7　,10 (25),(100),(175),(250)	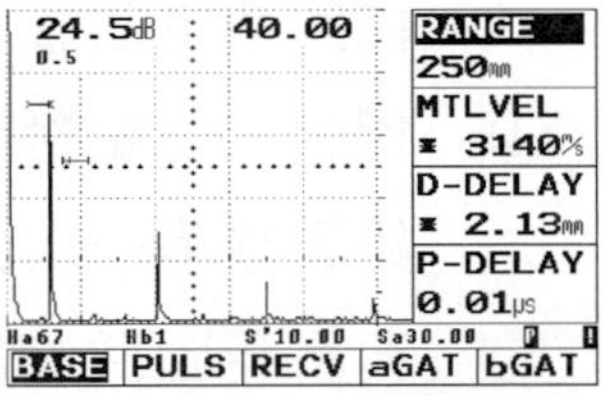 24.5dB 40.00 0.5 RANGE 250mm MTLVEL 3140m/s D-DELAY 2.13mm P-DELAY 0.01μs Ha67 Hb1 S'10.00 Sa30.00 BASE PULS RECV aGAT bGAT
		50R	3	2　,5　,8 (50)(125)(200)	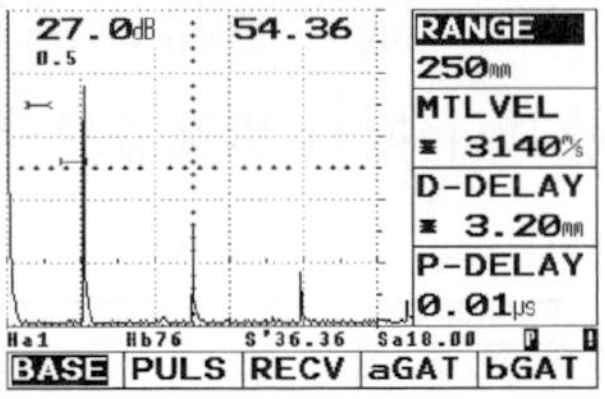 27.0dB 54.36 0.5 RANGE 250mm MTLVEL 3140m/s D-DELAY 3.20mm P-DELAY 0.01μs Ha1 Hb76 S'36.36 Sa10.00 BASE PULS RECV aGAT bGAT
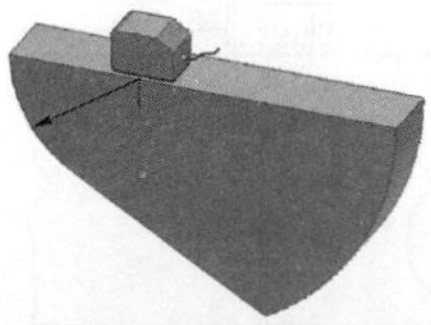	125	25R	2	2　,　8 (25/12.5) (100/12.5)	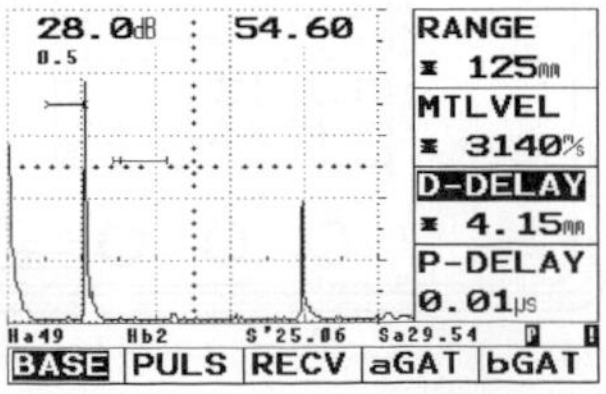 28.0dB 54.60 0.5 RANGE 125mm MTLVEL 3140m/s D-DELAY 4.15mm P-DELAY 0.01μs Ha49 Hb2 S'25.06 Sa29.54 BASE PULS RECV aGAT bGAT
		50R	2	4　,　10 (50/12.5)　(125/12.5)	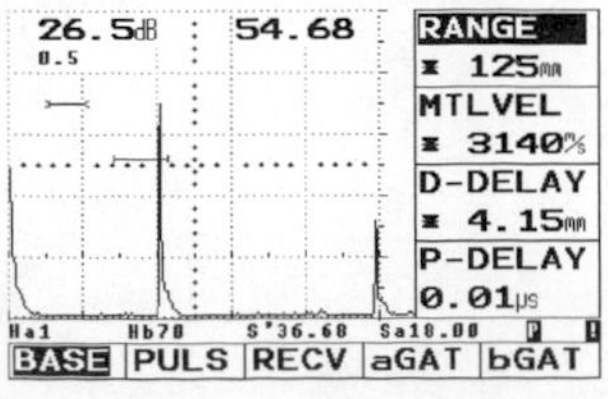 26.5dB 54.68 0.5 RANGE 125mm MTLVEL 3140m/s D-DELAY 4.15mm P-DELAY 0.01μs Ha1 Hb70 S'36.60 Sa10.00 BASE PULS RECV aGAT bGAT

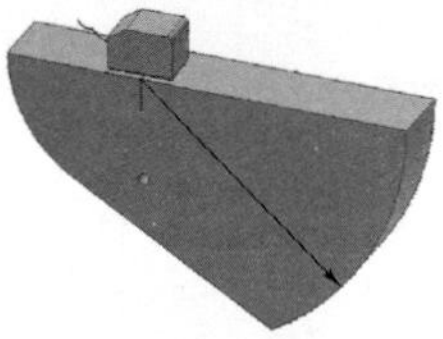

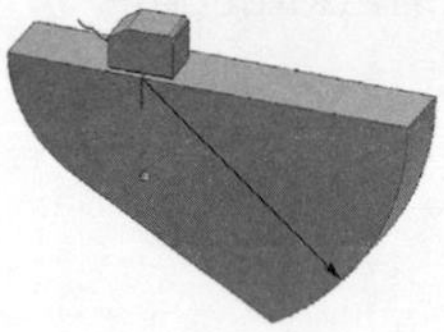

(4) 製作DAC曲線：斜束DAC曲線製作步驟與直束相同，如圖4-48所示。

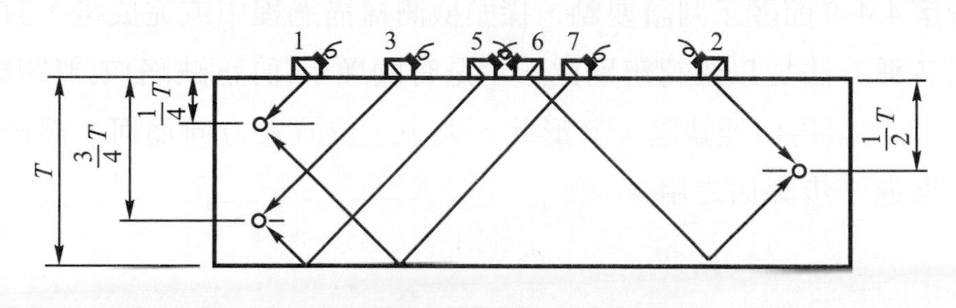

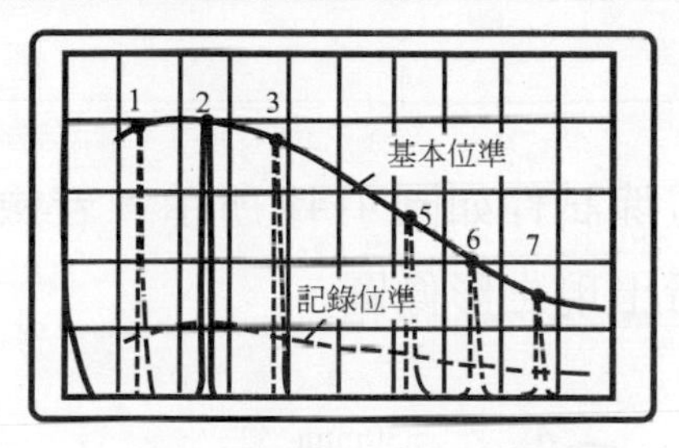

圖4-48 斜束法DAC曲線校準位置圖

五、檢測面處理

檢測面上有任何妨礙探頭掃描或音波傳送之物質應加以去除，如銹皮、毛邊、塗料、異物附著、表面過於粗糙等均是。

六、決定耦合方法

視第一項選定的檢測方法為浸液式或接觸式檢測法，依第4.4-6節耦合方法及第4.4-7節耦合劑選擇要點決定適合的耦合劑。一般浸液式檢測採水耦合劑即可，而接觸式檢測須視檢測物形狀及表面狀況選擇適當耦合劑，對於表面光平之檢測物，以機油即可，否則須採較黏稠的耦合劑，如漿糊、黃油等。

七、決定掃描方式及區域

依據第4.4-7節中掃描方式、範圍及速率選擇要點決定之。

八、進行檢測

耦合後於檢測物面上之選定區域範圍內進行掃描檢測。

九、顯示判讀及記錄

參考第4.4-9節顯示判讀要點，探頭檢測掃描過程中或完成後，對可疑的顯示應利用各種方法加以確認辨別此顯示是有關顯示(眞正缺陷)或無關顯示(非缺陷顯示)，並判讀爲何種缺陷，其形狀、大小、位置及方向爲何，然後再加以記錄，以作爲進一步評估之用。

4.6 檢測實例

1. 以直束探頭檢測方塊試件如圖4-49所示，若檢測範圍調整爲100mm，試繪出在螢幕上所出現之影像圖。

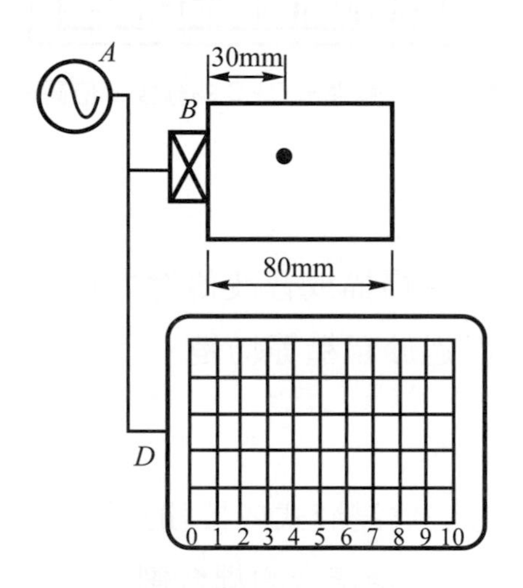

圖4-49 直束檢測實例

解：

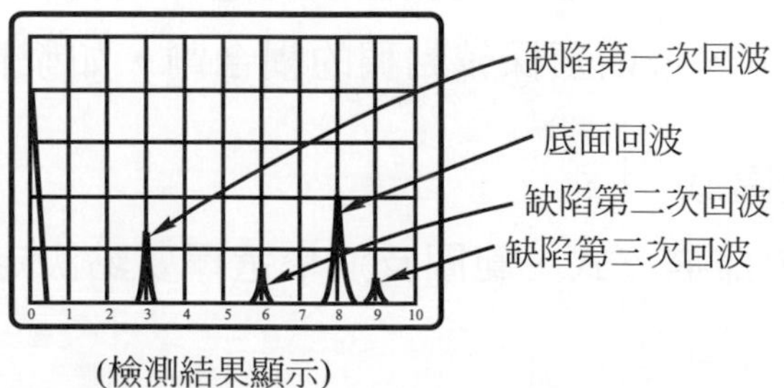

(檢測結果顯示)

2. 承上題，若螢幕範圍由100mm改成200mm，並且靈敏度適當增加之狀況下，試繪出在螢幕上所出現之影像圖。

解：

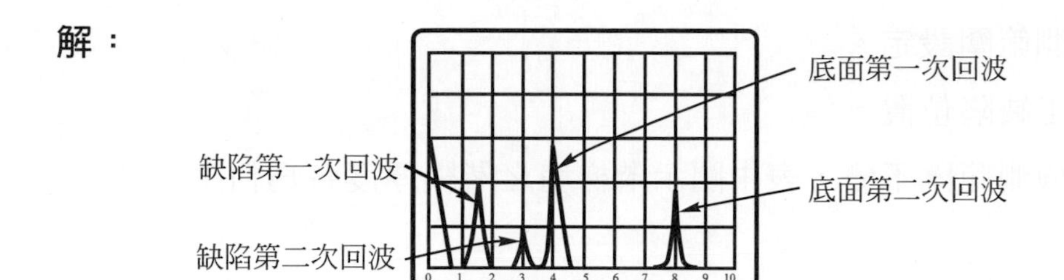

(檢測結果顯示)

3. 如圖 4-50 所示，利用折射角 45°之斜束探頭檢測銲道，若板厚 43mm，以一次反射法檢測，則①檢測範圍應設定多少較爲恰當？②利用 H.D. ROMPAS規塊設定檢測範圍，請繪出螢幕上所出現之影像圖？③銲道檢測結果，缺陷回波位於螢幕第七格，試求出缺陷位置？

解：① $W = 2t/\cos\theta = 2\times43/\cos45° = 121.6$

故取 125mm 爲檢測範圍

②檢測範圍設定請參閱表 4-15

③附圖 4-50 中缺陷回波位於第 7 格，即射束距離 W_{defect} 爲 87.5($7\times12.5=87.5$)

* 缺陷距探頭入射點之水平距離

$X = W_{defect}\sin\theta = 87.5\times\sin45° = 61.8$(mm)

* 缺陷深度 $d = 2t - W_{defect}\cdot\cos\theta = 2\times43 - 87.5\times\cos45°$

$= 24.2$(mm)

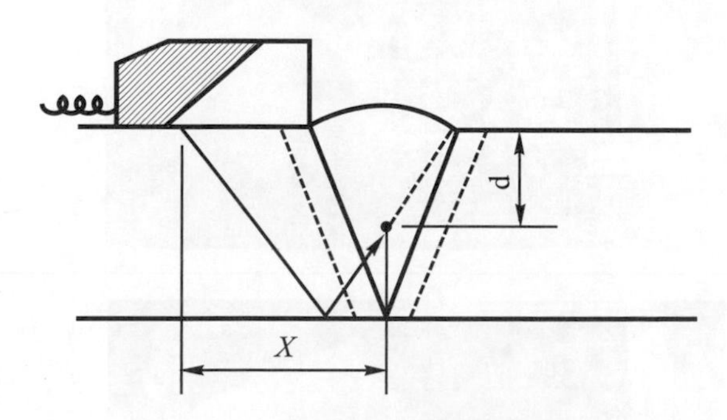

圖 4-50 超音波斜束檢測實例

4. 爲評估鋼材內部缺陷檢測靈敏度，以相同材質寬度爲 100mm之鋼板，於不同深度位置製作側鑽孔做爲人工缺陷規塊，以直束檢測，試說明下列諸項之檢測結果。

(1) 檢測範圍設定。

(2) 人工缺陷位置。

(3) 若檢測範圍不變，表中圖示階梯塊之階級厚度各為何？

解：

①檢測範圍調整	檢測範圍(100mm)	參考表 4-14
②缺陷檢測	檢測圖示	缺陷位置(或厚度)
		距檢測面深度 5.3×10=53(mm)
		距檢測面深度 2.2×10=22(mm)
③測厚	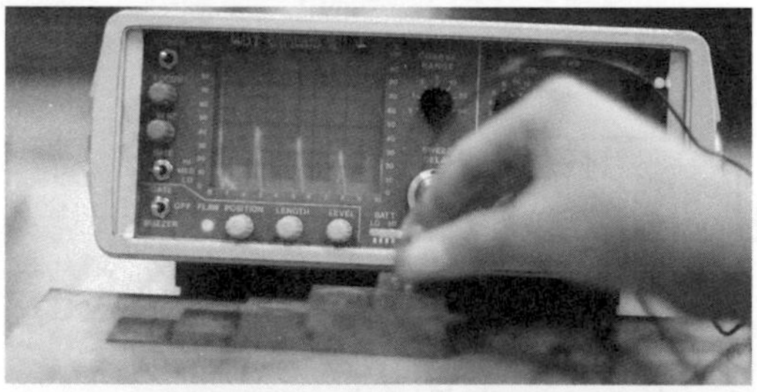	厚度 2.5×10=25(mm)
		厚度 2.0×10=20(mm)

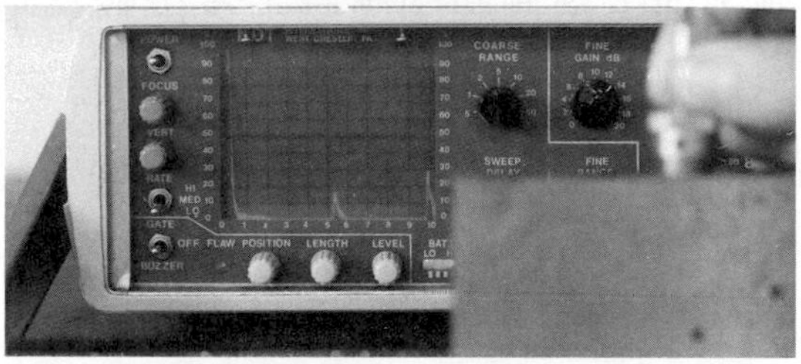

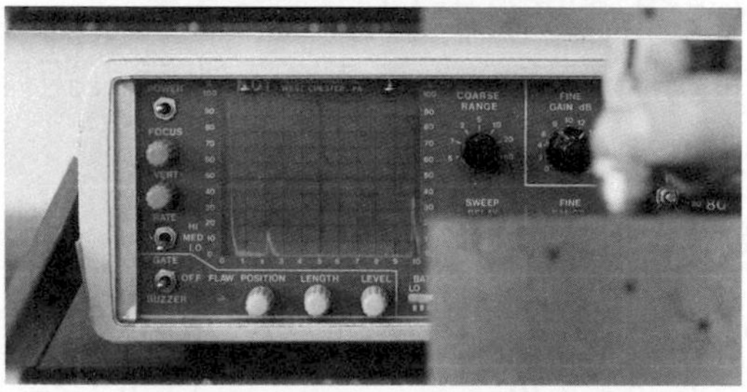

5. 以斜束探頭(4MHz，70°)檢測 10mm 厚鋼板銲道缺陷之標準試片，試說明下列諸項之檢測結果。
   (1) 檢測範圍設定。
   (2) 人工缺陷顯示及位置。

解：

①檢測範圍調整	檢測範圍		25mm
②缺陷檢測	缺陷種類	檢測圖示	缺陷位置
	熔合不良	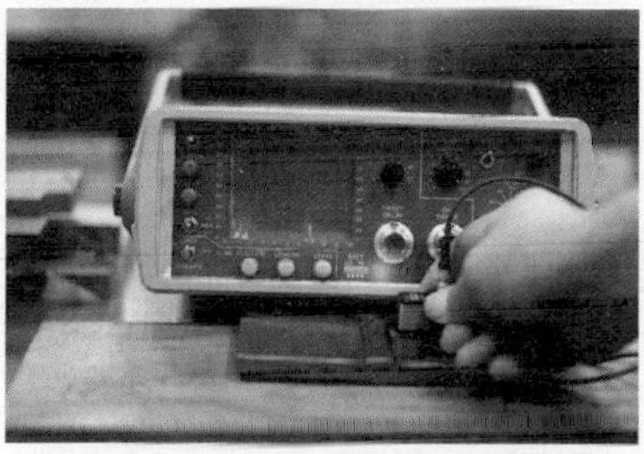	*距探頭入射點水平位置 $=2.5\times 7\times \sin 70°$ $=16.4(mm)$ *深度 $=2.5\times 7\times \cos 70°$ $=6.0(mm)$
	夾渣		*距探頭入射點水平位置 $=2.5\times 6\times \sin 70°$ $=14(mm)$ *深度 $=2.5\times 6\times \cos 70°$ $=5.1(mm)$

6. 試利用數值按鍵式超音波檢測儀配合頻率 5MHz 之直束探頭測定 STB A-1 規塊之音速及衰減率，須具體說明其操作步驟。

解：(1)音速測定

程序	步驟	螢幕顯示
1	將探頭耦合於 STB A-1 規塊 25mm 厚度之寬面上。	47.5dB : 52.93 0.5 aLOGIC pos aSTART 20.00mm aWIDTH 16.00mm aTHRSH 76% Ha80 Hb66 S'25.35 Sa27.58 BASE PULS RECV aGAT bGAT
2	將 BASE 群組中 MTLVEL 鍵設定一個大約音速(本例爲 6000 m/s)，螢幕範圍爲 100 mm。	47.5dB : 63.68 0.5 RANGE 100mm MTLVEL 6000m/s D-DELAY 0.00mm P-DELAY 0.00µs Ha3 Hb3 S'24.41 Sa39.27 BASE PULS RECV aGAT bGAT
3	在 GATE 群組中調整 aLOGIC 及 bLOGIC 爲雙閘門。	47.5dB : 52.93 0.5 aLOGIC pos aSTART 20.00mm aWIDTH 16.00mm aTHRSH 76% Ha80 Hb66 S'25.35 Sa27.58 BASE PULS RECV aGAT bGAT
4	調整 START, WIDTH 及 THRSH 使 GATE A 及 GATE B 分別出現在第一及第二背面回波處。	47.5dB : 52.93 0.5 bLOGIC pos bSTART 45.00mm bWIDTH 16.00mm bTHRSH 60% Ha78 Hb65 S'25.36 Sa27.57 BASE PULS RECV aGAT bGAT
5	調整 BASE 群組中 MTLVEL 使 S'(=Sb-Sa)值洽等於規塊厚度(25.00 mm)，則規塊的音速等於 5917 m/s。	48.0dB : 52.20 0.5 RANGE 100mm MTLVEL 5917m/s D-DELAY 0.00mm P-DELAY 0.00µs Ha80 Hb68 S'25.00 Sa27.20 BASE PULS RECV aGAT bGAT

⑵衰減率測定

上圖中設定第一背面回波高度$A_1 = 80\%$，而第二背面回波$A_2 = 68\%$，規塊衰減率依據式4-18公式計算如下：

$$\alpha_f = \frac{20\left[\log\left(\frac{(A_1)}{(A_2)}\right)\right]}{2x} = \frac{20\log\left(\frac{80}{68}\right)}{2\times 25} = 0.028 \quad (\text{dB/mm})$$

7. 回火麻田散鐵不銹鋼鑄件之超音波材料特性評估。(摘錄自許正勳、李深智、鄧惠源、陳永增，麻田散鐵不銹鋼鑄件之回火組織與超音波特性研究，金屬熱處理，第86期，民國90年3月，頁31-39)。不同回火熱處理的材料利用USM-25超音波檢測儀，頻率1MHz、4MHz及5MHz的探頭，以及機油耦合接觸式測定材料的音速及衰減率，如圖4-51所示。

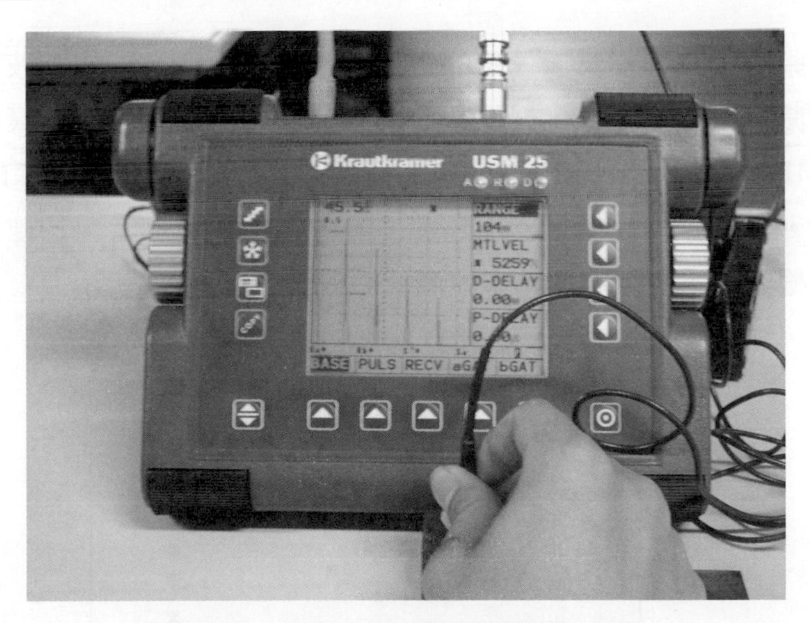

圖4-51 USM-2超音波檢測儀及試片檢測

⑴ 測量回火材料之音速係以同一點量測值減去沃斯田鐵化之量測值來求出音速差($V_{回火組織} - V_{沃斯田鐵}$)，主要是考慮材料均質性的影響，如圖4-52所示。當回火溫度提高，音速差在350℃回火時略爲降低後隨之快速上升，其原因主要爲碳化物析出的緣故。利用高頻率探頭(4或5MHz)檢

測時，音速差降低，但數據分散性變大。若使用低頻率探頭檢測不銹鋼鑄件時，其檢測數值的穩定性會較好。

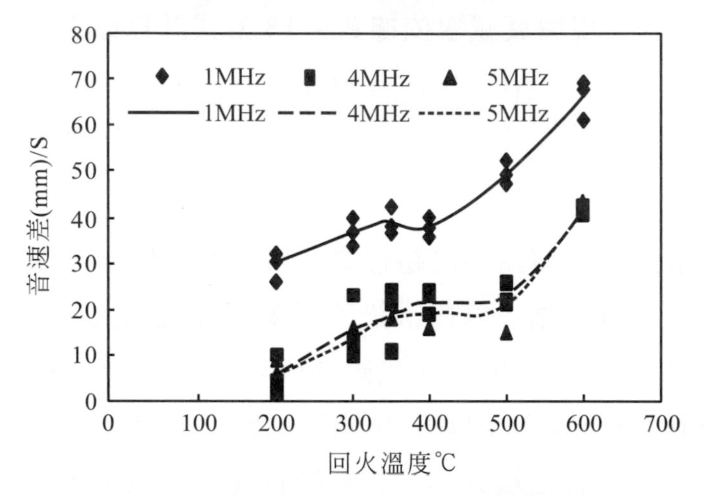

圖 4-52　超音波音速差與回火溫度的關係

⑵　探頭頻率會影響衰減係數的數值，探頭頻率愈高則超音波在材料中的衰減程度愈嚴重，衰減係數值愈高。回火處理對超音波衰減的影響在1MHz 探頭時，呈現線性微幅下降的趨勢。在較高頻率探頭(4,5MHz)時，衰減雖呈現微幅下降趨勢，但數據卻呈現相當大的離散性，因此在檢測效率上，明顯較音速測定爲差，如圖 4-53 所示。

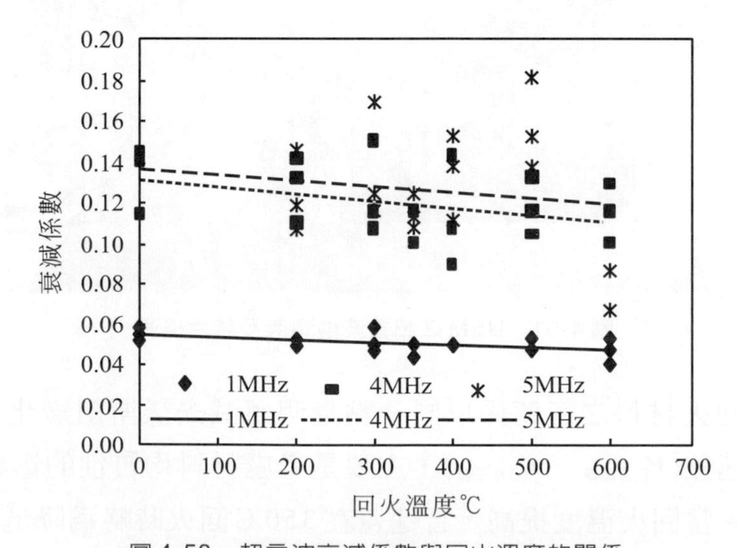

圖 4-53　超音波衰減係數與回火溫度的關係

4.7 實驗結果分析

1. 根據檢測程序書，依檢測目的需要完成受檢項目。
2. 將檢測結果登載於表 4-16 超音波檢測記錄表內，並應詳加描述並記錄受檢項目之顯示結果，並加以評估判讀。這些檢測結果諸如缺陷種類、位置、方向及大小等。
3. 根據檢測接受基準判斷檢測物是否合格。

表 4-16 超音波檢測記錄表

試件名稱			檢測日期		
試檢材質			檢測規範		
表面狀況			檢測時機		
檢　測　條　件					
檢測裝備			檢測方法	□直束 □斜束□雙晶□浸液	
名　稱	廠　牌	規　格	掃描方式	直束 □點狀□線狀□全面 斜束 □前後□左右□旋轉□擺動	
超音波檢測儀					
校準規塊			探　頭	□ 直束 頻率：　尺寸：	□ 斜束 頻率：　尺寸： 折射角：
耦合劑					
結果記錄及敘述：					
結果判定：					
班　別			日　期	教　師	評　閱
組　別					
組　長	組　員				

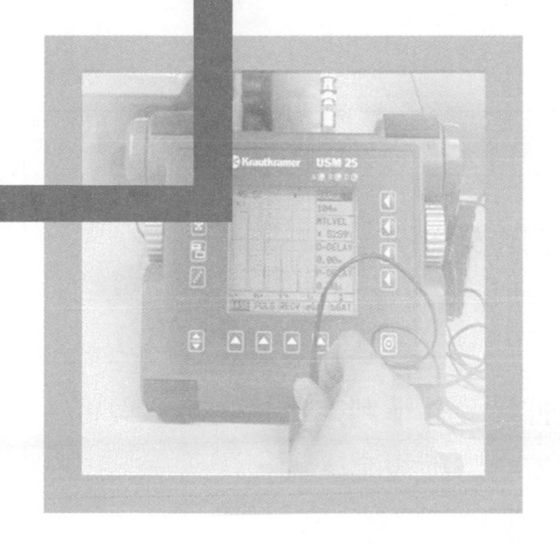

CHAPTER 5

射線檢測

RADIOGRAPHIC TESTING

工業上使用的各種非破壞檢測法中，射線檢測(Radiographic Testing)是應用相當普遍的方法，主要是利用高穿透能力的X射線或γ射線，在不傷害被照物體的本質狀況下而檢測出材料內部非平面型的缺陷，諸如氣孔，空孔……等。由於此種檢測法可用於金屬或非金屬銲件、鑄件及鍛件等之檢測，且對於材料密度或化學組成的間斷性改變亦能顯現出來，使其應用更爲廣泛。雖然射線檢測設備操作簡易，但由於X、γ輻射線外洩時會對人體造成輻射傷害，因此操作前之輻射安全防護措施應確實做好，以免人員受到輻射傷害。

5.1 實驗目的

1. 能根據檢測程序書，執行正確的檢測作業。
2. 熟練X射線設備、γ射線裝備、輻射偵檢器材之操作方法。
3. 熟練射線底片暗房沖洗作業。
4. 熟練缺陷評估及判讀的技巧，並根據接受基準判定被檢物合格與否。
5. 熟悉射線檢測安全作業程序及輻射安全防護規定。

5.2 使用規範

1. CNS 總號 11049 射線檢測法通則。
2. CNS 總號 11226 碳鋼銲件之射線檢測法。
3. CNS 總號 11379 鑄件之射線檢測法。
4. CNS 總號 11751 非破壞檢測詞彙。(射線檢測名詞)

5.3 實驗器材及設備

5.3-1 射源設備

射線檢測用射源設備主要以產生X射線及γ射線爲主，前者多利用X光機設備；而後者則以鈷 60 或銥 192 射源裝備居多。射線檢測須經行政院原子能委員會核發設備及操作執照始得使用。

一、X射線設備

工業用 X 射線設備，依產生能量大小區分爲低能量放射線設備及高能量放射線設備兩種。低能量放射線設備其 X 光管電壓在 400kV 以下，按設備裝置不同可分爲攜帶式及固定式兩種，前者用於現場檢測，而後者大多製作固定的鉛室或鉛櫃，藉以隔離 X 光輻射而利於檢測作業。在一般檢測條件下，X 射線能量檢測鋼材適合之厚度，如表 5-1 所示。

表 5-1　X 射線能量檢測鋼材之適用厚度

射線能量	厚度(mm)	
	最小	最大
150 KV	3.80	19.1
200 KV	6.35	25.4
250 KV	7.62	38.1
300 KV	8.90	50.8
1 MeV	25.4	152.4
2 MeV	38.1	203.2
2.5 MeV	41.9	254

固定式的櫃型 X 光機，如圖 5-1 所示，主要由鉛櫃、X 光管、冷卻裝置及控制器四部分組成，茲分述如下：

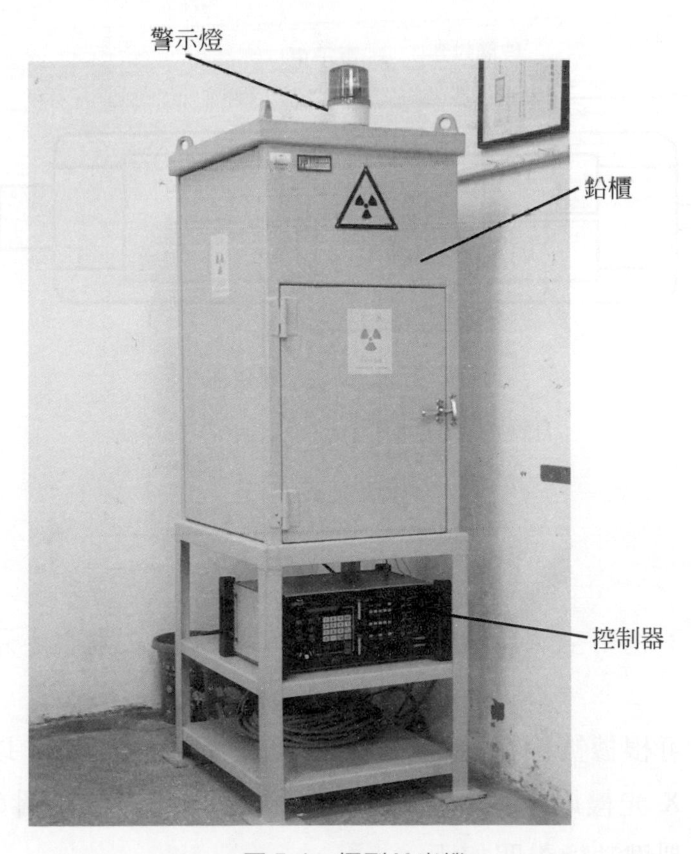

圖 5-1　櫃型 X 光機

1. 鉛櫃：作爲 X 光屏蔽，以防輻射外洩。箱門具有自動斷電裝置，可避免人員於操作過程中因不愼啓開櫃門而受到輻射傷害。
2. X 光管：爲 X 光機的核心，如圖 5-2 所示。管腔內抽眞空，一端是鎢絲陰極，當通以低電壓高電流時，鎢絲白熾化而放出電子，經聚焦杯形成電子束而射向鎢靶陽極，此時因動能損失而放出大量熱能，伴隨產生少量X光。

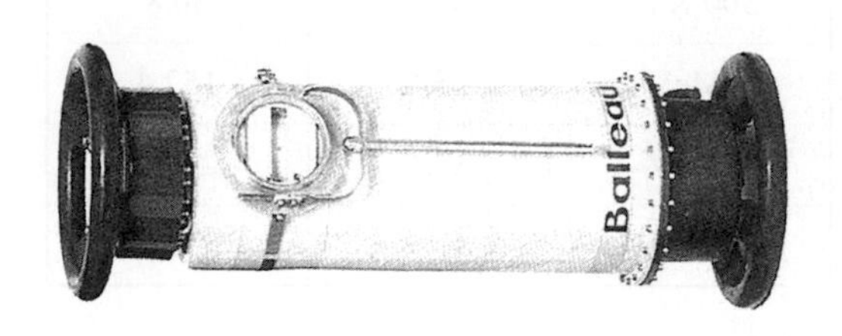

(a) 實體圖(*2)

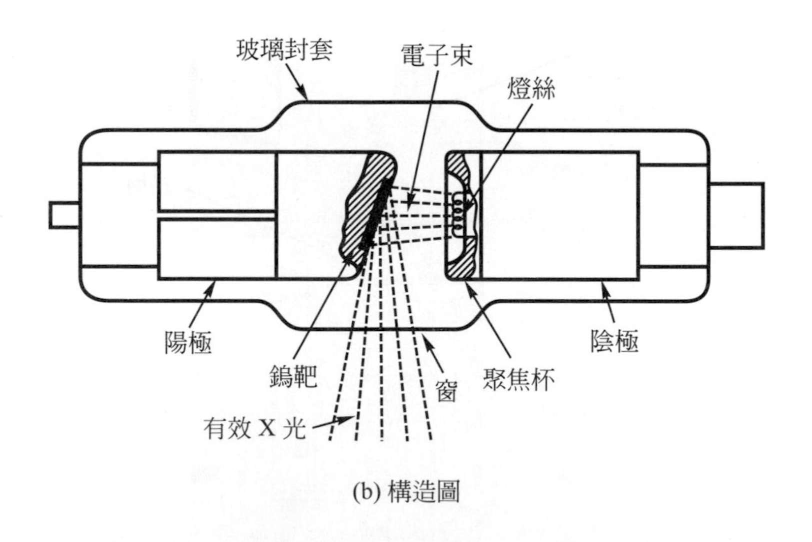

(b) 構造圖

圖 5-2　X 光管

3. 冷卻裝置：利用空氣及散熱片來冷卻 X 光管內之靶心，藉以維護其功能及壽命。
4. 控制器：可根據被檢物材質、厚度調整電壓及電流值，以決定適當曝光時間。此 X 光機最大功率爲 200kV，8mA，控制器如圖 5-3 所示，其面板上各控制鍵功能說明如下：

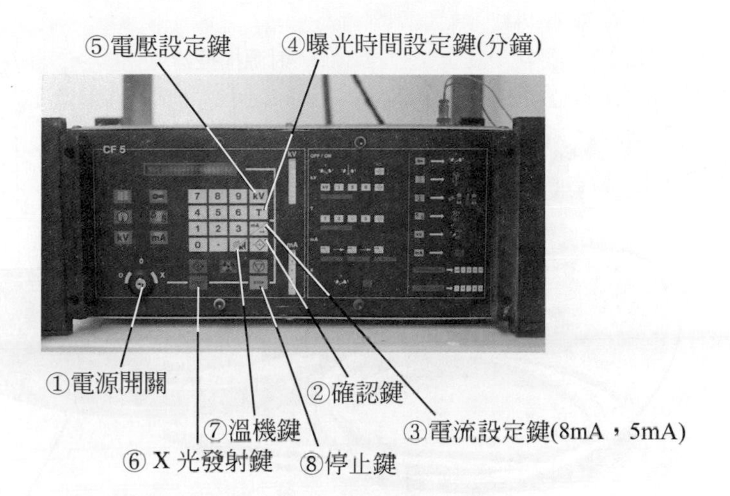

圖 5-3　X 光機控制器

(1) 電源：以鑰匙轉至第一段 ⏻，可調整電壓或電流設定值，當轉至×處才能發射 X 光。
(2) 確認鍵(ENTER)：確定輸入值。
(3) 電流設定鍵：可切換 8mA，5mA 電流。
(4) 曝光時間設定鍵：設定曝光時間(min)。
(5) 電壓設定鍵：設定曝射電壓(kV)。
(6) X 光發射鍵：發射 X 光。
(7) 溫機鍵：X 光機超過 6 小時未使用，以此鍵溫機。
(8) 停止鍵：停止發射 X 光。

二、射源裝備

主要包含γ射源、射源屏體、射源搖控器及附件等，其配接方式，如圖 5-4 所示。

1. γ 射源

鈷 60、銥 192、銫 137 等放射性同位素均能產生γ射線，其輻射性質，如表 5-2 所示。一般γ射源放置於不銹鋼製成的封囊內，以防止射源外洩造成輻射污染。封囊一端連接鋼索，鋼索末端附有接頭，以便連接射源遙控器，鋼索上的鋼球用於鎖定射源，以免鋼索受搖控捲繞時過度內縮而造成射源離開屏體。γ射源封囊及其連接鋼索，如圖 5-5 所示。

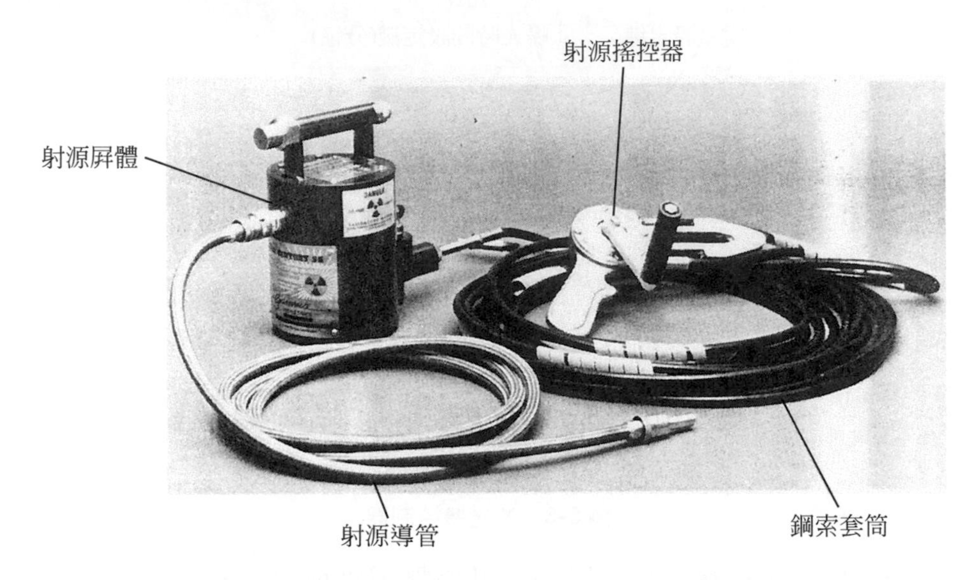

圖 5-4　射源裝備之配接方式(*2)

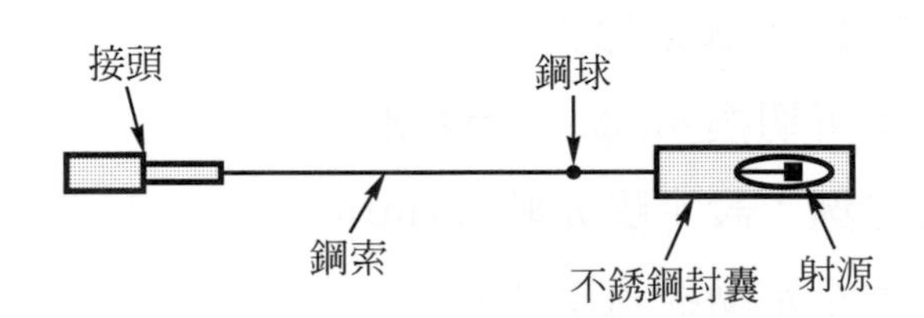

圖 5-5　γ射源封囊及連接鋼索

2.　射源屏體

射源屏體爲一小容器，用於儲存射源並屏蔽其輻射線，主要以鉛、乏鈾或其他高密度材料製成。屏體前後附有接頭，分別連接射源遙控器及射源導管。

3.　射源搖控器

用於搖控射源進出屏體，並正確定位完成檢測照相作業。由於操作時保持一段距離，得到適當輻射屏蔽，可確保安全。搖控器上有三個指示燈，用以顯示射源的位置，其操作過程如圖 5-6 所示。

(1)　儲存(STORED)：射源未使用，安全存放於射源屏體內。

(2)　打開(OPEN)：旋轉射源搖控器搖柄，藉齒輪帶動鋼索使射源部分伸出射源屏體。

⑶ 照射(ON)：射源被搖出屏體而到達射源導管末端，開始照射。

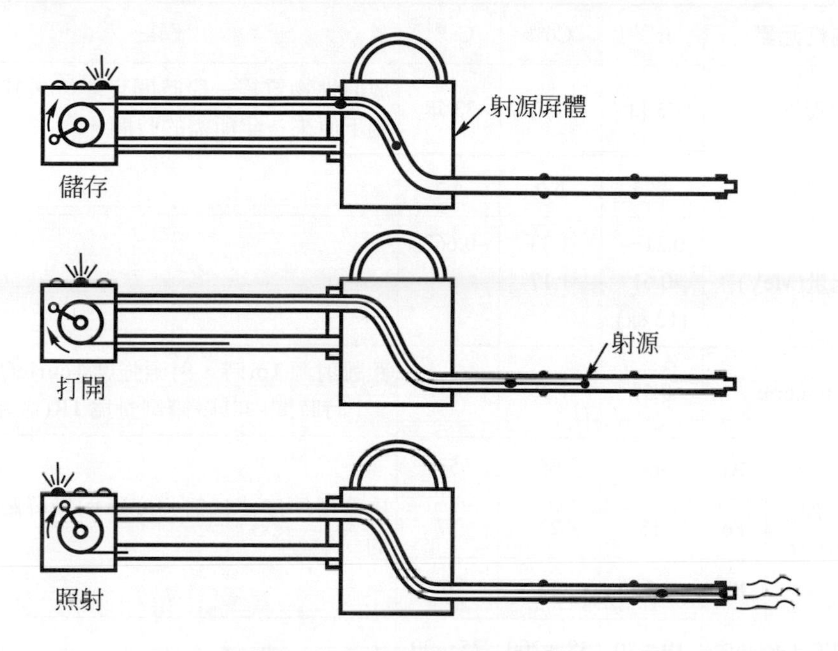

圖 5-6 搖控射源位置操作顯示

4. 附件

包括可調整及限制γ射線照射方向或面積之調準器(Collimator)，主要以鉛、鎢及鈾等高密度材料製成，如圖 5-7 所示。

圖 5-7 調準器(∗2)

表 5-2　常用γ射源的輻射性質

放射性元素		Ir^{192}	Co^{60}	Cs^{137}	備註
半衰期		75 日	5.3 年	33 年	放射性物質經一段時間衰變後，其能量僅剩下原來一半所需的時間。
比重		22.4	8.6	3.5	
γ線能量(MeV)		0.21～0.61(12 種)	1.33 1.17	0.662	
R.h.m/curie		0.55	1.35	0.37	距離射源 1m 時，射源強度 1curie(居里)在 1 小時時間內其曝露劑量爲 1R(侖琴)。
半值層厚度(mm)	Al	48	66	53	屏蔽層厚度使輻射強度降爲無屏蔽時強度的一半。
	Fe	15	22	17	
	Pb	5	13	6	
檢測範圍 Fe(mm)		19～70	38～200	25～90	

5.3-2　附屬設備

一、黑度計(Densitometer)

黑度計用於正確量度底片黑度值，如圖 5-8 所示。使用前通常均須歸零，且應經常以確知黑度值之底片加以校準。一般的量度範圍可在 0～4 之間，但爲判片容易，底片黑度在 2～3 之間最爲恰當。

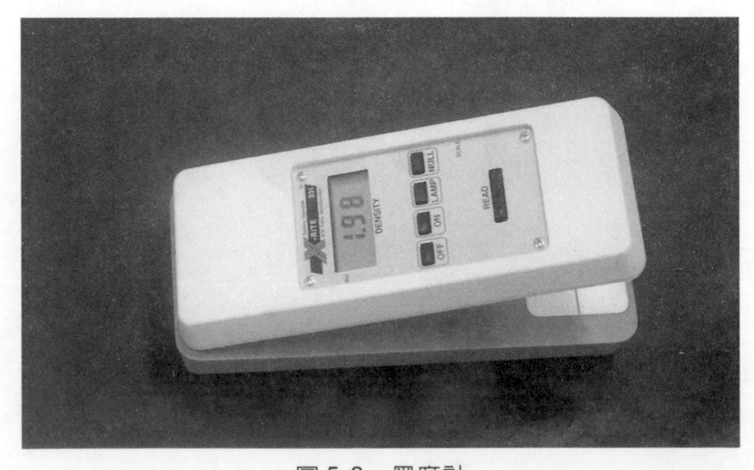

圖 5-8　黑度計

二、判片燈(Film Viewer)

如圖 5-9 所示，主要用以評估底片影像，它必須提供足夠光線，以期能正確判讀底片，一般要求須以能看到底片黑度爲 4.0 以上的光線。

圖 5-9 判片燈

5.3-3 使用器材

一、底片

射線照相用底片，是由一層薄的塑膠片爲基礎，然後在塑膠片的兩面依序塗上膠層、乳化層及保護層等，其結構及性質，如圖 5-10 及表 5-3 所示。當 X 或γ射線照射在底片上的乳化層時，層內的溴化銀粒子會立即產生特殊的變化，再經顯像作用後，這些感光的銀粒子便產生黑色的影像。感光較多的部分，呈現暗黑色；而感光較少的部分，顯現淡灰色，因此即可根據這些黑色影像的對比而判斷試件內有無缺陷存在。

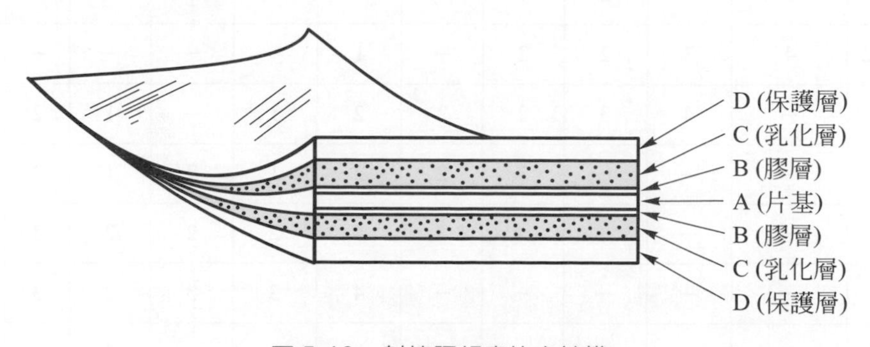

圖 5-10 射線照相底片之結構

表 5-3　射線底片之結構性質

結構	組成	性質或功用
片基	三醋酸塞璐珞或多元脂	透明略帶藍色
膠層	黏膠層	薄膠使乳化層緊黏於片基上
乳化層	鹵化銀	使底片感光形成潛在影像
保護層	動物膠	保護乳化層，避免底片受損

射線底片選擇的因素包含顆粒、速率及對比等三項，它們相互關聯。速率較快的底片，顆粒較大而對比較小，解析度較差。常見射線底片的分類及選用，如表 5-4 及表 5-5 所示。

表 5-4　射線底片之分類

類別	顆粒	速率	光差	實例
第一類	極微細	慢	極高	Kodak M,Fuji 80,Dupont 55,Agfa-D4
第二類	微粒	中	高	Kodak AA,Fuji 100,Dupont 70,Agfa-D7
第三類	粗粒	快	中	Agfa D10(少用),Fuji 150,Dupont 75
第四類	粗大粒	極快	極高	Agfa d6(與螢光增感屏使用)

表 5-5　射線底片之選用(鋼鐵材料)

厚度(吋)	依射線能量而選擇底片類別										
	50～80kV	80～120kV	120～150kV	150～250kV	Ir-192	250～400kV	1MeV	Co-60	2 MeV	Ra	60～31 MeV
0～1/4	3	3	2	1	—	—	—	—	—	—	—
1/4～1/2	4	3	2	2	—	1	—	—	—	—	—
1/2～1	—	4	3	2	2	2	1	—	1	2	—
1～2	—	—	—	3	2	2	1	2	1	2	1
2～4	—	—	—	4	3	4	2	2	2	3	1
4～8	—	—	—	—	—	4	3	3	2	3	2
8 吋以上	—	—	—	—	—	—	—	—	3	—	2

二、底片套

底片套主要用於避免底片在射線照相前即發生曝光，並藉以保護底片避免損傷，如圖 5-11 所示。底片套因其適用目的不同，可區分為下列三種。

1. 金屬底片：採用輕合金製成，不具撓性，故不適合用於曲面試件。
2. 摺疊式底片套：採用塑膠或橡膠製成，具撓性，適於曲面試件之用。
3. 橡皮底片套：採用橡膠製成，不但具撓性，且密封不透水，因此可用於水中試件。

圖 5-11　底片套(橡皮式)

三、增感屏(Intensifying Screens)

當X射線或γ射線照射進入底片時，通常約低於 1 %的射線能量為底片吸收而形成潛在的影像，其餘無效的能量為能使其受底片吸收利用，則必須採用增感屏，如圖 5-12 所示。增感屏除增強穿過底片乳化層之感光效果外，尚可提高黑度，並增加光差，且可濾掉部分散亂射線而呈現清晰影像。常見增感屏種類有金屬增感屏(常用鉛箔)、螢光增感屏及金屬螢光增感屏等三種，使用時將底片夾於兩片增感屏之間再裝於底片套內即可。

1. 金屬(鉛箔)增感屏(Lead Foil Intensifying Screens)

   鉛箔增感屏主要由鉛－銻合金薄片製成，兼具有過濾(Filteration)及增感(Intensification)的雙重功用。

   (1) 過濾作用：射線通過被檢物所生之散亂射線能為鉛箔阻擋而加以過濾。
   (2) 增感作用：射線撞擊鉛箔後會激發電子產生，底片因此額外感光，此作用會增加底片黑度及光差，使感光效果提高。

鉛箔增感屏必須兩片同時使用，薄者應置於底片前面，以利初射線順利通過，並阻擋穿透力較小的二次射線；而厚者則置於底片後面，主要用以阻擋來自背面的散亂射線。

2. 螢光增感屏(Fluorescent Intensifying Screens)

螢光增感屏係由粉狀的螢光材料(鎢化鈣或硫酸鉛鈣)黏著於塑膠或硬紙板上而製成，由於射線撞擊此類增感屏時會激發可令底片感光的光線，因此可增加底片感光效果。螢光增感屏雖具有高感光度的優點，但由於激發光線的干擾，使得底片影像品質不佳，因此大多用於避免長時間曝射的特殊情形。此外，此類增感屏不可用於γ射線照相或能量超過1000kV的X射線照相，否則所得的影像甚爲模糊而難以判片。

3. 金屬螢光增感屏(Fluorometallic Screens)

鉛箔再塗上螢光劑即爲金屬螢光增感屏，底片使用較不受限，兼具有前述兩者之優缺點。

圖 5-12　增感屏(金屬)

四、鉛字

射線照相爲使編號、位置、日期、工程名稱、厚度……等同時顯示在底片上以作辨識，在不干擾主體及清晰辨別的原則下，可將鉛字排列黏於底片套上。通常鉛字多以英文字及阿拉伯數字作記號，γ射線鉛字用酸化鉛製成，而X射線鉛字採鉛合金製成，例舉鉛字排列如圖 5-13 所示。

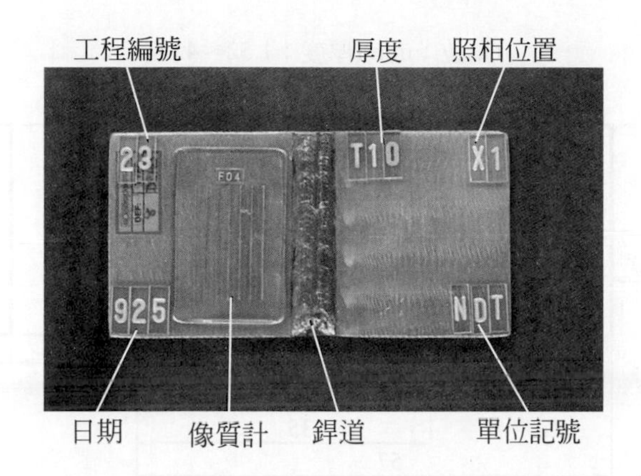

圖 5-13 鉛字排列實例

五、像質計(Image Quality Indicator)

為評估射線照相底片影像品質所設計出來的標準試片，又稱透度計(Penetrameter)，使用時應與檢測物同時成像，常用者有孔洞型像質計(Hole Type Penetrameter)及線條型像質計(Wire Type Penetrameter)兩種。

1. 孔洞型像質計

以一定厚度材料，鑽以一定孔徑的孔洞，並加以編號，其構造尺寸如圖 5-14 及表 5-6 所示。其材質共分成八種，以缺角來加以識別，分別適用於同等材質或相當射線吸收係數之射線檢測用，如圖 5-15 及表 5-7 所示。

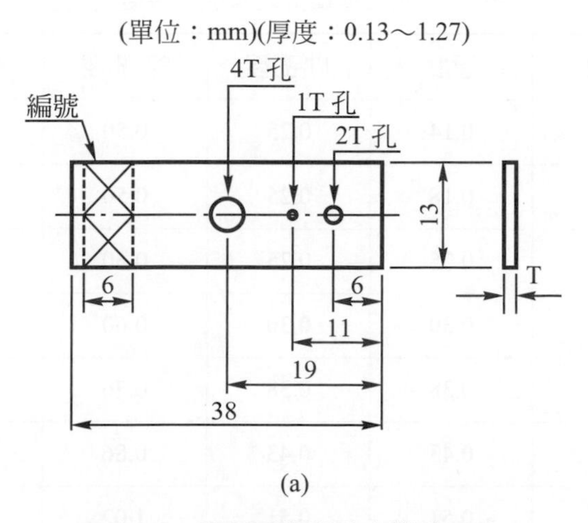

圖 5-14 孔銅型像質計之構造尺寸

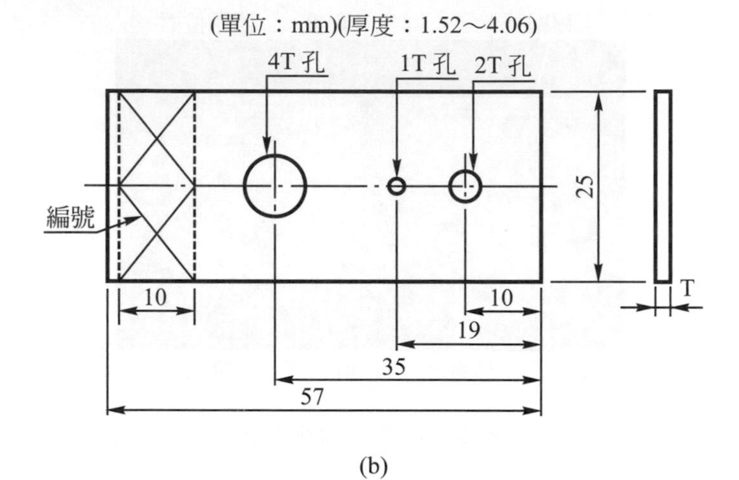

(b)

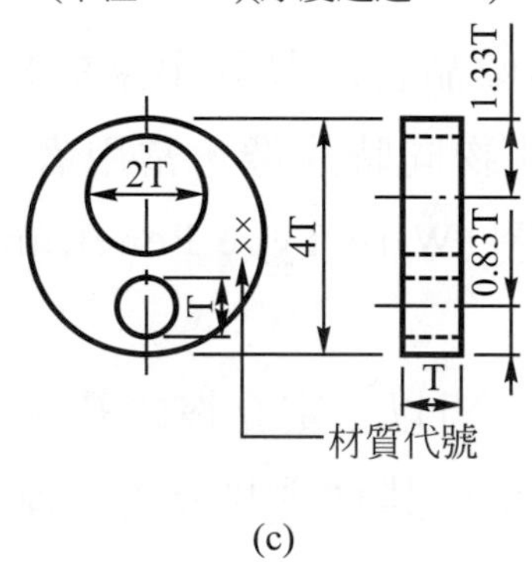

(c)

圖 5-14　孔銅型像質計之構造尺寸(續)

表 5-6　孔洞形像質計之編號、厚度及孔徑

編號	厚度	1T 孔徑	2T 孔徑	4T 孔徑
5	0.14	0.25	0.50	1.00
7	0.18	0.25	0.50	1.00
10	0.25	0.25	0.50	1.00
12	0.30	0.30	0.60	1.20
15	0.38	0.38	0.76	1.52
17	0.43	0.43	0.86	1.72
20	0.51	0.51	1.02	2.04

表 5-6 孔洞形像質計之編號、厚度及孔徑(續)

編號	厚度	1T 孔徑	2T 孔徑	4T 孔徑
25	0.64	0.64	1.28	2.56
30	0.76	0.76	1.52	3.04
35	0.89	0.89	1.78	3.56
40	1.02	1.02	2.04	4.08
45	1.14	1.14	2.28	4.56
50	1.27	1.27	2.54	5.08
60	1.52	1.52	3.04	6.08
80	2.03	2.03	4.06	8.12
100	2.54	2.54	5.08	10.16
120	3.05	3.05	6.10	12.20
160	4.06	4.06	8.12	16.24
200	5.08	5.08	10.16	20.32

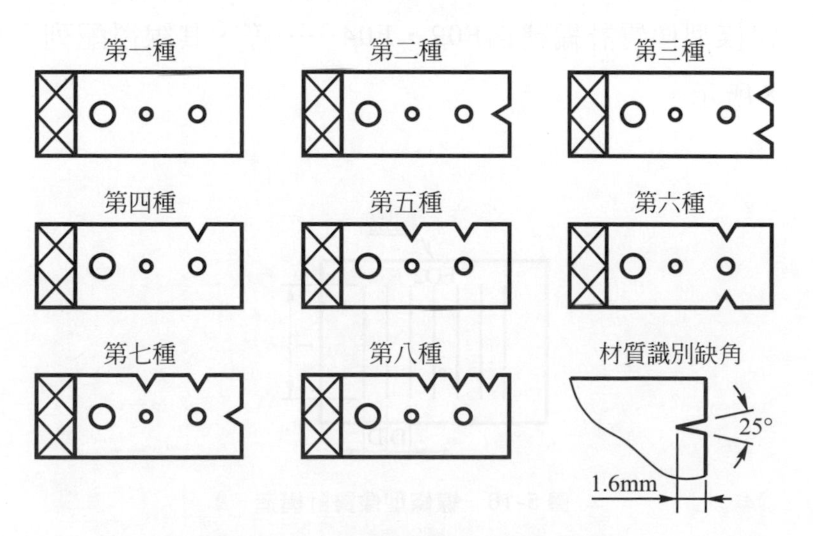

圖 5-15 孔洞型像質計材質識別缺角

表 5-7　孔洞型像質計種類及適用範圍

類 別	材質	適用範圍
第一種(F)	碳鋼或不銹鋼	碳鋼、不銹鋼、低合金鋼、鎂-鎳-鋁青銅合金。
第二種(B)	鋁青銅或鎳-鋁青銅	鋁青銅合金或鎳-鋁青銅合金或同等金屬。
第三種(N)	鎳-鉻-鐵合金	英高鎳合金、鎳-鉻-鐵合金或同等金屬。
第四種(C)	七十～三十銅鎳合金	蒙納合金、鎳銅合金及黃銅。
第五種(G)	錫青銅	砲銅、閥銅或錫青銅。
第六種(M)	鎂及鎂合金	鎂及鎂合金。
第七種(A)	鋁及鋁合金	鋁及鋁合金。
第八種(T)	鈦及鈦合金	鈦及鈦合金。

2.　線條型像質計

將線徑由細至粗的金屬線依序排列嵌入紙板或框架內而製成，如圖 5-16 所示。紙板或框架材料使用紙、塑膠或合成樹脂，其射線吸收係數應較線條爲小。線條的材質依其種類定其代號，並置於像質計編號之前，如金屬線條型像質計編號爲F02，F04……等，其線徑配列、使用厚度等如表 5-8 所示。

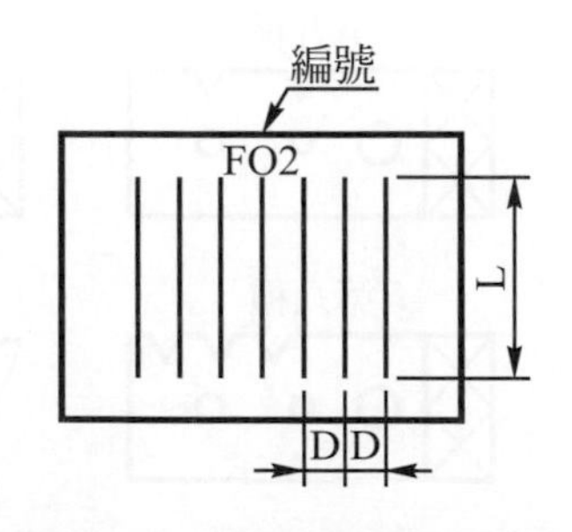

圖 5-16　線條型像質計構造

表 5-8 線條型像質計之編號、線徑配列及使用厚度

編號	照相厚度範圍	線徑配列					線中心距 (D)	線長 (L)
F02	20 以下	0.10	0.125	0.16	0.20	0.25	3	40
F04	10～40	0.20	0.25	0.32	0.40	0.50	4	40
F06	20～80	0.40	0.50	0.64	0.80	1.00	6	60
F16	40～160	0.80	1.00	1.25	1.60	2.00	10	60
F32	80～320	1.60	2.00	2.50	3.20	4.00	15	60
尺度許可差		CNS 3290 鋼琴線所規定或±5 %任何較小值值					±15 %	±1

像質計常用以評估射線照相靈敏度，其方法如式 5-1 及式 5-2 所示。

(1) 線條型像質計靈敏度(%)=可識別的最小線徑／檢測物厚度 (5-1)

(2) 孔洞型像質計靈敏度(%)= $(AB)^{1/2}$ (5-2)

A：像質計厚度／檢測物厚度

B：可識別的最小孔徑／檢測物厚度

5.3-4 暗房裝備

暗房是一個可完全處理沖片過程的獨立隔間，室內佈置必須維持完全不透光，牆壁及天花板應以輕淡顏色爲主，地板則必須具有耐蝕、耐濕及防滑的功能。暗房內安排使用之各項裝備及器材，以能順暢完成沖片流程爲原則，通常有下列各項：

一、安全燈(Safe Lights)

安全燈在暗房中主要用於輔助照明，以使沖片作業順利進行。安全燈位置以不致危及底片曝光爲原則，一般 X 光底片可用桔紅色或綠色的安全燈。

二、防護燈(Protection Light；Outside Light)

爲防止暗房外部光線入侵而影響正常沖片作業，可採門內鎖，並於門外裝置防護燈加以警示。

三、沖片藥劑

底片沖洗用藥劑主要包含顯像劑、停影劑及定影劑等三種，其中顯影劑及定影劑可依製造廠商說明書加以配製，而停影劑通常是以1000cc水中加入100cc冰醋酸(濃度28％)混合而成，亦可以清水代之。

一般工業用 X 光底片在室溫(20℃)時，顯影約5～8分鐘，停影約1～2分鐘，定影時間至少需須定影底片透明時間的兩倍，一般約5～10分鐘。

四、底片夾

主要用於夾持底片，如圖5-17所示。裝置時應將底片拉直夾緊，以免沖片時濃度不均或脫落。

圖5-17　底片夾(*6)

五、沖片槽

如圖5-18所示，用於承裝顯影劑、停影劑及定影劑等沖片藥液。沖片槽的空間，一般顯影槽與停影槽相同尺寸，而定影槽約爲前者之2倍大。

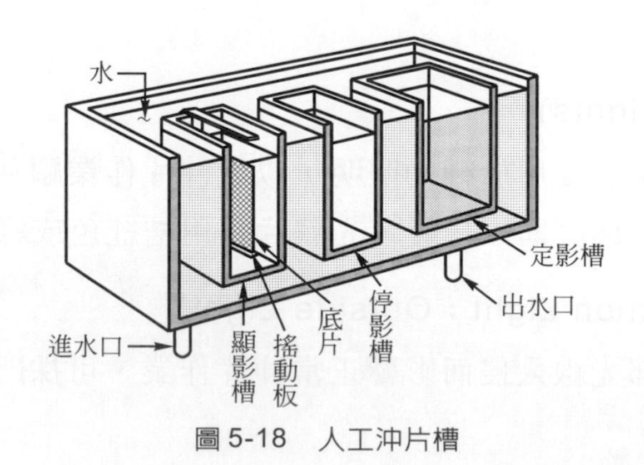

圖5-18　人工沖片槽

5.3-5 輻射偵檢設備及人員劑量偵測儀器

人員輻射監測分類及其所使用之設備、儀器，整理如圖 5-19 所示。

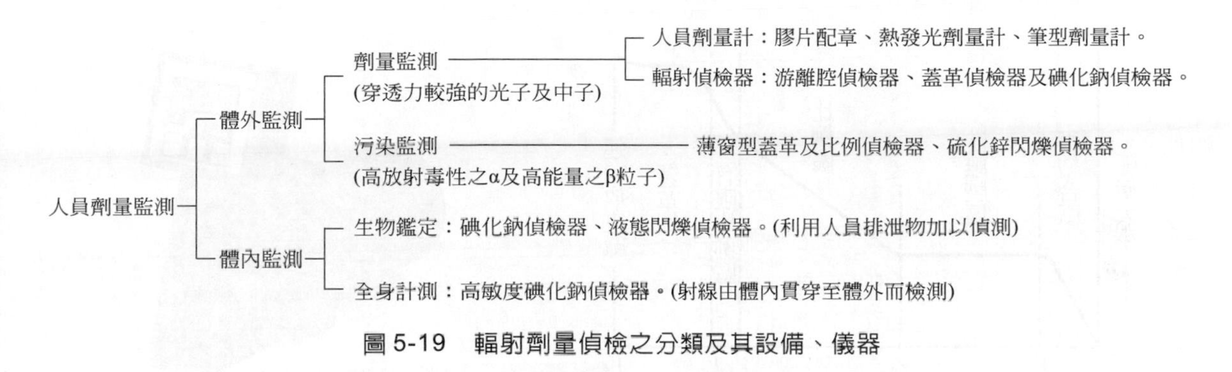

圖 5-19　輻射劑量偵檢之分類及其設備、儀器

圖 5-19 所示之輻射偵檢設備及儀器，扼要說明如下。

一、輻射偵檢設備

輻射偵檢設備以度量輻射場中之輻射劑量率為主，其原理係利用輻射線照射在物質上發生作用後會產生離子對、閃爍光或電子電洞轉移等現象，經過收集、放大及處理後而顯示出來。目前使用最普遍的輻射偵檢設備有下列三種：

1. 充氣式偵檢器(Gas-Fill Detector)

　　輻射與物質作用後會使物質游離而產生離子對，充氣式偵檢器即是一種計數離子對多寡的設備；當收集之離子對愈多，則表示輻射強度愈大。圖 5-20 所示為充氣式偵檢器之特性曲線，圖中曲線表示偵檢器每次游離所收集到的離子對數目與所加電壓或電場強度的關係。當電壓由零處略為增加時，由於電壓甚小，以至初次游離的部分離子會再結合，因此僅能偵測到少部分的離子，此區域稱再結合區(Recombination Region)；當電壓大於V_1時，再結合的部分會完全離子化，使得電壓在V_1至V_2之間所有離子均被收集到，此區域稱為游離區(Ionization Region)；當電壓在V_2與V_3時，收集到的總離子數與初次游離所生的離子數成正比，此區域稱為比例區(Proportional Region)；當電壓大於V_4時，由於電場強度高，僅需一對離子即可令腔內氣體完全游離，因此電壓在V_4與V_5之間，每次游離所收到的離子數必相等，此區域稱爲蓋氏區(Geiger Region)；此後電壓過高，氣體自動游離而開始放電，稱爲連續放電區(Continuous Discharge Region)。由上述各區域特性所設計之充氣式偵檢器，常見有下列三種。

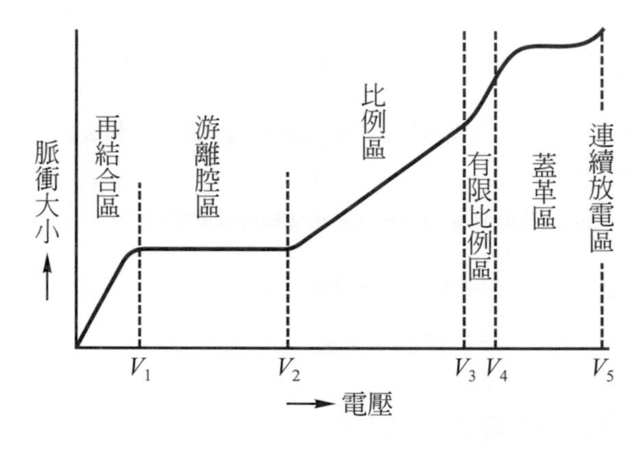

圖 5-20　充氣式偵檢器之特性曲線

圖 5-21　游離腔計數器(*4)

(1) 游離腔計數器(Ionization Chamber Counter)

此種計數器如圖 5-21 所示，係充氣式偵檢器中最簡單者，用於光子輻射能量之偵測。當游離腔在輻射進入腔中時，中和狀態的空氣會產生游離而形成離子對，此時負離子被金屬絲吸收形成電流，當流經外加電路時會被放大而顯示其讀值。

(2) 比例計數器(Proportional Counter)

比例計數器通常作成圓筒型，如圖 5-22 所示。由於此儀器最終收集到的總離子數與初次游離所生之離子數成正比，故稱爲比例計數器，通常用於偵測低能量之 X 射線。

(3) 蓋格計數器(GEIGER Counter)

蓋格計數由蓋革(GEIGER)及牟勒(MUELLER)兩人提出，因此亦稱 GM 計數器，用於低能量光子輻射之偵檢，具有簡單、廉價及易於操作等優點，如圖 5-23 所示。此種計數器不論任何種類或能量的輻射粒子進入蓋革管中，皆會產生一個脈衝，故無法應用於輻射能譜的偵測。

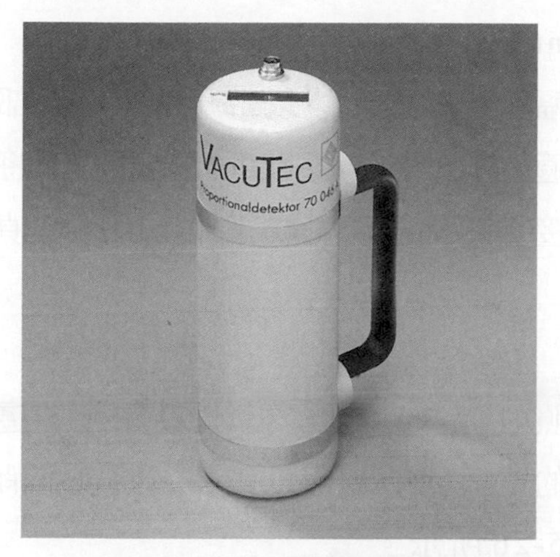

圖 5-22　比例計數器(∗5)

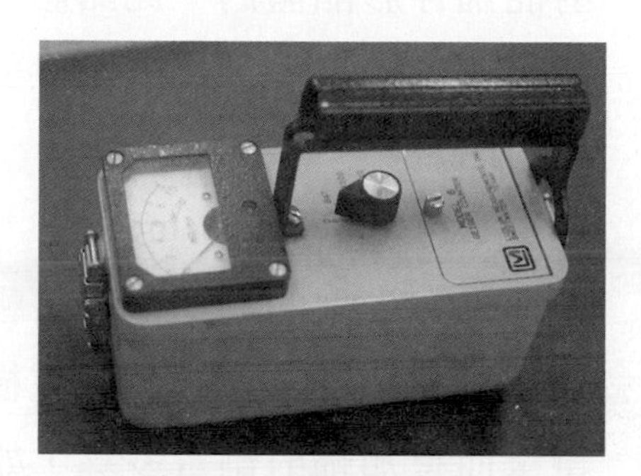

圖 5-23　蓋革計數器

2. 閃爍偵檢器(Scintillation Detector)

閃爍偵檢器係將游離輻射轉變爲螢光的一種轉換器，如圖 5-24 所示。其原理主要是利用游離輻射將螢光物質中的電子激發至激態，當電子回到基態時放出螢光而被作爲輻射偵檢用。

圖 5-24　閃爍偵檢器(∗5)

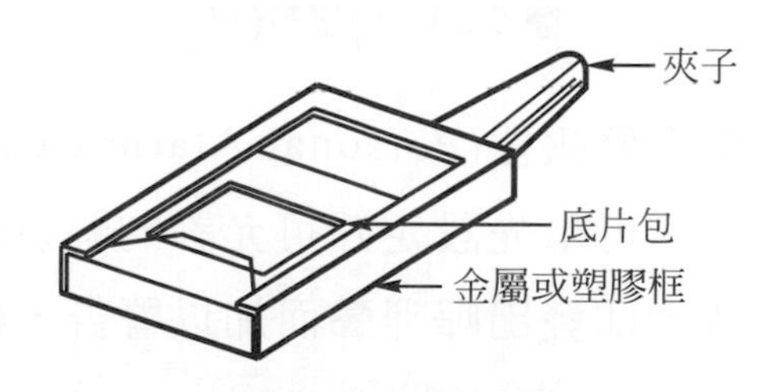

圖 5-25　膠片配章

二、人員劑量偵檢儀器

人員劑量偵檢儀器以評估人員組織及器官中所受的等效劑量爲主要目的，在工作時間內必須隨時佩帶，離開工作場所時卸下，常見者有下列幾種。

1. 膠片配章(Film Badge)

輻射使感光膠片曝光，其黑度與輻射量及曝光時間成正比，因此可經由底片黑度量測輻射的累積劑量，如圖 5-25 所示。

2. 熱發光劑量計(Thermoluminescent Dosimeter)

利用一種熱發光固態晶體受輻射照射後，能以二介穩狀態將部分輻射能儲存於晶體內，此晶體再經適當加熱後，能以可見光形式而將儲存能量釋放出來，且其總能量與所接受的輻射能量成正比，因此可偵測出輻射劑量。

3. 劑量筆(Pocket Dosimeter)

爲一小型的驗電器，當輻射照射時會使筆腔內氣體離子化，這些正負離子對使得原在腔體及電極間的電荷因中和而抵銷，因此可由消失的電量而獲知輻射劑量多寡，如圖 5-26 所示。

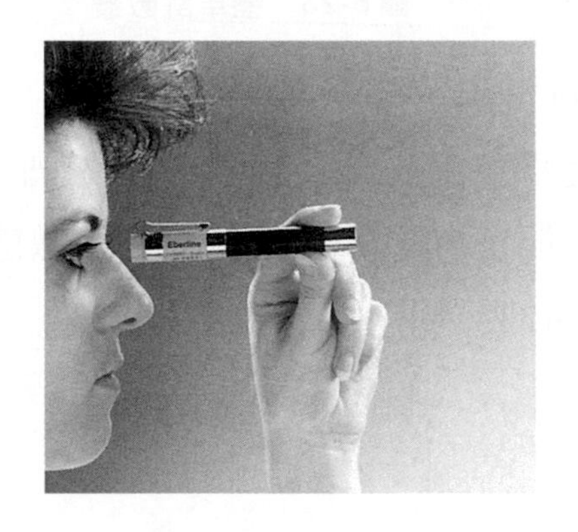

圖 5-26　劑量筆(*5)

圖 5-27　個人警報器(*5)

4. 個人警報器(Personal Alarm Dosimeter)

可事先設定好可允許的輻射劑量值，當工作區輻射劑量大於設定值時，即發出嗶嗶聲而加以警告，如圖 5-27 所示。

5.4 檢測原理

5.4-1 射線基本原理

一、輻射及輻射線

自有宇宙以來輻射即已存在，由於輻射無色、無嗅、無味，因此人類難以感官察覺而忽視它的存在。實際上，人們日常生活中所知悉的陽光、燈光照射即是輻射的實例。所謂輻射，凡是能以電磁波或粒子的形式來傳遞能量的方式，我們即稱其為輻射(Radiation)。

西元 1895 年 11 月 8 日德國物理學家侖琴(Wilhelm Conrad Rontgen)在研究稀有氣體放電現象時，無意間發現一種輻射線，具有很大的穿透能力，且能使螢光幕感光，當時他將此種不知名的射線稱為X射線(X ray)。此後，於 1897 年英國人拉塞福陸續發現穿透力更強的β射線及另一種α射線，到了 1900 年第三種穿透力更強的γ射線也被發現。這些輻射線經科學家進一步研究證實其特性及產生機制，如表 5-9 所示。

表 5-9　輻射線之產生機制及特性

射線種類	產生機制	本質	電性	穿透力及游離性
α	原子核的衰變或蛻變	一束氦的原子核 He^{2+}	正電	低穿透力、高游離性。
β	同上	高速運動之電子	負電或正電	穿透力較α射線大，但游離性較α射線差。
γ	同上	高能量、短波長之電磁波輻射線	不帶電	穿透力最大，能穿透 10mm 厚鉛板。
X	原子內層軌道之電子受激發釋放能量而產生	波長甚短之電磁波	不帶電	視能量多寡。

二、輻射線與物質之作用

在正常情形下，電子受到原子束縛能維繫而在原子核外沿著一定軌道運轉，當輻射線照射在物質上時，電子吸收了輻射能而使其總能量大於原子核對它的束縛能量，於是電子就由原子中脫離出來，使得原本中性的原子，變為一帶正電荷(少掉一個電子的原子本身)及另一帶負電荷(脫離的電子)，這種作用，稱為游離(Ionization)。輻射能量足以使物質產生游離作用者，稱為游離輻射(Ionization Radiation)，否則稱為非游離輻射(Nonionization Radiation)。前者如X射線、γ射線及中子等不帶電粒子，通常以二次電子使物質發生游離，稱為間接游離輻射，而α射線、β射線等會直接以帶電粒子使物質發生游離，稱為直接游離輻射。具游離能力的光子(X射線及γ射線，不帶電)與物質作用後，通常會釋出高能量的電子，此高能量的電子稱為二次電子，當二次電子與物質作用後即產生多量的游離，此種作用機制產生的效應，最主要有光電效應、康普敦效應及成對產生等三種，如圖 5-28 所示。

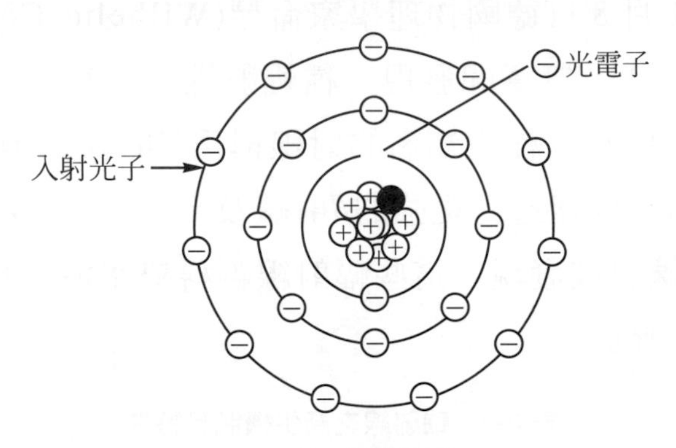

(a) 光電效應

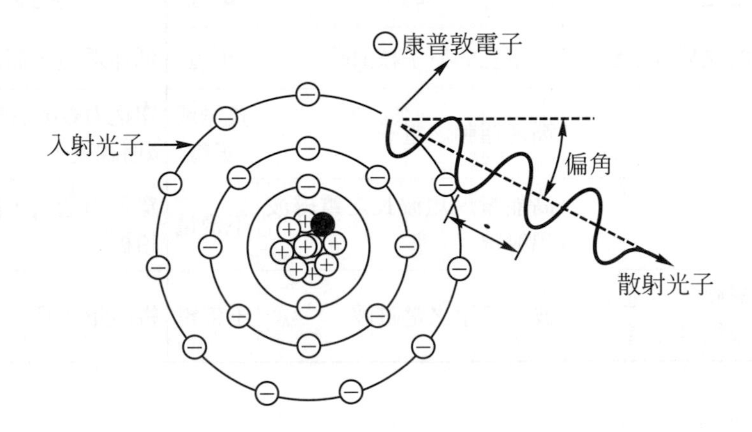

(b) 康普敦效應

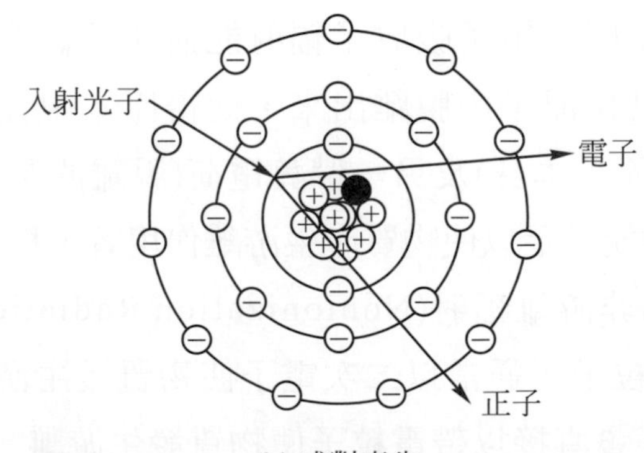

(c) 成對產生

圖 5-28　光子與物質的作用

1. 光電效應(Photoelectric Effect)

光子能量在10～500keV之間，當入射至物質以後，大部分能量爲物質吸收，使得物質中的電子被游離出來，而射線消失的一種現象。

2. 康普敦效應(Compton Effect)

光子能量在100keV～3MeV之間，當入射至物質以後，不僅有電子游離出來，同時還有能量減低及方向改變的光子散射出來的一種現象。

3. 成對產生(Pair Production)

高能量的光子(1.02MeV以上)入射至物質以後，光子完全消失，卻產生一帶正電荷及一帶負電荷的成對電子發射出來的一種現象。

5.4-2 射線檢測原理、種類及技術

一、檢測原理

放射線檢測原理是以具有高穿透性的放射線(X射線或γ射線)穿透檢測物，由於檢測物種類、厚度、密度或內部缺陷型式不同，因此對於射線透射或吸收的程度會有差異，此結果可藉螢幕成像加以判別，或利用底片上的感光強弱程度差異，經暗房顯像作業顯示出明暗對比後，而判讀出材料之內部缺陷。金屬檢測物內部的空孔對於射線的吸收量小於實心金屬，因此穿透的射線強度較大，結果使底片在這個部位曝光較多，顯像後所得的影像較暗，如圖5-29所示。檢測時應注意檢測物內部缺陷之幾何形狀會影響本身被檢出的程度，例如材料內部的裂縫，若裂縫方向與入射線方向垂直，就很難被檢測出來，然而，若裂縫平行入射線方向，則甚易被檢測到。

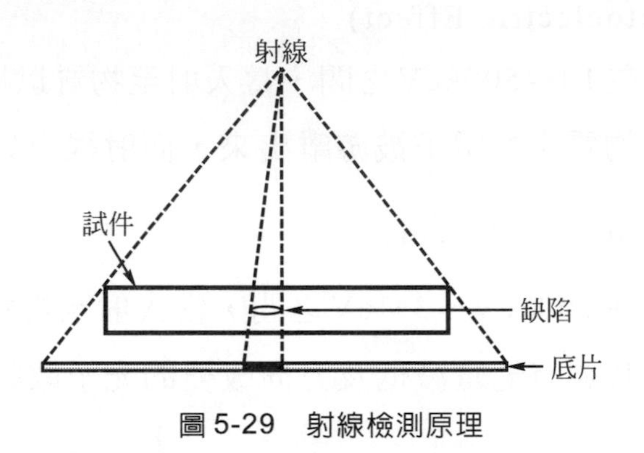

圖 5-29　射線檢測原理

二、檢測種類

射線檢測種類，區分如表 5-10 所示。

表 5-10　射線檢測之種類

區分	種類	檢測方式	圖示
依射源區分	X 射線照相	利用 X 光機產生 X 射線來照相。	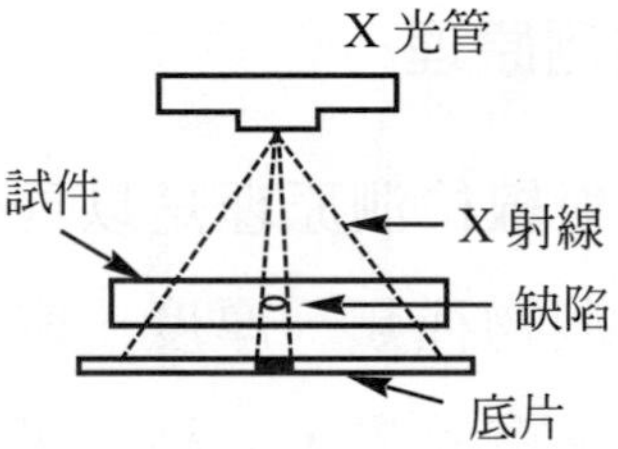 X 光管、試件、X 射線、缺陷、底片
	γ射線照相	利用γ射源產生γ射線來照相。	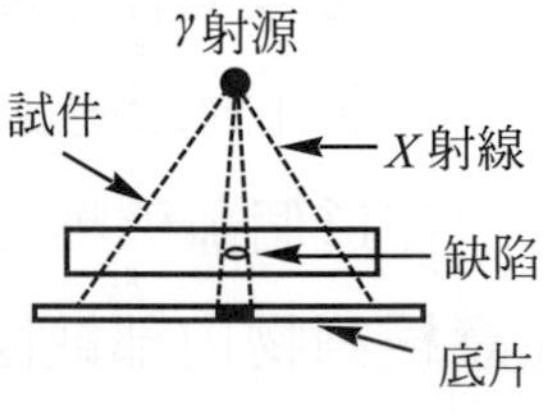 γ射源、試件、X 射線、缺陷、底片
	中子射線照相	利用中子射源來照相。(中子束必須藉轉換器轉換爲光子後，才能使底片曝光)	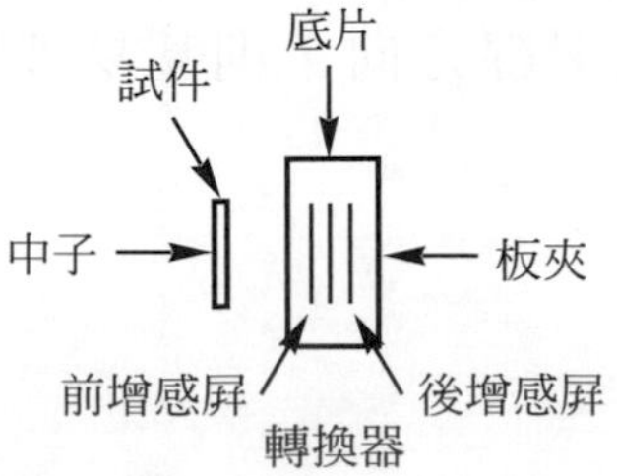 底片、試件、中子、板夾、前增感屏、後增感屏、轉換器

表 5-10 射線檢測之種類(續)

區分	種類	檢測方式	圖示
依成像方式區分	直接照相法	利用放射線穿透檢測物，直接照射在底片上成像。(工業上採此法最多)	X 光機 試件 底片
	間接照相法	利用放射線穿透檢測物，再利用照相機從螢光板上拍攝下檢測物影像。此法亦稱即時射線照相(Real-Time Photography)，由於可立即顯現瑕疵類別及狀態，相當適於線上 RT 檢測。	X 光機 試件 暗箱 螢光板 照相機
	透視照相法	利用肉眼直接在螢光板上判讀影像。	X 光機 試件 螢光板

三、檢測技術

射線檢測技術，常見分為如下兩種檢測方法。

1. 單壁技術(Single Wall Technique)：射線經過試件單層厚度及補強部分而直接到達底片的照相法。例舉管件檢測之單壁照相技術，如圖 5-30(a)所示。
2. 雙壁技術(Double Wall Technique)：射線穿透試件雙層壁(如管件)至底片的照相方法。例舉管件銲道檢測之雙壁照相技術，如圖 5-30(b)所示。

不論試件的形狀如何，射線檢測儘可能採用單壁照相，對於厚薄相差甚大的試件，視情況採用雙片或多重底片照相技術。對於管徑較小或不易採行單壁照相的試件，可採雙壁照相，但應確保底片判讀範圍有足夠的靈敏度。

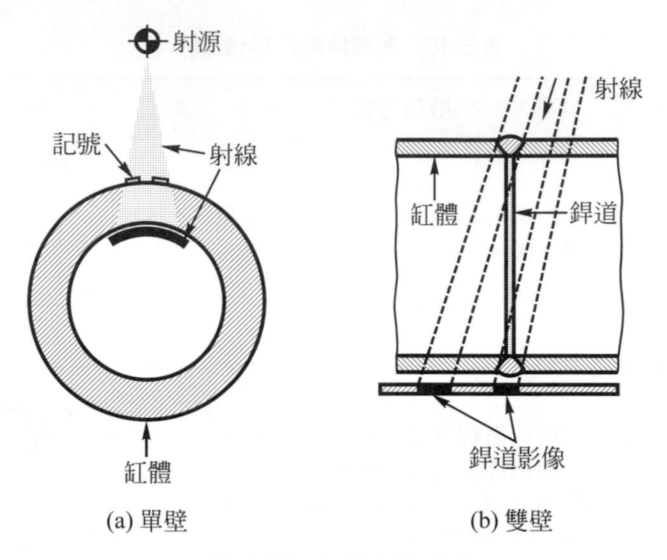

圖 5-30 射線照相技術

5.4-3 輻射安全

一、輻射設備及操作條件

放射性物質(射源)及可發生游離輻射設備執照分爲非密封放射性物質、密封放射性物質及可發生游離輻射設備等三種，使用單位或所有人應報請原委會檢查合格，發給執照後方可使用。設備所有人每半年應將現況、異動情形及生產記錄向原委會申報一次，操作人員有異動時，應一併申報。

放射性物質(射源)及可發生游離輻射設備之操作，除合於原子能施行細則第 58 條所規定人員外(表 5-11 所示)，必須領有原委會核發之操作執照始得操作。操作執照分爲初、中及高級三種，其操作範圍如表 5-12 所示。

表 5-11 免申領輻射設備操作執照之人員及其操作範圍

免申領操作執照人員	操作範圍			
	密封射源	非密封射源	X 光機	粒子輻射
中等學校教員及學生	0.1Ci	未滿免予管制量 100 倍	<10kV	<10000eV
大專院校教員或研究機構研究人員	1Ci	未滿免予管制量 1000 倍	<100kV	<100000eV
在執有操作執照人員直接指導而從事操作訓練者	依執有操作執照者等級範圍操作			

表 5-12 輻射設備操作執照之操作範圍

操作執照等級	操作範圍			
	密封射源	非密封射源	X 光機	粒子輻射
初	100Ci	未滿免予管制量 10000 倍	<500kV	<10000eV
中	5000Ci	未滿免予管制量 500000 倍	<1000kV	<100000eV
高	皆 可			

二、輻射名詞及單位換算

依國際輻射單位與度量委員會(International Commission on Radiation Units and Measurements；簡稱ICRU)所發表之輻射劑量名詞及其單位換算整理如表 5-13 所示。

表 5-13 輻射劑量名詞及單位換算表

輻射劑量名稱	意義	單位	代號	換算
曝露	輻射之照射	侖琴	R	
吸收劑量	單位質量物質接受輻射之平均能量	①雷得(舊單位) ②戈雷	rad Gy	1R≒1rad(對人體) 1R=0.869rad(空氣) 1Gy=100rad
等效劑量	人體組織之吸收劑量與射質因數之乘積。(射質因數：X，β，γ放射線皆為1，α放射線20，熱中子為2.3，快中子10，慢中子5)	①侖目(舊單位) ②西弗	rem Sv	1rem≒1R 1Sv=100rem
有效等效劑量	人體中受照射之各器官或組織之平均等效劑量與其加權因數乘積之和。(加權因數：性腺0.25，乳腺0.15，紅骨髓及肺皆為0.12，甲狀腺及骨表面皆為0.03，其他組織0.3)	同上	同上	同上
備註	①劑量率：指單位時間內的劑量，如等效劑量率之常用單位為侖目／小時，或西弗／小時。 ② 1 侖琴：輻射照射使 1kg 空氣產生 2.58×10^{-4}coul 的游離電量。 ③ 1 戈雷：輻射照射使 1kg 物質吸收 1Joule 輻射能量。 ④居里(Ci)：放射性核種之活度單位，1Ci=3.7×10^{10}衰變／秒(貝克)。			

三、輻射的生物效應

生物體的基本組成爲細胞，所以想了解輻射的生物效應必須先從細胞著手。動物細胞具有細胞膜、細胞質、細胞核……等，細胞核內具有控制遺傳的物質稱爲染色質。染色質是由去氧核糖核酸(DNA)及蛋白質所組成，平常形成細網狀不易觀察，當細胞進行分裂時，染色質聚集成條狀的構造稱爲染色體。當輻射照射細胞時，其殺傷細胞的機制主要在破壞DNA，往往細胞因此產生異常變化，甚而使細胞死亡。具體言之，輻射傷害細胞常見有下列三種現象。

1. 暫時性改變：輻射造成細胞生理作用不正常，但可逐漸恢復正常。
2. 永久性改變
   (1) 輻射使性染色體產生變異，而影響下一代的健康。
   (2) 局部細胞發生變異，產生不正常的繁殖、生長，可能生成瘤或癌細胞。
3. 細胞死亡

   人體接受到輻射照射後，高輻射劑量所引起的傷害較爲顯著，而低輻射劑量所引起的傷害，則必須經過一段時間後才會顯現出來。一般而言，全身照射比局部照射所引起的生物效應較爲嚴重。輻射曝露可能產生的生物效應，如表 5-14 所示。

表 5-14　輻射曝露產生的生物效應

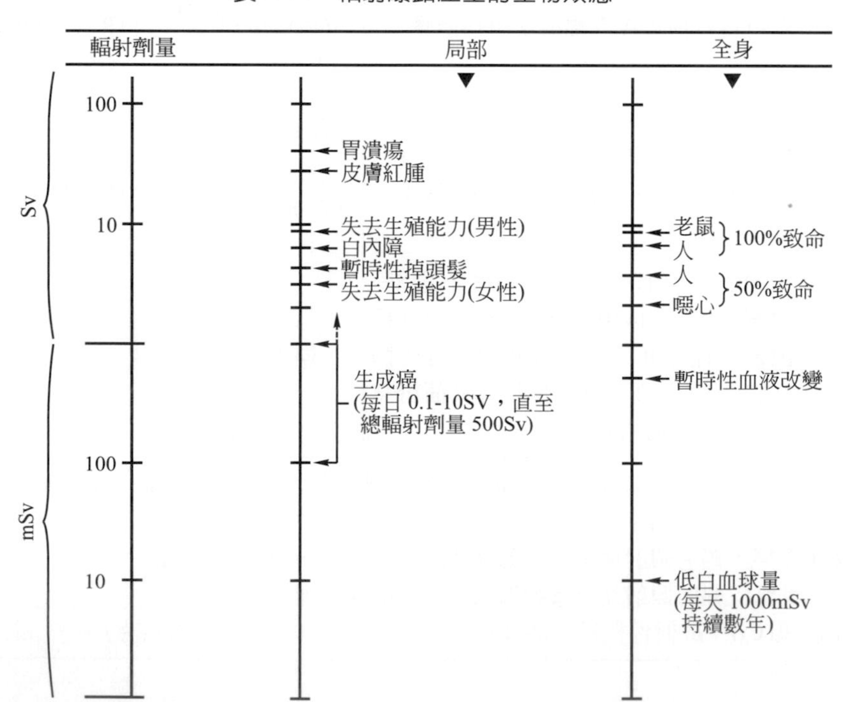

四、輻射劑量標準

原子能委員會於民國 80 年公佈有關個人輻射劑量限制之輻射防護安全標準，配合X光機及密封γ射源等射線檢測用裝備之洩漏劑量限制，整理如表 5-15 所示。

表 5-15　輻射劑量限制標準

<table>
<tr><th colspan="2" rowspan="2">防護項目</th><th rowspan="2">輻射劑量</th><th colspan="3">輻射劑量率限制標準</th></tr>
<tr><th>職業人員</th><th>孕婦</th><th>一般人</th></tr>
<tr><td rowspan="3">人員</td><td>全身</td><td>有效等效劑量</td><td>50mSv/year</td><td>5mSv/year</td><td>5mSv/year</td></tr>
<tr><td>眼球</td><td>等效劑量</td><td>150mSv/year</td><td>－</td><td>－</td></tr>
<tr><td>其他器官</td><td>等效劑量</td><td>500mSv/year</td><td>－</td><td>50mSv/year</td></tr>
<tr><td colspan="2">X 光機</td><td>洩漏劑量</td><td colspan="3">低於 2.5μSv/hr(0.25mR/hr)（距 X 光機表面 5cm 處）</td></tr>
<tr><td colspan="2">密封γ射源</td><td>洩漏劑量</td><td colspan="3">低於 0.1mSv/hr(10mR/hr)（距容器表面 1m 處）</td></tr>
<tr><td colspan="2">備註</td><td colspan="4">操作人員劑量達年劑量限度 3/10 時，需執行人員劑量監測。
[(3/10)×50mSv=15mSv]</td></tr>
</table>

例題 1

一 X 光機洩漏劑量率為 0.25mR/hr，操作人員每週工作 6 小時，則操作人員一年所接受到的曝露劑量為多少？

解 52(wk/year) × 6(hr/wk)=312(hr/year)

312(hr/year) × 0.25(mR/hr)=78(mR/year)=0.78(mSv/year)

$0.78 \ll 15$　故不需使用人員劑量計監測

五、輻射防護

利用射線檢測照相，爲確保人員之輻射工作安全，作業單位應根據實際作業現況訂定原委會認可之輻射防護計劃(參考附錄)，以下係針對部分重要項目加以闡述。

1. 人員防護

 工作人員未滿18歲，不得從事游離輻射工作。輻射工作人員在射線區域內所吸收的曝露劑量可利用輻射偵檢器材加以偵測，以作爲人員劑量安全標準的參考。當人員劑量可能超過年限度3/10以上(15mSv)時，工作時必須佩帶人員劑量計，以評估個人劑量。射線照相檢測時，當可能造成體外曝露時，應立即採取輻射防護三原則(TDS)加以防護。

 (1) 時間防護(Time Protection)：操作游離輻射應使曝露時間儘可能縮短。

 (2) 距離防護(Distance Protection)：儘量遠離射源，是相當有效的輻射防護方法。

 (3) 屏蔽防護(Shield Protection)：利用屏蔽物質阻擋輻射，常用之屏蔽物質爲鉛或其他重元素。

2. 輻射屏蔽

 X射線及γ射線對物質穿透能力很強，因此不能找到可完全將其阻擋的屏蔽材料，故實用上多以鉛、鐵及混凝土作爲屏蔽的材料。此等材料之屏蔽效果通常以半值層來表示。所謂半值層(Half Value Layer，HVL)係指射源強度降爲無屏蔽時強度之一半時，該屏蔽材料之厚度。不同屏蔽材料，阻擋各種能量之射線及γ射源之半值層厚度，如表5-16所示。

已知距點射源某段距離之輻射強度爲X_0，若欲使其強度降低至X_t，則在兩者間加入半值層之個數h，可以式5-3計算求得。

$$h = 1.443 \times \ln(X_0/X_t) \tag{5-3}$$

故使用某種屏蔽材料所需之厚度t，可採式5-4計算求得。

$$t = \text{HVL} \times h \tag{5-4}$$

表 5-16　各種能量之射線及γ射源之半值層厚度

峰值電壓(kvp) &γ射源	屏蔽物質		
	鉛(cm)	混凝土(cm)	鐵(cm)
50	0.006	0.43	—
70	0.017	0.84	—
100	0.027	1.6	—
125	0.028	2.0	—
150	0.030	2.24	—
200	0.052	2.5	—
250	0.088	2.8	—
300	0.147	3.1	—
400	0.25	3.3	—
500	0.36	3.6	—
1000	0.79	4.4	—
2000	1.25	6.4	—
3000	1.45	7.4	—
4000	1.6	8.8	2.7
6000	1.69	10.4	3.0
8000	1.69	11.4	3.1
10000	1.66	11.9	3.2
Cs^{137}	0.65	4.8	1.6
Co^{60}	1.2	6.2	2.1
Ir^{192}	0.48	4.8	1.54

例題 2

一部200kvp之櫃型X光機，再裝置初期尚未加以屏蔽時，在鄰近室內測得輻射劑量率為500倍允許安全劑量率值，試問應以多少厚度之鉛板做成櫃子，才能使此部X光機劑量率符合安全值。

解 $X_0 = 500\times$允許安全劑量率

$X_t =$ 允許安全劑量值

①$h = 1.443 \times \ln (X_0/X_t) = 1.443 \times \ln 500 = 9$

②查表5-16，X光機200kvp時，鉛之半值層厚為0.052cm

$\therefore t = \text{HVL} \times h = 0.052 \times 9 = 4.68(\text{mm})$

3. 地區及射源管制

射線檢測照相場所使輻射工作人員所受劑量可能超過年劑量限度3/10之地區，應劃定為管制區，低於3/10以下者劃定為監視區。管制區應訂定管制措施，其入口及區內適當地點，應設置輻射警示標誌(圖5-31)及必要之警語。若射源並非固定位置(如室外檢測)可臨時用欄杆、繩子或其他障礙物隔離起來。射源應妥善保管、貯存，以防止失竊、不當使用或人員受到意外曝射。為防止射源洩漏，每年得測漏一次。射源及容器外表均應標示明顯輻射標誌，並詳細註明射源核種名稱，輻射種類，出廠日期及當時活度。

4. 醫務監護

游離輻射場所應有特約醫務單位，以供工作人員的醫務監護及傷患的急救診療。工作人員需經體格檢查合格後使得雇用。體格檢查項目包括病歷、家庭、醫療及職業背景查詢及一般身體檢查。當工作人員因意外或緊急曝露所受劑量超過年許可劑量 2 倍以上時，應予以特別醫務監護，並施以緊急救治。

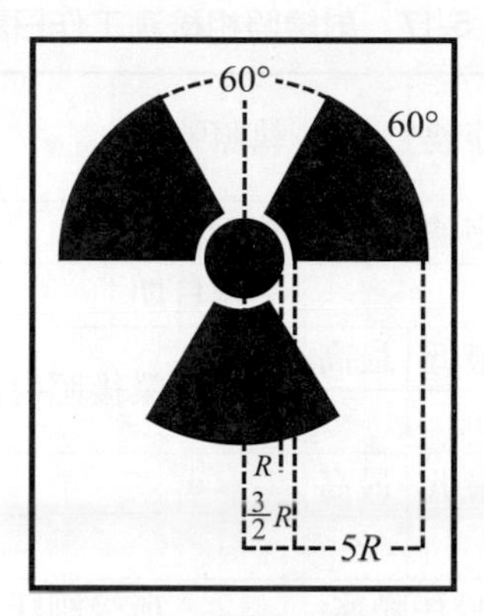

圖 5-31 輻射警示標誌

5. 射線檢測安全作業程序

爲確保射線檢測人員及鄰近民眾的安全，輻射作業單位應依下列安全作業程序操作。

(1) 每一放射線照相檢測現場應由輻射防護員負責監督、管制，以確保作業安全。

(2) 作業前輻射防護員應詳細檢查 X 光機、照射器及其配件是否正常，輻射偵檢儀器之配置是否適當。

(3) 作業時工作人員確實佩帶人員劑量計及個人警報器，並妥善利用地形、地物，以減少輻射曝露劑量。

(4) 照射作業前，輻射防護員應先評估環境及檢測物性質，劃定管制區，凡輻射劑量高於每小時 100 毫侖目之地區，應設置明顯周界，輻射警示標誌及危險高輻射地區之警語；輻射劑量高於每小時 5 毫侖目之地區，應設置明顯周界，輻射警示標誌及注意輻射地區之警語，並派員警戒，以防止人員闖入。

(5) 每次照射完畢，應確實實施輻射偵檢，已確定射源回收至正確位置。

(6) 每次作業時應詳細記錄放射線照相檢測工作日誌，如表 5-17 所示。

表 5-17　射線照相檢測工作日誌

<table>
<tr><td colspan="2">照射器
X 光機 型號</td><td></td><td>序號</td><td></td><td>執照號碼</td><td></td><td colspan="2">射源強度</td><td></td></tr>
<tr><td colspan="2">偵檢器型號</td><td></td><td>序號</td><td></td><td>校正日期</td><td></td><td colspan="2">下次校正日期</td><td></td></tr>
<tr><td colspan="2">工作地點</td><td colspan="3"></td><td>工作日期</td><td></td><td colspan="2">工作時數</td><td></td></tr>
<tr><td colspan="3" rowspan="2">作業前照射器表面劑量率</td><td>最低</td><td>最高</td><td colspan="3" rowspan="2">作業後照射器表面劑量率</td><td>最低</td><td>最高</td></tr>
<tr><td></td><td></td><td></td><td></td></tr>
<tr><td colspan="3" rowspan="2">操作人員位置輻射劑量率</td><td>最低</td><td>最高</td><td colspan="3" rowspan="2"></td><td colspan="2" rowspan="2"></td></tr>
<tr><td></td><td></td></tr>
<tr><td rowspan="5">操作人員</td><td colspan="2">姓名</td><td colspan="2">擔任職務</td><td colspan="3">所受訓練及工作經驗</td><td colspan="2">執照號碼</td></tr>
<tr><td colspan="2"></td><td colspan="2"></td><td colspan="3"></td><td colspan="2"></td></tr>
<tr><td colspan="2"></td><td colspan="2"></td><td colspan="3"></td><td colspan="2"></td></tr>
<tr><td colspan="2"></td><td colspan="2"></td><td colspan="3"></td><td colspan="2"></td></tr>
<tr><td colspan="2"></td><td colspan="2"></td><td colspan="3"></td><td colspan="2"></td></tr>
<tr><td>作業現場描述
管制設施、人員位置及相關輻射劑量率</td><td colspan="9"></td></tr>
<tr><td>主 管</td><td colspan="2"></td><td colspan="2">輻射防護
專業人員</td><td></td><td>現場輻射
防 護 員</td><td></td><td>操 作
人 員</td><td></td></tr>
</table>

6.　輻射意外事故處理

一但發生輻射事故，首先應採取措施立即消除事故原因，然後設法減少事故造成的照射及影響範圍，並對於受輻射照射人員，立即送醫診治，其處理流程如圖 5-32 所示。

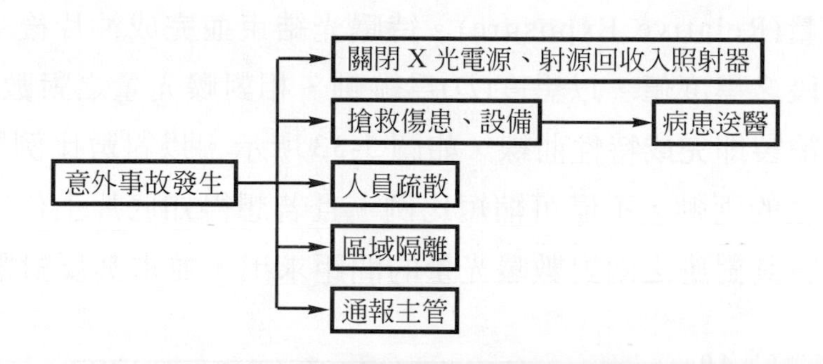

圖 5-32 輻射意外事故處理流程

5.4-4 底片特性

底片特性主要由速率(Speed)、對比(Contrast)及顆粒(Graininess)三要素所組成，此三要素相互關聯。速率較快的底片，一般爲顆粒較大而對比較小。以下針對與底片特性有關的項目加以分析討論。

一、黑度(Density)

黑度之定義可以式5-5表示，係指底片暗黑的程度，一般以黑度計加以測定。

$$黑度(D)=\log (I_0/I_t) \tag{5-5}$$

I_0：入射於底片的光線強度

I_t：透射過底片的光線強度

射線照相底片黑度，中國國家標準之合格範圍在1.5～4.0之間，若底片黑度太小(底片太白)，則光差不佳，而黑度太大(底片太黑)時則甚難判片。

二、特性曲線(Film Characteristic Curve)

由於底片感光乳劑黑度與曝光量間關係並不成直線比例關係，故二者關係常以特性曲線加以表示。特性曲線又稱HD曲線(紀念Hurter與Driffield二人首次使用而命名)，主要功用在說明施加於射線照相物質之曝光量與其所造成底片黑度間的關係。

製作底片特性曲線之方法，係將一長條底片等間格分段，每一段曝光量依序按一常數乘以前一段曝光量方式遞增，它們之間有一定的比值關係，稱此比值爲相對曝光量(Relative Exposure)。待曝光結束並完成沖片後，以黑度計測定底片上每小段之黑度值，以黑度(D)爲縱軸，相對曝光量之對數值(log Re.E)爲橫軸，描點繪製即完成特性曲線，如圖 5-33 所示。以對數比例單位來表示黑度及相對曝光量的兩軸，不僅可縮短比例，且若想得知底片上任一段曝光量的比值時，僅需將其對應之兩對數曝光量的間距求出，並求其反對數即可。

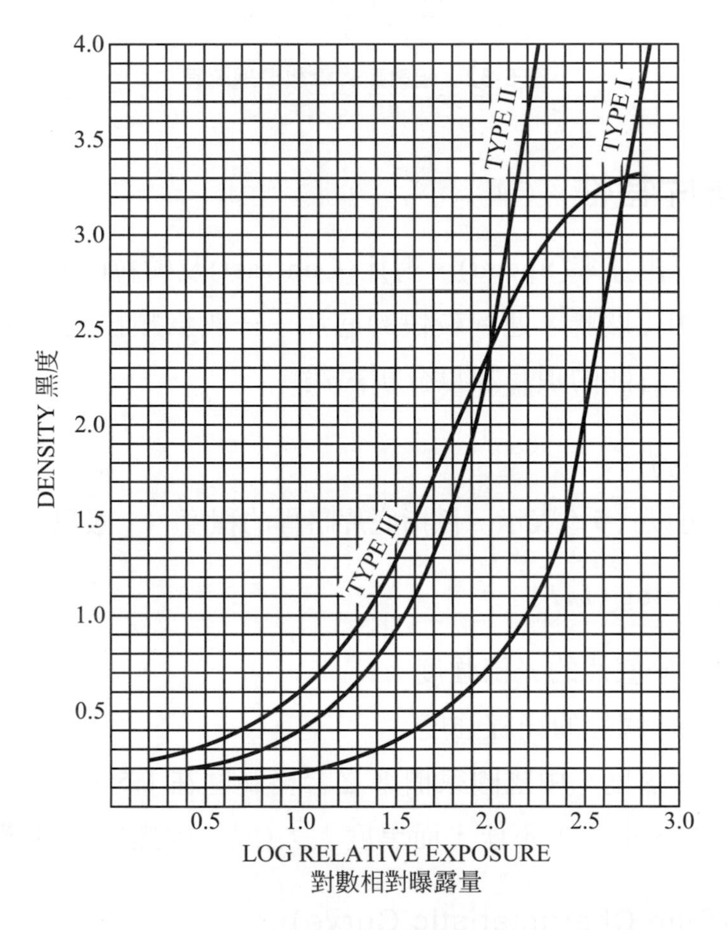

圖 5-33　底片特性曲線

例題 3

如圖 5-33 所示，使用 Fuji100 底片(Type 2)及曝光量 10mA-min 照射某一試件所得底片黑度爲 1.0，現若欲增加黑度至 2.0，試問其正確曝光量應爲多少？

解 $D = 2.0$　　log Re.E = 1.95

$D = 1.0$　　log Re.E = 1.55

△ log Re.E = 1.95 − 1.55 = 0.40

$\log^{-1} 0.40 = 2.51$

10mA-min × 2.51 = 25.1mA-min (正確曝光量)

三、底片對比(Film Contrast)

指底片上鄰近位置的黑度差，黑度差大，則表示底片對比大，解析度較好。觀察底片的特性曲線，若曲線愈陡(斜率愈大)，則表示底片對比愈大，以圖 5-33 爲例，Type1 最大，Type2 次之，而Type3 對比最小。此外，高能量曝光(曲線右側)之底片會較低能量曝光(曲線左側)者黑度差大，而顯現較大的對比。

四、底片速率(Film Speed)

底片速率與某一曝光量能產生一定黑度所需之時間成反比，時間愈短，速率愈快。當曝射能量不同時，底片速率與產生一定黑度所需曝射能量成反比，以圖 5-33 爲例，當黑度爲 2 時，Type1 速率最慢，Type2 次之，而 Type3 速率最快。

五、顆粒(Graininess)

底片乳化層主要由溴化銀粒子所組成，顆粒粗者底片速率較快，顆粒細者，底片速率較慢。

六、清晰度(Definition)

指底片影像的清楚程度，意即試件瑕疵輪廓能否清楚地顯現在底片上的程度，清晰度愈高愈容易作正確判片。

5.4-5 曝光計算與曝光表應用

一、曝光計算

射線照相中，若使用曝射能量(kV，γ核種)不變，則決定曝光量的因素有射源強度、射源至底片距離及曝光時間三者，任一因素有所變動，即應利用計算公式調整其他數値，以使底片獲得良好的曝光效果。當曝射能量改變時，即無法利用公式計算，而必須藉助曝光表來決定曝射條件。

1. X射線曝光計算：射線照相時，決定曝光量各因素間的關係可以式5-6表示。

$$\frac{M_1}{M_2}=\frac{L_1^2}{L_2^2}=\frac{T_1}{T_2} \tag{5-6}$$

M：曝光強度(mA或ci)

L：射源至底片的距離(cm)

T：曝光時間(min)

例題 4

設X光照相電壓及曝光時間固定不變，射源至底片距離爲50cm時，使用5mA電流照相，可得適當黑度之良好影像，今爲增加小缺陷之清晰度，將距離增至100cm，試問欲得相同黑度之影像應使用多大電流？

解 $M_1=5\text{mA}$，$L_1=50\text{cm}$，$L_2=100\text{cm}$

$M_2=(100^2\times 5)/50^2=20\ (\text{mA})$

2. γ射線曝光計算

γ射線照相所需之曝光時間，依射源種類及使用底片類型不同而異，可按式5-7計算求得。γ射源強度會隨時間增加而衰減，而在射線照相前，γ射線之曝光計算又必須知悉當時的射源強度，若每次檢測前皆需利用偵測設備來測定射源強度，總是耗時不便，因此一般多利用射源強度衰變曲線(Decay Curve)而獲致此項資料。衰變曲線係以對數縱座標表示射源強度，而以線性橫座標表示時間，例舉 Co^{60} 之衰變曲線，如圖 5-34 所示。

$$T=(E\times L^{2})/S \tag{5-7}$$

T：曝光時間(min)

S：射源強度(ci)

E：曝光係數

L：射源至底片之距離(in)

式 5-7 中之曝光係數可利用各種射源之曝光係數表查得，例舉鋼之曝光係數表，如圖 5-35 所示。

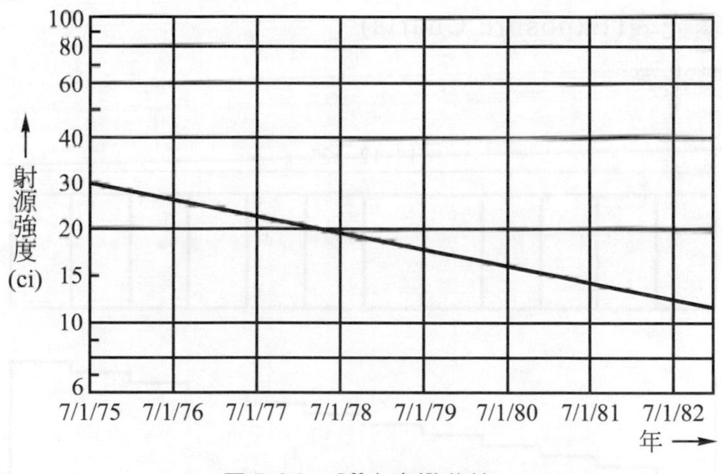

圖 5-34　C^{60}之衰變曲線

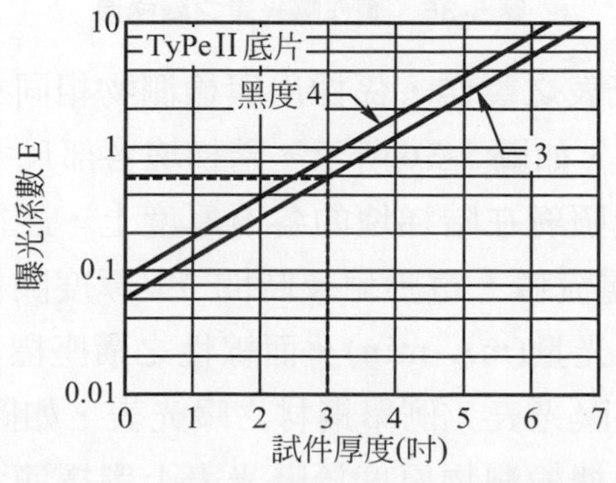

圖 5-35　鋼試件以 C^{60}照相之曝光係數表

例題 5

以 Co^{60} 曝射 3in 厚鋼材照相，射源強度爲 15ci，使用 typeII 底片，黑度爲 3，射源距底片 12in，依圖 5-35 所示，試求①曝光係數②曝光時間。

解 ①由圖 5-35 查得曝光係數 $E = 0.58$(虛線處)

②$T = (E \times L^2)/S$

$T = (0.58 \times 12^2)/15$

$= 5.6$(min)

二、曝光表應用

射線照相檢測時，爲表示檢測物厚度、射源強度(能量)及曝光時間等關係之圖表，稱爲曝光表(Exposure Charts)。

1. X射線曝光表

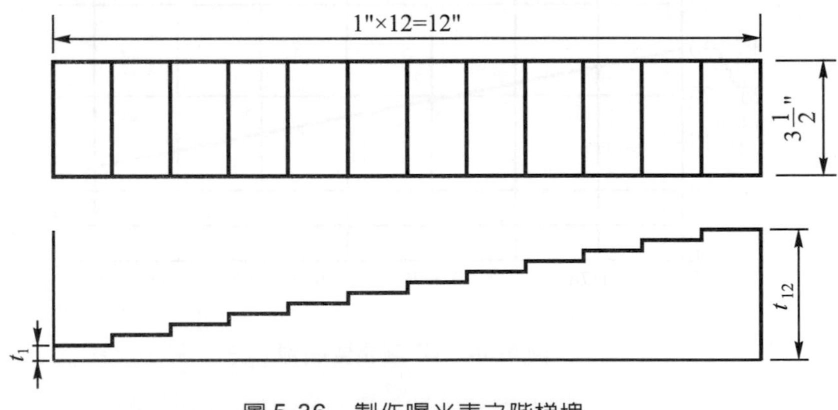

圖 5-36　製作曝光表之階梯塊

X 射線曝光表之製作，係採用與檢測物相同材質之材料作成具有不同厚度之階梯塊，如圖 5-36 所示。階梯塊各部尺寸，如表 5-18 所示。以數種適當曝光量照射在階梯塊的各層厚度上，然後將底片上一定黑度的曝光條件資料(電流值、電壓值及時間)與厚度關係，以對數之縱座標表示曝光時間或曝光量(mA-min)，而線性之橫座標表示試件厚度，描點繪製成圖表，即爲曝光表，例舉鋼材之曝光表，如圖 5-37 所示。射線照相檢測時，即可根據檢測物厚度於曝光表上選擇適當的電壓與電流，藉以決定其曝光時間。但射距及使用底片不同時，其曝光時間應依該圖附表加以修正，如此底片才能獲得正確的曝光量。

表 5-18　曝光表製作用階梯塊尺寸

階梯塊編號	階梯厚度											
	t_1	t_2	t_3	t_4	t_5	t_6	t_7	t_8	t_9	t_{10}	t_{11}	t_{12}
A	6	9	12	15	18	21	24	27	30	33	36	39
B	36	39	42	45	48	51	54	57	60	63	66	69

*A 塊用於 160～300kV
*B 塊用於 1～2.5MeV

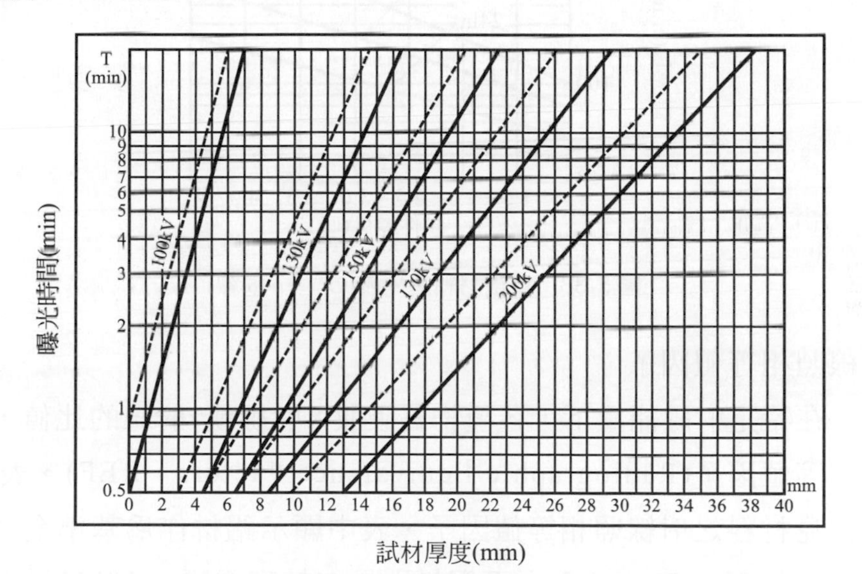

(對等曝光時間表)

曝光表原始曝射條件			
底片	KODAK TYPE AX	射距	700mm
黑度	2	電流	— 8mA --- 5mA

對等曝光時間			
底片		射束距離	
AGFA D7	T×0.9	350mm	T×0.25
AGFA D4	T×2.4	500mm	T×0.5
AGFA NDT75	T×1.0	1000mm	T×2.0
AGFA NDT55	T×1.7	1400mm	T×4.0
AGFA Mx	T×2.0		
AGFA R	T×8.5		

圖 5-37　鋼鐵材曝光表及對等曝光時間(X 射線)

2. γ射線曝光表

γ射線曝光表之製作同樣使用階梯形試片，方法類似X射線曝光表，結果將曝光量(ci-min)標於對數之縱座標上，而將試片厚度標於線性之橫座標上，例舉鋼材之曝光表，如圖 5-38 所示。射線照相檢測時，即可根據檢測物厚度於曝光表查得對應之曝光量，將其除以射源強度即爲曝光時間。

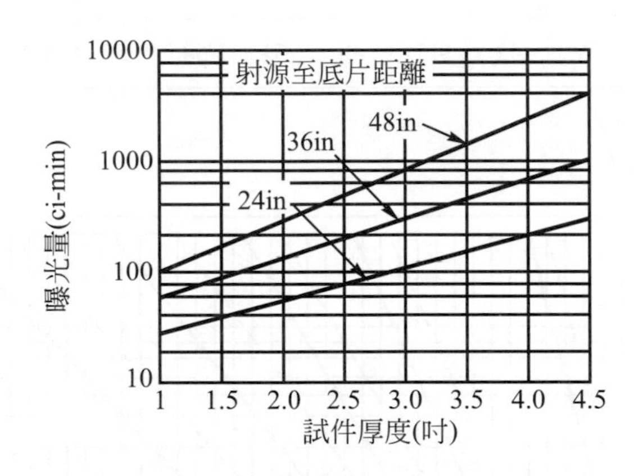

圖 5-38 鋼鐵材料曝光表(C^{60}，γ射線)

3. 射線照相等值因子

在特定射線能量下，各種物質吸收X射線或γ射線的比值，稱爲射線照相等值因子(Radiographic Equivalence Factors，REF)。表 5-19 所示爲常見材料之射線照相等值因子，表中顯示鋁材作爲基準金屬的電壓在 100kV 以下(REF = 1.0)，而鋼材則是在較高電壓 (150kV 以上) 及三種γ射源(Ir^{192}，Ce^{137}，Co^{60})時採用。決定檢測物之曝光時間，可將檢測物厚度乘上等值因子，稱爲等值金屬標準厚度(Equivalent Standard Metal Thickness)，再以此厚度查閱基準金屬之曝光表，即可獲得正確的曝光時間。

例題 6

一鋁材厚 100mm，利用 X 射線檢測，試求其曝光時間？(其他曝射條件同圖 5-37)

解：①由表5-19查得，鋁材之等值因子爲0.12(以鋼爲基準金屬)。

②鋁材之等值金屬標準厚度爲 $100 \times 0.12 = 12$ (mm)。

③基準金屬爲鋼鐵，故查閱圖5-37鋼材曝光表，得知曝光時間爲150kV，3min，5mA或130kV，5min，8mA。

表5-19　各種材料之射線等值因子

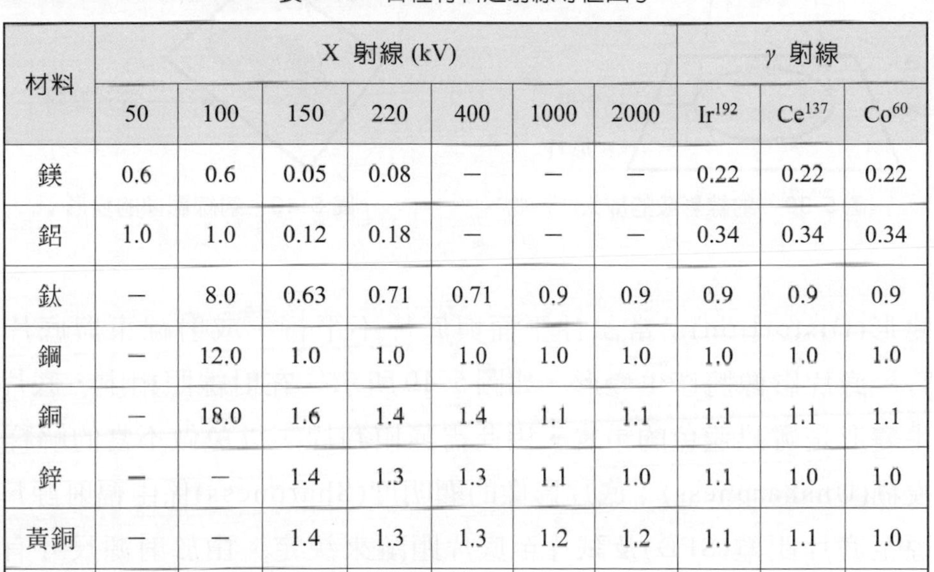

材料	X 射線 (kV)							γ 射線		
	50	100	150	220	400	1000	2000	Ir^{192}	Ce^{137}	Co^{60}
鎂	0.6	0.6	0.05	0.08	－	－	－	0.22	0.22	0.22
鋁	1.0	1.0	0.12	0.18	－	－	－	0.34	0.34	0.34
鈦	－	8.0	0.63	0.71	0.71	0.9	0.9	0.9	0.9	0.9
鋼	－	12.0	1.0	1.0	1.0	1.0	1.0	1.0	1.0	1.0
銅	－	18.0	1.6	1.4	1.4	1.1	1.1	1.1	1.1	1.1
鋅	－	－	1.4	1.3	1.3	1.1	1.0	1.1	1.0	1.0
黃銅	－	－	1.4	1.3	1.3	1.2	1.2	1.1	1.1	1.0
鉛	－	－	14.0	12.0	－	5.0	2.5	4.0	3.2	3.2

5.4-6 射線照相之品質

射線照相品質之優劣，關係檢測結果能否正確判讀，因此以下係針對有關描述射線品質的項目及影響射線品質之因素加以說明。

一、成像幾何原理

射線照相在底片上的影像，常因射源、試件及底片三者間的幾何關係變化，而使得影像輪廓發生放大、變形或模糊的現象。

1. 放大(Enlargment)：一般底片與射源的距離總是大於試件與射源的距離，因此試件的影像會放大，如圖5-39所示。在檢測實務上，爲使射線照相影像與試件影像相同，可使底片與試件貼緊，或射源遠離底片來達成此種目的。

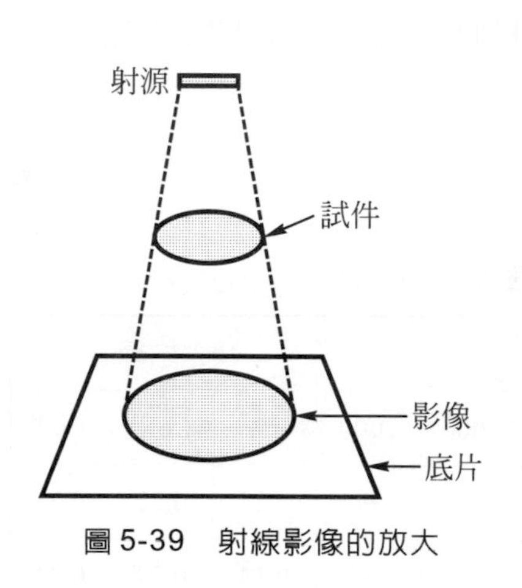

圖 5-39　射線影像的放大

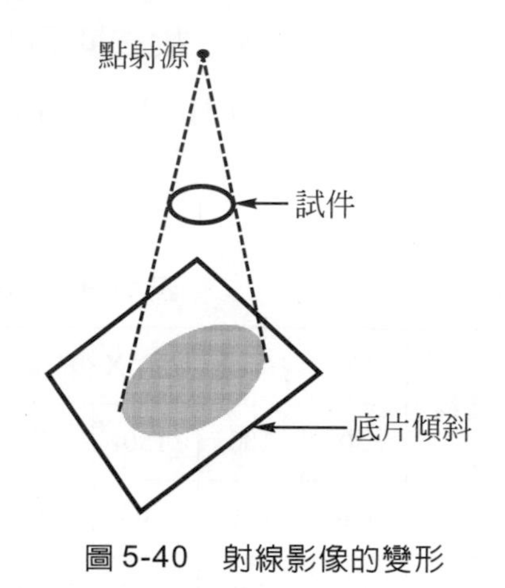

圖 5-40　射線影像的變形

2. 變形(Distortion)：當試件平面與底片不平行，或射線束與底片面傾斜時，底片影像將產生變形，如圖 5-40 所示。在射線照相中，底片影像發生變形是難以避免的事實，因此需謹愼判片，以免做不當的解釋。
3. 模糊(Unsharpness)：底片影像的顯明度(Sharpness)係由輻射源尺寸、射源至底片距離(SFD)及試片至底片距離來決定。由於射源尺寸有一定大小，因此射源並非一點，以致使試件影像形成半陰影區域(Penumbra)，此半陰影之寬度，稱爲幾何模糊度(Geometric unsharpness)，如圖 5-41 所示，其值以式 5-8 計算求得。

$$U_g = (F \times t)/d_0 \tag{5-8}$$

U_g：幾何模糊度

F：射源尺寸

t：試件厚度

d_0：射源至試件表面距離

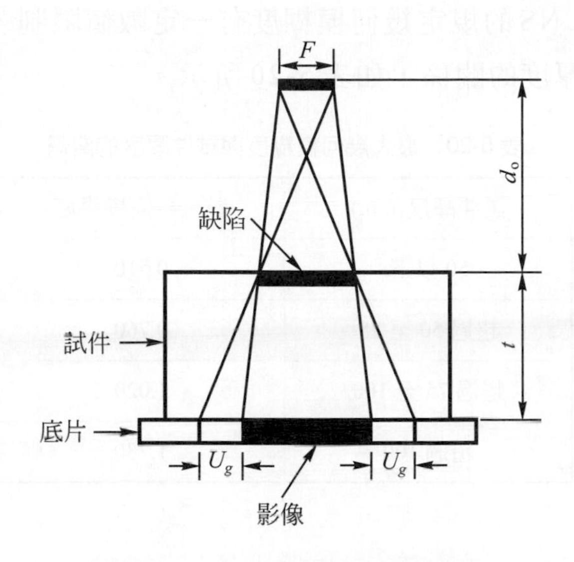

圖 5-41　底片影像之幾何模糊度

圖 5-42 顯示試件產生幾何模糊的三種情形，分別說明如下：

(1) A 圖中，試件 *O* 與底片 *F* 較為接近，幾何模糊度較小。

(2) B 圖中，若不改變 *A* 圖中射源至底片 *F* 之距離，但加大試件 *O* 與底片 *F* 的距離，結果使幾何模糊度增大。

(3) C 圖中，試件至底片距離與 A 圖相同，但增加射源至底片距離，結果幾何模糊度在三者中最小。

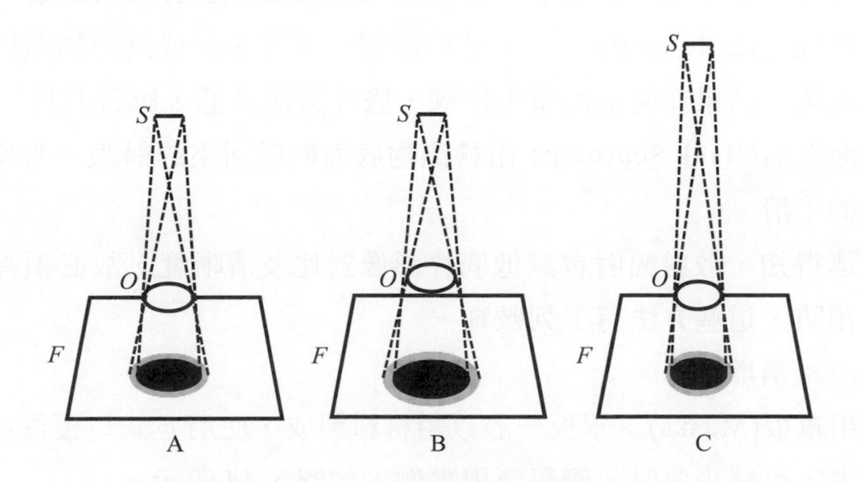

圖 5-42　底片幾何模糊之三種情形

依據CNS的規定幾何模糊度有一定數值限制，最高許可幾何模糊度與試件厚度的關係，如表5-20所示。

表5-20 最大幾何模糊度與試件厚度的關係

試件厚度(mm)	最大幾何模糊度
50以下	0.510
超過50至75	0.760
超過75至100	1.020
超過100	1.780

二、散射輻射

射線檢測時，由於檢測物對射線吸收的差異(如檢測物厚度、密度、成分之差異)或散射輻射等因素所造成的對比，稱為物件對比(Subject Contrast)。射線能量與物件對比成反比，故射線照相時應了解此種關係，以便調整底片對比。散射輻射(Scatter Radiation)係射線穿透檢測物時生成波長較大，能量較低的輻射線，其產生的方式，常見有下列三種情形，如圖5-43所示。

1. 內部散射(Internal Scatter)：當檢測物形狀有不明顯的端緣時，會使得檢測物內部產生散射現象，結果使檢測物輪廓產生模糊影像。
2. 側面散射(Side Scatter)：主要由牆壁、工作平台或其他物體所造成的散射現象，結果亦使影像產生模糊，底片對比減低，影響判片。
3. 底面散射(Back Scatter)：由檢測物底面散射回來的射線，常使底片影像模糊不清。

由上述得知，散射輻射會減低底片影像對比及清晰度，故必須採用適當的方法加以預防，這些方法有下列數種。

1. 使用鉛箔增感屏。
2. 使用罩板(Masks)：罩板一般以鉛材料製成，使用方式以覆蓋或環繞試件為主，可減少散射。例舉應用實例，如圖5-44所示。

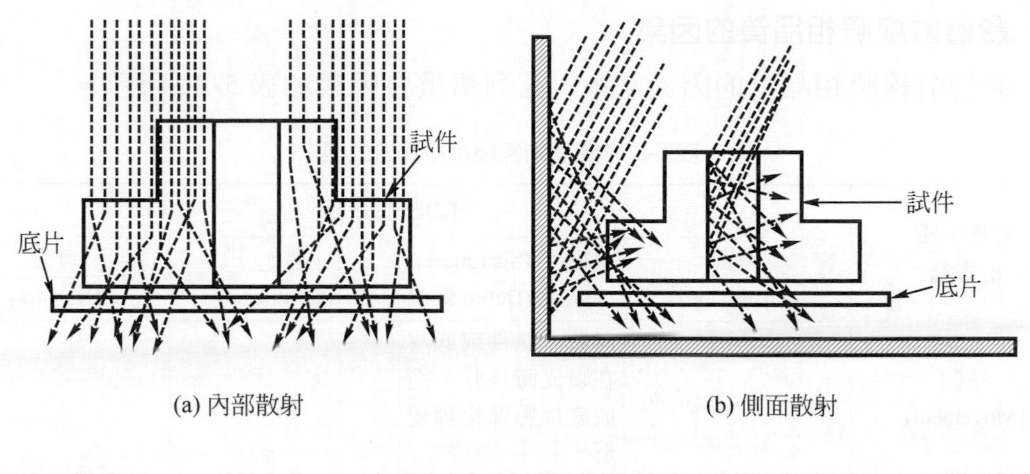

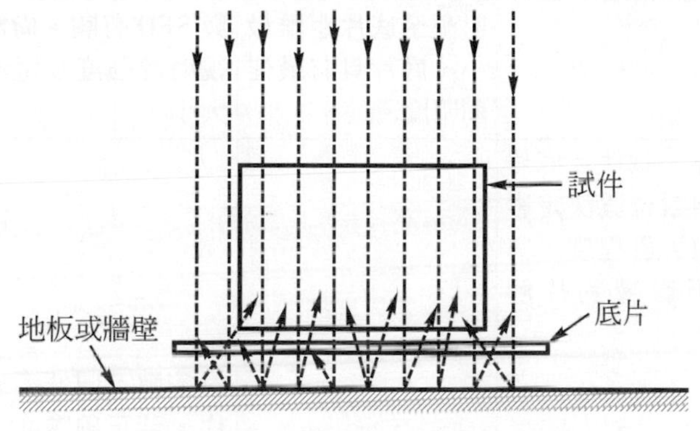

圖 5-43 散射輻射的三種情形

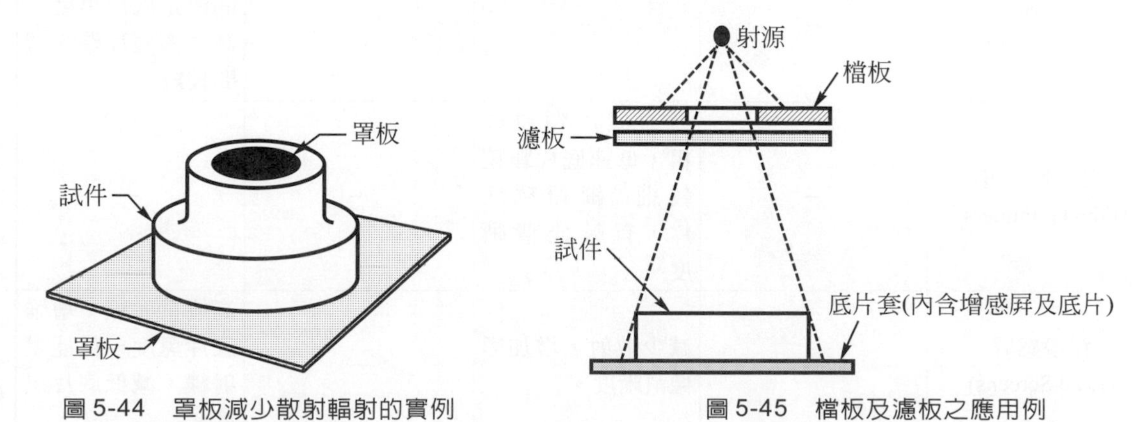

圖 5-44 罩板減少散射輻射的實例

圖 5-45 檔板及濾板之應用例

3. 使用擋板及過濾板(Filter)：擋板可減少射束範圍及角度，以增加底片對比；過濾板通常以鉛或銅等材料之金屬板或箔製成，可濾除低能量射線，以減少散射輻射。例舉應用實例，如圖 5-45 所示。

三、影響射線照相品質的因素

影響射線照相品質的因素甚多，茲列舉重要因素如表 5-21 所示。

表 5-21　影響射線照相品質的因素

射線照相的變數	射線照相品質			
	失真 (Distorsion)	顯明度(Sharpness) 清晰度(Definition)	對比 (Contrast)	黑度 (Density)
移動 (Movement)	—	射源、試件或底片在曝光時移動，造成底片影像模糊變形。	—	—
射源尺寸、射源至底片距離(SFD)、試片至底片距離	—	射源至底片距離最小，底片具有最佳顯明度。	與 SFD 有關，尚需視射源強度及電流大小。	與 SFD 有關，尚需視射源強度及電流大小。
射源位置、試片位置、底片位置	射源、試件及底片的相對位置決定影像的失眞程度，其結果影響判片解釋。	—	—	—
底片對比 (Film Contrast)	—	—	對多數不同速率底片，若正確曝光，底片對比相同。	—
底片速率 (Film Speed)	—	—	—	底片速率及曝光時間決定底片黑度。高速率底片曝光時間較短。
底片顆粒度 (Film Graininess)	—	高速底片顆粒較粗，低速底片顆粒較細。細顆粒底片，有較佳清晰度。	—	—
鉛增感屏 (Lead Screens)	—	減少散射，增加影像清晰度。	—	高能量射線，增強底片黑度，低能量射線，減低底片黑度。
鈣鎢增感屏 (Calcium Tungstate Screens)	不宜使用高能量射線，以免射線漫射而影響影像顯明度。	—	—	使用低能量射線時，藉以增強底片黑度。

表 5-21　影響射線照相品質的因素(續)

射線照相的變數	射線照相品質			
	失真 (Distorsion)	顯明度(Sharpness) 清晰度(Definition)	對比 (Contrast)	黑度 (Density)
射線濾屏(Filters) (控制照相品質，置於射線與檢測物間之過濾片。)	—	吸收低能量輻射，減少散射。	吸收低能量輻射，減少散射。	—
調準器 (Collimators)	—	限制射線曝光區域，減少散射。	限制射線曝光區域，減少散射。	—
罩板 (Masks)	—	限制試件局部曝光，減少散射。	限制試件局部曝光，減少散射。	—
kvp (限於 X 射線)	—	其他因素不變，當kV值增加時，由於減少散射，底片清晰度增加。	其他因素不變，當KV值減少時，底片對比增加。kV值選擇視試件及靈敏度決定。	其他因素不變，當KV值增加時，底片黑度增加。kV值選擇視試件及靈敏度決定。
mA (限於 X 射線)	—	—	已知 SFD 及 kV 值時，電流 mA 與時間 T 的乘積即爲曝光量。結果視底片對比決定。	已知 SFD 及 kV 值時，電流 mA 與時間 T 的乘積即爲曝光量。結果視底片速率決定。
時間	—	—	視 mA 及射源強度決定。	視 mA 及射源強度決定。
射源強度 (限於γ射線)	—	—	已知 SFD 時，射源強度與時間 T 的乘積即爲曝光量。結果視底片對比決定。	已知 SFD 時，射源強度與時間 T 的乘積即爲曝光量。結果視底片速率決定。
射源能量 (限於γ射線)	—	其他因素不變，當射源能量增加時，由於減少散射，底片清晰度增加。	其他因素不變，當射源能量減少時，底片對比增加。射源能量選擇視試件及靈敏度決定。	其他因素不變，當射源能量增加時，底片黑度增加。射源能量選擇視試件及靈敏度決定。

表 5-21　影響射線照相品質的因素(續)

射線照相的變數	射線照相品質			
	失真 (Distorsion)	顯明度(Sharpness) 清晰度(Definition)	對比 (Contrast)	黑度 (Density)
試件吸收	—	—	—	由曝光量、kV值或射源能量決定。
試件對比	—	—	由曝光量、kV值或射源能量決定。	—

5.4-7　底片沖洗

底片經過射線照相後，在內部存在一個潛在的影像，若經過特定的處理過程，則底片即呈現可見的永久影像，此種處理過程稱爲底片沖洗(Films Processing)。底片沖洗必須在暗房中完成，其方法一般分成手工沖片法(Manual Film Processing)及自動沖片法(Automatic Film Processing)兩種。

一、手工沖片法

手工沖片法常見有盤式沖洗及槽式沖洗兩種方式，由於槽式沖洗具有下列諸項優點，底片品質較佳，因此目前使用最爲普遍，其裝置及沖片過程，分別如圖 5-18 及圖 5-46 示。

1. 底片垂直懸掛完全浸入槽內，不會發生翹曲現象，且兩面均可完全與沖片藥液接觸。
2. 藥液溫度控制可藉槽外四周水溫加以調節。
3. 時間及空間較爲節省。

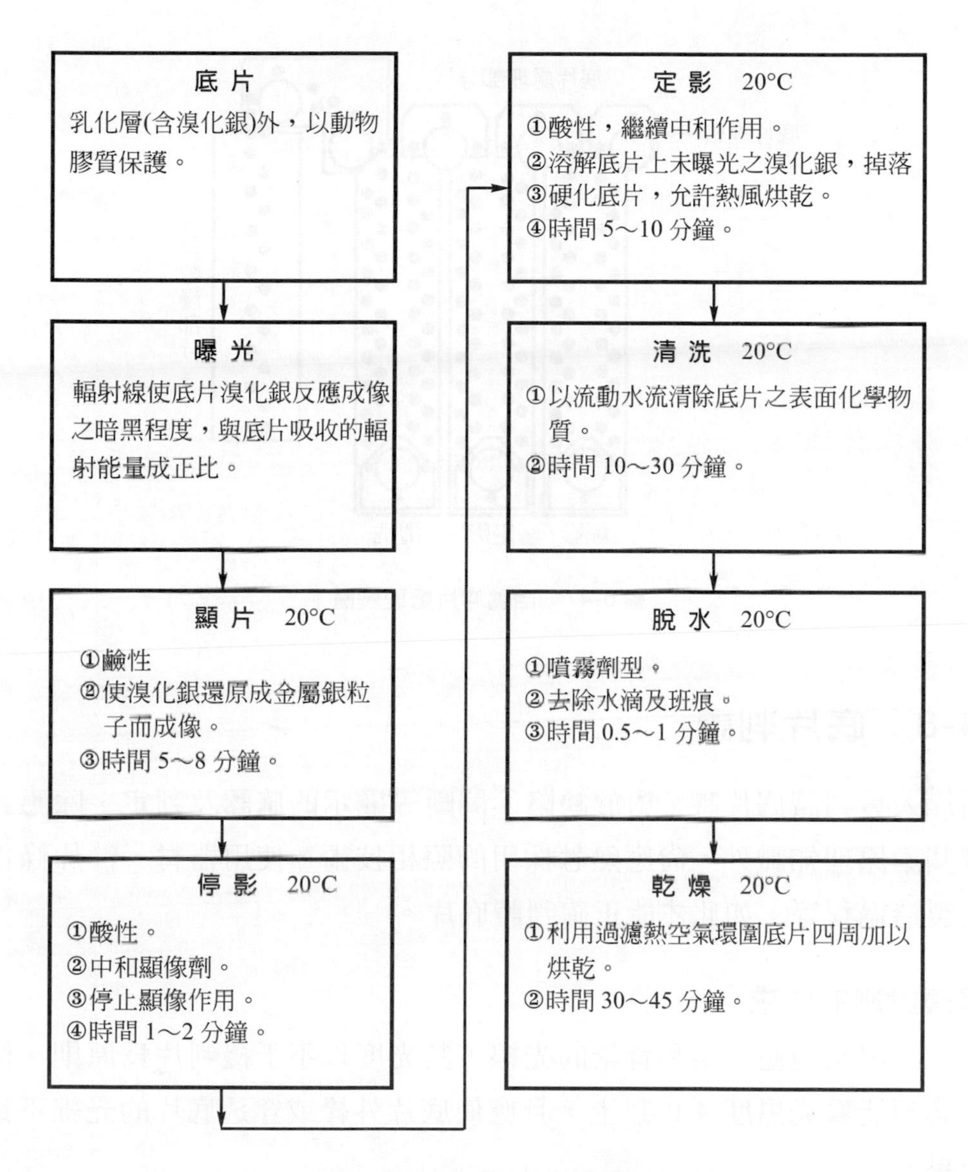

圖 5-46 槽式手工沖片過程

二、自動沖片法

自動沖片處理裝置，如圖 5-47 所示。其方法係利用輥子將底片自動連續地送入沖片機器中，使其經過事先安排好的各項操作而完成沖片過程。此種處理機器若能安排合適的操作程序，即可減少沖片時間而提高效率。

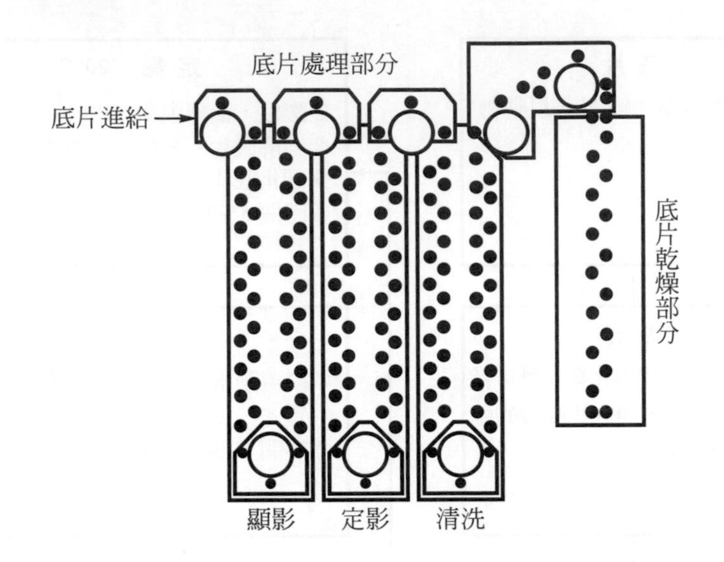

圖 5-47　自動沖片處理裝置

5.4-8　底片判讀

判片人員判讀底片時，對於缺陷、間斷等顯示的確認及判定，除應具有射線檢測基本原理知識外，尙應熟悉採用的照相技術、使用器材、沖片條件及檢側物之製造過程等，如此才能正確判讀底片。

一、環境設施的要求

底片判讀環境應有柔和背景的光線，其光度以不干擾判片爲原則。使用之判片燈必須能看見黑度 4.0 以上，且應使底片外緣或穿透底片的光線不致干擾判片結果。

二、缺陷顯示之確認及種類判定

判讀底片時，在底片中顯現任何異常的圖案均需視爲顯示而加以小心研判，這些顯示常見有下列三種。

1. 錯誤顯示(False Indication)

   錯誤顯示係指檢測時會造成誤判的顯示，大多以人爲疏忽因素居多。射線檢測常見的錯誤顯示，如底片刮傷、手紋、水痕、底片貼錯位置……等。

2. 不適切顯示(Nonrelevant Indication)

無關顯示係指檢測狀況無法控制，或未經控制所產生的顯示，大多源自於原設計而難以避免。射線檢測之無關顯示係指幾何因素或試件形狀所引起的顯示。例如，厚度變化、設計孔、密度變化……等造成底片黑度變化之無害顯示。

3. 適切顯示(Relevant Indication)

係指由缺陷或間斷(Discontinuity)等形成之有效顯示。射線檢測常見的間斷顯示，如銲道的裂縫(Crack)、夾渣(Slag)、氣孔(Gas Pores)、熔入不足(Incomplete Penetration)、熔合不良(Incomplete Fusion)……等；如鑄件的冷斷(Cold Shuts)、冷縮(Shrinkage)、夾砂(Sand Spot)……等。當以上這些間斷顯示超過原定合格標準，會損及試件功能時，即稱爲缺陷(Defect)。

缺陷種類判定需要相當經驗，因此針對射線檢測常見缺陷種類的檢測結果，整理如表5-22所示，以供參考。

表5-22　射線檢測常見缺陷種類之檢測結果

缺陷種類		試件圖示	底片圖示	缺陷顯示說明
銲件（碳鋼）	頂部裂縫 (Top Crack)		頂部裂縫	銲道邊黑色直線條的圖案。
	根部裂縫 (Root Crack)		根部裂縫	銲道內黑色直線條的圖案。

表 5-22　射線檢測常見缺陷種類之檢測結果(續)

缺陷種類		試件圖示	底片圖示	缺陷顯示說明
銲件(碳鋼)	氣孔 (gas pores)		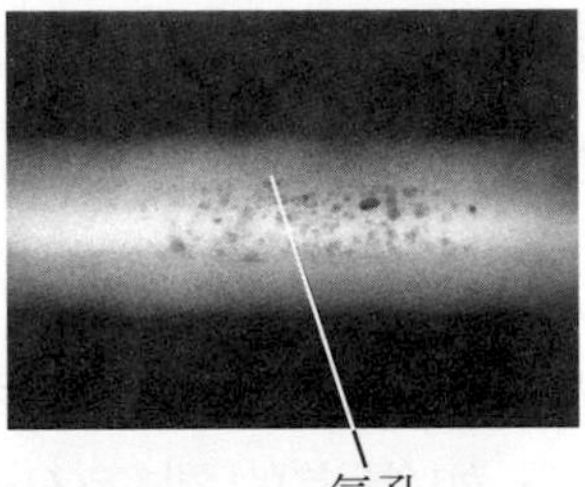 氣孔	銲道內點狀散佈的黑色影像。
	夾渣 (Slag Inclusion)		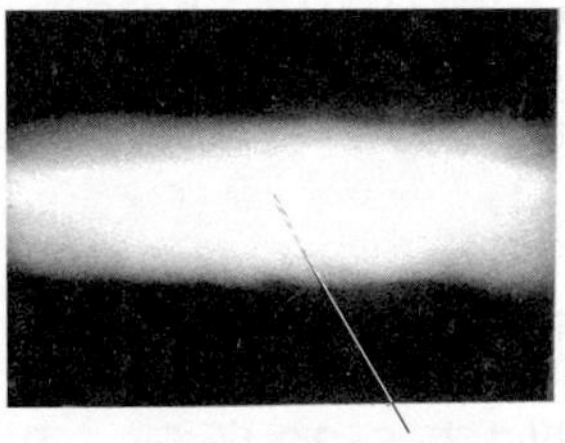 夾渣	銲道內不規則線條的影像。
	熔合不良 (Incomplete Fusion)		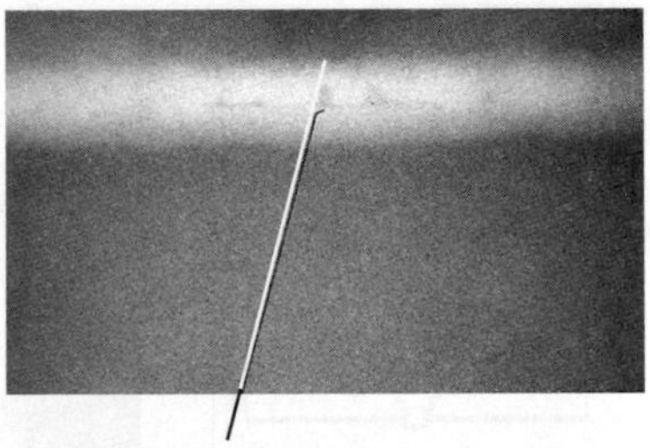 熔合不良	銲道邊細長的黑色線條影像。
	穿透不足 (Incomplete Penetration)		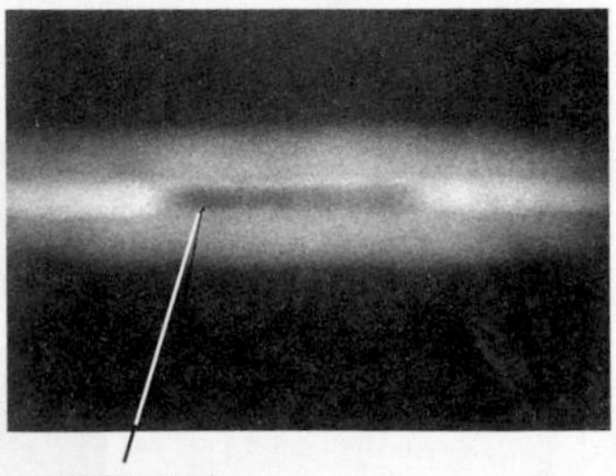 穿透不足	銲道內條狀黑色影像。

表 5-22　射線檢測常見缺陷種類之檢測結果(續)

缺陷種類		試件圖示	底片圖示	缺陷顯示說明
銲件（碳鋼）	過度穿透 (Excess Penetration)	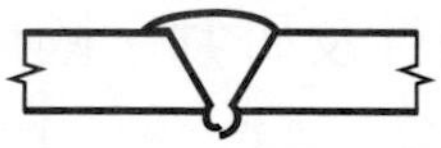	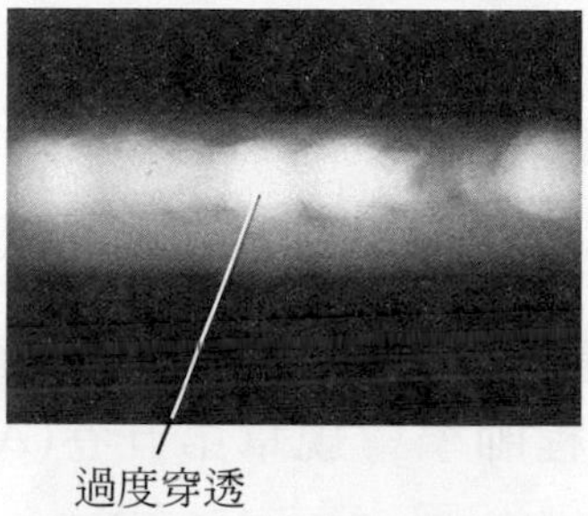 過度穿透	銲道內有銲珠狀的灰白色影像。
	過度堆疊 (Excess Cap)	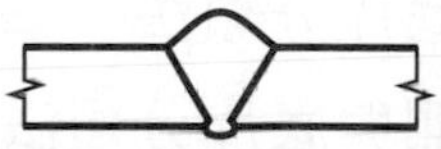	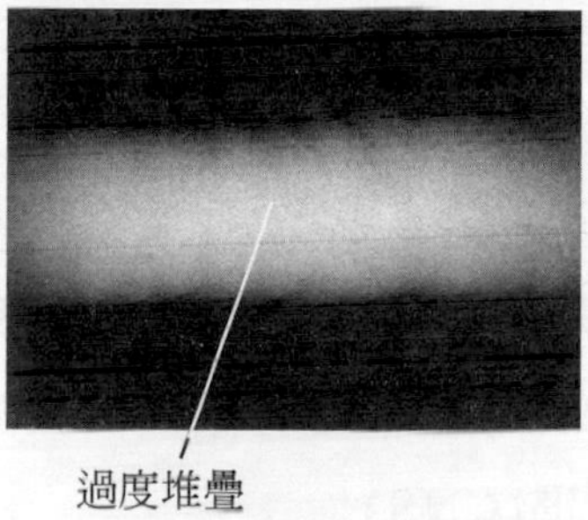 過度堆疊	全銲道形成灰白色影像。
鑄件	吹氣孔 (Blow Hole)	–	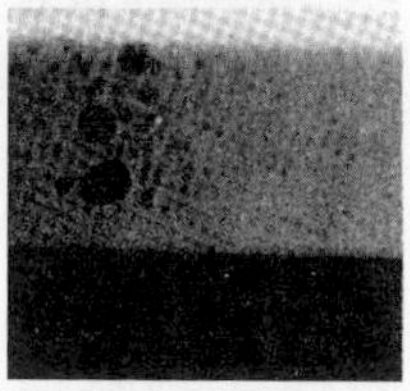	底片左上角圓點狀黑色影像。
	裂縫 (Crack)	–		底片左上角不規則線狀的黑色影像。
	熱撕裂 (Hot Tears)	–	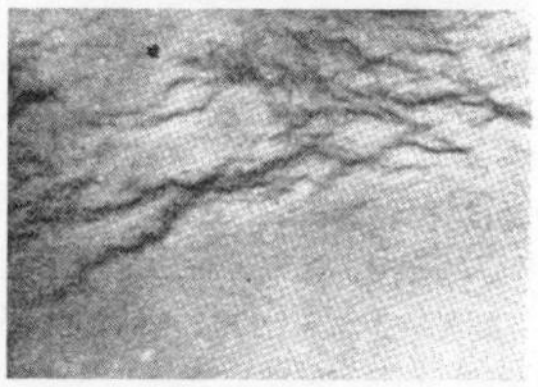	底片上皺摺狀裂紋。

5.5 實驗方法及步驟

一、確認使用規範

射線檢測通常均應依照相關法規加以執行及研判，國內此部份常用之規範有下列幾種。

1. 美國機械工程師學會規章第五卷(ASME Code Section)
   (1) Subsection A.Article 2 Radiographic Examination。
   (2) Subsection B.Article 22 Radiographic Standard。
2. 日本工業標準(JIS)
   (1) Z3104(1968)鋼銲接之射線檢測與底片分類法。
   (2) Z3106(1971)不銹鋼銲接之射線檢測與底片分類法。
   (3) G0581(1968)鑄件之射線檢測與底片分類法。
3. 中國國家標準(CNS)
   (1) CNS 總號 11226 碳鋼銲件之射線檢測法。
   (2) CNS 總號 11379 鑄件之射線檢測法。

二、瞭解檢測物特性

諸如材質、形狀、製程、熱處理方式、表面狀況……等等。

三、選定檢測時機

檢測時機之選擇應依合約規定，或視實際需要實施之，如加工前、後，熱處理前、後，壓力試驗前、後……等等。

四、依圖 5-48 射線檢測流程圖檢測

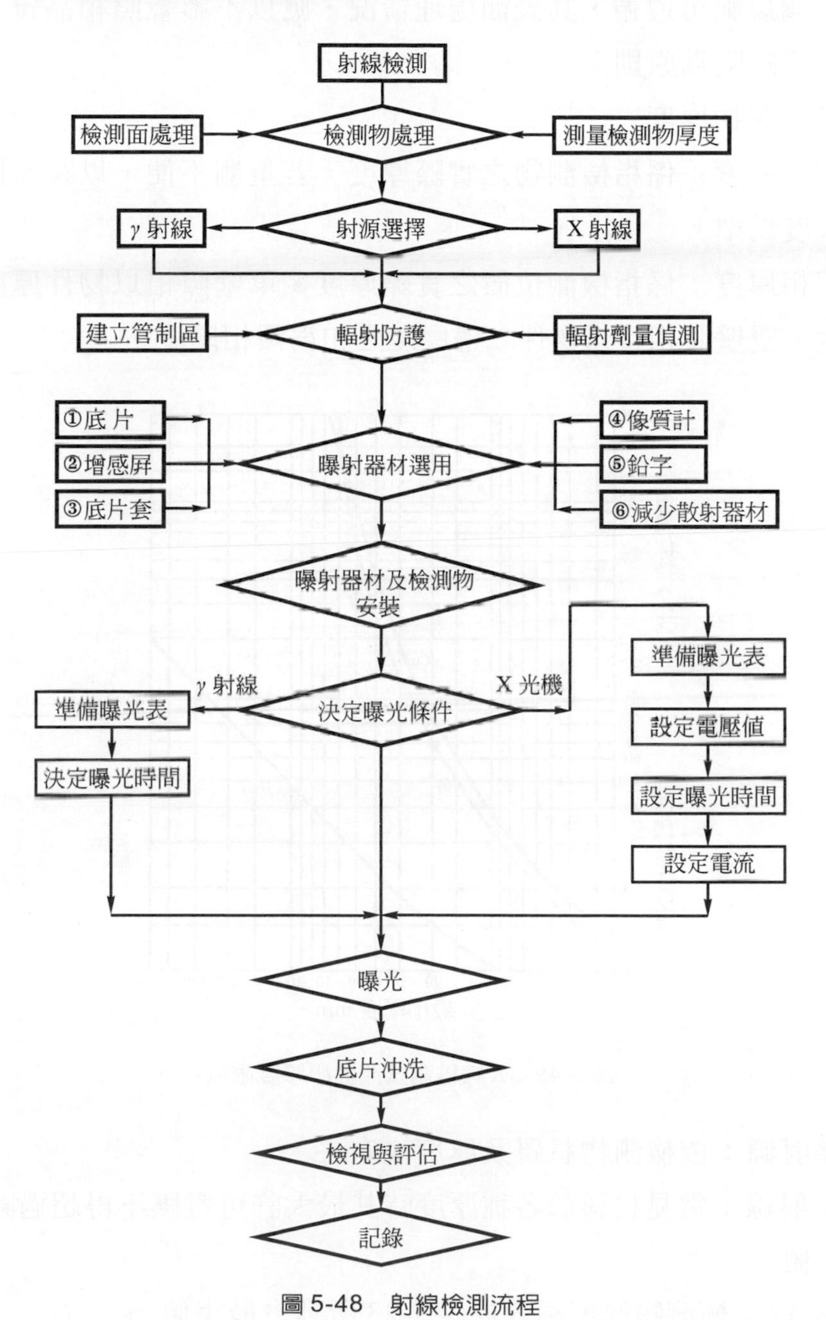

圖 5-48　射線檢測流程

1. 檢測物表面處理：檢測物表面之處理，必須依相關規範之規定處理，若無相關規範可遵循，其表面處理情況，應以不影響照相品質、蒙蔽缺陷或混淆缺陷爲原則。
2. 量測檢測物厚度
   (1) 物件厚度：係指檢測物之實際厚度，若量測不便，以圖面標示之公稱厚度爲準。
   (2) 照相厚度：係指檢測位置之實際厚度，單壁照相以物件厚度爲照相厚度，雙壁照相時以物件二邊厚度之和爲照相厚度。

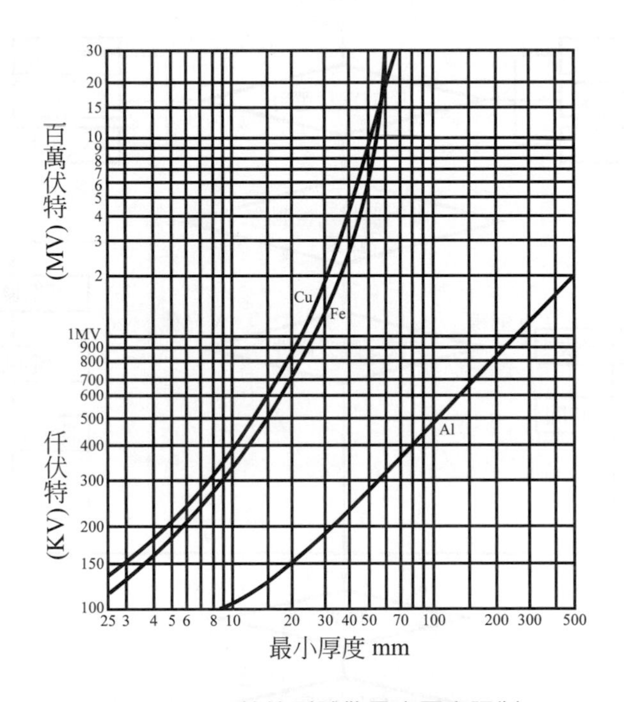

圖 5-49 X 線檢測試件最小厚度限制

3. 選擇射源：依檢測物材質及厚度決定之
   (1) X 射線：常見材料於各種厚度時其最大許可電壓不得超過圖 5-49 之規定值。
   (2) γ射線：檢測物厚度須大於表 5-23 所列之最小值。

表 5-23 γ 射線照相檢測物厚度最小規定值

材質	γ 射源	
	Ir^{192}	Co^{60}
鐵金屬	19mm	38mm
銅、銅合金及高鎳合金	16mm	33mm
鋁及鋁合金	63mm	—

4. 輻射防護

⑴ 射線檢測照相場所使輻射作業人員所受劑量可能超過年劑量限度 3/10 之地區應劃定爲管制區，除應建立隔離措施，豎立警示標語外，工作人員必須佩帶人員劑量計。

⑵ 以輻射偵檢儀偵測距X光機表面5公分處，洩漏劑量率應低於 2.5μSv。

5. 曝射器材選用

⑴ 選用底片：應依檢測物之組合情形、形態、使用增感屏，並視影像靈敏度之要求選擇底片，可參考表 5-4 及表 5-5 加以選擇。

⑵ 選用增感屏：一般爲增加感光及減少散射，宜選用金屬增感屏。當採用γ射線或超過 1000kV 電壓之 X 射線時，不得使用螢光增感屏。使用增感屏時，表面應清潔，不得有傷痕及斑點，以免影響射線照相品質。

⑶ 選擇底片套：一般試件可用金屬底片套，對於曲面試件則採用具有撓性的摺疊式底片套，若用於水中試件，則應採用可防水之橡皮底片套。

⑷ 像質計選用及佈置

① 像質計選用：其編號應依檢測物厚度或照相厚度選用適當的像質計，假如能符合射線照相其他要求的話，可使用吸收係數較小的像質計。

② 像質計佈置：若選用孔洞型像質計，則該像質計應置於射源側的熔接道附近或熔接道上。若選用線條型像質計，則該像質計應置於射源側的熔接道上。若無法將像質計置於射源側，或雙壁照相不適宜將像質計置於射源側時，則像質計得置於檢測物底片側，同時於附近加註一鉛字 F 以資識別。

③ 鉛字：鉛字標誌應有系統排列，通常置於射源側，其放置位置應確實標記於物件表面或詳細繪於圖上，以能迅速由底片上找出與試件有關的照相位置。當不便置於射源側時，可置於底片側，但應充分涵蓋檢測範圍為原則。

④ 減少散射器材選用：依檢測物外形需要選用罩板、擋板或過濾板等，以減少散射輻射。

6. 曝射器材及檢測物安裝：二者裝置情形，如圖 5-50 所示

(1) 在暗房內將底片夾於兩片增感屏中，裝入底片套內。

(2) 鉛字、像質計應固定於射源側之檢測物表面上，其位置在檢測部位附近，以不蒙蔽檢測範圍為原則。

(3) 將檢測物置於底片套上，其位置應放在射線射柱照射範圍內。

7. 決定曝射條件

(1) X射線：根據檢測物厚度，利用廠商提供(或自製)曝光表決定曝射之電壓、電流及時間。

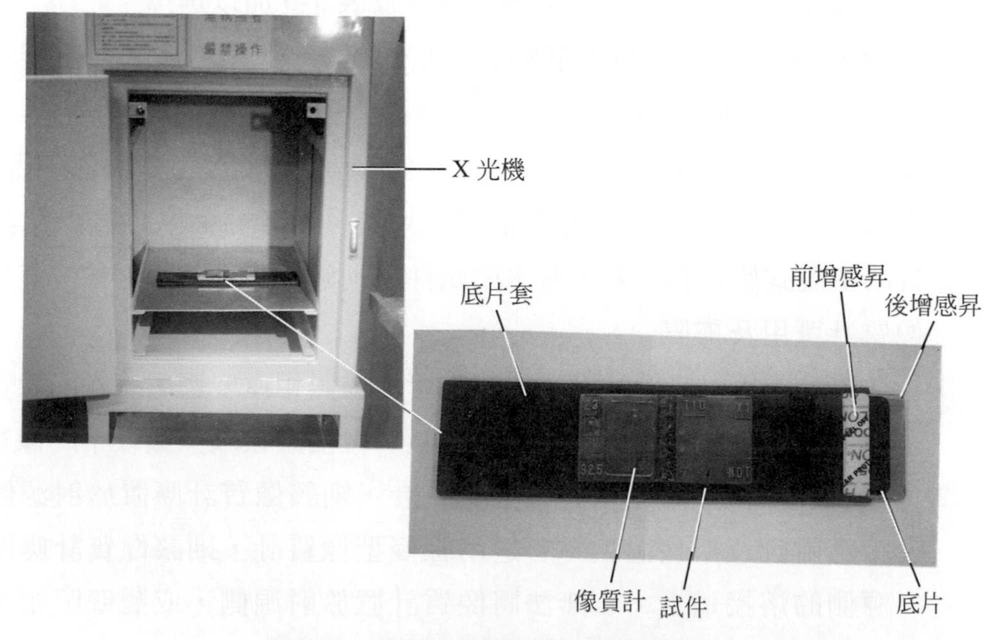

圖 5-50　檢測物與曝射器材裝置的情形

⑵ γ射線：根據射源強度及檢測物厚度，利用廠商提供(或自製)曝光表決定曝光時間。

8. 曝光

⑴ X射線：利用控制器根據曝射條件正確操控X光機曝光。例舉圖 5-4 所示X 光機控制器之操作步驟如下：

① 開啓控制器電源[鑰匙由O轉至⏻] [ENTER]

② 輸入電壓[按kV鍵，輸入kV值，例(150)] [ENTER]

③ 輸入時間[按T鍵，輸入時間，(例 3.5，3 分 5 秒)] [ENTER]

④ 輸入電流[按mA/MA鍵，切換8mA,5 mA] [ENTER]

⑤ 開啓曝光安全開關[鑰匙由⏻轉至×]

⑥ 曝光[按START鍵，開始曝光。中途欲停止，按STOP鍵。]

⑵ γ射線：利用射源控制器操控射源定位，並依據曝射條件曝光。

9. 底片沖洗：將照射完畢之底片，採適合的沖洗方法(人工或自動沖片)於暗房內依顯影、停影、定影、水洗及乾燥程序完成底片沖洗工作。

10. 檢視與評估：以判片燈檢視底片，並依像質計成像判別底片品質是否合乎要求，並評估缺陷之種類及分級是否符合檢測程序書所規定之接受基準。一般檢測程序書上所訂之接受基準以使用規範訂之，或經雙方協議決定。碳鋼銲件、鑄件之缺陷種類及分級，可參考CNS11226及CNS11379第10節之規定。

5.6 檢測實例

1. 設有一鋼材厚度 10mm，今利用X光機作銲道檢測，應如何曝射？

解：①準備底片、底片套、增感屏、鉛字、像質計及鋼鐵材曝光表等。

②根據圖 5-37 鋼鐵材曝光表知悉，其曝光時間如下表所示。

電壓 / 電流	130kV	150kV
5mA	5min	1.9min
8 mA	3min	1.3min

③此曝光表係黑度 2 ，第二類底片距射源 700mm 曝射而得，若採用不同底片及射距，其曝光時間可查閱圖 5-37 附表所示之對等曝光時間。

④底片沖洗應與曝光表相同規定。

2. 根據圖 5-38，設有鋼鐵 1"，利用 Co^{60}做射線檢測照相，若射源強度爲 20ci，射源至底片距離爲 48"，應如何曝射？

解：①準備底片、底片套、增感屏、鉛字、像質計及鋼鐵材曝光表等。

②查圖 5-38 鋼材曝光表，1"厚鋼材所需曝光量爲 100ci。

③曝光時間＝曝光量／射源強度＝ 100/20 ＝ 5 (min)。

④底片沖洗應與曝光表相同規定。

3. [實作題] 以圖 5-1 所示之櫃型X光機檢測 20mm厚鋼板銲道，試說明下列諸項：⑴曝光時間？⑵相同曝射條件下鋁材之曝光時間？⑶具體實驗步驟。

4. 鋁合金氧化膜射線檢測之材料特性評估技術。(摘錄自 S. Fox and J. Campbell,Visualization of Oxide Film Defects during Solidification of Aluminum Alloys, Scripta mater.: 43 (2000) 881-886.)。

⑴ 此檢測技術係以X射線檢測A356 鋁合金減壓試片的氧化膜，試片以減壓測試機製作減壓平板試片，壓力變化自 1000 mbar至 12.5 mbar，如圖 5-51 所示。

(a) Controls and vacuum chamber

(b) Sample carrier

圖 5-51　減壓測試機及平板 A356 鋁合金鑄件(a)控制單元及真空腔(b)減壓試片

⑵　以 X 光機拍攝鑄件之氧化膜缺陷形態，如圖 5-52 所示。黑色條紋爲鑄件氧化膜缺陷，試片隨著減壓程度增加，氧化膜缺陷形態變爲粗大，鑄件品質愈爲低劣。

(a) 1000 mbar

(b) 200 mbar

圖 5-52　A356 鋁合金平板鑄件氧化膜之 X 射線缺陷顯示(a～f)

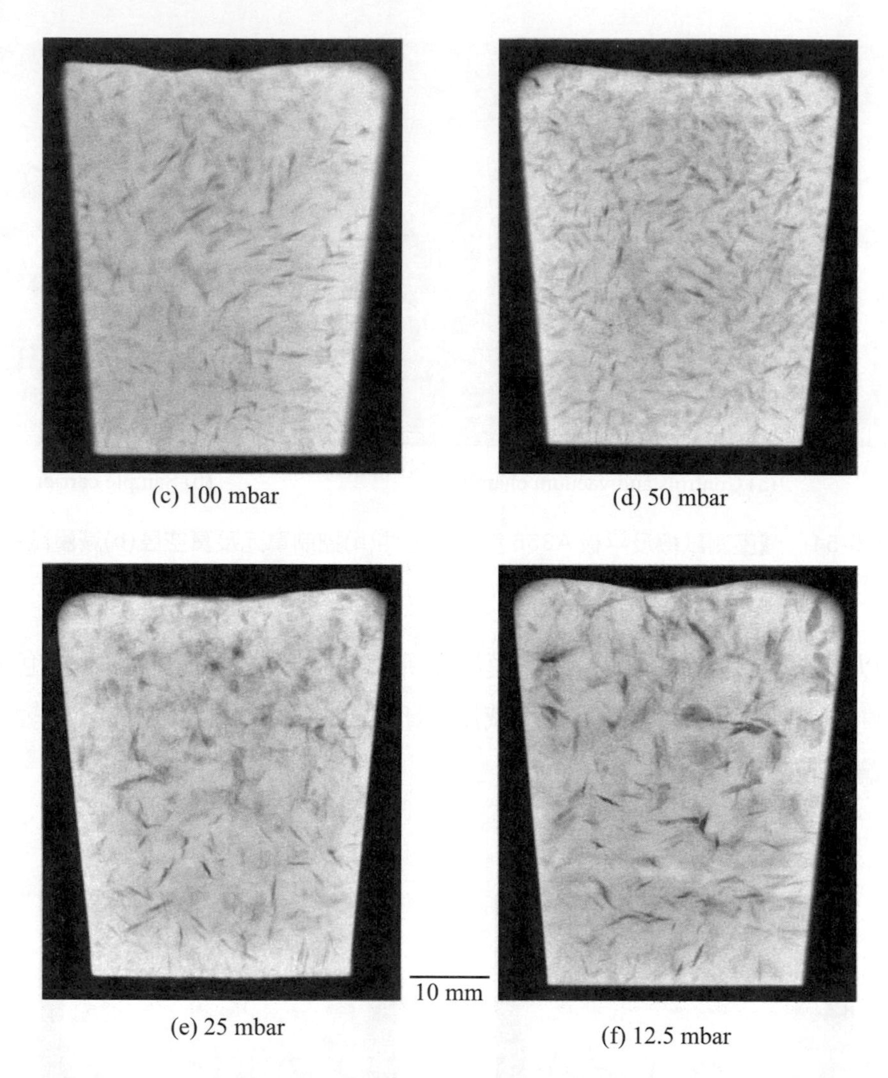

圖 5-52　A356 鋁合金平板鑄件氧化膜之 X 射線缺陷顯示(a～f)(續)

5.7 實驗結果分析

1. 根據檢測程序書，依檢測目的需要完成受檢項目。
2. 將檢測結果登載於表 5-24 所示之檢測記錄表內，並應詳加描述並記錄受檢項目之顯示結果，並加以評估判讀。這些檢測結果諸如缺陷種類、位置、方向及大小等均是。
3. 根據檢測接受基準判斷檢測物是否合格。

表 5-24　射線檢測記錄表

<table>
<tr><td colspan="3">試件名稱</td><td colspan="2"></td><td colspan="3">表面處理</td><td colspan="2"></td></tr>
<tr><td colspan="3">檢測規範</td><td colspan="2"></td><td colspan="3">檢測時機</td><td colspan="2"></td></tr>
<tr><td colspan="3">檢測日期</td><td colspan="2"></td><td colspan="3">檢測日期</td><td colspan="2"></td></tr>
<tr><td colspan="3" rowspan="4">檢測裝備</td><td colspan="2" rowspan="2">□X 光機</td><td colspan="3">廠牌</td><td colspan="2">規格</td></tr>
<tr><td colspan="3"></td><td colspan="2"></td></tr>
<tr><td colspan="2" rowspan="2">□γ射源</td><td colspan="3">核種</td><td colspan="2">尺寸</td></tr>
<tr><td colspan="3"></td><td colspan="2"></td></tr>
<tr><td colspan="3" rowspan="2">曝射條件</td><td colspan="2">射源至底片距離</td><td colspan="2">電壓</td><td colspan="2">電流</td><td>時間</td></tr>
<tr><td colspan="2"></td><td colspan="2"></td><td colspan="2"></td><td></td></tr>
<tr><td rowspan="4">曝射器材</td><td colspan="3">底片型別及尺寸</td><td></td><td rowspan="4">暗房作業</td><td colspan="3">顯影時間</td><td></td></tr>
<tr><td colspan="3">增感屏種類</td><td></td><td colspan="3">停影時間</td><td></td></tr>
<tr><td colspan="3">像質計種類</td><td></td><td colspan="3">定影時間</td><td></td></tr>
<tr><td colspan="3">鉛字</td><td></td><td colspan="3">水洗時間</td><td></td></tr>
<tr><td colspan="10">結果敘述及記錄：</td></tr>
<tr><td colspan="10">判定結果：</td></tr>
<tr><td colspan="2">班別</td><td colspan="3"></td><td colspan="2">日期</td><td colspan="2">教師</td><td>評閱</td></tr>
<tr><td colspan="2">組別</td><td colspan="3"></td><td colspan="2" rowspan="5"></td><td colspan="2" rowspan="5"></td><td rowspan="5"></td></tr>
<tr><td colspan="2">組長</td><td colspan="3">組員</td></tr>
<tr><td colspan="2" rowspan="3"></td><td colspan="2"></td><td></td></tr>
<tr><td colspan="2"></td><td></td></tr>
<tr><td colspan="2"></td><td></td></tr>
</table>

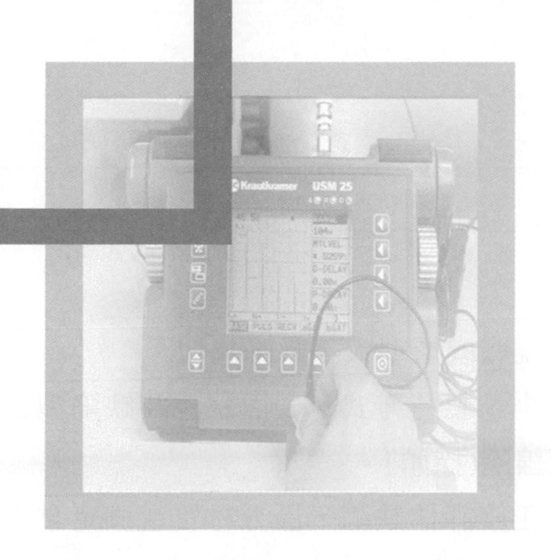

CHAPTER 6

渦電流檢測

EDDY CURRENT TESTIG

渦電流檢測爲非破壞檢測法之一，主要是利用電磁感應生成渦電流之原理以達成檢測目的，因此僅限於導電材料之檢測上。此種檢測方法除應用於圓柱、管件、薄板等表面及近表面缺陷之檢測外，尚可用於偵測材質特性，諸如導電率、導磁率及塗膜厚度等。此外，由於這種檢測法探頭不必與試片直接接觸，且可呈現連續性的訊號顯示，故甚適合採用自動檢測方式，此優點使得渦電流檢測應用在非破壞檢測上益形重要。

6.1 實驗目的

1. 熟悉渦電流檢測儀之操作方法。
2. 能根據檢測需要，選擇適當的比較規塊或標準人工缺陷規塊。
3. 能根據檢測物材質特性、形狀，大小、製造方式、表面狀況及缺陷型式選擇適合型式、大小及頻率的檢測線圈(探頭)。
4. 熟悉渦電流訊號之分析方法，藉以正確評估缺陷，區分材質或測定試件導電率、塗膜厚度及測定表面硬化層深度等。

6.2 使用規範

1. CNS 總號 11050 渦電流檢測法通則。
2. CNS 總號 11823 非破壞檢測詞彙(渦電流檢測名詞)。

6.3 實驗器材及設備

6.3-1 渦電流檢測儀

渦電流檢測儀常見有指針式及向量點式兩種，由於向量點式渦電流檢測儀可以得到較多阻抗變化的資料，並藉由向量點移動之振幅及相位變化可判斷阻抗變化的原因，因此是目前最常使用之渦電流檢測儀，如圖 6-1 所示；面板上各按鍵及程式內鍵功能說明，如表 6-1 所示。

表 6-1　向量點式渦電流檢測儀控制面板按鍵及程式內鍵功能

面板按鍵	功能說明	程式內鍵	功能說明
ON/OFF	開機、關機	FREQUENCY (頻率調整)	依據檢測需要調整操作頻率。
BAL	自動平衡校正歸零	GAIN (感度調整)	檢測靈敏度調整。
ERASE	①短按：消除螢幕上軌跡 ②長按：在操作時消除 T 軌跡 ③長按：設定頁時消除記憶	PHASE (相位調整)	調整螢幕上向量點移動方向之相位角，以便辨認不同訊號。(例如離距調至水平基線上)
PAGE	①短按：設定及軌跡頁切換 ②長按：第 1,2,3 頁切換	INPUT	輸入模式設定。
PRINT EXEC	①短按：畫面凍結 ②長按：在軌跡頁時列印 ③長按：在設定頁執行存取	PROBE (探頭線圈)	絕對式或差異式線圈設定。
ABS	絕對式探頭連接頭	HI-P LO-P (濾波調整)	高通濾波。 低通濾波。
LOAD	平衡負載連接頭	HORIZONTAL VERTICAL	調整向量點水平位置。 調整向量點垂直位置。
ALARM	充電時閃爍，遇缺陷時亮紅燈	V：H (垂直；水平)	向量點 X，Y 比例設定。
PROBE	可接絕對式或差異式探頭	GATE (監視範圍)	設定警報範圍。
↓	功能鍵向下選別	BRIGHT	亮度設定。
↑	功能鍵向上選別	CALL	讀取檔案。(T：軌跡檔) (S：參數檔)
＋	功能鍵數值增加	SAVE	儲存檔案。(T：軌跡檔) (S：參數檔)
－	功能鍵數值減少	－	－

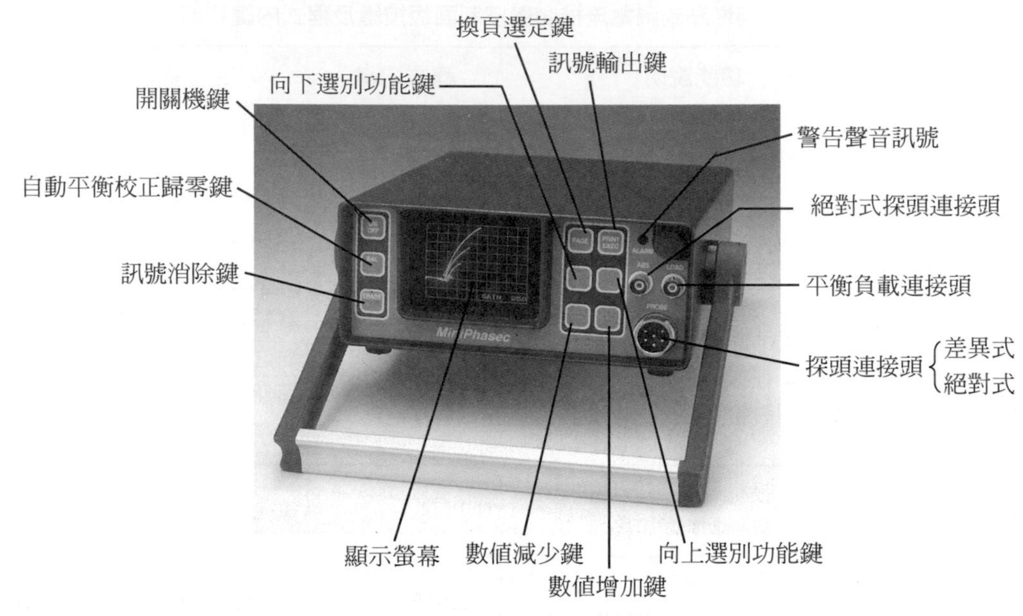

圖 6-1　渦電流檢測儀(*2)

渦電流檢測儀之絕對式線圈使用電路，如圖 6-2 所示。此電路是最簡易的測試電路，主要是利用一組線圈連接電壓計，檢測時若線圈阻抗發生改變時，電壓計就立即顯示其變化，此變化經由訊號分析電路而顯現特定振幅及相位的訊號。由於此種電路因阻抗改變所呈現的電壓訊號變化甚小，因此較不靈敏。

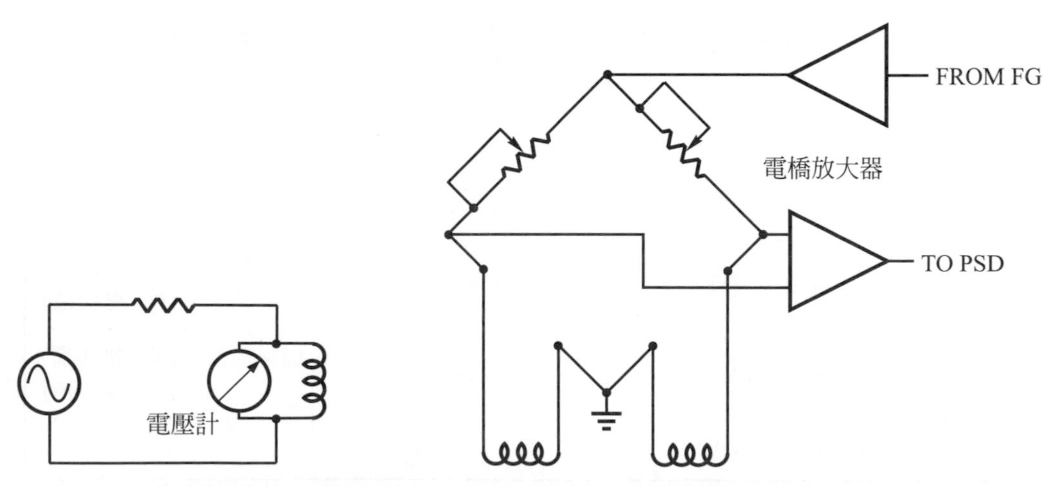

圖 6-2　渦電流檢測儀電路(絕對線圈用)　　圖 6-3　渦電流檢測儀電路(差異線圈用)

一般用於差異式線圈之電路及作用方塊圖，分別如圖 6-3 及圖 6-4 所示。首先由頻率震盪器產生特定頻率之正弦波激磁電流供給檢測線圈，線圈探頭在檢測前以電橋電路平衡線圈內部阻抗之差異(意即使二者之振幅及相位相等)。當檢測線圈偵測到缺陷而產生微弱不平衡的電壓訊號時，該訊號經偵測電路分析其相位及振幅，透過相位旋轉器及放大器而將訊號顯示在螢幕上。

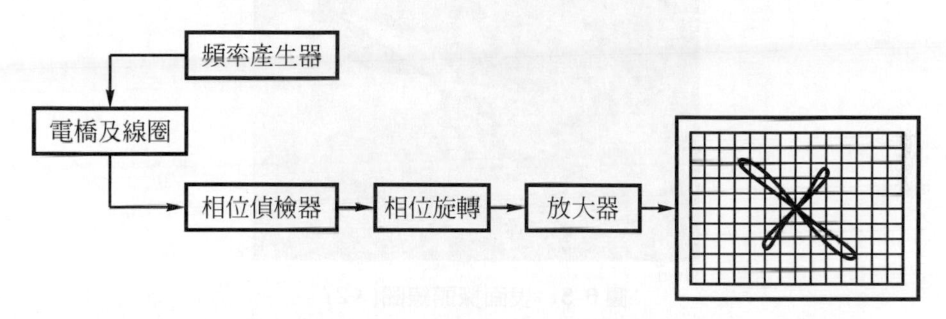

圖 6-4　渦電流檢測儀電路作用方塊圖(*2)

6.3-2　檢測線圈

一、檢測線圈的型式

渦電流檢測線圈係採用不同粗細之銅線纏繞而成，依其使用場合不同可分爲表面探頭線圈、外繞線圈及內繞線圈三種基本型式，三者間檢測特性之比較，如表 6-2 所示。

表 6-2　渦電流線圈檢測特性之比較

比較項目	線圈型式	
	表面探頭	內、外繞線圈
缺陷位置	正確得知	無法確定
檢測速度	慢	快
靈敏度、鑑別力	高	低
試件外形	平板	圓狀
周向缺陷檢出能力	可	不可
試件尺寸變化感度	不靈敏	靈敏

1. 表面探頭線圈

如圖 6-5 所示為筆型表面探頭線圈，此種線圈以彈簧作用而與檢測物保持一定的接觸壓力，藉以保持固定的離距。檢測時通常在探頭線圈之接觸端包覆一層樹脂材料，以避免探頭磨損而延長其壽命。

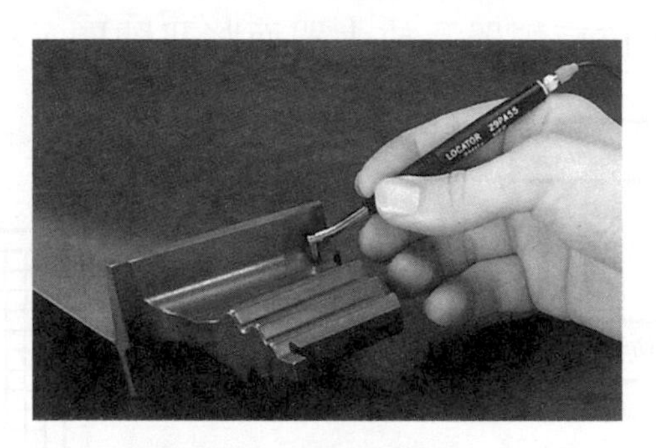

圖 6-5　表面探頭線圈(*2)

2. 內繞線圈

圖 6-6 所示為檢測管子內壁缺陷的內繞線圈，此種線圈檢測是在管子內部沿軸向掃描而完成檢測。若渦電流透入深度足以穿透試件管壁，則外壁的缺陷亦可檢出。由於內壁缺陷較為接近線圈，因此檢測靈敏度會較外壁為高。

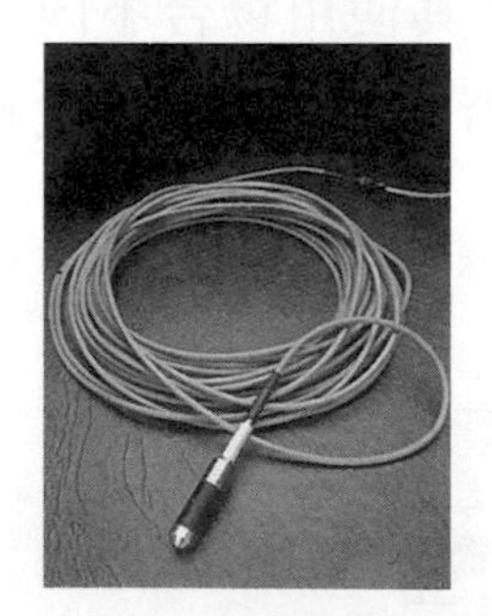

圖 6-6　內繞線圈(*2)

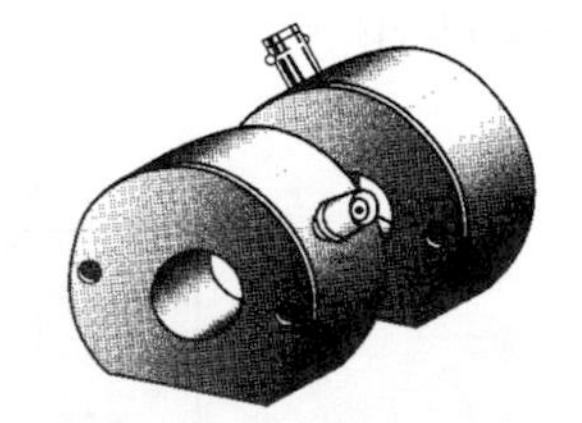

圖 6-7　外繞線圈(*2)

3. 外繞線圈

圖 6-7 所示為外繞線圈，此種線圈通常用於檢測管或圓棒，由於磁場能涵蓋整個試件的外圍，因此能即時完成整個斷面的檢測，檢測相當迅速。然而此種檢測線圈之渦電流方向是順著試件圓周方向流動，因此周向細小之缺陷較難被檢測出來。

二、檢測線圈之繞線組合方式

線圈繞線組合方式在試件檢測部位若不與其他部位或試件比較者稱爲絕對線圈(Absolute Coil)，否則稱爲差異式線圈(Difference Coil)，二者間檢測特性之比較，如表 6-3 所示。差異式線圈若與同一試件之其他部位比較者稱自我比較線圈(Self Comparator Coil)；而與另一外加試件比較者稱爲外加試件比較線圈(External Reference Coil)。此種線圈與自我比較線圈纏繞方式相近，通常以外加試件爲基準，檢測物之導電率、導磁率或尺寸變化而有所差異時，便產生訊號顯示，例舉如圖 6-8 所示。渦電流訊號之激發與拾取，若均爲同一線圈者稱爲單繞式線圈(Single Coil)，否則稱爲雙繞式線圈(Double Coil)。檢測線圈之基本型式及繞線方式，分類整理如表 6-4 所示。

表 6-3　絕對式線圈與差異式線圈檢測特性之比較

比較項目	線圈型式	
	絕對線圈	差異式線圈
缺陷型式	材質特性變化及缺陷均可檢出	材質特性變化較不靈敏
缺陷大小	顯示缺陷全長	缺陷較易誤判其大小
振動	易生雜訊	雜訊較小
溫度	受影響	具溫度補償作用，影響小

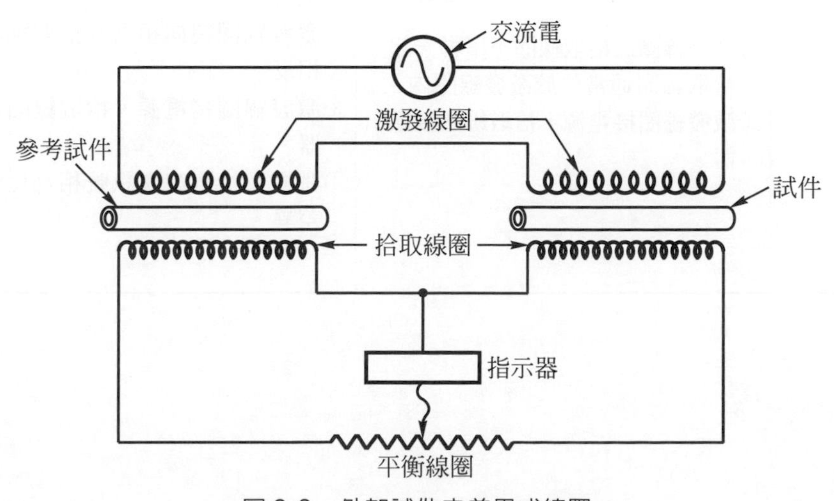

圖 6-8　外加試件之差異式線圈

表 6-4　渦電流檢測線圈的種類(∗2)

線圈型式	繞線方式	絕對式	差異式
外繞線圈	單繞	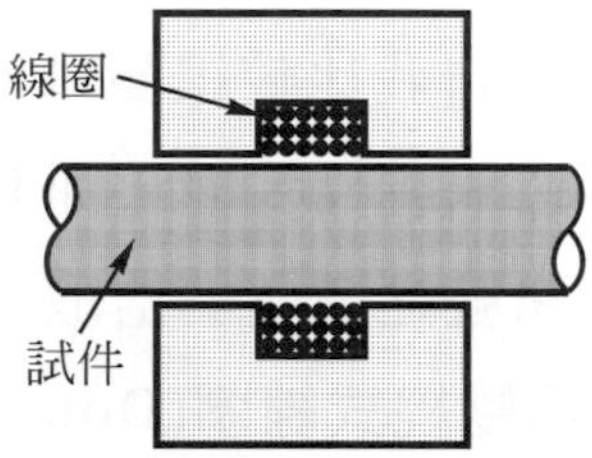 * 線圈兼具激發及拾取線圈雙重功用。	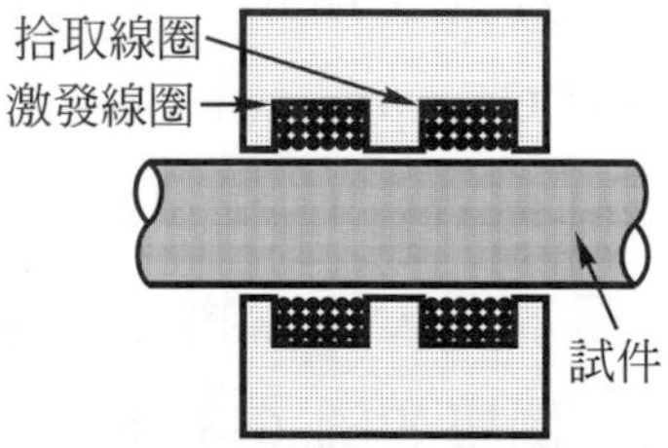 ①單繞自我比較線圈，激發及拾取線圈反向串聯。 ②激發線圈接電源，拾取線圈接顯示器。 ③激發及拾取線圈訊號相互比較顯示差異。
	雙繞	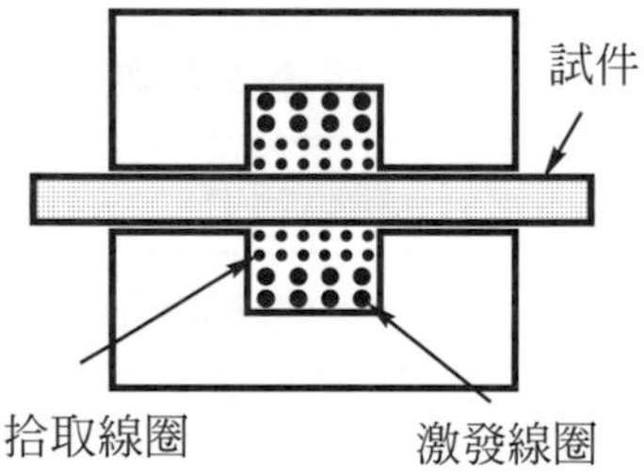 ①激發線圈及拾取線圈不串聯一起。 ②拾取線圈通常位於激發線圈內。 ③激發線圈接電源，拾取線圈接顯示器。	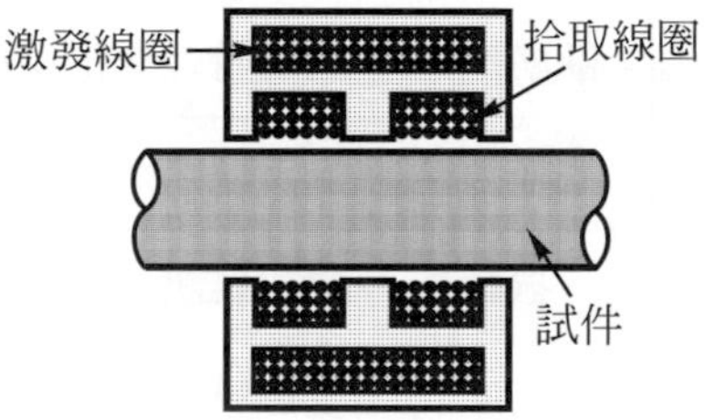 ①為雙繞自我比較線圈，以兩組線圈組成。 ②激發線圈繞向相同，拾取線圈繞向相反。 ③激發線圈接電源，拾取線圈接顯示器。 ④激發及拾取線圈訊號相互比較顯示差異。

表 6-4　渦電流檢測線圈的種類(續)(*2)

線圈型式	繞線方式	絕對式	差異式
內繞線圈		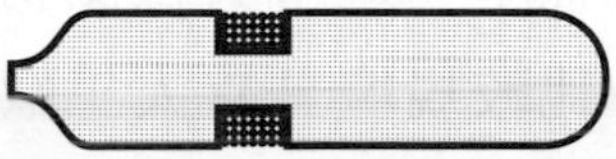 * 線圈兼具激發及拾取線圈雙重功用。	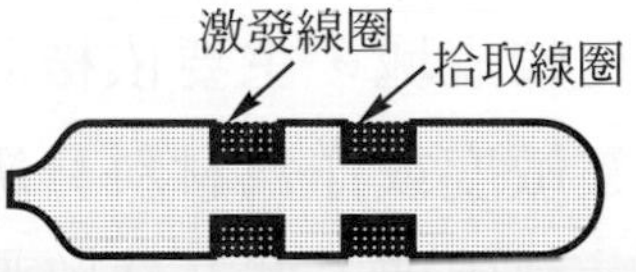 激發線圈 拾取線圈 ①為自我比較線圈，激發及拾取線圈反向串聯。 ②激發線圈接電源，拾取線圈接顯示器。 ③激發及拾取線圈訊號相互比較顯示差異。
表面探頭線圈	單繞	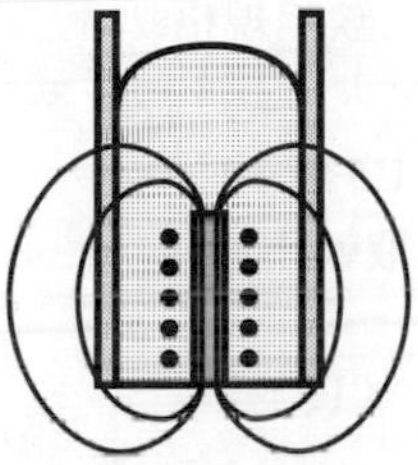 * 繞線組合方式及作用原理類似外繞線圈。	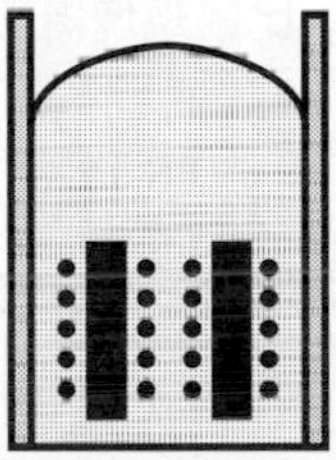 * 繞線組合方式及作用原理類似外繞線圈。
	雙繞	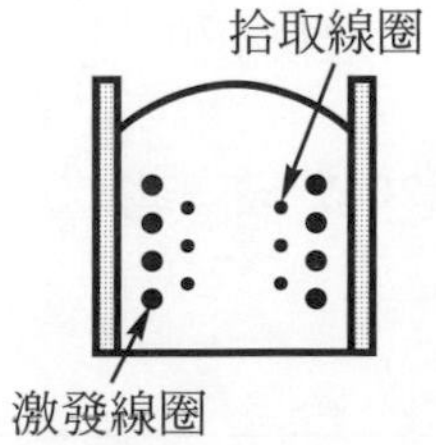 拾取線圈 激發線圈 * 繞線組合方式及作用原理類似外繞線圈。	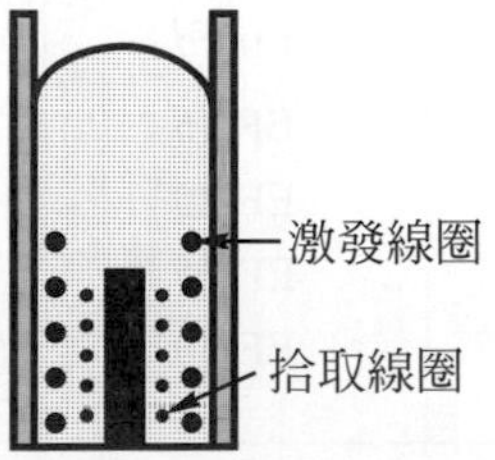 激發線圈 拾取線圈 * 繞線組合方式及作用原理類似外繞線圈。

6.3-3　比較規塊

渦電流檢測使用之規塊，常見有儀器性能檢定標準規塊及儀器校準規塊兩種。

一、儀器性能檢定標準規塊

以標準人工缺陷爲主，主要用於評鑑渦電流檢測儀之檢測能力是否適當。

二、儀器校準規塊

亦稱比較規塊，主要依檢測需要製成的規塊，可用來製作各種校準曲線，調整檢測靈敏度或作爲材料分級的參考標準，通常與檢測物具有相近之材質特性、形狀、熱處理方式及缺陷型式等。比較規塊具有人工缺陷者，其人工缺陷形狀主要製作成貫穿孔、方形槽及 V 形槽等三類，每一類分爲六級，可用於鑑定試件品質的等級區分，如表 6-5 所示。一般用於渦電流檢測的比較規塊有圓筒形、平面形及螺孔形等三種，分別如圖 6-9、圖 6-10 及圖 6-11 所示。

表 6-5　比較規塊級別

類別	級別	比較規塊編號	深度或孔徑	人工缺陷規格	圖形及位置
第一類 (方形槽)	1 2 3 4 5 6	ES-15 ES-20 ES-25 ES-30 ES-40 ES-50	0.15t 0.20t 0.25t 0.30t 0.40t 0.50t	寬：1.5 或 3d 取較小值 長：25 以下	t w d
第二類 (V 形槽)	1 2 3 4 5 6	EF-10 EF-12 EF-15 EF-20 EF-25 EF-30	0.10t 0.125t 0.15t 0.20t 0.25t 0.30t	角度：60° 取較小値 長：20 以下	t θ d
第三類 (貫穿孔)	1 2 3 4 5 6	ED-10 ED-12 ED-16 ED-20 ED-25 ED-32	1.0 1.2 1.6 2.0 2.5 3.2	寬：1.5 或 3d 取較小値 長：25 以下	t d

1. 圓筒形比較規塊：用於管件或圓柱件之檢測，除特別指定外，依圖 6-9 製作。

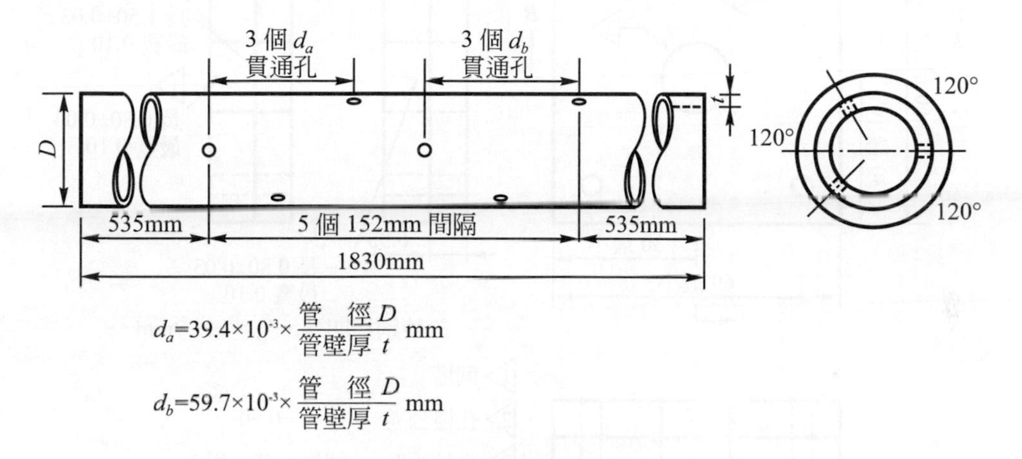

$$d_a = 39.4\times10^{-3}\times\frac{\text{管徑 }D}{\text{管壁厚 }t}\ \text{mm}$$

$$d_b = 59.7\times10^{-3}\times\frac{\text{管徑 }D}{\text{管壁厚 }t}\ \text{mm}$$

圖 6-9　圓筒型比較規塊

2. 平面形比較規塊：用於平板件之檢測，除特別指定外，人工缺陷可採鑽孔或刻槽方式製作，如圖 6-10 所示。

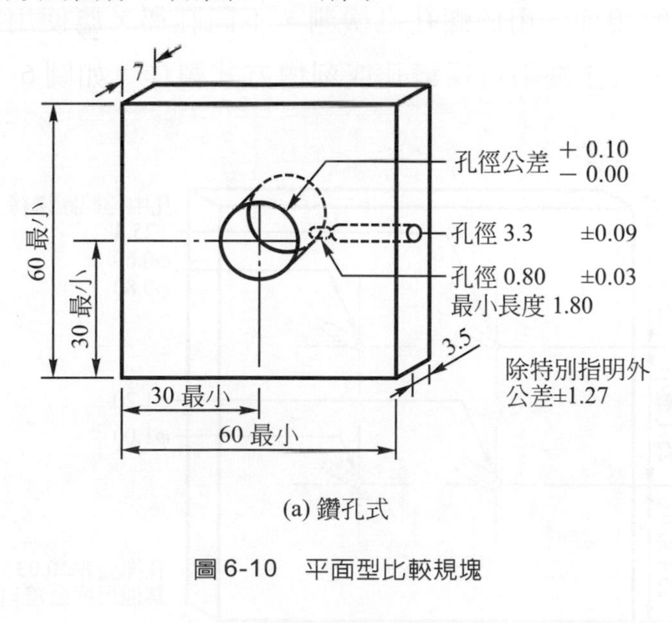

(a) 鑽孔式

圖 6-10　平面型比較規塊

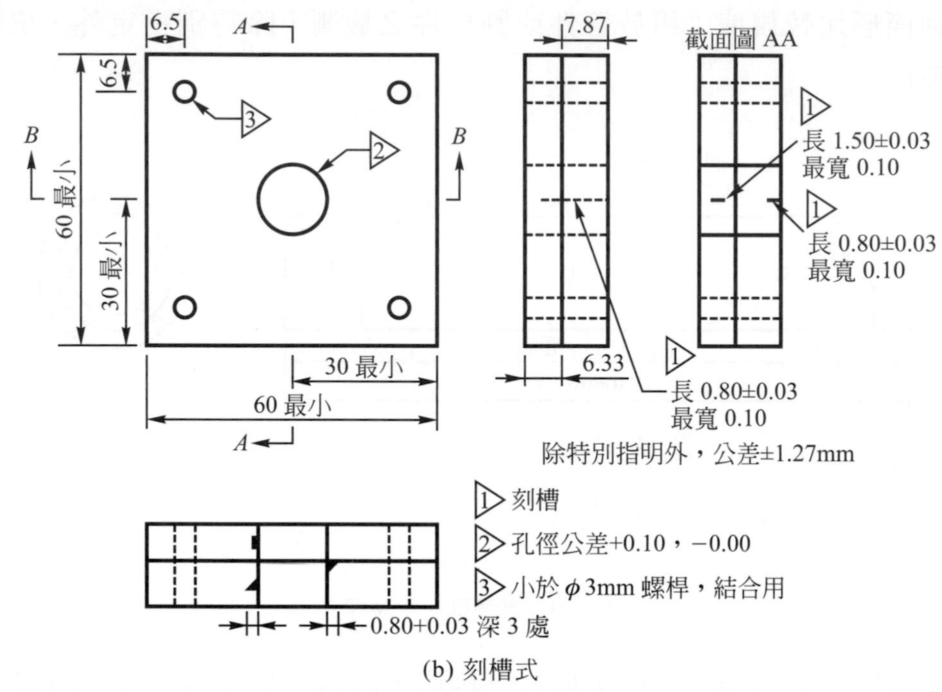

(b) 刻槽式

圖 6-10　平面型比較規塊(續)

3. 螺孔形比較規塊：用於螺孔之檢測，不同孔徑，應使用不同規塊，除特別指定外，人工缺陷可採鑽孔或刻槽方式製作，如圖 6-11 所示。

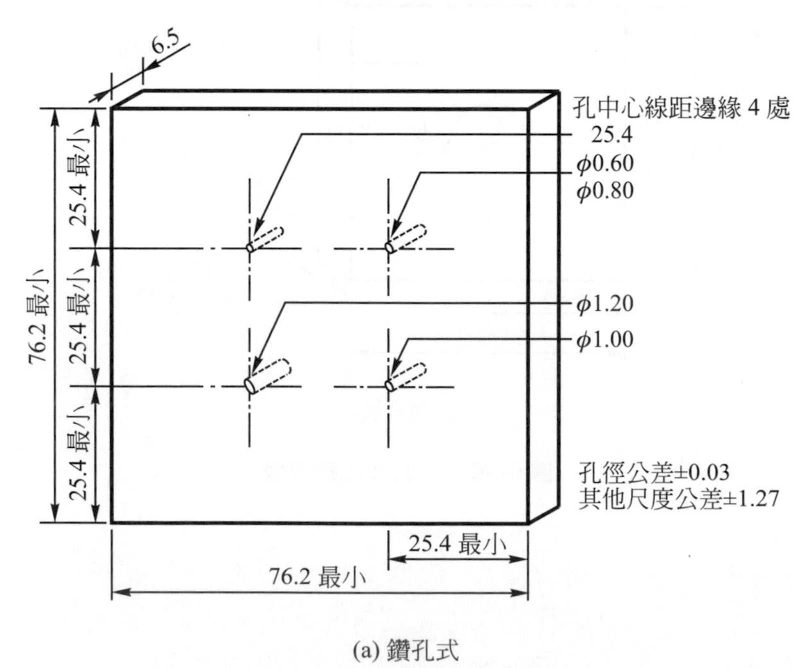

(a) 鑽孔式

圖 6-11　螺孔型比較規塊

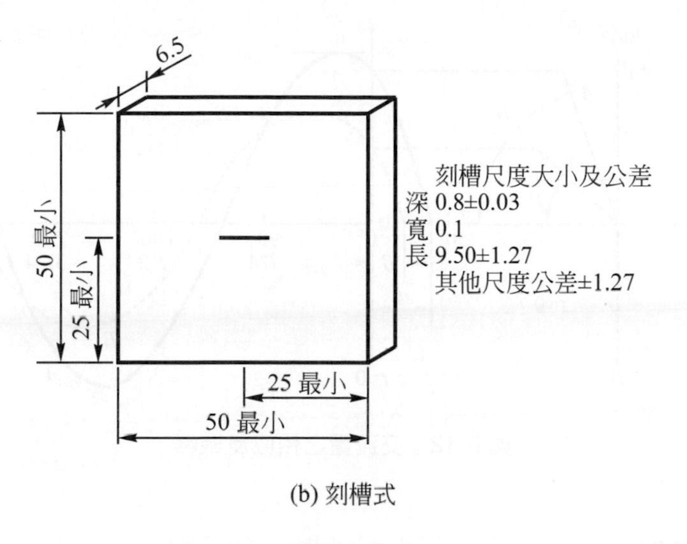

(b) 刻槽式

圖 6-11　螺孔型比較規塊(續)

6.3-4　探頭接頭

渦電流檢測使用之探頭接頭大致與超音波檢測相同，可參閱該單元之說明。

6.4 實驗原理

6.4-1　基本電磁原理及材料磁電性質

一、交流電之相位及振幅

渦電流檢測是以交流電施加於檢測線圈中，當交流電路中電壓及電流以一定之角頻率ω隨時間產生週期性變化時，其產生之正弦波形如圖 6-12 所示。圖中二正弦波在時間$t=0$時之起始相位角分別爲α及β，而最大振幅爲A_{max}及B_{max}，因此二者之相位差爲$(\alpha-\beta)$，振幅改變爲$(A_{max}-B_{max})$。

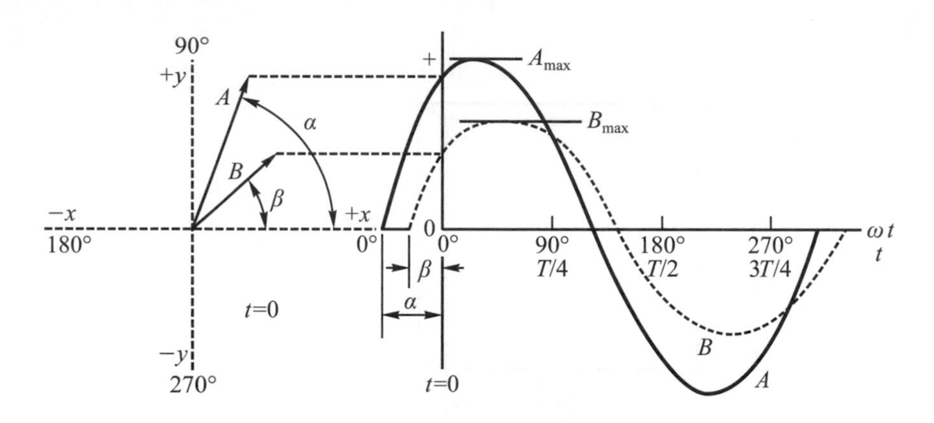

圖 6-12　交流電之相位及振幅

二、基本電量定義

圖 6-13 代表渦電流探頭線圈之等效電路，交流電通過電阻及線圈部分，電路上阻抗(Impedance)的組成顯示在複數平面上，如圖 6-14 所示。電路中相關的電量定義及計算公式，整理如表 6-6 所示。

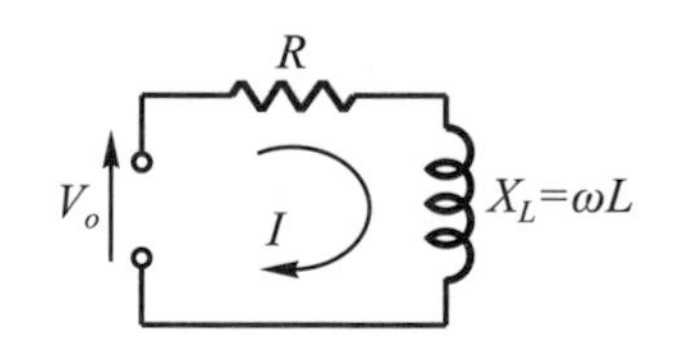

圖 6-13　渦電流線圈之等效電路

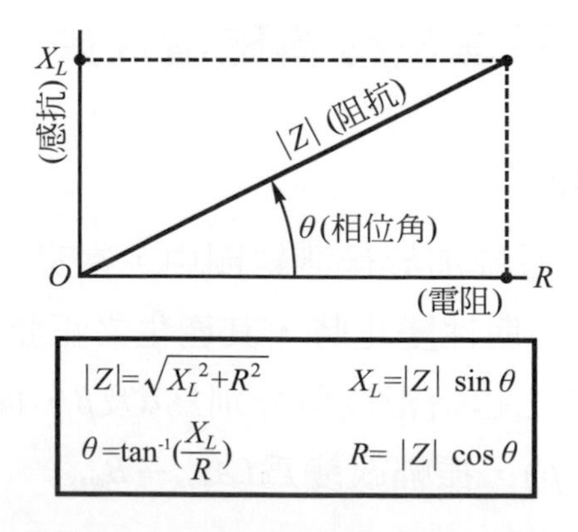

圖 6-14　複數阻抗平面上之阻抗組成

表 6-6　基本電量定義

電量名稱	定義	計算式	符號說明
電阻 (Resistance)	電路上阻止電流流動的電量。	$R = V/I$	R：電阻(Ω) V：電壓(Volt) I：電流(Ampere)
電感 (Inductance)	電路上電流改變使得磁場變動而感應電動勢，以抵抗電流變化者稱爲自感(Self Inductance)，此作用若是鄰近磁場所造成，則稱爲互感(Interactive Inductance)。	$L = N\phi/\mathrm{I}$ $= K(N^2 A/l)$	L：電感(Henry) K：幾何因素 N：線圈匝數 I：電流(Ampere) A：線圈截面積(mm²) ϕ：磁通量(Weber) l：線圈軸向長度 (mm)
感抗 (Inductance Reactance)	反抗交變電流在線圈上的變化，與電阻無關。	$X_L = \omega L$ $= 2\pi fL$	X_L：感抗(Ohm 或Ω) ω：角頻率(Rad/sec) L：電感(Henry) f：頻率(Hz)
阻抗 (Impedance)	電路上由電阻、感抗及電容組成對交變電流的總反抗。對線圈而言，阻抗($Z = V/I$)爲向量，通常以複數平面表示其組成。	$Z = R + jX_L$ $= R + j\omega L$ $\lvert Z\rvert = (R^2 + X_L^2)^{1/2}$ $X_L = \lvert Z\rvert \sin\theta$ $R = \lvert Z\rvert \cos\theta$ $\theta = \tan^{-1}(X_L/R)$	θ：相位角

三、電磁感應

以磁場的變化而產生電流的現象，稱爲電磁感應(Electromagnetic Induction)。當穿過線圈截面之磁通量有所改變時，則線圈中會產生感應電動勢。若線圈爲通路，則線圈中會產生感應電流。此感應電流所生的磁場，永遠是反抗線圈內磁通量之改變(楞次定律)；而感應電動勢之大小則與磁通量的時間變化成正比(法拉第定律)。

四、導電率(Conductivity)

一材料輸送電流之能力稱爲導電率(Conductivity)，通常受到材料化學成分，合金或不純物含量，熱處理、冷作、晶格缺陷、溫度等因素之影響，致使每一種材料之導電率並不相同，所以藉著量測導電率即可用來區分材料材質。

導電率的表示有絕對單位及相對單位兩種，絕對單位以Mho/meter及Siemens/Meter 來表示，而相對單位則以 IACS 之百分比來表示。IACS(International Annealed Copper Standard)爲國際退火銅標準，係採用高純度的銅爲標準，在溫度20℃，量測之電阻值爲0.15Ω/g．m時，訂其導電率爲100％IACS，其他材料導電率再以此爲標準，作相對百分比加以表示。

五、導磁率(Permeability)

描述材料被磁化的難易程度，亦即導通磁力線的能力，稱爲導磁率。材料導磁率並非定值，會受到化學成分、合金元素、熱處理、冷作狀況及溫度等因素影響而改變。導磁率大小之表示有絕對單位及相對單位兩種，絕對單位$\mu(=B/H$，B：磁通密度，H：磁場強度)以亨利／公尺來表示；而相對單位$\mu_r(=\mu/\mu_0)$，以眞空導磁率$\mu_0(=4\pi\times10^{-7}$亨利／公尺)爲基礎，來比較材料被磁化的程度，故實際上僅有比值而無單位。

6.4-2　檢測原理

渦電流檢測是利用電磁感應原理，當線圈通以交流電時會感應產生磁場，此時若將線圈置於導電材料附近時，則導體內部的自由電子會受磁場作用而形成環形流動的感應電流，以便產生相反方向的磁場來抵消或反抗線圈的磁場(楞次定律)，此環形流動的電流即稱爲渦電流(Eddy Current)，如圖6-15所示。當導體內有缺陷時，渦電流會避開缺陷而趨向高導電率的部分繼續流動，因此流向會局部發生改變，而使得線圈的阻抗發生變化，如圖6-16所示。

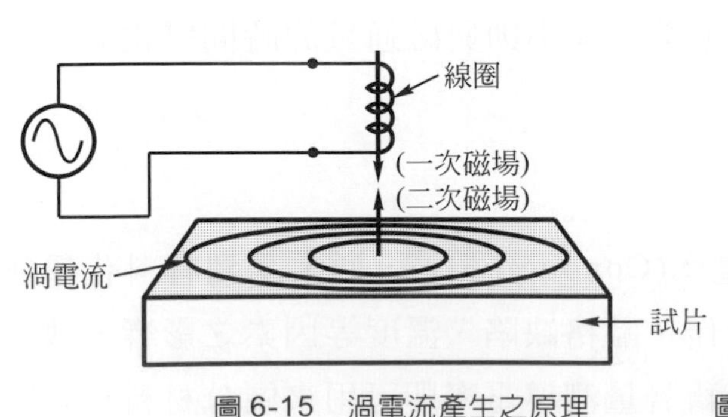

圖6-15　渦電流產生之原理

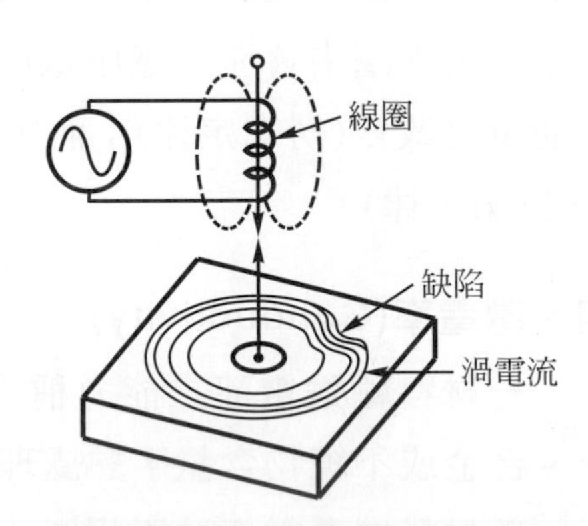

圖6-16　環形渦電流因試件缺陷而造成扭曲的情形

渦電流是經由交變磁場感應生成，故直流電無法形成渦電流。當缺陷取向與渦電流流向垂直時，可獲致最大的阻抗變化訊號，反之，若缺陷取向與渦電流流向平行，所得之阻抗變化訊號最小。

6.4-3 渦電流特性

一、渦電流之透入深度

導體感應之渦電流密度分佈情形，如圖6-17所示。由於感應磁場反作用於檢測線圈磁場的緣故，以致大部分渦電流集中在表面附近，此現象稱爲集膚效應(Skin Effect)，故渦電流檢測僅適於表面及近表面缺陷的檢測。渦電流密度隨著距離試件表面的深度增加呈現指數遞減，當渦電流密度減至表面處密度之37％時的透入深度，稱爲標準透入深度(Standard Depth Of Penetration)。各參數間關係以方程式6-1表示：

$$J(x) = J_0 e^{-\frac{x}{\delta}} \sin\left(\omega t - \frac{x}{\delta}\right) \qquad (6\text{-}1)$$

$J(x)$，J_0：分別爲試件表面及深度x處之渦電流密度

δ：標準透入深度

ω：爲角頻率(rad/s)，其值等於$2\pi/f$。

標準透入深度主要受到檢測物材質及測試頻率的影響，其關係以式(6-2)表示。由於檢測的靈敏度與渦電流密度成正比，因此一般透入深度以3δ爲極限透入深度(渦電流密度爲其表面密度5％之深度)，一但超過此範圍，則必須使用其他非破壞檢測方法。

$$\delta = \frac{1}{(\pi f \mu \sigma)^{1/2}} \quad 或 \quad \delta = 50 \times \left(\frac{172.41}{\sigma \mu_r f}\right)^{1/2} \qquad (6\text{-}2)$$

f：頻率，Hz	f：頻率，Hz
δ：標準透入深度，mm	δ：標準透入深度，mm
μ：導磁率，Henry/m	μ_r：相對導磁率
σ：導電率，mho/m	σ：導電率，％IACS

常見金屬及合金材料之導電率，如表 6-7 所示，對於各種導電率材料在不同頻率時渦電流之標準透入深度，如圖 6-18 所示。

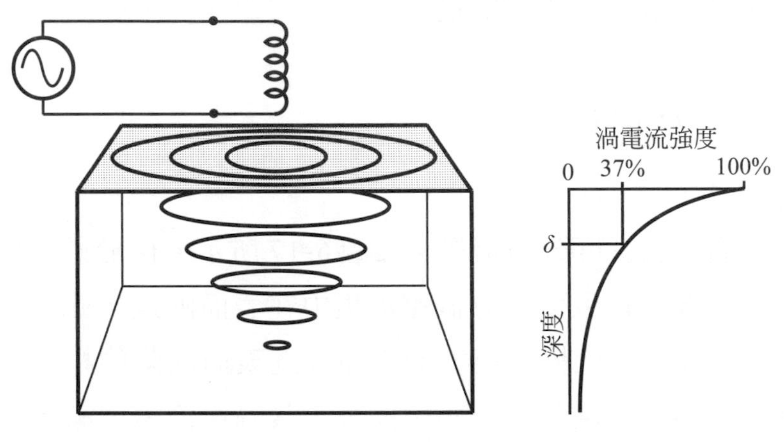

圖 6-17　渦電流之密度分佈及透入深度

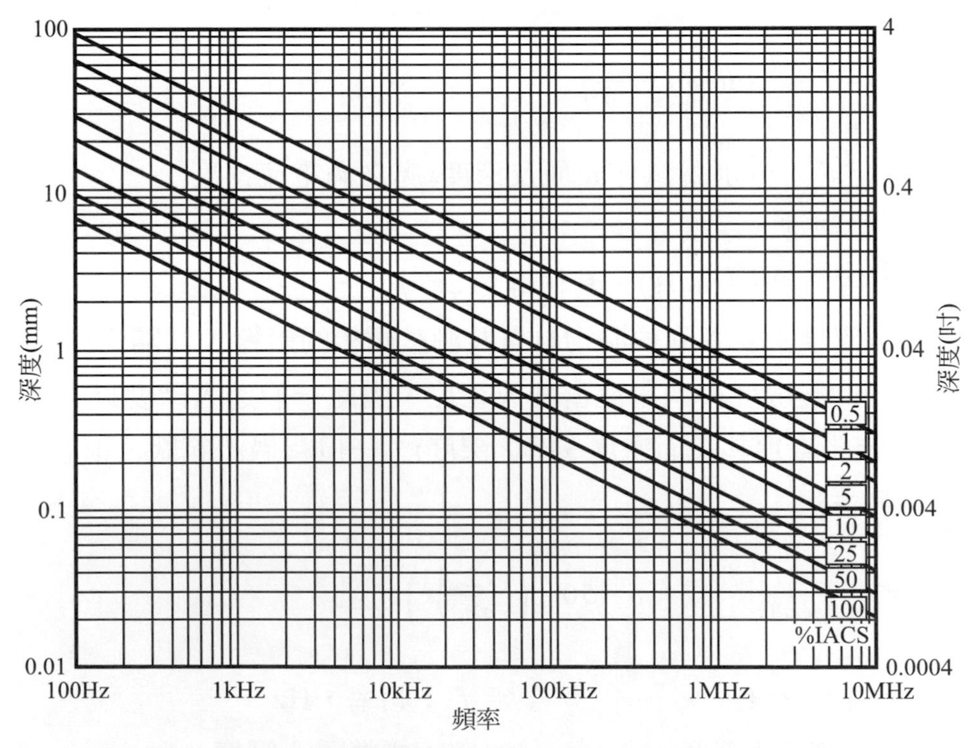

圖 6-18　各種導電率材料在不同頻率之透入深度

表 6-7　常見金屬及合金材料之導電率

金屬種類	導電率		金屬種類	導電率	
	% IACS	MSm^{-1}		% IACS	MSm^{-1}
鋁合金，1100	57～62	33～36	金	73.4	42.6
鋁合金，2014-T3	32～35	18.5～20.3	石墨	0.43	0.25
鋁合金，2014-T6	38～40	22～23.2	英高鎳 600	1.7	0.99
鋁合金，2024-T3	28～37	16.2～21.5	鉛	8	4.6
鋁合金，2024-T4	28～31	16.2～18	鋰	18.5～20.3	10.7～11.8
鋁合金，7075-T6	32	18.5	鎂	37	21.5
純鋁	61	35.4	鑄鎂合金	9	5.2
鈹銅	17～21	9.9～1.2	鉬	33	19.1
鈹	34～43	19.7～24.9	鎳	25	14.5
海軍黃銅	25	14.5	磷青銅	11	6.4
砲銅，退火	28	16.2	純銀	105～117	60.9～67.9
青銅	13	7.5	銀，18 %鎳合金	6	3.5
商用青銅，退火	44	25.5	不銹鋼 300 系	2.3～2.5	1.3～1.5
鉻	13.5	7.8	錫	15	8.7
純銅	100	58	鈦	1～4.2	0.6～2.4
七三黃銅	5	2.9	鋅	26.5～32	15.4～18.6

註：$MSm^{-1} \times 1.724 = \%\ IACS$

二、渦電流之相位角及振幅

渦電流密度除隨著深度增加而快速遞減外，其阻抗振幅亦隨距檢測面深度增加而減小，同時相位角有滯後的現象，以式(6-3)計算求得。相位角的變化是渦電流檢測的主要參數，不僅可決定缺陷之深度及範圍，同時亦可用來區別訊號是否爲缺陷訊號或錯誤顯示。

$$\theta = X/\delta \quad \text{(rad)} \quad 或 \quad \theta = X/\delta \times 57.3^\circ \quad \text{(degree)} \qquad (6\text{-}3)$$

θ：相位角

δ：標準透入深度，mm

X：距檢測面深度，mm

6.4-4 渦電流的阻抗變化

一、阻抗平面圖

渦電流的訊號顯示，通常以阻抗變化的資料爲主。由先前的討論得知，線圈阻抗(Z)係表示電阻(R)與感抗($X_L = \omega L$)的向量組合，因此若將檢測線圈阻抗變化的各向量點(R，X_L)在X-Y平面圖上顯示出來，即構成阻抗平面圖(Impedance Plane Diagram)，如圖6-19所示。圖上任一向量的長度表示阻抗的大小，向量的方向代表相位角(電流較電壓滯後的相位)。檢測時在阻抗平面圖上藉由向量點變化曲線的相位及阻抗大小(振幅)的改變，即可判斷阻抗變化的原因。

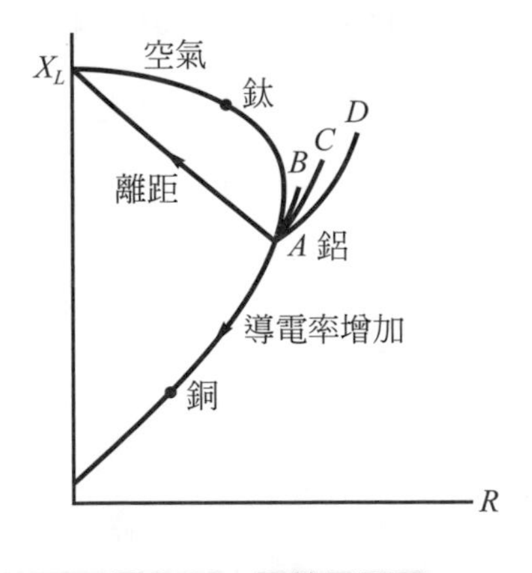

圖6-19 阻抗平面圖

二、阻抗平面之歸一化

渦電流檢測爲消除線圈結構及頻率因素的干擾，通常會對阻抗平面圖施以歸一化(Normalization)處理。處理方法係利用數學運算技巧將阻抗平面圖之座標尺度改爲比例方式，亦即將偵測到的阻抗Z除以空線圈時之阻抗Z_0，其數學運算式如下：

$$Z = R + jX_L = R + j\omega L$$

$$Z_0 = R_0 + j\omega L_0 \ (R_0 \ll \omega L_0 \text{可忽略})$$

$$Z_0 \cong \omega L_0 \quad (X_{L0} = \omega L_0)$$

$$Z_{\text{normalized}} = Z/Z_0 = [R/\omega L_0] + j[\omega L/\omega L_0] \tag{6-4}$$

依式(6-4)可知，歸一化阻抗平面圖之橫、縱座標數值應分別以$(R/\omega L_0)$及$(\omega L/\omega L_0)$來表示。

阻抗平面圖對於渦電流檢測之可行性評估與決定檢測變數有甚大助益，這些檢測變數包含頻率、導電率、厚度、離距、導磁率及缺陷等。

6.4-5 渦電流的檢測變數

渦電流檢測過程中，有許多變數會影響輸出訊號，這些變數主要分爲材料本質及檢測條件兩部分，如圖6-20所示。以下係說明各個檢測變數對渦電流的影響，並利用阻抗平面圖描述其變化曲線的特性。

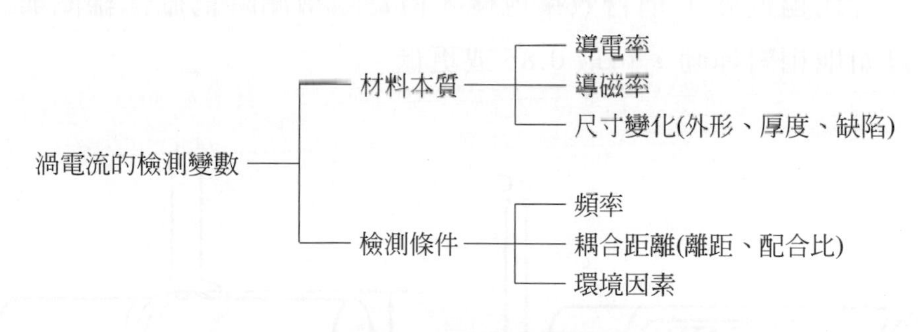

圖6-20 渦電流檢測變數

一、耦合距離變化

1. 耦合距離對渦電流之影響

   渦電流檢測線圈與試件間之耦合距離會影響渦電流感應的強度及檢測靈敏度，距離愈小，感應的渦電流愈強，檢測靈敏度愈高，反之則所感應的渦電流愈弱，檢測靈敏度愈差。耦合距離即便是微小變動，亦會對輸出訊號產生影響，因此在檢測過程，應穩定的控制檢測線圈以免耦合距離發生變化。耦合距離因探頭線圈型式不同，其表示方法有下列兩種：

(1) 離距

表面探頭線圈與試件之間的距離稱爲離距(Lift off)。當探頭線圈置於具有非導體塗層之導體上時，由於塗層本身即構成固定的離距，因此利用離距影響輸出訊號的特性，將訊號量化後即可計測出塗層厚度。

(2) 配合比

使用外繞或內繞線圈時，線圈與試件之間的距離係以配合比(Fill Factor)來表示。配合比之計算參考圖 6-21 所得之數學式如下：

外繞線圈配合比 $\eta_o = (d_o/D_i)^2$ (6-5)

內繞線圈配合比 $\eta_i = (D_o/d_i)^2$ (6-6)

D_o：線圈外徑

D_i：線圈內徑

d_o：試件外徑

d_i：試件內徑

配合比趨近於 1 耦合效果愈佳，但實際檢測時爲確保線圈與試件間能自如地相對運動，可取 0.85 或更低。

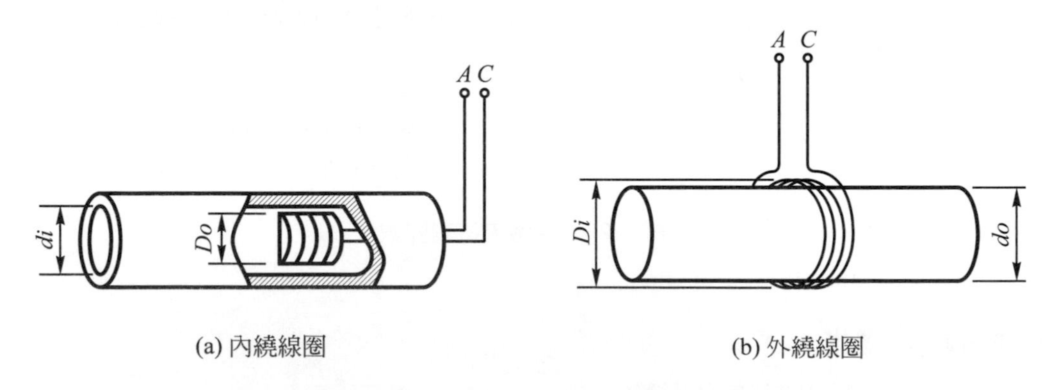

(a) 內繞線圈 (b) 外繞線圈

圖 6-21 內繞及外繞線圈檢測示意圖

2. 離距變化曲線

以線圈接觸 100 %IACS 材料，然後漸漸遠離檢測面時，線圈阻抗會沿虛線方向移動，直至阻抗不再變化爲止 (相當於線圈置於空氣中，IACS 0 %處)，此曲線稱爲離距變化曲線，如圖 6-22 所示。一般離距曲線在阻抗平面圖中均調整爲水平，以使其他影響阻抗變化的因素明顯呈現出來，如圖 6-23 所示。

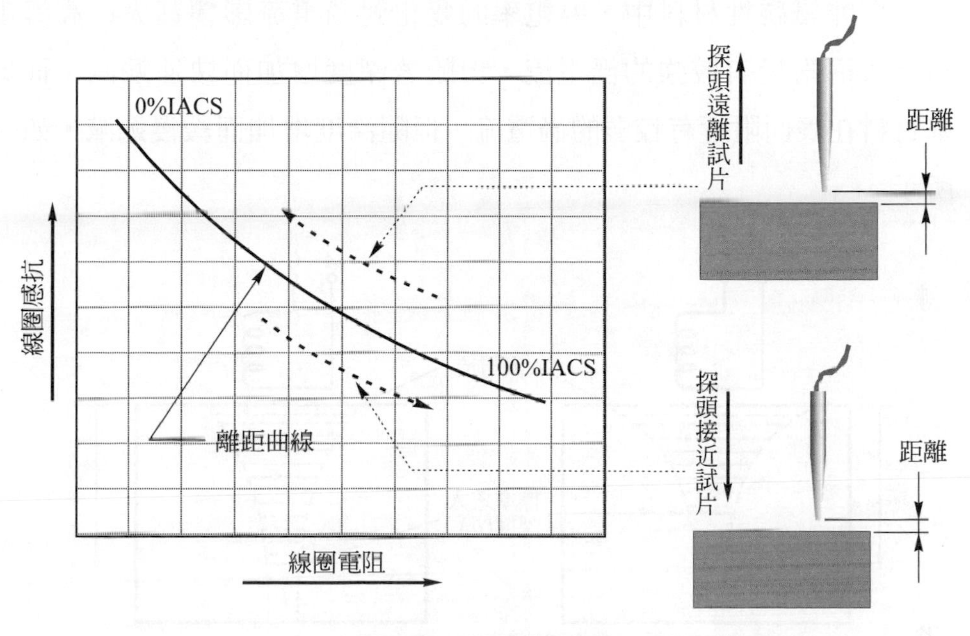

圖 6-22 離距變化曲線

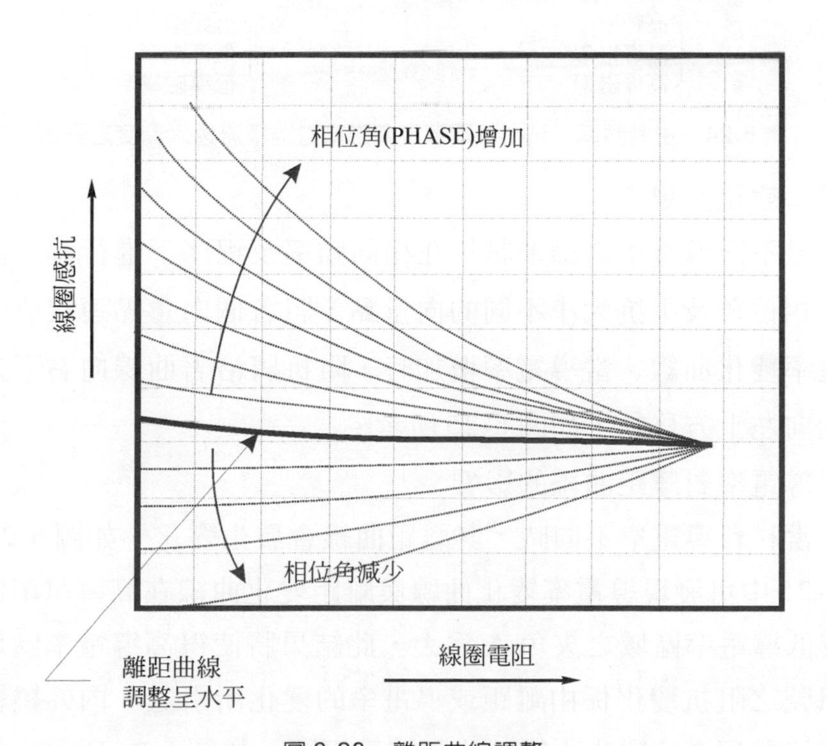

圖 6-23 離距曲線調整

二、材料導電率變化

1. 材料導電率對渦電流的影響

在非鐵磁性材料中，導電率的變化對渦電流影響甚大。高導電率材料在表面附近有較強的渦電流，但隨著深度增加而快速遞減；而低導電率材料在表面附近有較弱的渦電流，但隨深度增加而緩慢遞減，如圖 6-24 所示。

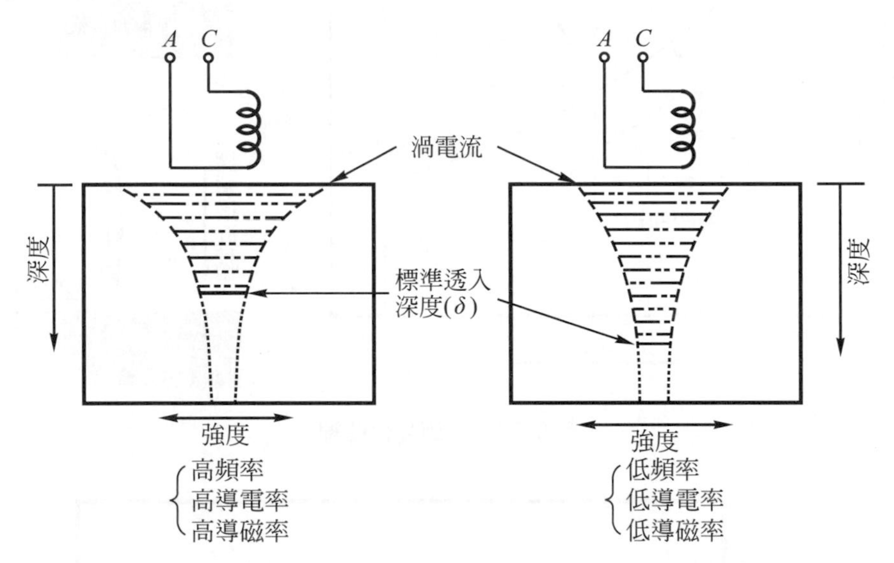

圖 6-24　檢測頻率，試材導電率及導磁率對渦電流透入深度之影響

2. 導電率變化曲線

以不同導電率之標準試片在相同頻率及程序下進行渦電流檢測，可得到相位角及阻抗大小不同的向量點，將各個向量點連接成曲線，即成導電率變化曲線。當導電率增加時，阻抗將沿著曲線向右下方移動，反之則向左上方移動，如圖 6-25 所示。

3. 材料導電率對離距曲線的影響

當材料導電率不同時，其離距曲線會發生變化，如圖 6-25 所示。由圖 6-25 中可發現導電率變化曲線與離距變化曲線在高導電率區域的夾角 B 較低導電率區域之夾角 A 為大，此結果將使得高導電率區域較容易區分訊號之阻抗變化係由離距或導電率的變化所引起。內外繞線圈與圓管或圓棒間配合比變化之歸一化阻抗平面圖，如圖 6-26 所示。由圖可見在空氣中(D點)配合比最小，隨配合比增大，耦合效果愈好，線圈阻抗變化益趨明顯，故導電率變化的圓弧漸趨加大。

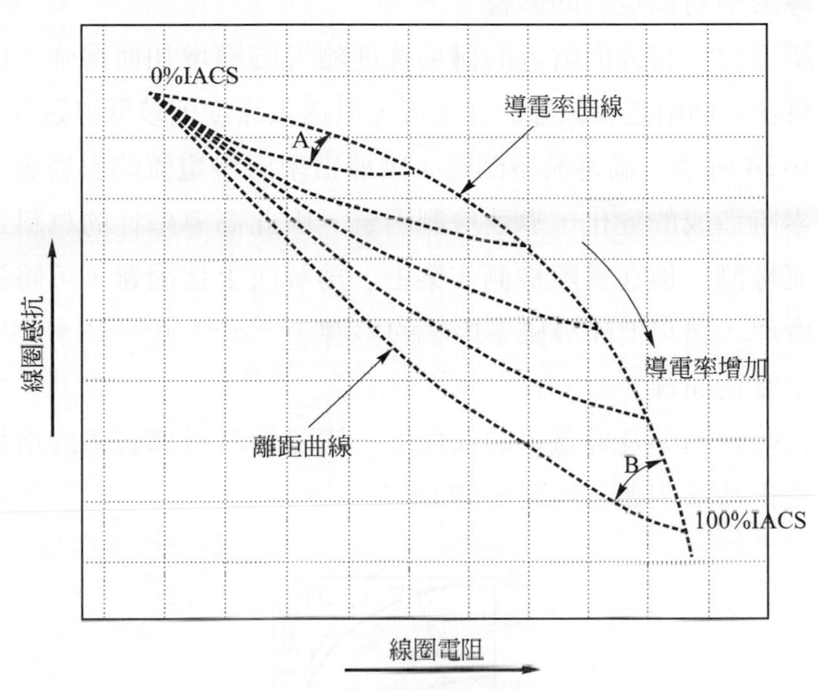

圖 6-25 導電率變化曲線

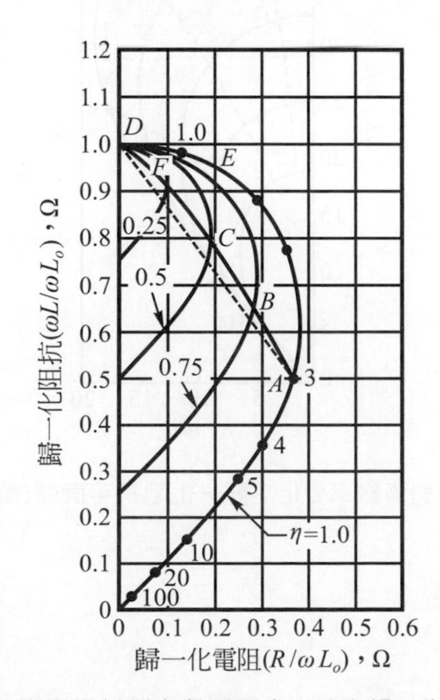

圖 6-26 非鐵磁性材料在各種配合比時之歸一化阻抗平面圖

三、材料導磁率變化

1. 材料導磁率對渦電流的影響

鐵磁性材料表面附近的磁場強度隨導磁率增加而增強，因此高導磁率材料在表面附近有較強的渦電流，但透入深度則較低導磁性材料爲差，如圖 6-24 所示。渦電流檢測時，因導磁率對渦電流的影響會干擾遮蔽其他因素所造成的變化，導致檢測困難，因此高導磁性的材料並不適合於渦電流檢測。但在實際檢測作業上，爲解決上述困難，可將試件施以磁飽和處理，藉以消除導磁率因素的影響。

2. 導磁率變化曲線

在一般頻率及導電率的條件下，鐵磁性材料導磁率的增加會使阻抗增大變化甚爲明顯，如圖 6-27 所示。

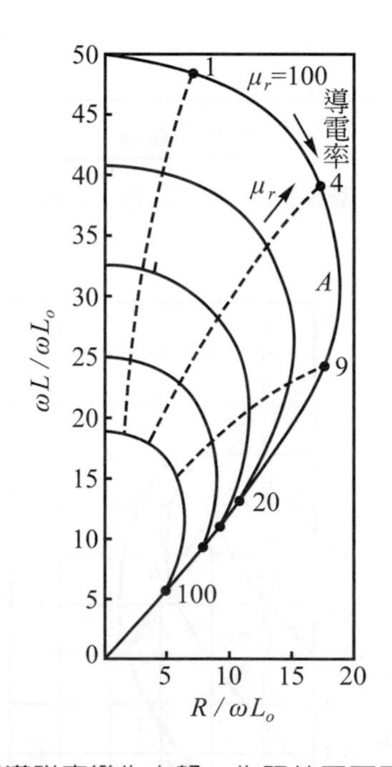

圖 6-27　相對導磁率變化之歸一化阻抗平面圖(鐵磁性材料)

四、探頭頻率變化

1. 檢測頻率對渦電流的影響

在渦電流檢測中頻率是唯一可經由儀器調整而加以控制的因素，實用上檢測頻率範圍在200Hz～6MHz之間。頻率愈高試材表面之渦電流強度愈強，檢測靈敏度較高，但穿透深度愈小。檢測頻率對渦電流透入深度的影響，如圖6-24所示。通常渦電流檢測時，當透入深度足夠的狀況下，宜採用較高的頻率，以期提高靈敏度使細小缺陷均能被檢測出來。鐵磁性材料的渦電流檢測，由於渦電流穿透性較小，因此應採用較低頻率檢測，但若僅限於表面缺陷之檢測，使用高頻率檢測亦屬恰當。

2. 頻率變化曲線

圖6-28所示為操作頻率對非磁性材料之導電率及離距曲線的影響，由(c)圖中可見，高頻率時導電率改變所引起的阻抗變化較小，使得高導電率材料(如銅、鋁等)的導電率變化會密集在曲線下方，而造成導電率變化的效應較不靈敏。反之，在曲線上方一些較低導電率的材料，在高頻率操作下，導電率變化較為分散而增大靈敏度。

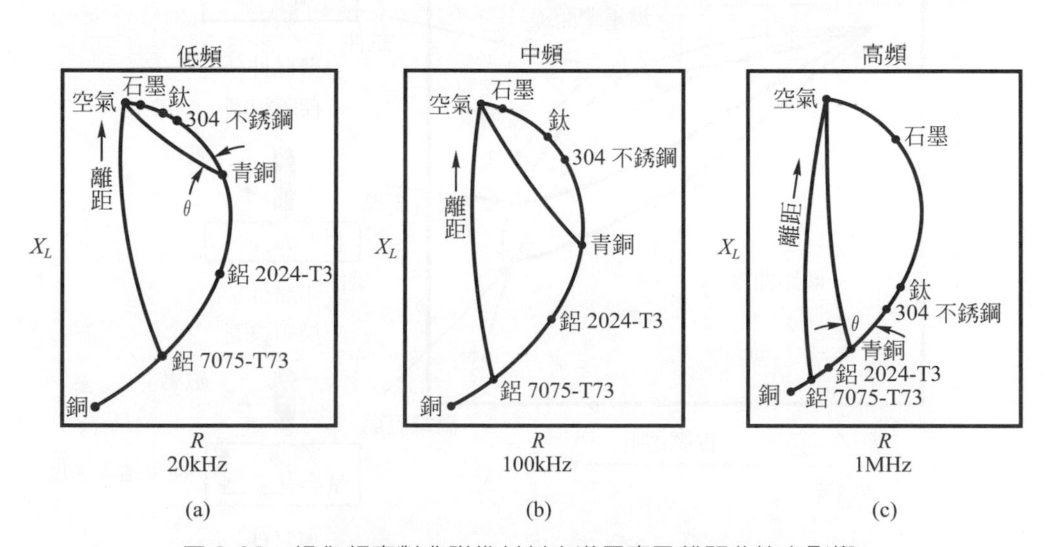

圖6-28 操作頻率對非磁性材料之導電率及離距曲線之影響

圖6-28(a)、(c)中可見，對於青銅材料的離距及導電率曲線，其分開角θ隨操作頻率增加而增大，即高頻率操作時，導電率曲線及離距曲線更

能明顯區分而提高檢測靈敏度。一般對於量測試件導電率及缺陷檢測，操作頻率通常以能使試材導電率恰位於導電率變化曲線之膝部(knee)下方最爲適當，其原因即是在取足夠分開角的緣故。

五、尺寸變化

尺寸變化對渦電流檢測的影響，常見有厚度、外形或邊緣、缺陷等因素的影響，詳細說明如下。

1. 材料厚度因素

   厚度對渦電流的影響，例舉厚試材及薄試材之檢測狀況，如圖 6-29 所示。當材料厚度大於極限透入深度(3δ)時，根據式(6-2)數學式可知厚度變化將不影響渦電流訊號。當試件較薄時(較極限透入深度薄時)，線圈磁場會穿透試件，而在試件內的誘導渦電流無法到達極限透入深度而產生變化，此時渦電流的變化會以試材導電率差異的結果顯示出來。

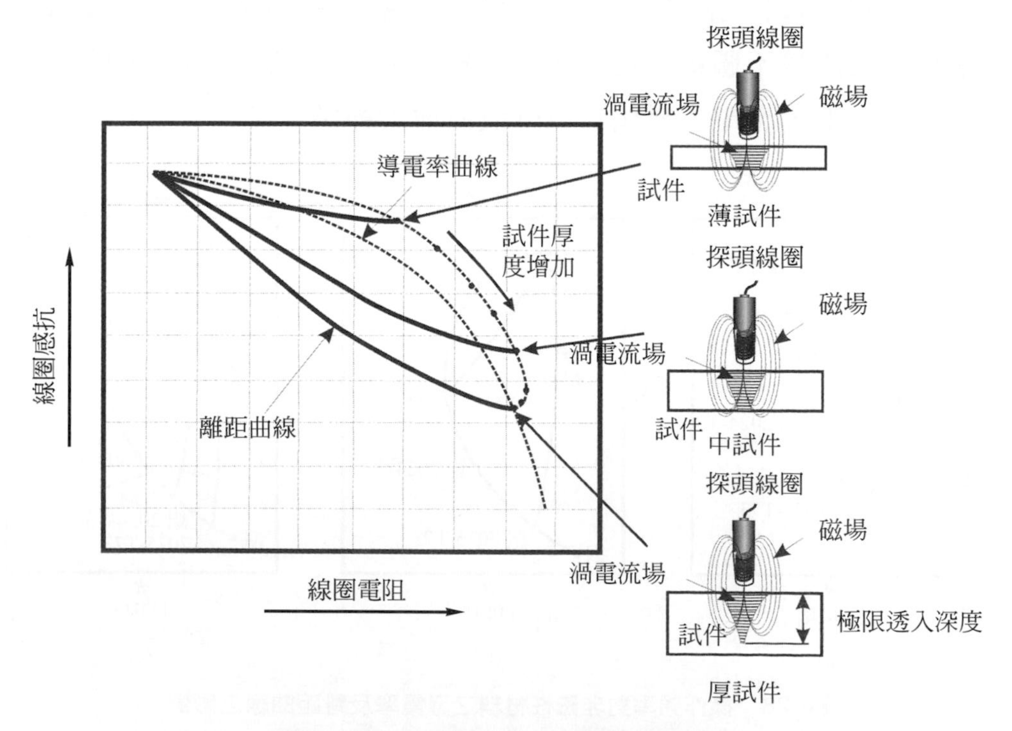

圖 6-29　試件厚度對渦電流檢測之影響

圖 6-30 爲相同材質不同厚度的材料以渦電流檢測所的到的材料厚度變化曲線，若將各厚度試片測量所得的阻抗值(各離距曲線的端點)連接起來，可得到一厚度變化曲線。當試件厚度等於渦電流極限透入深度時，檢測儀所測得之阻抗值將趨近於導電率曲線，此後厚度增加亦不會有任何影響。

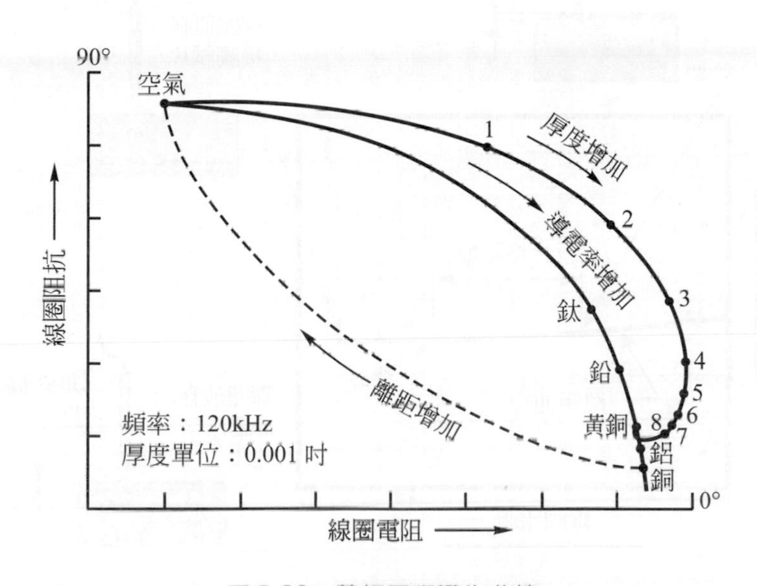

圖 6-30　黃銅厚度變化曲線

2. 材料表面塗膜厚度因素

(1) 非導體塗膜厚度變化曲線

非導體塗膜在磁性或非磁性導體材料上之厚度改變相當於離距變化，因此若能將不同厚度的非導體膜片所測定之阻抗值標點在離距曲線上，則即可用來評估其他未知的非導體塗膜厚度，如圖 6-31 所示。

(2) 導體塗膜厚度變化曲線

導體塗膜在非磁性或磁性導體材料上之厚度變化曲線，如圖 6-32 所示。導電率曲線左側軌跡爲鋁質塗膜在銅材料上(低導電率塗膜在高導電率材料上)，當塗膜厚度逐漸增加時，曲線變化將沿著順時針方向向上移動，直至極限透入深度(3δ)時，其阻抗值將位於塗膜材料(鋁)之導電率曲線上。導電率曲線右側軌跡爲銅質塗膜在鋁材料上(高導電率塗膜在低導電率材料上)，其塗膜厚度的變化曲線將沿著順時針方向向下移動，同樣地當塗膜厚度到達極限透入深度(3δ)時，其阻抗值將位於塗膜材料(銅)之導電率曲線上。

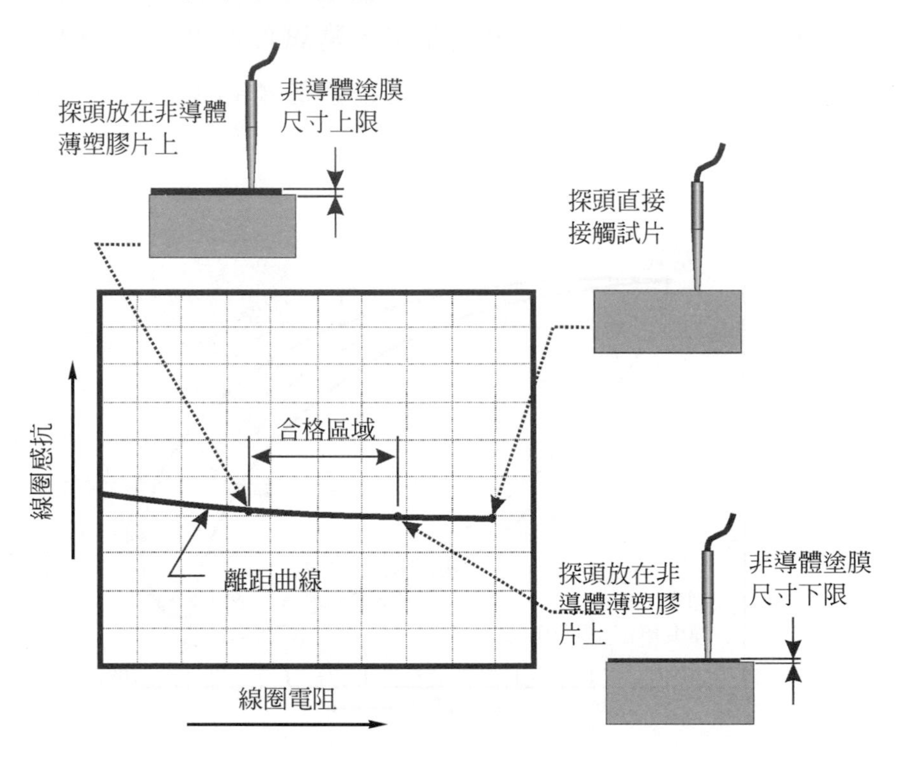

圖 6-31　渦電流建立膜厚校正曲線

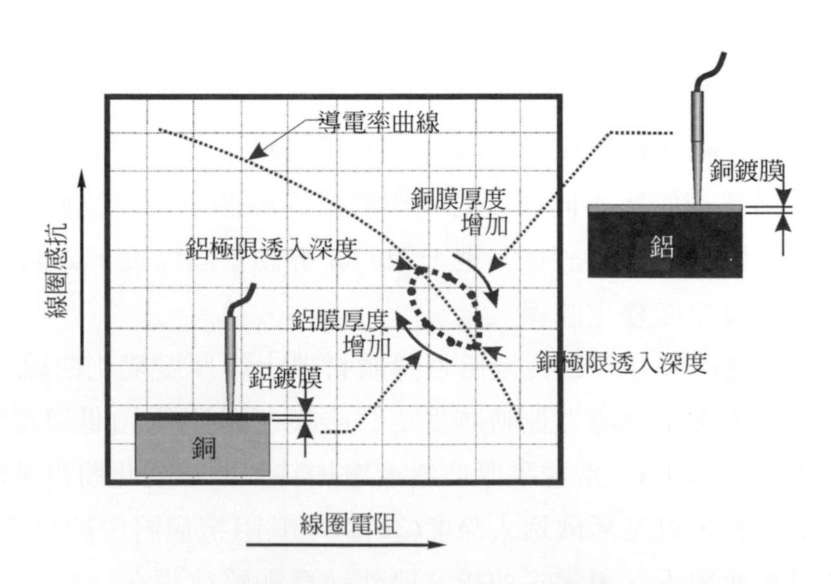

圖 6-32　導體塗層在非磁性材料上之厚度變化曲線

3. 外形或邊緣因素

當檢測線圈靠近試件末端、邊緣或角落時，渦電流的流動會受到限制而扭曲變形，此結果將導致一個明顯的錯誤顯示(False Indication)，這種現象稱爲邊緣效應(Edge Effect)。對於非磁性材料，邊緣效應類似離距效應的影響；但對於鐵磁性材料，由於磁場在試件端緣扭曲的緣故，因此其變化曲線會在離距曲線的左側，如圖6-33所示。圖中彎曲角A的大小，應視操作頻率及線圈直徑而定。邊緣效應的訊號往往很大，常會遮蔽正確的訊號顯示，因此檢測時應特別留意。

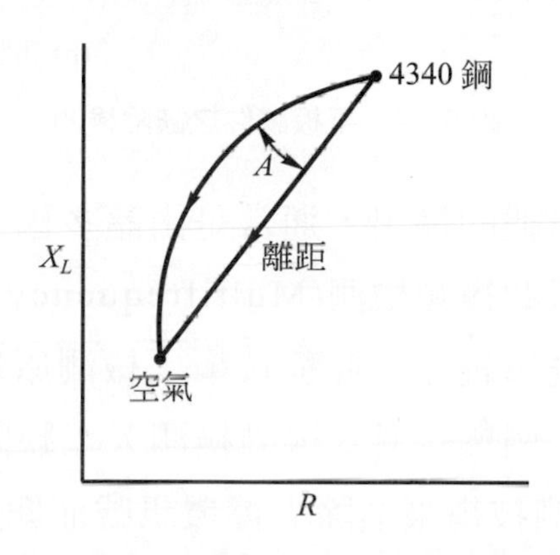

圖6-33　在阻抗平面圖上邊緣效應的影響

4. 缺陷因素

材料內部影響渦電流流動的缺陷諸如裂縫、空孔及夾渣等，這些缺陷的大小會影響渦電流檢測訊號的振幅，而位置深淺則影響其相位及振幅。此外，當試件缺陷方向與渦電流路徑垂直時，其檢出效果最佳，若二者平行時，幾乎無訊號顯示。

以絕對式表面探頭線圈檢測如圖6-34(a)所示具有缺陷之平板試件，其缺陷爲表面裂縫及兩個不同深度的空孔，檢測時先將離距曲線調整爲水平位置，較易辨認其他缺陷訊號。檢測結果因諸缺陷大小及深度不同，於是形成不同相位及振幅之缺陷顯示，如圖6-34(b)所示。

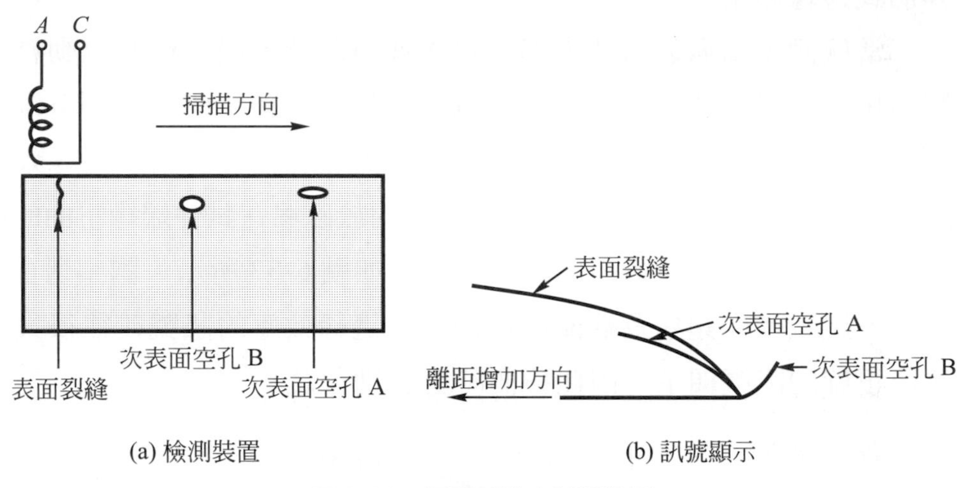

圖 6-34　平板試件之缺陷檢測

渦電流檢測訊號的輸出，通常是由諸多因素合成而並非單純的缺陷訊號，因此必須藉助複頻檢測(Multifrequency Testing)技術將無關訊號壓制而使缺陷訊號單純化。此種技術之檢測原理通常是利用訊號相加或相減的線性理論，例舉差異式線圈檢測人工缺陷標準管件(如圖 6-44 所示)，利用複頻檢測技術來消除支撐環訊號而顯示單純貫穿孔缺陷訊號的處理過程，如圖 6-35 所示。

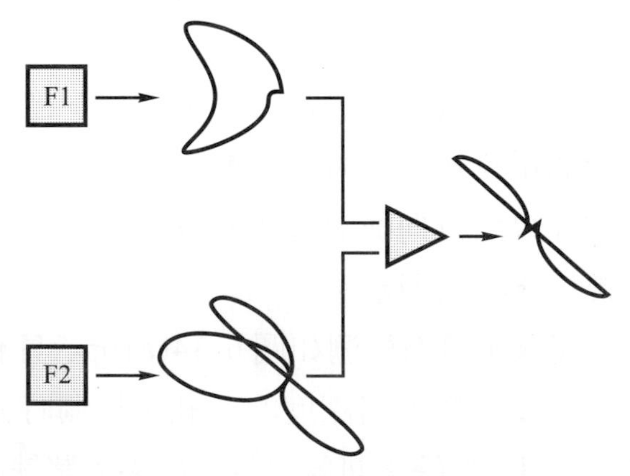

圖 6-35　複頻檢測缺陷訊號之處理

六、環境因素變化

檢測線圈、試件及周圍環境溫度的變化，通常會造成渦電流檢測訊號的不穩定。此外，檢測時對於環境內的電磁干擾，試件上之導電或導磁附著物等，應盡量排除以免影響檢測結果。

6.4-6 無關變數的壓制

渦電流檢測通常可藉由相位旋轉及不平衡電橋線路將無關變數壓制，而使得有關顯示明顯的呈現出來。

一、相位旋轉的無關變數壓制

當渦電流檢測儀採用向量點顯示時，通常可利用相位旋轉使無關訊號 US 位於水平方向(如離距變化)，則有關訊號 DS 會趨向於垂直方向(如導電率變化)，如此訊號的判別就較爲簡易，如圖 6-36 所示。

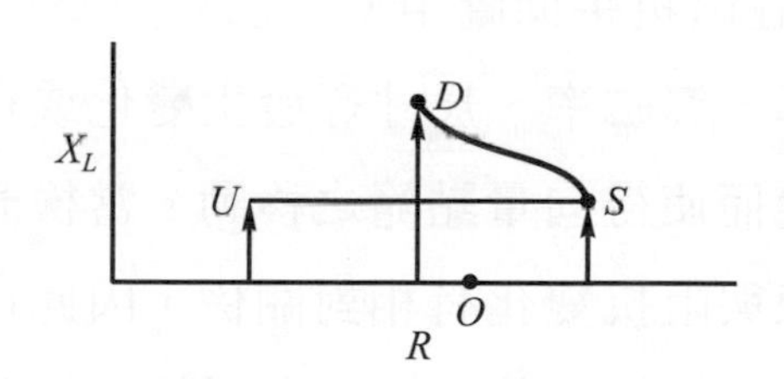

圖 6-36 利用相位旋轉將無關變數壓制

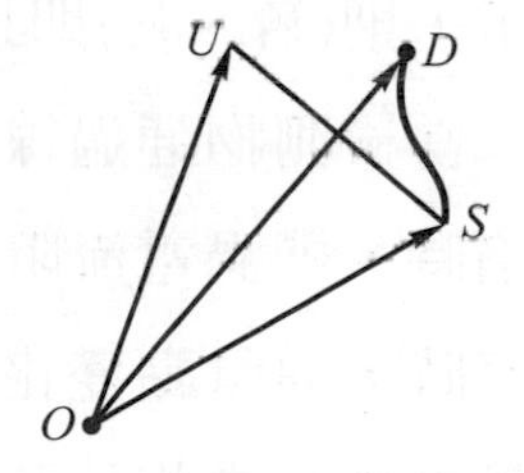

圖 6-37 利用不平行電橋將無關變數壓制

二、不平衡電橋的無關變數壓制

當渦電流檢測儀僅偵測訊號振幅改變時使用此種方法(一般係指針式渦電流檢測儀採用)，如圖 6-37 所示。在操作前先使電橋線路平衡(或稱歸零)，並設定一操作起始點 O，爲壓制無關變數可調整無關訊號 US 至操作點 O 之向量距離，$\overline{UO}$ 與 $\overline{SO}$ 相等，如此訊號振幅並未改變，儀器指示錶上讀值應爲零。換句話說，此時有關訊號 DS 對操作點 O 之向量距離，$\overline{DO}$ 與 $\overline{SO}$ 並不相等，即電橋線路不平衡而將訊號振幅差異顯示在儀器錶中，如此即可將有關訊號明顯呈現出來。

6.4-7 渦電流訊號分析方法

一、阻抗振幅變化分析

當試件因存有缺陷或材質特性變異而使線圈阻抗發生變化時，檢測儀會直接將變化大小以儀錶指示出來。但對於阻抗變化的原因，此種方法無法得知。

二、阻抗相位變化分析

阻抗相位變化分析方法通常有向量點顯示、正弦波型顯示(線性時基法，Linear Time-Base Method)及橢圓型顯示法三種，茲分別說明如下：

1. 向量點顯示

向量點顯示之相位變化分析是渦電流檢測中應用最廣之訊號分析方法，在渦電流檢測過程中，向量點式渦電流檢測儀之信號分析部分會利用偵測電路量測電壓，電阻R部及電感L部所測得的電壓若分別以V_1、V_2表示，則(V_1、V_2)即以向量點顯示在阻抗平面圖中。

當檢測物通過線圈，若導電率、導磁率、尺寸等發生變化或存在有缺陷時，則渦電流阻抗即產生改變而使得向量點隨之移動。當檢測頻率固定時，向量點變化的軌跡或曲線與阻抗變化有相對關係，因此可藉由向量點移動之相位及振幅，以判斷阻抗變化的原因。各種檢測變數以向量點顯示在阻抗平面圖上的變化曲線，如圖6-38所示。

渦電流檢測時，通常以平衡鈕使訊號起始點位於螢幕正中心，並調整相位使離距曲線或雜訊等位於水平方向，而藉頻率調整使缺陷或材質特性變化的訊號往垂直方向移動，以利訊號的判讀。當試件係由多種變數造成阻抗變化時，則其向量點的變化即為諸變數變化向量的合成。

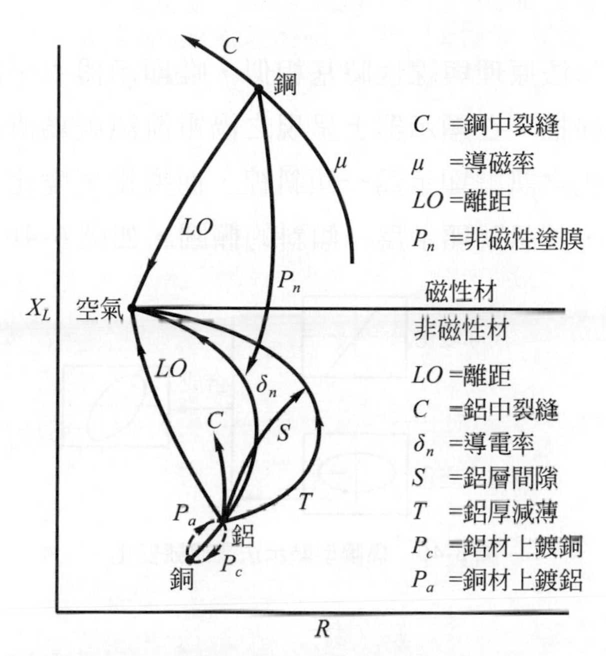

圖 6-38　各種變數以向量點顯示之變化曲線

2. 正弦波型顯示(線性時基法)

本法中顯示器的水平時間迴掃是利用鋸齒波線性時基迴掃，當阻抗變化時，可藉由顯示器中央之時窗(Time Window)觀測到正弦波訊號之振幅及相位變化。圖 6-39 所示，A波在時窗位置之零點位置(相位 0°)，振幅低於監視門檻(Gate Threshold)之下，而B波振幅在監視門檻之上，且相位較 A 波提前 90°。

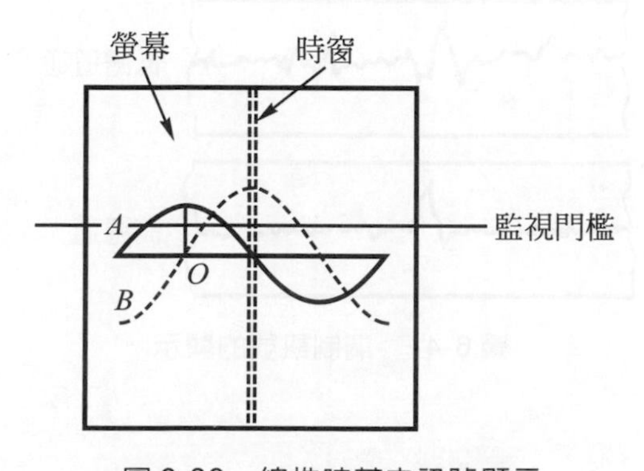

圖 6-39　線性時基之訊號顯示

3. 橢圓型顯示

此種顯示法原理與線性時基相似，唯顯示器水平時間掃描模式係採用正弦波式掃描，在顯示器上呈現之渦電流訊號爲直線或橢圓形。通常試件尺寸變化之訊號顯示爲一傾斜線，而導電率變化爲橢圓形，當二者同時改變時，其訊號顯示爲一傾斜的橢圓，如圖 6-40 所示。

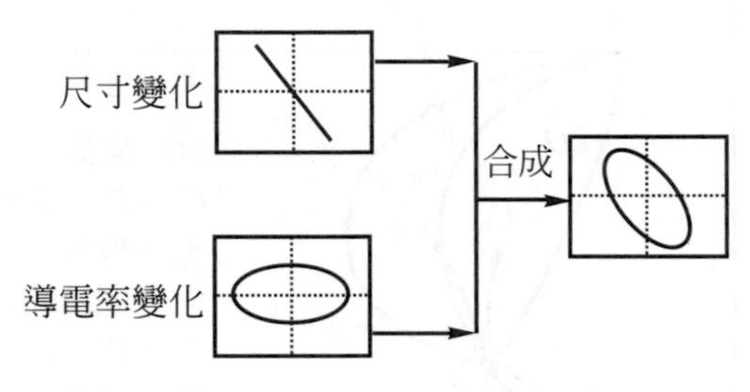

圖 6-40　橢圓型顯示法之訊號變化

三、調制訊號分析

此方法主要用於動態檢測，當存在缺陷或材質特性變異的試件通過檢測線圈時，將會因磁場改變而產生調制訊號。該調制訊號在低頻時並未能顯現缺陷，經由提高操作頻率並配合適當濾波器(高通 High Pass 或低通 Low Pass)，即可過濾無關變數而將缺陷訊號顯示出來，如圖 6-41 所示。

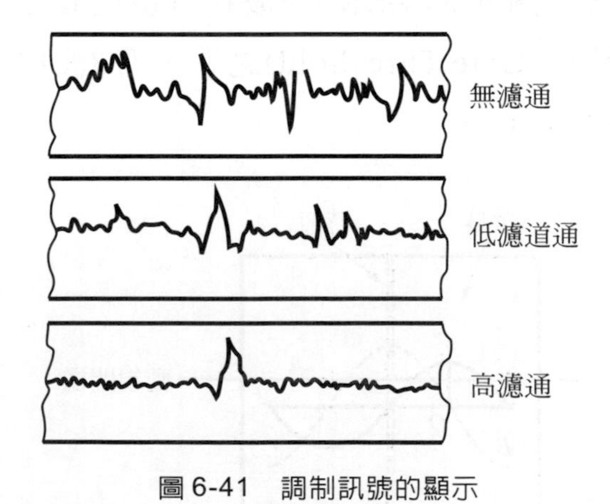

圖 6-41　調制訊號的顯示

6.5 實驗步驟

一、確認使用規範

1. CNS 總號 11050 渦電流檢測法通則
2. 美國規範標準類號
   (1) ASNI-1970 Measurement of Coating Thickness by the Eddy Current Fast Method.
   (2) ASNI-1972 Measurement Thickness of Anode Coating on Aluminum with Eddy Current Instruments.
   (3) ASTM-B244 Anode Coating of Aluminum with Eddy Current Instruments.
   (4) ASTM-E309 Eddy Current Testing of Steel Tabular Products with Magnetic.
   (5) ASTM-B342 Method of Test for Electrical Conductivity for Use of Eddy Current.
3. JIS G0568 鋼材渦電流探傷試驗方法

二、依檢測程序書選定檢測時機

檢測程序書上對檢測時機的規定項目諸如，製造完成(前)後、銲接(前)後、加工(前)後、熱處理(前)後、研磨(前)後、水壓試驗(前)後……等。

三、依圖 6-42 渦電流檢測流程檢測(向量點式渦電流檢測儀為例)

1. 選用儀器、線圈及規塊：依檢測物材質、尺寸外形，表面狀況及檢測目的等因素，選用適當之儀器、線圈(參考 6.3-2 節)及比較規塊(參考 6.3-3 節)。對於導磁性材料，通常以直流線圈使其磁飽和，以消除導磁率的干擾。
2. 設定頻率：依據試件材質、靈敏度及透入深度需要選擇適當頻率(參考 6.4-3 節)，一般在足夠透入深度狀況下，應選用高頻率。此外，以導電率曲線作爲操作頻率設定參考時，通常以能使試材導電率恰位於導電率變化曲線之膝部(knee)下方最爲適當。

3. 歸零及向量點定位：將線圈置於規塊無缺陷處，壓平衡鈕使向量點歸零，並利用程式內鍵中之水平(HORIZONTAL)及垂直(VERTICAL)調整設定使其位於中央適當位置。
4. 儀器性能校準：以儀器性能檢定標準規塊校準，利用程式內鍵相位調整(PHASE)設定，使離距位於水平基線上，而訊號位於垂直方向之適當位置上；再以感度調整(GAIN)設定，使振幅大小適中。必要時利用監視範圍(GATE)設定警報範圍。
5. 製作校正曲線：視檢測需要，以儀器校準規塊(比較規塊)製作導電率、導磁率、厚度、離距及缺陷等阻抗變化曲線，以作為試件材質特性或缺陷檢測之依據。

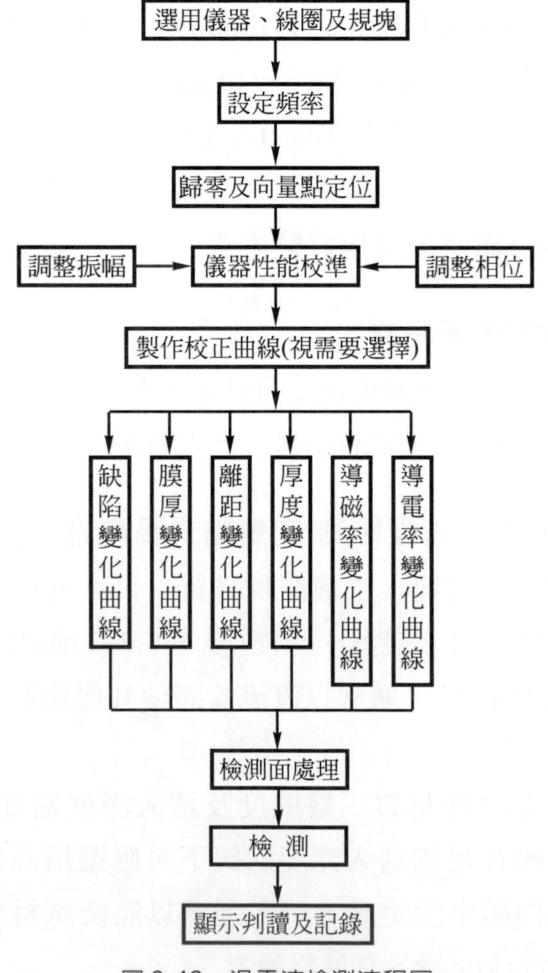

圖 6-42　渦電流檢測流程圖

6. 檢測面處理：對於檢測物表面過於粗糙，或存有油脂、銹皮、毛邊……等足以妨礙線圈移動或蒙蔽瑕疵者，應採適當方法加以去除。
7. 檢測：上述步驟均正確完成後，即可根據程序書上規定之檢測項目進行檢測。探頭線圈之掃描方式，可採用旋轉式、直線式或適合規範、合約要求的其他掃描法。
8. 顯示判讀及記錄：檢測物瑕疵顯示經評估超過6.3-3節表6-5選定之比較規塊所設定的靈敏度基準時，即判定為缺陷。所有缺陷的顯示應加以記錄，並應依所指定的規範標準加以判讀。對於無關顯示或儀器訊號顯示不穩定，應重新實施檢測。

6.6 檢測實例

1. 利用絕對式表面探頭以頻率200kHz檢測刻槽平板規塊，如圖6-43(a)所示，其檢測結果如下：①在阻抗平面圖上之示意圖，如圖6-43(b)所示；②在向量點式渦電流檢測儀上之顯示，如圖6-43(c)所示；③缺陷深度及相位角之關係曲線，如圖6-43(d)所示；④相近材質具46°相位角之缺陷深度，如圖6-43(d)所示為0.8mm；⑤振幅－相位角曲線，如圖6-43(e)所示；⑥缺陷深度－振幅曲線，如圖6-43(f)所示。

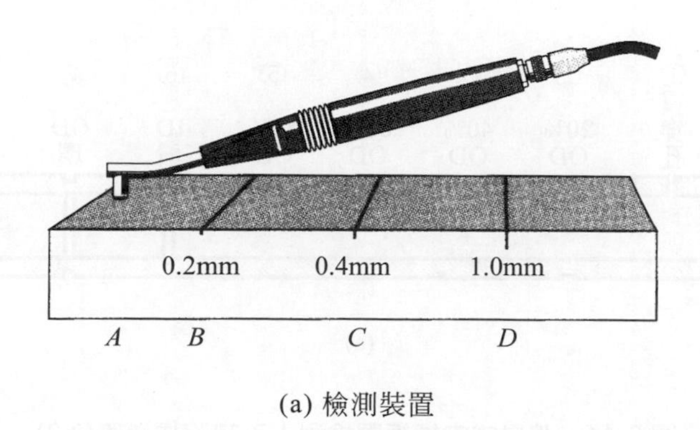

(a) 檢測裝置

圖6-43 絕對式探頭檢測刻槽平板規塊(*2)

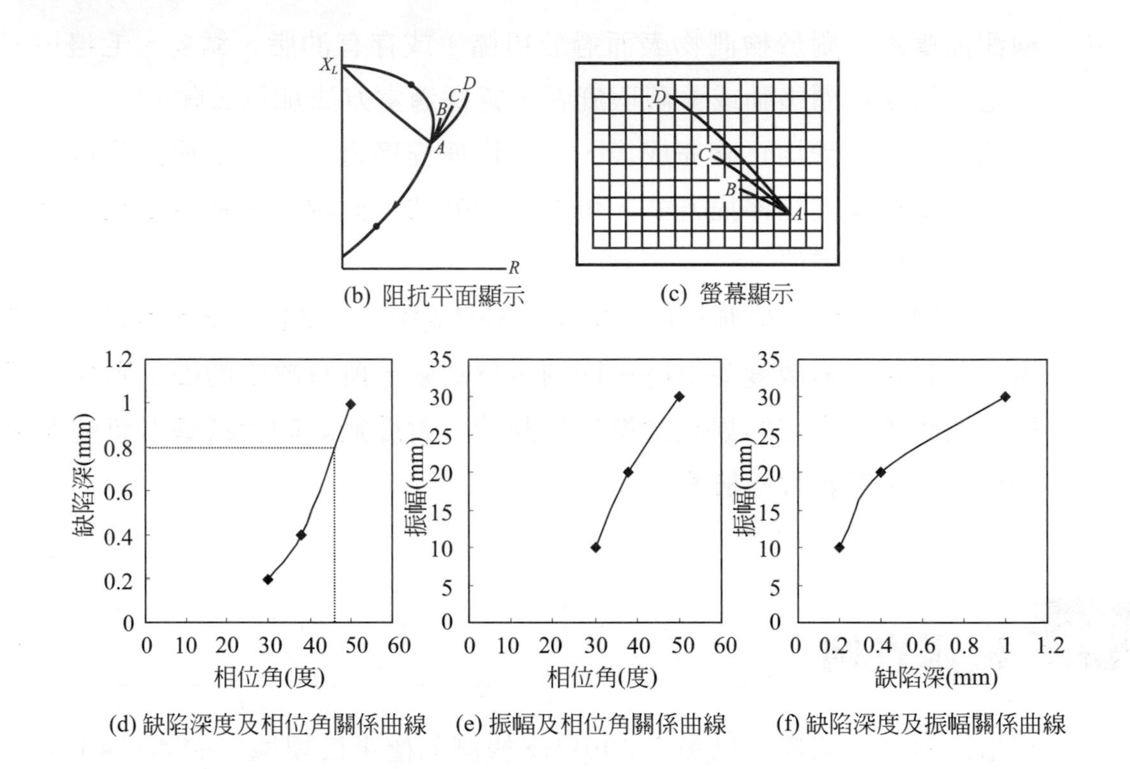

(b) 阻抗平面顯示　(c) 螢幕顯示

(d) 缺陷深度及相位角關係曲線　(e) 振幅及相位角關係曲線　(f) 缺陷深度及振幅關係曲線

圖 6-43　絕對式探頭檢測刻槽平板規塊(續)(∗2)

2. 利用差異式內繞線圈檢測人工缺陷標準管件，如圖 6-44(a)所示，其檢測結果如下：①各部分缺陷位置相對之訊號顯示，如圖 6-44(b)所示；②孔深與相位關係曲線，如圖 6-44(c)所示；③相位角 105°之缺陷深度，如圖 6-44(c)所示，由相位角 105°對應之缺陷爲 70％O.D.。

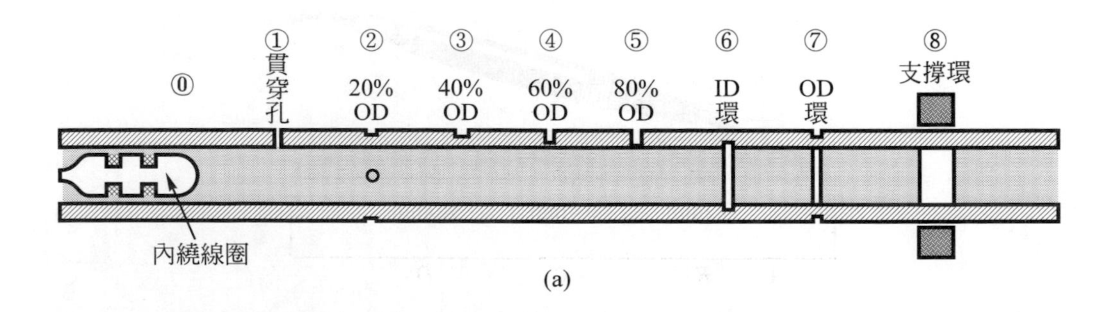

(a)

圖 6-44　差異式內繞線圈檢測人工缺陷標準管(∗2)

(b) 缺陷信號顯示

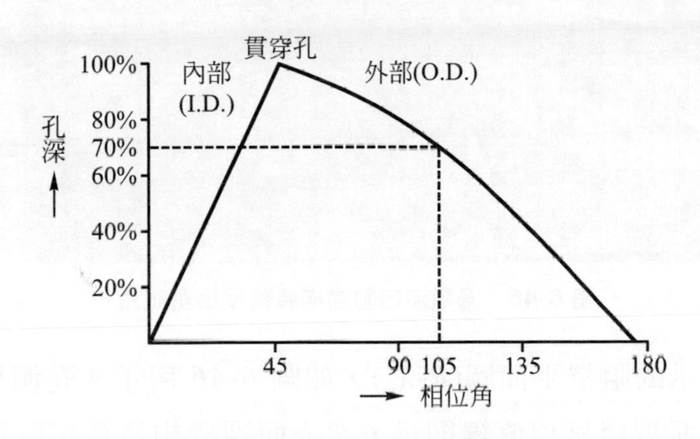

(c) 孔深與相位關係曲線

圖 6-44　差異式內繞線圈檢測人工缺陷標準管(*2)(續)

3. [實作題] 若已知導電率分別為60％，45.3％，19.2％，9.07％IACS的材料，以 100kHz 頻率操作，試完成下列項目①寫出具體實驗步驟。②繪製導電率曲線。③評估某一材料之導電率。
4. [實作題]非磁性非導體膜厚量測，以100 kHz 頻率操作，基材為100％IACS及9.07％IACS。①寫出具體實驗步驟。②建立膜厚曲線。③評估某一膜厚值。
5. 鋁合金氧化膜渦電流檢測之材料特性評估技術(摘錄自Yeong-Jern Chen, Hwei-Yuan Teng and You-Tern Tsai, Diagnosis of Oxide Films in Cast Aluminum Alloys, Journal of Materials Engineering and Performance, Vol. 13, No. 1, Feb 2004, pp. 69-77.)。以直徑2mm，頻率2MHz探頭檢測鋁合金(純鋁、Al-Si 合金及 A356 合金)之缺陷及氧化膜，設備為自動掃描式渦電流檢測儀，掃描速度2.5 mm/sec，如圖 6-45 所示。

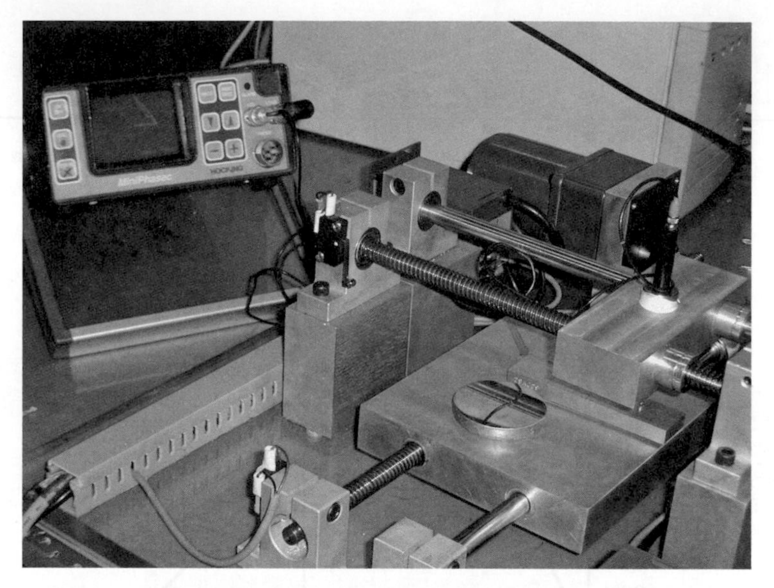

圖 6-45　渦電流自動掃描裝置及檢測試片

(1) 缺陷顯示的阻抗平面圖(R-X_L)，如圖 6-46 所示。孔洞呈現迴圈的訊號顯示，而裂縫呈現直線顯示，次表面裂縫相位角訊號遲延，因此較表面裂縫為大。導電率優劣次序分別為純鋁、A356 合金及 Al-Si 合金，而且氧化膜會減少鋁合金的導電度。

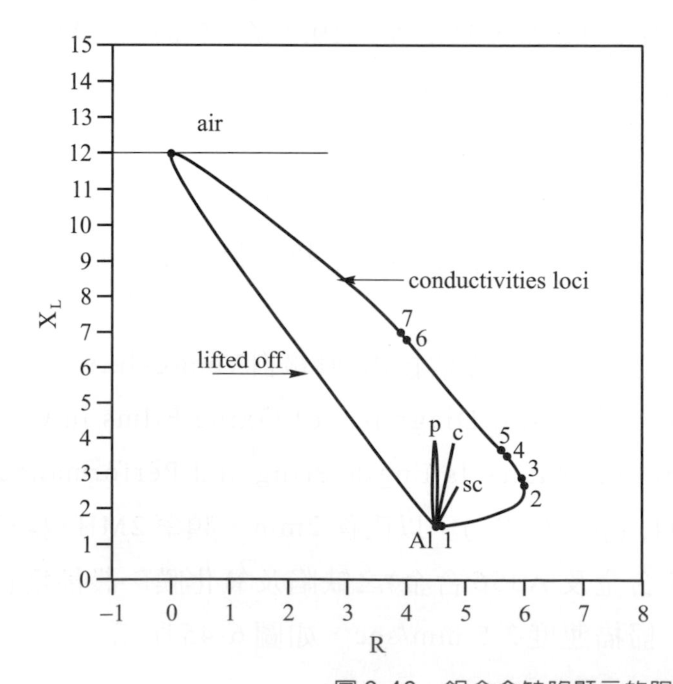

圖 6-46　鋁合金缺陷顯示的阻抗平面圖

(2) A356 鋁合金缺陷顯示訊號的阻抗－相位角散佈圖(θ-Z)，如圖 6-47 所示。氧化膜缺陷訊號角較小，相較於其他鑄造缺陷顯示較小的相位角及阻抗值。

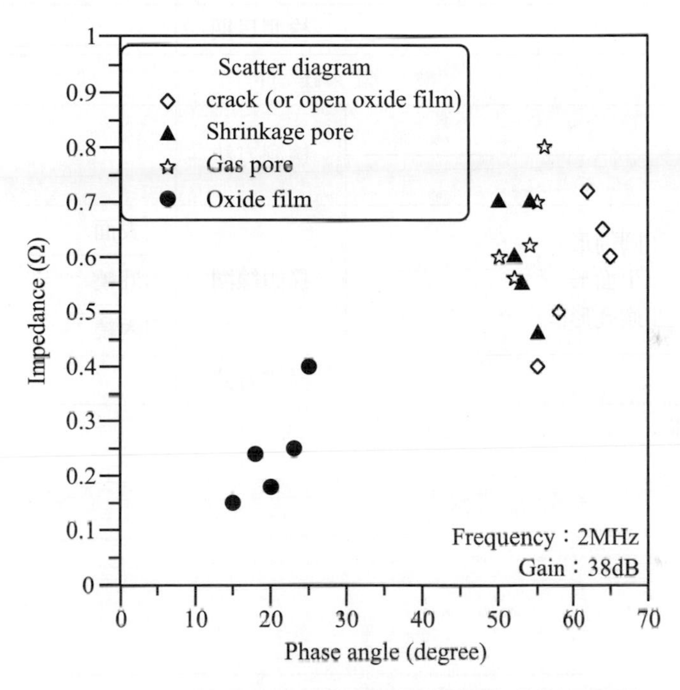

圖 6-47 A356 鋁合金缺陷顯示的相位角-阻抗平面圖

6-7 實驗結果分析

1. 根據檢測程序書，依檢測目的需要完成受檢項目。
2. 將檢測結果登載於表 6-8 所示之檢測記錄表內，並應詳加描述並記錄受檢項目之顯示結果，並加以評估判讀。這些檢測結果諸如缺陷種類、位置、方向及大小，或材料導電率、導磁率及塗膜厚度等均是。
3. 根據檢測接受基準判斷檢測物是否合格。

表 6-8　渦電流檢測記錄表

<table>
<tr><td>試件名稱</td><td></td><td>表面處理</td><td></td></tr>
<tr><td>試件材質</td><td></td><td>檢測時機</td><td></td></tr>
<tr><td>檢測規範</td><td></td><td>檢測日期</td><td></td></tr>
<tr><td colspan="4">檢　測　條 件</td></tr>
<tr><td>儀器廠牌</td><td></td><td rowspan="2">檢測方法</td><td rowspan="2"></td></tr>
<tr><td>儀器型式</td><td></td></tr>
<tr><td rowspan="3">比較規塊</td><td rowspan="3">□ 圓筒形
□ 平面形
□ 螺孔形</td><td rowspan="3">探頭線圈</td><td>□表面</td></tr>
<tr><td>□外繞</td></tr>
<tr><td>□內繞</td></tr>
<tr><td>操作頻率</td><td></td><td>掃描方式</td><td></td></tr>
<tr><td colspan="4">結果記錄及敘述：</td></tr>
<tr><td colspan="4">結果判定：</td></tr>
</table>

<table>
<tr><td>班　別</td><td colspan="2"></td><td>日　期</td><td>教　師</td><td>評　閱</td></tr>
<tr><td>組　別</td><td colspan="2"></td><td rowspan="6"></td><td rowspan="6"></td><td rowspan="6"></td></tr>
<tr><td>組　長</td><td colspan="2">組　員</td></tr>
<tr><td rowspan="3"></td><td></td><td></td></tr>
<tr><td></td><td></td></tr>
<tr><td></td><td></td></tr>
</table>

CHAPTER

附錄

APPENDIX

學校　非破壞檢測實驗室輻射防護計畫

一、總　則

1. 本計畫依“游離輻射防護安全標準”第二十五條之規定訂定。
2. 本單位除應遵守“原子能法”、“原子能法施行細則”及“游離輻射防護安全標準”之規定外，尚須依本計畫執行各項輻射防護作業。
3. 從事X光照相檢測作業時，應確實遵守“X光照相檢測安全作業程序”之規定，以確保作業人員與公眾之輻射安全。

二、輻射防護管理組織

1. 本單位之輻射防護作業，由機械科主任負責。主管職責如下：
   (1) 訂定輻射防護計畫，核定後實施。
   (2) 指派輻射防護人員，督導輻射防護計畫之執行。
   (3) 定期或不定期召集輻射安全小組會議。
   (4) 向原子能委員會申報各類應報告事項。
   (5) 與輻射防護人員諮商、檢討有關輻射防護事項。
2. 為推行防護計畫，本單位設輻射安全小組，科主任為小組長，所有輻射操作人員為組員，視需要召開輻射安全小組會議，檢討輻射防護作業相關事宜。如有決議事項，小組長應交辦執行並追蹤列管。

3. 本單位依“游離輻射防護安全標準”第二十八條規定，指派合格之輻射防護人員，負責輻射防護計畫之執行，其主要工作項目如下：
   (1) 輻射防護計畫有關規定之制定、修訂與督導。
   (2) 各類申請案件及報告案件之審查。
   (3) 意外事件之調查與處理。
   (4) “自行檢查”作業之執行。
   (5) 各類記錄之審查。
   (6) 輻射安全訓練計畫之執行。
   (7) 工作人員違反“輻射防護計畫”行爲之勸導、糾正、制止與陳報。
   (8) 輻射防護作業改進事項之建議。
4. 本單位視實際情況需要，選任輻射防護人員代理人，協助執行前條(四)至(八)項業務，代理人亦需爲合格輻射防護人員。

三、人員防護與醫務監護

1. 工作人員未滿十八歲，不得從事實際X光照相檢驗工作。
2. 若檢驗人員輻射曝露劑量操過15 mSv/y時，應向實驗室負責人申請人員劑量計，並定時送回評定劑量。
3. 本單位依實際授課人員情形，不定期實施輻射防護講習。
4. 經常性之X光操作人員(教師)，且輻射曝露劑量超過15mSv/y時，經體格檢驗合格後始得從事操作工作，體檢項目應包括：
   (1) 作業經歷調查。
   (2) 白血球計數及白血球分類檢查。
   (3) 血球比容量値或血色素或紅血球數之檢查。
   (4) 有關白內障之眼部檢查。
   (5) 皮膚病之檢查。
5. 在特殊情形下，操作人員應實施特別健康檢查或醫務監護，經檢查判定不適合輻射工作者，應予停止X光照相之工作。

四、工作區管制

1. X 光照相檢測作業場所應確實依“X 光照相檢測安全作業程序”執行人員監測及環境監測，並採取必要之管制措施。
2. 輻射偵檢儀應視使用情形每年送往輻射檢測儀器公司校正，合格者始得使用。
3. 輻射防護人員應不定期做“自行檢查”，並詳實記錄檢查結果。如有違反規定之作業，除應督導工作人員即時改善外並應持續追蹤查核。
4. X 光機不使用時應將鎖匙妥善保管，使用時應控制距離 X 光機 5 公分處輻射劑量低於 2.5μSv/hr。
5. X 光機使用前，操作人員應做環境監測，並製作記錄，輻射防護人員應不定期查核管理作業執行情形。

五、意外事故處理

1. 國內輻射管制機構與核能服務單位電話如下：
   (1) 原子能委員會
   TEL：02-3634180　地址：北市基隆路四段 144 巷 67 號
   (2) 原能會核能研究所保健物理組
   TEL：02-3651717 轉 7606　或　03-4711400 轉 7606
   地址：桃園縣龍潭鄉文化路 1000 號
   (3) 原能會台灣輻射偵測站
   TEL：07-3819206　地址：高雄縣鳥松鄉大華村澄清路 823 號
   (4) 清華大學原科中心保健物理組
   TEL：03-5715131 轉 5443　地址：新竹市光復路二段 101 號
   (5) 輻射防護協會
   TEL：03-5722224　地址：新竹市光復路二段 406 號二樓
2. 發生任何意外事故時，應確實依“意外事故處理程序”妥善處理。

六、合理抑低措施

1. X 光操作應妥善利用鉛箱屏障，使人員劑量儘量低於法定限度。

2. 若 X 光機洩露劑量或操作人員輻射劑量有升高情形時，應立即採取應變措施。

七、記錄保存

1. 下列各項記錄應至少保存兩年：
   (1) X 光照相檢測記錄。
   (2) 自行檢查記錄。
   (3) 工作人員輻射安全訓練記錄。
   (4) 輻射安全小組會議記錄。
   (5) 偵檢儀校正記錄。
   (6) X 光機管理記錄。
2. 健康檢查、特別醫務監護記錄保存至少十年。
3. 工作人員劑量記錄，自其停止參與輻射工作日起，至少保存三十年。

八、報告事項

1. 下列各項資料應於規定期限內報告原子能委員會。
   (1) 人員劑量超限報告：知悉之日起十日內。
   (2) 意外事故報告：事發應即通報原委會並於十日內提送書面報告。

CHAPTER

彩圖索引

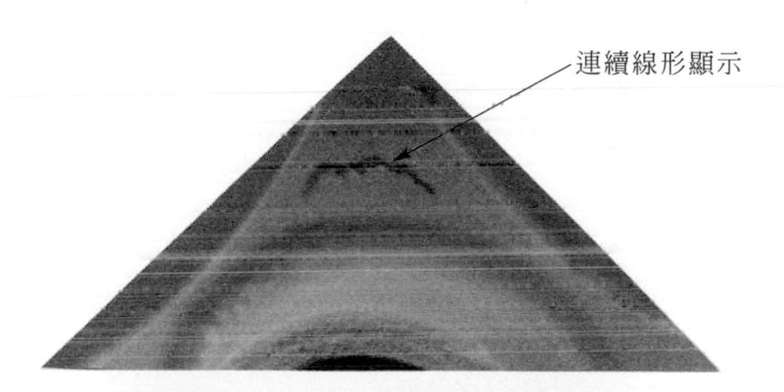

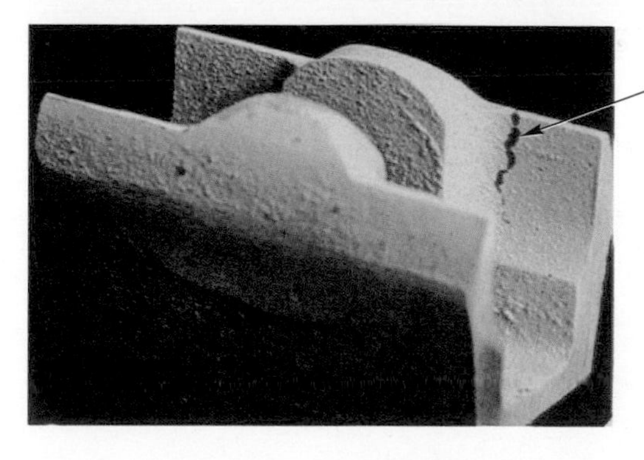

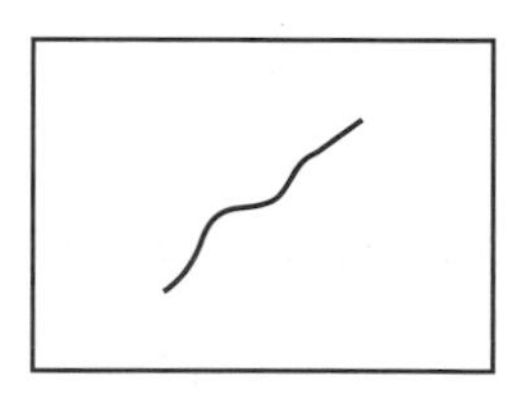

(a) 連續線形顯示 (*2、*4)

圖 2-27　適切顯示

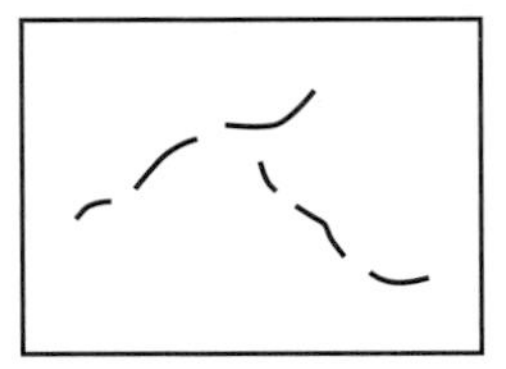

(b) 不連續線形顯示 (＊2、＊3)

圖 2-27　適切顯示(續)

實驗項目	高碳鋼淬火裂痕色比水洗與螢光溶劑檢驗
前清理	
操作照片	操作說明
(1) (2) (3) (4) (5) (6)	1. 用鋼刷刷去脫碳層。 2. 酸洗浸泡或擦拭，去除氧化與脫碳層，並去除缺陷上的毛邊。 3. 超音波酒精洗淨 5 分鐘去除油脂。 4. 選擇通風處，並做好個人防護。 5. 直接噴灑清潔劑去除油脂。 6. 以不掉纖維擦拭紙將清潔劑擦拭乾淨。

圖 2-29　高碳鋼淬火裂痕色比水洗與螢光溶劑檢驗操作步驟

色比水洗式		螢光溶劑式	
操作照片	操作說明	操作照片	操作說明
 	滲透 1. 直接噴灑滲透劑。(距離約15cm) 2. 保持適當滲透時間。(30分鐘)	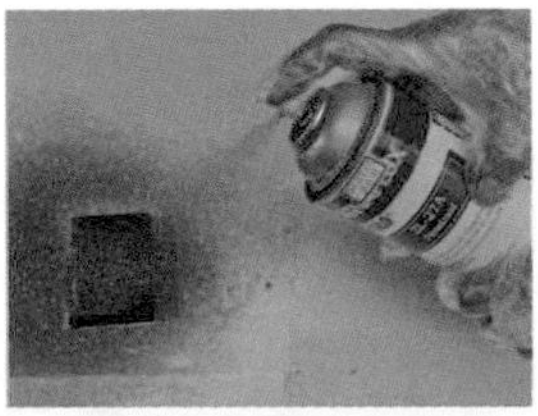 	滲透 1. 直接噴灑滲透劑。(距離約15cm) 2. 保持適當的滲透時間。(7分鐘)
 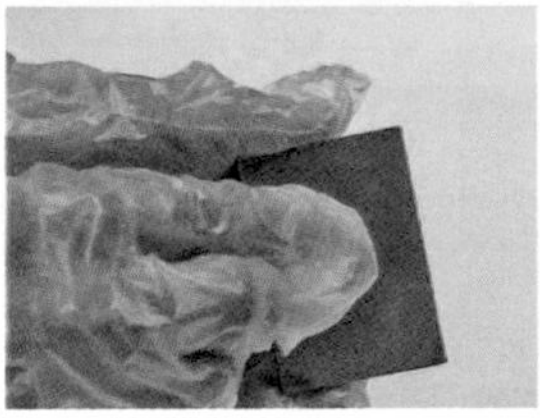	清潔 1. 以水龍頭不加壓力沖洗試片，水溫25℃，直至紅色滲透劑大都去除。 2. 以不掉纖維擦拭紙直接(不加清潔劑)單方向擦拭試件表面，使試件表面無殘留紅色滲透劑。	 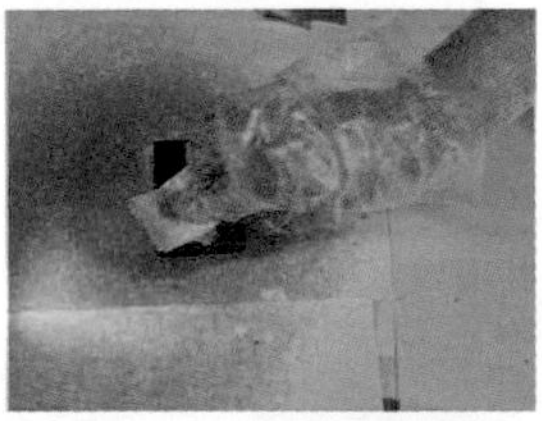 	清潔 1. 以清潔劑噴在不掉纖維擦拭紙上(不可直接噴灑在試件上) 2. 單方向擦拭試件表面，使試件表面無殘留滲透劑。 3. 以黑光燈檢視試件表面是否有滲透劑殘留(螢光反應)(若有缺陷可能會有螢光反應)

圖 2-29　高碳鋼淬火裂痕色比水洗與螢光溶劑檢驗操作步驟(續)

色比水洗式		螢光溶劑式	
操作照片	操作說明	操作照片	操作說明
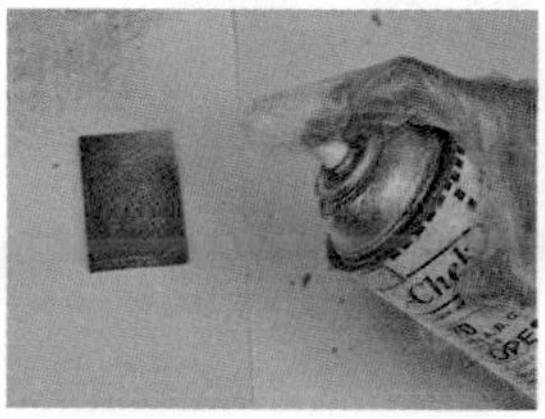	**顯像** 1. 視需要將試件風乾。 2. 壓力罐先均勻搖晃。 3. 噴灑薄層顯像劑。(距離約15cm，不要重複噴灑)		**顯像** 1. 視需要將試件風乾。 2. 壓力罐先均勻搖晃。噴灑薄層顯像劑。(距離約15cm，不要重複噴灑)
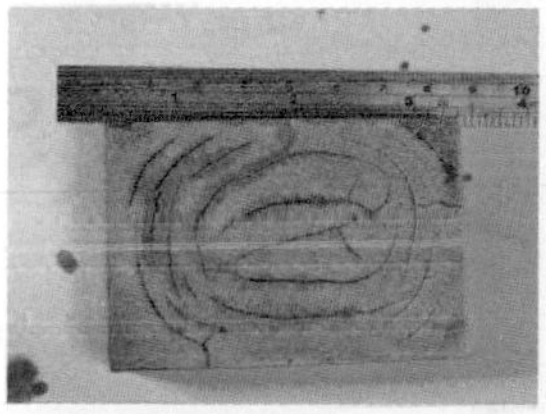 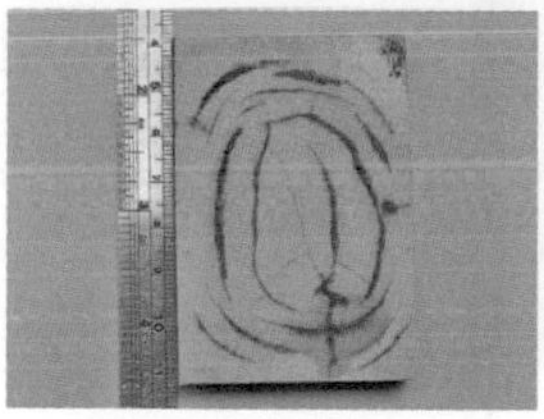	**檢視** 1. 顯像後立即檢視並紀錄。 2. 顯像後30分鐘再次檢視並紀錄。 3. 比較兩次顯像條紋變化。	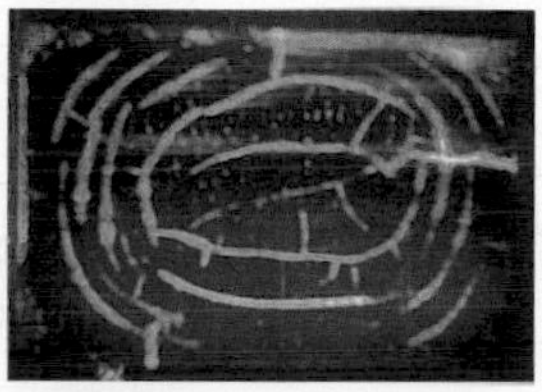 	**檢視** 1. 顯像後立即以黑光燈檢視並紀錄。 2. 顯像後30分鐘再次檢視並紀錄。 3. 比較兩次顯像條紋變化。

圖 2-29　高碳鋼淬火裂痕色比水洗與螢光溶劑檢驗操作步驟(續)

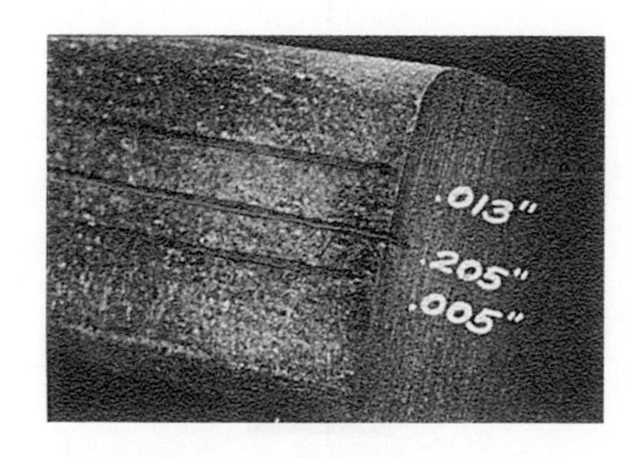

圖 3-49　夾層顯示(＊1)

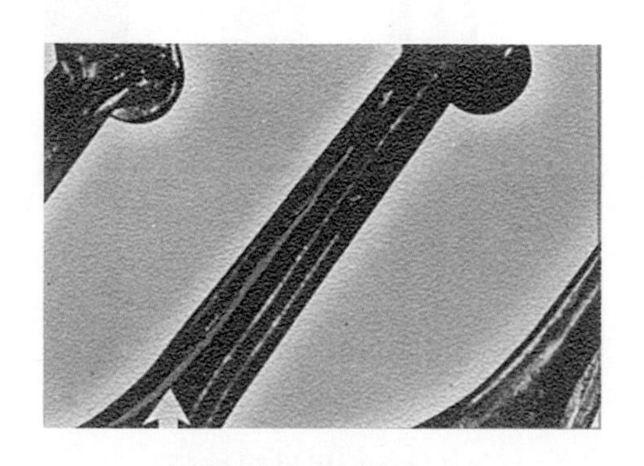

圖 3-50　鍛造疊痕顯示(＊1)

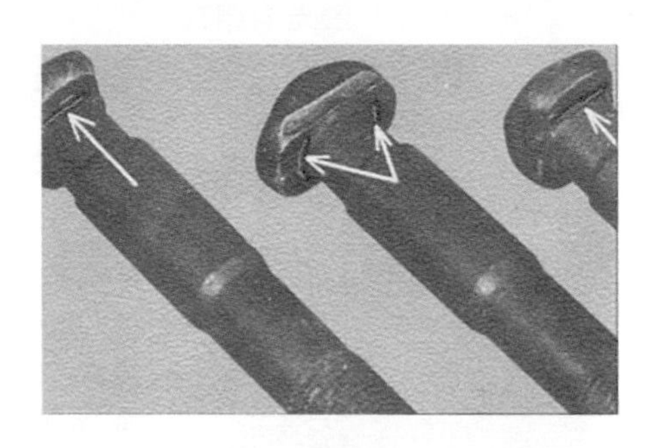

圖 3-51　熱處理裂痕顯示(＊1)

圖 3-52　研磨裂痕顯示(＊1)

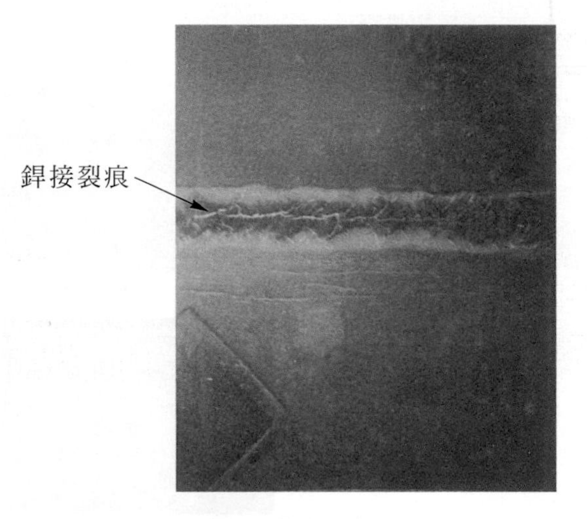

圖 3-53　銲接裂痕顯示

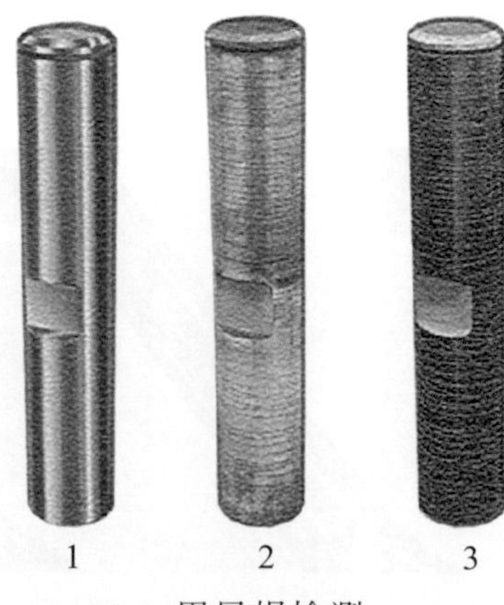

(a) 1. 用目視檢測
2. 用色比磁粒檢測
3. 用螢光磁粒檢測

(b) 銑刀底部之裂痕

圖 3-54　使用裂痕

圖 3-55　碳化物刀具硬銲形成之不適切顯示

圖 3-56　利用磁性物質在試件上書寫所造成之磁痕

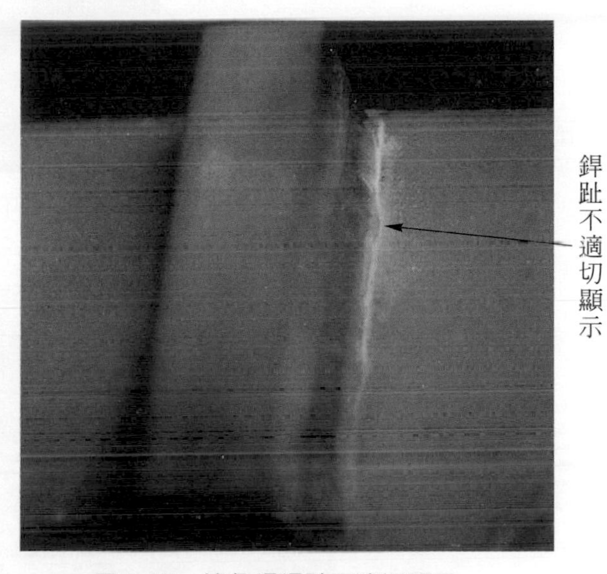

圖 3-57　填角銲銲趾不適切顯示

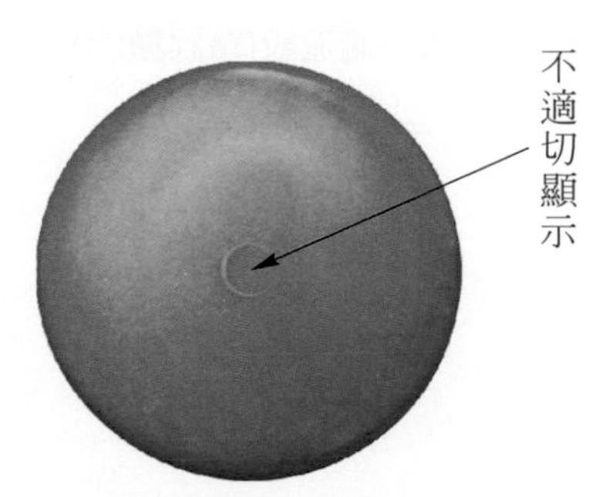

圖 3-58　緊配合軸孔不適切顯示

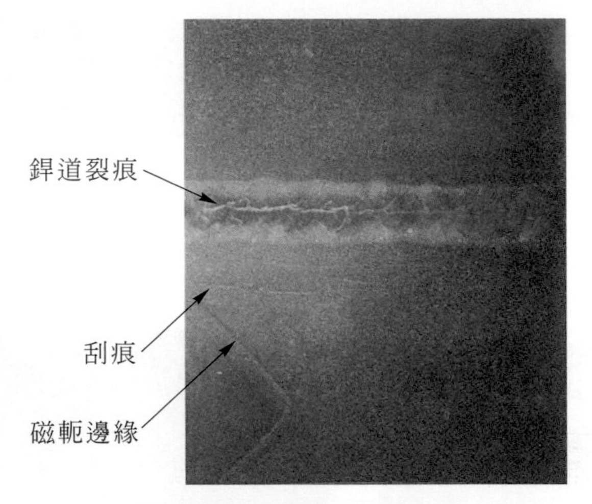

圖 3-59　小刮痕不適切顯示

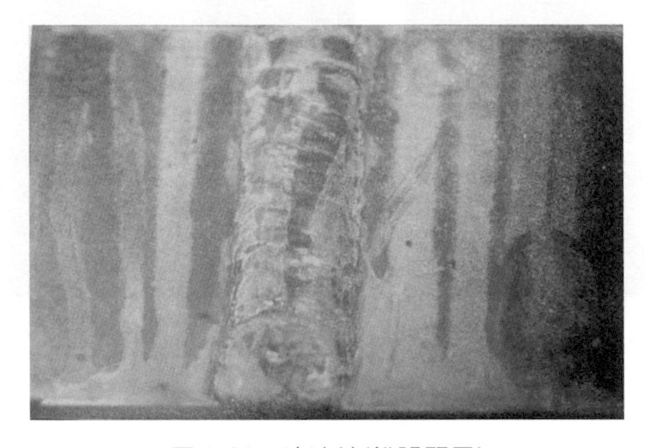

圖 3-60　滴流紋(錯誤顯示)

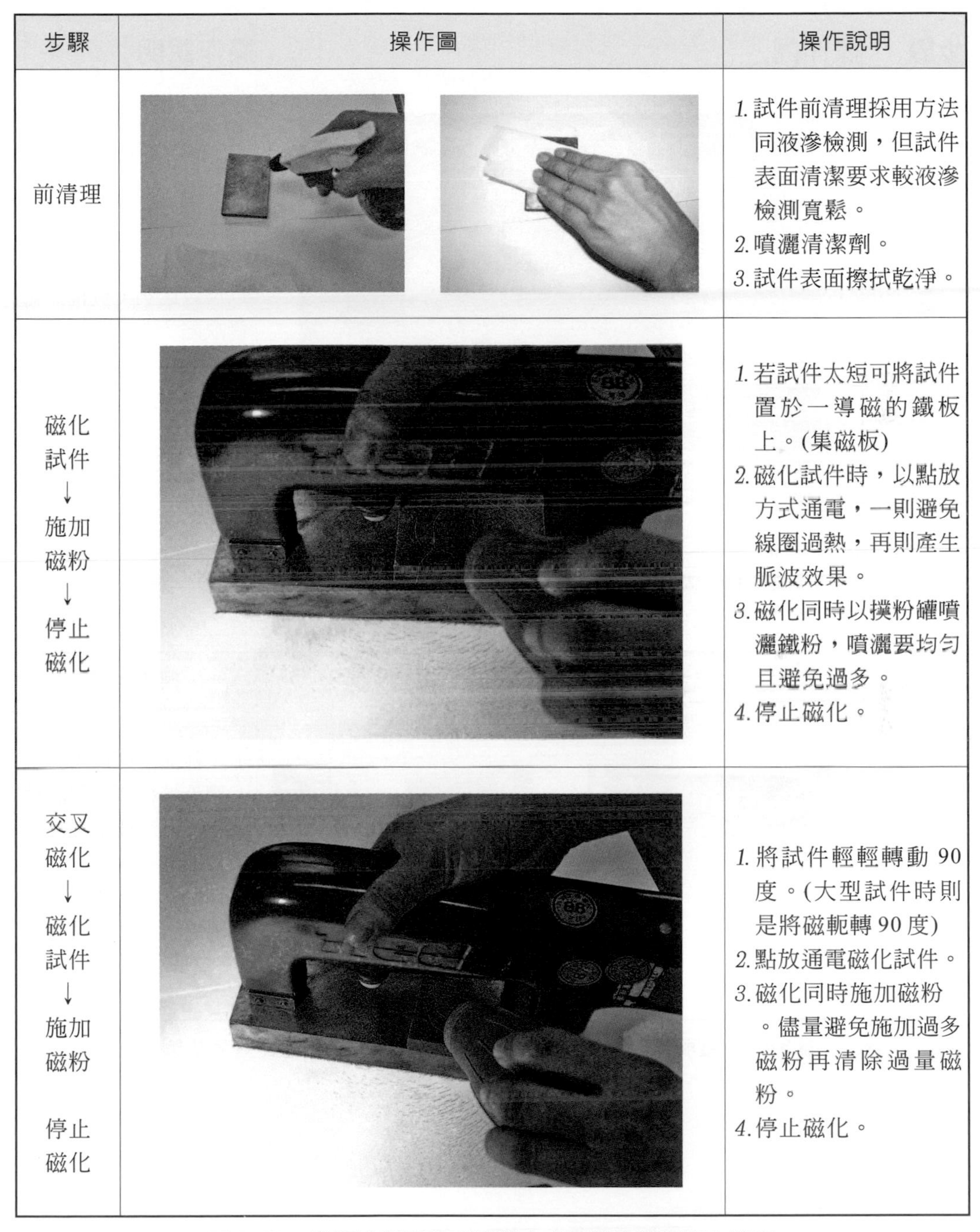

步驟	操作圖	操作說明
前清理		1. 試件前清理採用方法同液滲檢測，但試件表面清潔要求較液滲檢測寬鬆。 2. 噴灑清潔劑。 3. 試件表面擦拭乾淨。
磁化試件 ↓ 施加磁粉 ↓ 停止磁化		1. 若試件太短可將試件置於一導磁的鐵板上。(集磁板) 2. 磁化試件時，以點放方式通電，一則避免線圈過熱，再則產生脈波效果。 3. 磁化同時以撲粉罐噴灑鐵粉，噴灑要均勻且避免過多。 4. 停止磁化。
交叉磁化 ↓ 磁化試件 ↓ 施加磁粉 停止磁化		1. 將試件輕輕轉動 90 度。(大型試件時則是將磁軛轉 90 度) 2. 點放通電磁化試件。 3. 磁化同時施加磁粉。儘量避免施加過多磁粉再清除過量磁粉。 4. 停止磁化。

圖 3-66　磁軛法採用乾式連續方式檢驗高碳鋼淬火裂痕

步驟	操作圖	操作說明
檢視	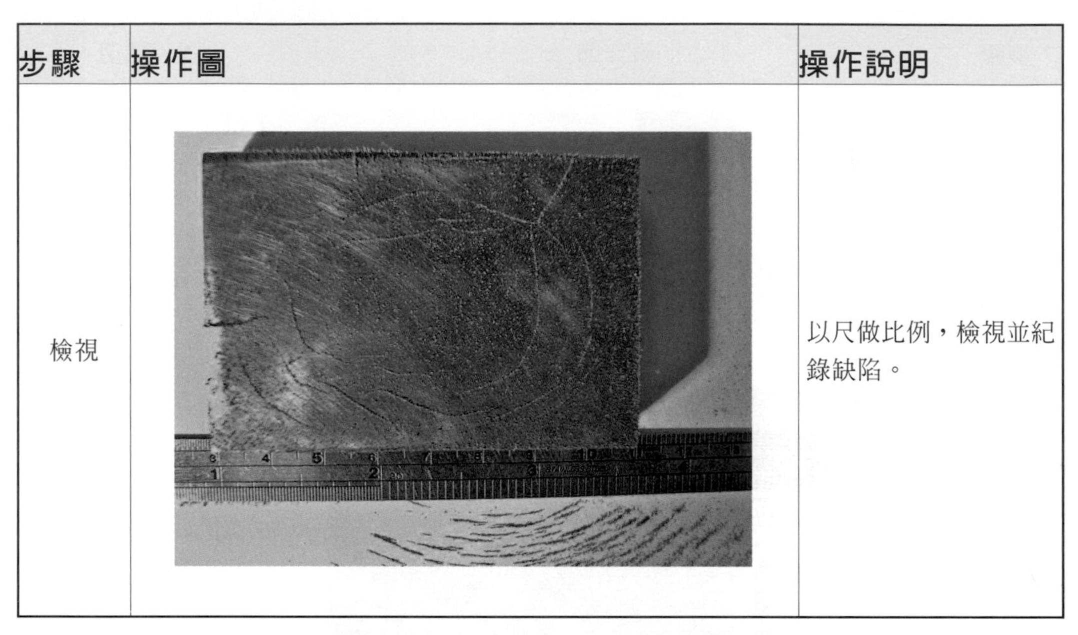	以尺做比例，檢視並紀錄缺陷。

圖 3-66　磁軛法採用乾式連續方式檢驗高碳鋼淬火裂痕(續)

步驟	操作圖	操作說明
前清理		1. 試件前清理採用方法同液滲檢測，但試件表面清潔要求較液滲檢測寬鬆。 2. 鋼刷去除銲渣與銲疤 3. 噴灑清潔劑，並擦拭乾淨。

圖 3-67　接觸棒法採用濕式連續方式檢驗銲道裂痕操作參考步驟

步驟	操作圖	操作說明
準備 ↓ 量測 ↓ 計算	 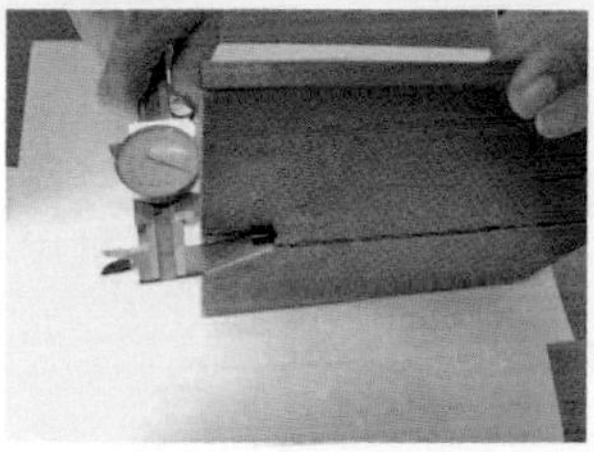 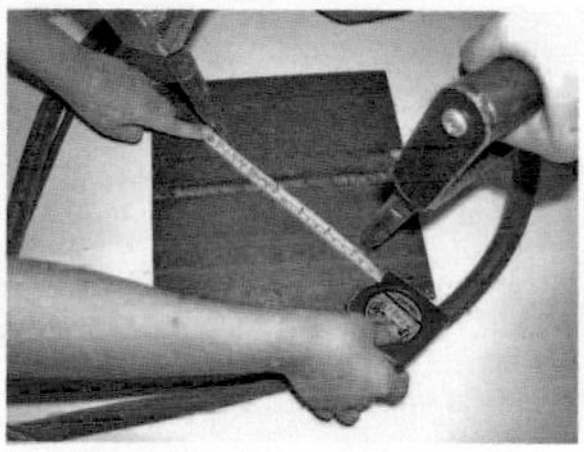	1. 用砂紙輕輕去除接觸棒尖端銅銹，避免弧擊。 2. 量取板厚。 3. 量取接觸棒間距。 4. 計算所需電流。 鋼板厚8mm，接觸棒間距 180mm，故所需電流爲 (180/25)×90～ (180/25)×110 648～792 安培
噴灑磁浴 ↓ 停止磁浴	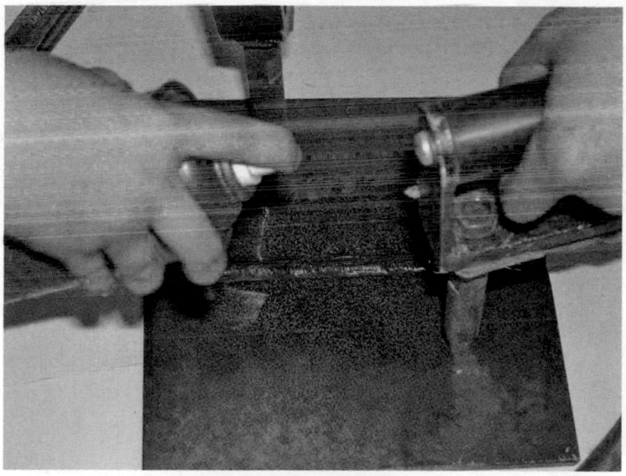	1. 以壓力罐均勻噴灑磁浴在檢測面上。 2. 停止噴灑。

圖 3-67　接觸棒法採用濕式連續方式檢驗銲道裂痕操作參考步驟(續)

步驟	操作圖	操作說明
磁化試件 ↓ 停止磁化	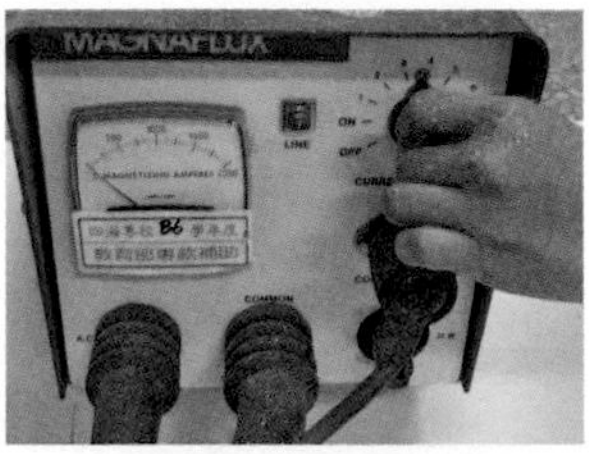 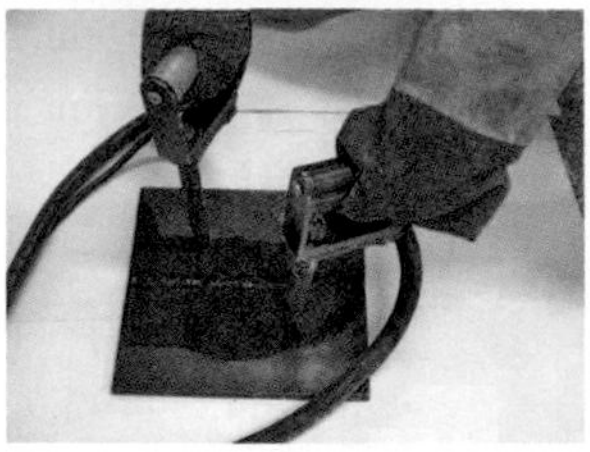 	1. 將激磁主機開電，選定電流大小。(750 安培) 2. 手戴絕緣手套。 3. 將接觸棒壓緊試片。 4. 通電磁化。通電採用點放方式，避免過熱燒傷試片。
交叉磁化		以上述相同方式將接觸棒轉 90 度方向，交叉磁化試件。
檢視	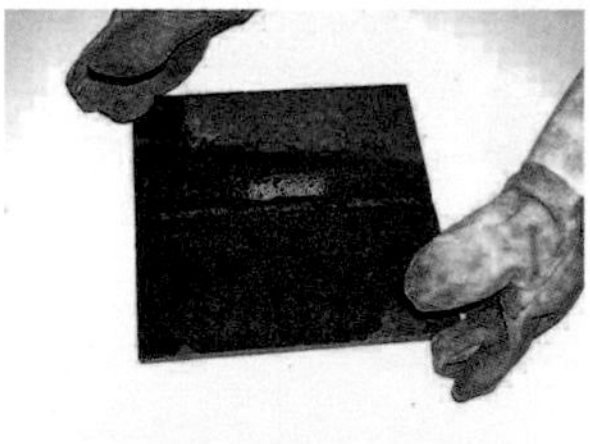  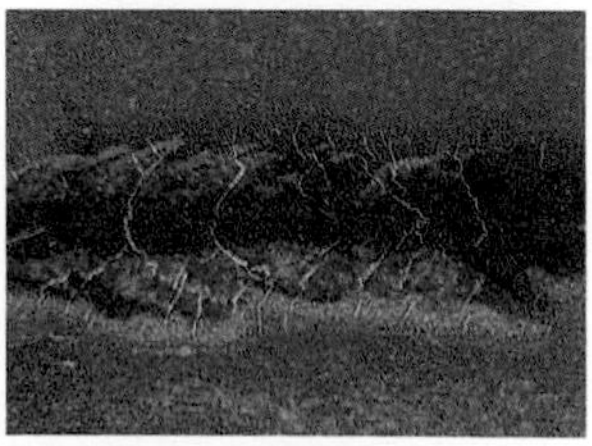 	1. 將試片水平移至黑光檢驗室，避免磁粒流動。 2. 分段觀察銲道，包括橫向裂痕與縱向裂痕，並做紀錄。

圖 3-67　接觸棒法採用濕式連續方式檢驗銲道裂痕操作參考步驟(續)

CHAPTER

中英文索引

INDEX

八畫

九畫

十畫

十一畫

十二畫

十三畫

十四畫

十五畫

十六畫

十七畫

十八畫

十九畫

二十二畫

二十三畫

二十四畫

CHAPTER

參考書目

REFERENCE

1. "Nondestructive Testing Handbook — Liquid Penetrant Tests", Robert C. McMaster, ASNT, vol 2, second edition, 1982.
2. "Nondestructive Testing Handbook — Magnetic Particle Testing", Technical Editions: J. Thomas Schmidt & Kermit Skeie Editor Paul McIntire, ASNT, vol 6, second edition, 1989.
3. "Nondestructive Testing Handbook — Electromagnetic Testing", ASNT, vol 4, second edition.
4. "Nondestructive Testing Handbook — Ultrasonic Testing", ASNT, vol 7, second edition.
5. "Nondestructive Testing Handbook — Radiograph and Radiation Testing", ASNT, vol 3, second edition.
6. "Classroom Training Handbook — Nondestructive Testing — liquid penetrant, magnetic particle, ultrasonic testing, eddy current, radiographic testing", General Dynamics — Convair division, 亞東書局，民國 75 年 2 月.
7. "Metals Handbook — Nondestructive Inspection and Quality Control", ASM, 8th Edition, 1976.

參考書目

8. "Metals Handbook — Nondestructive Inspection and Quality Control", ASM, vol 17, 9th Edition.
9. "Nondestructive Examination", ANSI/ASME BPV-V, Section V, 1980.
10. "Programmed Instruction Handbook — Nondestructive Testing Introduction", General Dynamics — Convair division, 3th Edition, 1977.
11. "Nondestructive Testing Techniques", Don E. Bray & Don McBride, John Wiley & Sons INC, 1992.
12. "Principles of Magnetic Particle Testing", CARL E. BETZ, MAGNAFLUX Corp, 16th Edition 1996.
13. "Nondestructive Evaluation", Don E. Bray, McGraw-Hill.
14. "The Testing of Engineering Materials"，Harmer E. Davis，McGraw-Hill，4 th Edition.
15. "超音波檢測法—初級"，吳學文，中華民國非破壞檢測協會，初版。
16. "超音波檢測法—中級"，葉競榮，中華民國非破壞檢測協會，初版。
17. "渦電流檢測法—初級"，余坤城，中華民國非破壞檢測協會，82年修訂版。
18. "渦電流檢測法—中級"，黃純夫，中華民國非破壞檢測協會，初版。
19. "射線檢測法—初級"，鄭銘文等，中華民國非破壞檢測協會，初版。
20. "射線檢測法—中級"，鄭銘文等，中華民國非破壞檢測協會，初版。
21. "液滲檢測法—初級"，錢宗廣，中華民國非破壞檢測協會，75.12，初版。
22. "液滲檢測法—中級"，李定一，中華民國非破壞檢測協會，71.1，初版。
23. "磁粒檢測法—初級"，陳春長，中華民國非破壞檢測協會，75.12，初版。
24. "磁粒檢測法—中級"，陳國英，中華民國非破壞檢測協會，75.12，初版。
25. "非破壞檢測實驗"，蔡錫鐃，文京出版社，85.2，修訂新版。
26. "高科技之材料檢測"，吳石順，全華出版社，81.5，初版。

27. “游離輻射防護安全標準及附錄”，中華民國輻射防護協會。
28. “原子能法規彙編”，中華民國輻射防護協會。
29. “非醫用游離輻射防護講義”，中華民國輻射防護協會，83 年版。
30. “機械材料實驗”，陳永增等編，高立圖書公司，86年，初版。

國家圖書館出版品預行編目資料

非破壞檢測 / 陳永增,鄧惠源編著. -- 四版. --
臺北縣土城市：全華圖書, 2009.11
面 ； 公分
參考書目：面
ISBN 978-957-21-7190-5(平裝)
1.CST：工業工程 2.CST：工程物理學 3.CST：物理實驗

440.12 98008746

非破壞檢測

作者／陳永增、鄧惠源
發行人／陳本源
執行編輯／楊智博
出版者／全華圖書股份有限公司
郵政帳號／0100836-1 號
印刷者／宏懋打字印刷股份有限公司
圖書編號／0350703
四版十刷／2022 年 5 月
定價／新台幣 450 元
ISBN／978-957-21-7190-5(平裝)
全華圖書／www.chwa.com.tw
全華網路書店 Open Tech／www.opentech.com.tw
若您對本書有任何問題，歡迎來信指導 book@chwa.com.tw

臺北總公司(北區營業處)
地址：23671 新北市土城區忠義路 21 號
電話：(02) 2262-5666
傳真：(02) 6637-3695、6637-3696

南區營業處
地址：80769 高雄市三民區應安街 12 號
電話：(07) 381-1377
傳真：(07) 862-5562

中區營業處
地址：40256 臺中市南區樹義一巷 26 號
電話：(04) 2261-8485
傳真：(04) 3600-9806(高中職)
(04) 3601-8600(大專)